Deep Water Saving and Wastewater Zero Discharge Technology for Thermal Power Plants

火电厂深度节水及废水零排放

杨宝红 王璟 许臻 姜琪 编著

内 容 提 要

开展深度节水、大幅度减少废水排放甚至零排放是火电厂最为急迫的工作之一。本书作者综合了火电企业多年来在节水和废水减排工作中积累的技术和经验，深入分析了火电厂不同用水系统的特点，废水中各类杂质、污染物的来源及迁移过程，从用水系统的节水、主要废水的处理及回用、高盐末端废水的浓缩减量及干化处置、水处理泥渣处置等方面，对火电厂开展深度节水及废水减排工作的关键环节进行详细阐述。

本书在介绍火电厂深度节水及废水零排放的相关理论、技术的同时，紧密结合工程案例，可作为火电厂从事水处理工作的技术人员、管理人员阅读参考。

图书在版编目（CIP）数据

火电厂深度节水及废水零排放/杨宝红等编著. —北京：中国电力出版社，2019.2
ISBN 978-7-5198-2629-1

Ⅰ. ①火… Ⅱ. ①杨… Ⅲ. ①火电厂－节约用水②火电厂－废水处理 Ⅳ. ①TM621.8②X773.03

中国版本图书馆 CIP 数据核字（2018）第 258539 号

出版发行：中国电力出版社
地　　址：北京市东城区北京站西街 19 号（邮政编码 100005）
网　　址：http://www.cepp.sgcc.com.cn
责任编辑：赵鸣志（zhaomz@126.com）
责任校对：王小鹏
装帧设计：赵姗姗
责任印制：吴　迪

印　　刷：北京天宇星印刷厂
版　　次：2019 年 2 月第一版
印　　次：2019 年 2 月北京第一次印刷
开　　本：787 毫米×1092 毫米　16 开本
印　　张：20.75
字　　数：457 千字
印　　数：0001—2000 册
定　　价：88.00 元

前言

我国是一个水资源缺乏、环境问题突出的国家，节约水资源与环境保护是关系到我国能否保持可持续发展的大事。2015 年发布的《水污染防治计划》在环境保护、水污染防治方面提出了极其严格的目标，同时也提出了严格的节水目标。按照《水污染防治计划》，要求到 2020 年全国万元国内生产总值用水量、万元工业增加值用水量分别比 2013 年下降 35%和 30%以上。因此，未来对废水排放量和排放水质的限制将更加严格。随着“排污许可证”制度的加速推进，作为工业领域的第一用水大户，火力发电企业面临着巨大的节水减排压力。我国有很多火电厂位于缺水地区，这些地区的水环境往往很脆弱，环境承载力差，对废水排放的限制会更加严格。因此，大力开展节水减排是当前火力发电企业最迫切、最重要的任务之一。本书根据作者多年来在火电厂节水和废水减排工作中的积累，重点介绍了火电厂深度节水及废水零排放的相关理论、技术和工程案例，供水处理工作者参考。

一、我国的水资源现状

从资源角度来看，我国近 10 年来水资源总量基本稳定但人均水资源持续减少。表 1 所示为 1997～2016 年以来我国的水资源总量及用排水情况。

表 1　1997～2016 年水资源总量及用水、排水情况

年份	1997	2000	2004	2008	2012	2014	2015	2016
水资源量（亿 m^3）	27 855	27 701	24 130	27 434	29 529	27 267	27 962.6	32 466.4
用水量（亿 m^3）	5566	5498	5548	5910	6131	6095	6103.2	6040.2
工业用水量（亿 m^3）	—	—	1232	1401	1380	1345	1336.6	1308
废污水排放量（亿 m^3）	584	620	693	758	785	771	770.0	765

注　废水排放量不包括火电直流冷却水排放量和矿坑排水量。

从表 1 可以看出，大部分年份水资源总量在 2.5 万亿～3 万亿 m^3 之间。按照 2013 年的人口计算，我国人均水资源拥有量仅为 $2078m^3$。

从用水情况看，尽管我国经济总量在过去 10 年里大幅增加，但万元 GDP 用水量和万元工业增加值用水量大幅降低，说明用水效率明显提高。2003～2014 年，万元 GDP 用水量由 $448m^3$ 下降至 $96m^3$，万元工业增加值用水量由 $222m^3$ 降至 $59.5m^3$。这标志着近年来的节水工作取得了显著的成效。

因水体污染导致的功能性缺水，是我国缺水的一个重要原因。从全国的情况来看，尽管多年来在废水治污方面投入很大，但环保部的资料显示，直到2014年水体污染问题还没有得到有效遏制。全国地表水在国控断面上有1/10丧失使用功能；众多支流污染严重，重点湖泊、水库处于富营养状态；地下水污染日趋严重，污染物由条带向面扩散、由浅层向深层渗透、由城市向周边蔓延。治污依然面临巨大的压力。

水资源总量受自然环境的限制，在相当长的时期内不会有大的变化。我国目前人口总量还处于上升期，人均水资源量将在未来一段时期内持续减少。而经济发展对水的需求量却持续增长，污染的压力也在持续增长。加之我国水资源时空分布不均，水资源缺乏的问题更加严重。因此，只有大力开展节水减排，才是解决我国水资源短缺和环境问题的根本出路。

二、火电厂的用水和排水

早期我国火电厂大多没有考虑节水的问题，用水粗放导致大量废水外排。20世纪80年代至90年代初期，冲灰水是火电厂排放量最大、环保风险最高的废水，当时的工作重点是解决冲灰水过量和溢流问题。通过对灰场返回水进行循环使用和高浓度输灰等方法，努力实现灰场废水不外排。90年代，随着干灰综合利用技术的推广，电厂水力除灰逐渐被干除灰系统取代，冲灰水的环保压力减轻，工作逐渐转向以改进循环水处理技术、提高循环水浓缩倍率为重点的节水领域。1997年，北方地区电厂开始废水零排放的尝试。尽管当时是在有水力冲灰条件下实现的废水不外排（实质是灰场废水不外排），但仍然开启了火电厂大幅度提高循环水浓缩倍率、系统性开展全厂废水综合利用的有益尝试。

2000年以后，随着对火电厂用水排水的限制力度逐步加大，电力行业密集出台了多部与节水有关的规划、标准和导则。在这些政策措施的约束和引导下，火电厂的节水减排意识进一步增强，用水管理水平大幅度提高。水平衡试验已成为火电厂的定期试验项目，单位发电量取水量已经成为企业的一项考核指标。节水工作已从解决跑冒滴漏问题上升到全厂用水优化和废水综合利用的新层次。新建电厂在设计阶段就开始考虑废水综合利用的问题。废水处理系统的设计已由以前以达标排放为目标的集中处理，变为以综合利用为目标的分类收集、分类处理。在系统设计中，将相对容易回用的辅机冷却排水、锅炉排污水等废水集中回收、处理，然后用作循环水的补充水。冷却塔排污水则大多用作冲渣和湿法脱硫系统的补充水。在水处理工艺选择时，不仅重点考虑水处理工艺的处理效果和经济性，还关注处理工艺本身的环保性，尽量少用酸碱等化学品；工艺过程中尽量减少废水的产生。在水平衡试验的基础上进行用水优化，将新鲜水的使用与全厂的废水综合利用相结合，既降低了用水量又减少了废水排放量。大力开展节水减排新技术的研究，积极采用新工艺、新技术，通过提高循环水浓缩倍率、干灰综合利用及废水综合利用，提高了火电厂的用水效率，大幅度降低了电厂的单位发电量取水量。目前，循环冷却电厂全年平均单位发电量取水量已经从2000年的4～6kg/kWh降至2～2.5kg/kWh，部分电厂甚至可以降至2.0kg/kWh以下，该指标与国外发达国家火电厂相当。

经过多年的努力，我国在火电厂用水优化设计、循环水高浓缩倍率运行、超滤反渗透处理工艺，以及高盐浓缩性废水处理的新技术应用方面，已处于世界前列。

三、火电厂节水和废水减排的新要求

以前节水工作主要是解决水资源不足的问题，政策方面的强制性不多，电厂可以根据自身的条件，从技术经济角度确定合理的节水目标。在外排水质达标的情况下，对排放水量基本上没有强制性的要求。但现在对排放水质和水量都有强制性限制，如废水零排放。这种情况下对整个用水流程形成倒逼：只有上游各段尽可能地提高用水效率，减少废水的产生量，才有可能满足排放的限制要求。

目前越来越多的火电厂要求实现废水零排放的目标；有些是火电建设项目环境评价的要求，有些则是地方环保标准提高带来的新要求。对于实现废水零排放的代价与实际的环保收益，一直存在较大的争议。在国外，如美国、意大利等，仅仅是对位于特殊环保地区的火电厂实施废水零排放，数量并不多。要达到废水零排放的要求，火电厂需要集合多项复杂甚至尚不成熟的水处理技术，设备投资及运行成本很高，运行维护量也很大。对于一些先天条件（如水源含盐量高或使用中水）差的电厂，成本更高，难度更大。

上述要求给火电厂的用水带来了很大的变化，提出了深度节水的要求。例如循环水浓缩倍率的选择，以前一般建议不大于 5，但现在需要尽量提高，目的是尽可能减少循环水排污水量，最终减少末端废水的量。尽管在多年的努力下，循环水系统的浓缩倍率已经有了很大提高，但仍不能满足深度节水和减排的要求，因此，进一步提高循环水系统浓缩倍率成为火电厂的关键工作之一。浓缩倍率提高后，可以有效降低电厂的取水量，显著减少排污量，这是电厂实现深度节水和废水排放控制目标的第一步。2017 年，西安热工研究院对国内 73 家循环冷却火电厂进行了调研，结果表明有 46 家电厂的循环水浓缩倍率大于 3，一些电厂甚至可以达到 5 以上。但仍有 27 家电厂（占 37%）的循环水浓缩倍率低于 3。为满足深度节水和废水排放减量的要求（尤其是有废水零排放要求），很多电厂需要进一步提高循环水浓缩倍率。

严格的排放限制，对电厂上游各用水系统排水的回收也提出了新的要求。以前一些排水因为水质很差、回用成本过高而达标排放，现在也必须要进行深度处理回用。例如循环水排污水，在整个电厂的用水流程中处于下游，水质经过高度浓缩，排水中各类杂质的浓度都已远远超出了现有水处理工艺的经济适用范围。但为了满足全厂排放限制下的水平衡要求，必须进行处理回用，为此要建设复杂的水处理系统，基建投入和运行成本很高。

对废水处理项目的经济性分析也发生了较大的变化，尤其是成本对比的基础。以前废水处理工程的成本分析是以常规水处理的成本为基础进行对比；现在则要将其放在全厂用水、排水流程中，综合评估项目对末端废水减量的贡献，以及处理末端废水的成本。这对于有废水零排放要求的电厂更加明显。

在深度节水要求下，电厂的大部分废水都需要进行处理后回用。但火电厂目前的废水处理设施大多无法满足要求，废水处理设施不能正常运行是普遍存在的问题。含煤废水处理、含油废水处理、生活污水处理和脱硫废水处理是目前火电厂几个重要的废水处理系统。西安热工研究院在 2017 年对国内 103 家燃煤电厂进行了调研，结果表明 20 家无含煤废水处理设施，27 家有含煤废水处理设施但不能正常运行。多数电厂建有机组杂排水、生活污水的处理系统，但有些厂将这些废水处理后直接排放而不回用。调查结果表明，约60%的电厂没有真正实现废水梯级利用和废水综合利用，外排废水种类多、水量较大。

对于有废水零排放要求的电厂，脱硫废水的处理是主要的难题之一。即使没有零排放的要求，脱硫废水首先也应该达到排放标准。目前的实际情况是很多脱硫废水处理系统不能正常运行，出水水质不满足要求。据调研，在92家石灰石-石膏湿法烟气脱硫工艺的燃煤电厂中，50%的脱硫废水处理系统不能正常运行，有34%的电厂没有对脱硫废水重金属进行监测。

因此，在当前排污控制倒逼节水减排的情况下，火电厂的用水和排水面临前所未有的政策压力，开展深度节水、大幅度减少废水排放甚至零排放是火电厂最为急迫的工作之一。本书通过深入分析火电厂不同用水系统的特点，研究废水中各类杂质、污染物的来源及迁移过程，从用水系统的节水、主要废水的处理及回用、高盐末端废水的浓缩减量及干化处置、水处理泥渣处置等方面对火电厂开展深度节水及废水减排工作的关键环节进行讨论。

本书共分12章。其中，第三章由许臻编写，第四章由姜琪和杨宝红编写，第九章、第十一章由王璟编写，第十章由王璟和杨宝红编写，其余各章由杨宝红编写，全书由杨宝红统稿。在本书的编写过程中，苏艳、毛进、吴火强、李亚娟、余耀宏、张江涛、叶治安、刘亚鹏等同事提供了大量的素材，在此表示衷心的感谢。

由于作者水平有限，疏漏之处在所难免，恳请各位读者批评指正。

作者

2018年9月

目 录

火电厂主要的用水系统

第一节 火电厂的用水概况

水在火力发电生产过程中具有不可替代的重要作用。火电厂的用水有以下特点：①用水网络复杂，用水系统多。主要的用水系统包括凝汽器冷却、锅炉、辅机冷却、脱硫、输煤、除灰渣等系统，多数用水系统不独立，互相有联系。②各系统对用水水质的要求不同，存在不同的水质层级，不同层级的水质要求差别大。③各系统的用水量差别很大。

一、用水类型

按照用水的类型划分，火电厂的用水包括主要生产用水、辅助生产用水和非生产用水三部分。主要生产用水是指直接用于发电过程的水，包括锅炉和汽轮机水汽循环系统用水、凝汽器、水泵、风机等辅机所用的冷却水以及各种工艺用水。辅助生产用水主要是主厂房外围设备、系统的自用水，如化学车间自用水、空压站冷却水、制氧站和制氢站用水、废水处理站自用水等。非生产用水则是指在厂区内，为生产服务提供的各种生活用水和杂用水，包括厂区绿化、厂区浴室、食堂、厕所等附属生产用水。在水量分析中，上述用水中一般不包括基建用水、消防用水和电厂生活区的用水。

按照用水功能划分，主要有五种：①火力发电过程中的能量传递介质，燃煤（油）等燃料燃烧后的热量通过水进行传递并转化为机械能。②冷却用水，是重要的低温冷却介质，用于凝汽器、辅机等设备的冷却。在凝汽器中，做功后的乏汽通过水冷却成凝结水返回水汽循环系统；发电厂数量很多的水泵、风机、空气压缩机等大型转动机械，也需要水进行冷却。③作为化学药品配制、稀释用水，包括酸碱系统用水、石灰石浆液配制等。④冲洗等辅助用水，如设备冲洗、煤场抑尘等。⑤作为原料，典型的有电解水制氢、电解制氯等。在上述用途中，前四种水在使用过程中不发生化学变化，水本身只发生汽、液转化等物理变化或者不变化，水只发生转移而不会消失。在第五种用途中，原料水会被分解为其他物质，不过这部分水量很小，对火电厂水耗指标的影响基本可以忽略。

二、用水水质

前面所讲的各种用水场合对水质的要求有较大的差别，一方面，这增加了水处理的复杂性；另一方面，也为水的梯级使用带来了可能。火电厂各系统用水的水质大致可分为除盐水、软化水、澄清过滤水和废水等四个层级。

（1）除盐水。除盐水是火电厂用水最高的水质层级，这种水中的盐分、有机物、悬浮物等杂质的含量都已达到极低的水平，基本上就是纯水。除盐水的制备多以天然水（少数电厂用中水）为水源，通过锅炉补给水处理系统除去了水中几乎所有的杂质。水的纯度主要用电导率、SiO_2含量、有机物含量（TOC）等指标控制。一般要求水的电导率小于或等于0.15～0.2μS/cm（25℃），SiO_2≤10～20μg/L，TOC≤200～400μg/L。除盐水的处理过程比较复杂，制水成本也比较高。除盐水主要用于水汽循环系统、发电机内冷水系统、汽水取样冷却水、蒸汽喷水减温水等。

（2）软化水。软化水只去除了水中一部分钙镁等硬度离子，用于用水过程中会发生水质浓缩的系统，如循环水系统。在这些系统中因水质浓缩会引起结垢，采用软化水是提高浓缩倍率的有效技术措施。对于相同的水源，软化水的处理系统比除盐系统简单，制水成本也远低于除盐水。

（3）原水或澄清过滤水。原水或澄清过滤水是火电厂使用量最大的基础用水，主要用作冷却水。多数情况下地下水可以直接使用；对于地表水，原水要进行混凝澄清、过滤等预处理，除去水中悬浮物等杂质后使用。这种水的特点是只控制悬浮物、有机物等水质指标，没有经过脱盐或软化处理，因此含盐量、硬度都与水源相当。

（4）废水。这是火电厂用水的最低水质层级，主要是电厂部分用水系统的排水。这些排水可以作为输煤、水力除渣冲灰等系统的用水。输煤、除灰渣等系统对水质的要求不高，最基本的要求是不能堵塞设备、不能引起腐蚀，对含盐量、悬浮物等没有具体的要求，多种废水经过适当处理后就可以使用。

三、用水水量

1. 单位发电量取水量

在火电厂用水评价体系中有各种水量指标，包括用水量、取水量、耗水量和排水量等，各指标有不同的意义。其中，单位发电量取水量是全厂最直接的用水效率评价指标。图1-1所示为近年来测定的国内部分电厂的单位发电量取水量，机组容量包括300、600MW和1000MW等。从图中可以看出，单位发电量取水量主要集中在2.5m^3/MWh左右；部分电厂低于2.0m^3/MWh。需要说明的是环境温度对单位发电量取水量影响很大，图中的数据不是全年平均值，最低的两个电厂是冬季的数据，其余的是夏季的数据。

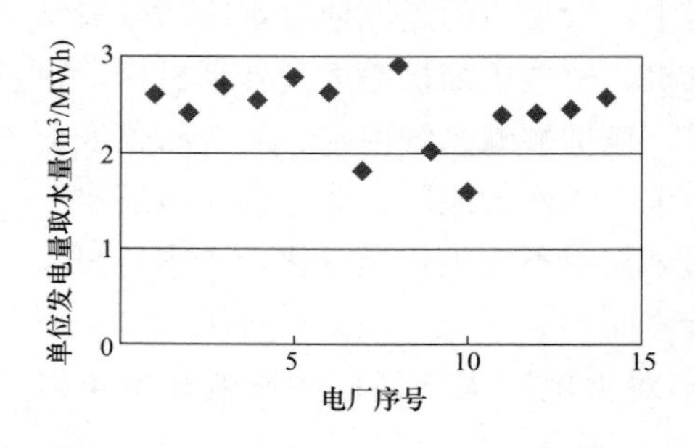

图1-1　国内部分电厂的单位发电量取水量

2. 水量损失

火电厂水耗主要包括水量损失量和废水外排量。用水过程中的水量损失主要来自用水过程中的蒸发损失和灰渣等固体物携带损失。在深度节水要求下，火电厂要在全厂进行水的梯级使用，对废水进行综合利用，外排废水量可以通过技术改进降至很低的水平，这部分损失是可人工干预的。但循环冷却水系统、湿法脱硫塔等的蒸发损失是必须产生的，尽管通过改进和优化能够降低其损失量，但基本的蒸发量是不能消除的，这部分损失构成了火电厂的基础水耗。

对于循环冷却型火电厂，水量损失主要是来自循环水系统、湿法脱硫系统的蒸发损失。锅炉系统用水的损耗量虽然不大，但因为使用的是纯度很高的除盐水，其制水过程复杂而且会产生大量的工艺排水，因此也是节水的重要系统。表 1-1 所示为某火电厂冷却塔、脱硫塔和锅炉等三个主要用水系统的用水情况。

表 1-1　　某火电厂主要水系统的用水和排水情况

项目	主要用水系统	2×350MW	2×330MW	2×600MW（空冷）
单位发电量取水量	冷却塔损失（kg/kWh）	1.733	1.758	0.232
	脱硫塔损失（kg/kWh）	0.2	0.19	0.153
	锅炉补给水（kg/kWh）	0.025	0.039	0.04
单位发电量废水产生量	经过梯级利用后全厂剩余废水（kg/kWh）	0.315		

表 1-2 所示为德国两个电厂全年的单位发电量取水量、废水排放量和几个主要系统的蒸发损失量，并给出了部分电厂的统计数据范围。当机组在冬季供热运行时，冷却塔水耗低于表中数据。

表 1-2　　德国电厂主要用水系统的用水和排水

项目	用水系统	罗依特西部电厂	克耐普 C 电厂	部分电厂的统计数据范围
单位发电量取水量	冷却塔（循环冷却）（kg/kWh）	1.62	1.764～1.908	1.62～2.052
	脱硫塔（无 GGH）（kg/kWh）	0.144	0.144	0.144～0.252
	锅炉（kg/kWh）	0.036	0.036	0.252～0.756
	平均总用量（kg/kWh）	1.80	1.9～2.1	1.8～2.376
单位发电量废水产生量	冷却塔排污水（kg/kWh）	0.252	0.288～0.324	0.252～0.324
	脱硫废水（kg/kWh）	蒸干	0.036	0.108～0.648
	中和废水（kg/kWh）	0.011	—	0.014～0.036
单位发电量蒸发损失量	冷却塔（kg/kWh）	—	—	1.368～1.908
	脱硫塔（kg/kWh）	—	—	0.068～0.158
	合计（kg/kWh）	—	—	1.44～2.052

从表 1-2 中可以看出，德国火电厂湿式冷却塔、脱硫塔和锅炉等三个主要耗水系统的单位发电量补水量约为 1.8～2.376kg/kWh。电除尘收集的干灰拌湿和捞渣机冷却水的用水量在德国电厂很小，在表 1-2 中的消耗水量没有考虑。产生的废水主要有三部分：冷却塔排污水、脱硫废水和除盐再生系统的废水。

上述数据表明，循环冷却水系统是循环冷却型火电厂最大的耗水系统，其次是湿法脱硫系统（FGD），这与国内同类型火电厂是完全相同的。对国内部分循环冷却型火电厂进行的水平衡试验结果表明，循环水系统的补水量大部分在 1.1～1.98m^3/MWh 范围内，占全厂水源总取水量的 50%～75%。湿法脱硫系统的补水量一般为 0.13～0.25m^3/MWh，占全厂水源总取水量的 5%～13%。

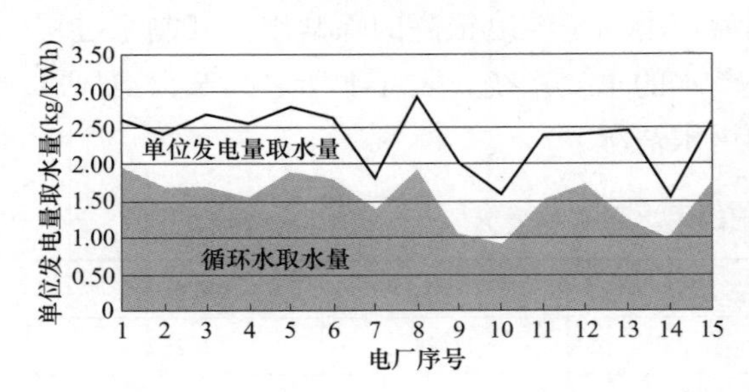

图 1-2　循环水系统对单位发电量取水量的影响

循环水系统是循环冷却型火电厂蒸发损失最大的一个系统，其补水绝大部分通过蒸发损失掉。根据国内 16 个 300MW 以上容量的循环冷却型火电厂的水平衡试验结果，计算得到的单位发电量取水量和循环水系统的补水量关系见图 1-2。从图中可以看出，全厂单位发电量取水量的高低与循环水系统的取水量大小完全对应，说明无论何种形式、多大容量的机组，循环水系统的水耗高低都决定着全厂水耗的大小。

湿法脱硫是火电厂产生蒸发损失的另一个重要用水系统。图 1-3 所示为根据数家电厂的水平衡试验，计算出的单位发电量条件下的 FGD 蒸发损失水量。FGD 的蒸发损失约占全厂总取水量的 5%～10%。进入 FGD 的烟气温度和湿度对蒸发损失有显著的影响，这方面的内容在后续章节进行分析讨论。

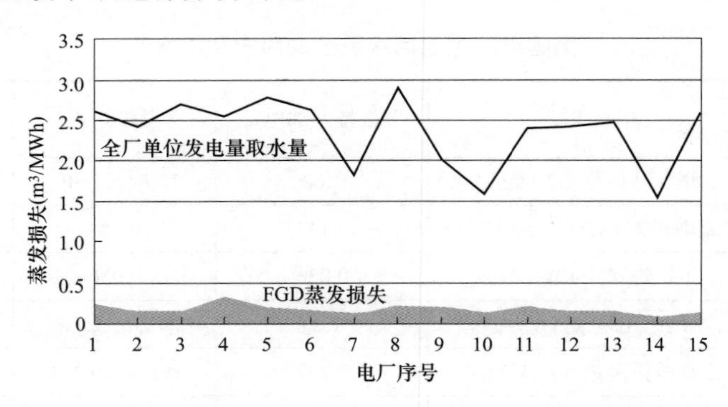

图 1-3　不同电厂的湿法脱硫系统蒸发损失

3. 发电负荷对火电厂用水量影响

发电厂的用水量与发电负荷的高低有直接的关系，图 1-4 所示为某火电厂不同发电负荷率条件下月均用水量的变化。根据生产过程分析，水量受发电负荷直接影响的主要有循环冷却系统的蒸发损失、风吹损失和排污损失，脱硫系统的蒸发损失、排污损失，湿法除灰、除渣系统的蒸发损失和灰渣携带损失，水汽循环系统的损失。

并不是所有系统的用水量都与发电负荷有关。相对来讲，辅机冷却水、煤系统用水等对发电负荷不敏感，因为辅机冷却都是过量供水，与发电负荷率相关性不强；煤系统用水主要用于抑尘、冲洗，与煤的供应量无直接的关系。因此，尽管电厂总的用水量与发电负荷率密切相关，但不存在简单的比例关系。

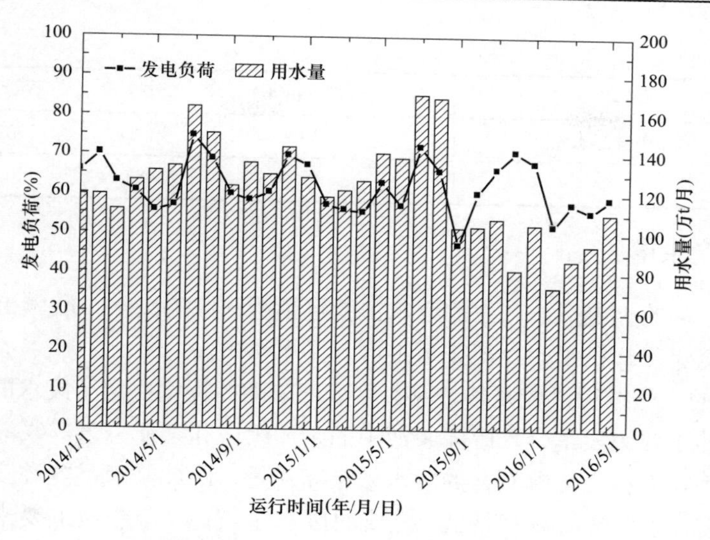

图 1-4　某电厂发电负荷率对用水量的影响

4. 环境温度对补水量的影响

需要注意的是环境温度对循环水系统的蒸发损失影响显著。根据多个火电厂的水平衡试验结果，整理出的循环水系统水耗与环境温度的关系见图 1-5。从图中可明显看出，环境温度越高，循环水系统的单位发电量水耗越高，全厂的单位发电量取水量也越高。主要原因是不同环境温度对蒸发损失的影响很大。在同一地区的火电厂，夏季高温时的蒸发损失是冬季时的 1.5 以上。

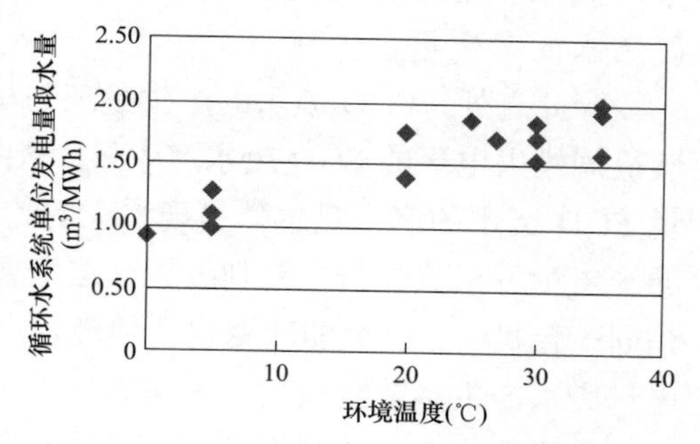

图 1-5　环境温度对循环水系统用水量的影响

5. 空冷机组尖峰冷却系统的耗水

为提高夏季高温时机组的真空度，降低发电煤耗，有些空冷电厂设有尖峰冷却系统，将直接空冷系统中一部分蒸汽分流到尖峰凝汽器内，通过循环冷却水冷却变为凝结水，以降低凝结水温度，提高系统的真空度。这样做的代价是增加了水的消耗。表 1-3 所示为某超临界空冷机组的辅机及尖峰冷却塔水量损失最大设计值。该系统的循环水量为 25 000m^3/h。从表 1-3 可以看出，设计条件下的总耗水量达到 483m^3/h；其中损失水量 347m^3/h。该厂装机容量为 2×600MW，在投入尖峰冷却系统期间，单位发电量取水量约增大 0.3m^3/MWh。

表 1-3　　某空冷机组辅机及尖峰冷却塔水量损失最大设计值

序号	项目	水量（m^3/h）	设计损失率
1	冷却塔蒸发损失	322	1.3%
2	冷却塔风吹损失	25	0.1%

续表

序号	项目	水量（m^3/h）	设计损失率
3	冷却塔排污水量	136	0.55%
总计		483	

四、废水产生量

用水效率较高的火电厂，产生的废水主要包括湿法脱硫废水、酸碱再生废水和循环水系统排水。直流冷却机组的冷却排水不计入排水量中。

FGD废水的产生过程比较复杂，脱硫浆液可浓缩的程度决定了废水的产生量。影响脱硫浆液浓缩的主要因素是带入脱硫浆液中的杂质组成和杂质总量。浆液中的杂质有些会影响脱硫效率，有些会影响石膏的脱水效果和质量，因此浆液不能过度浓缩。脱硫浆液中的杂质越多，可浓缩倍数就越低，排放的废水量就越大。杂质主要来源是烟气（根源是煤）和工艺用水。煤中氯化物、氟化物等杂质在燃烧后会全部进入烟气，最终进入脱硫浆液，是浆液氯化物、氟化物的主要来源。一般通过控制浆液的氯离子浓度决定废水的排放，因此燃煤氯化物的含量对FGD废水产生量影响很大。现在很多电厂采用高浓度废水作为脱硫工艺水，有些废水中的氯离子浓度很高，也会大大增加脱硫废水的产生量。

除此之外，FGD废水的产生量还与机组发电负荷直接相关。图1-6所示为几家不同装机规模火电厂的FGD废水产生量。从图中可以看出，随着发电负荷的增加，单位发电量FGD废水的产生量总体呈现增大的趋势。但是在相同或相近发电负荷下，FGD废水的产生量可相差数倍，差别很大，这主要是燃煤煤质差异造成的。在实际运行中，即使是同一台机组，燃煤的改变也会使废水产生量发生大的改变。因此，FGD系统的单位发电量废水产生量差别很大，通常无法用于不同机组或发电厂之间的比较。

全厂的废水产生量取决于很多因素，包括原水的水质（包括使用的中水）、废水综合利用的程度、用水管理水平等。图1-7所示为数家发电负荷不同的循环冷却型火电厂的单位发电量废水量，大部分集中在0.005～0.025m^3/MWh的区间。这方面的内容会在后面的章节中详细讨论。

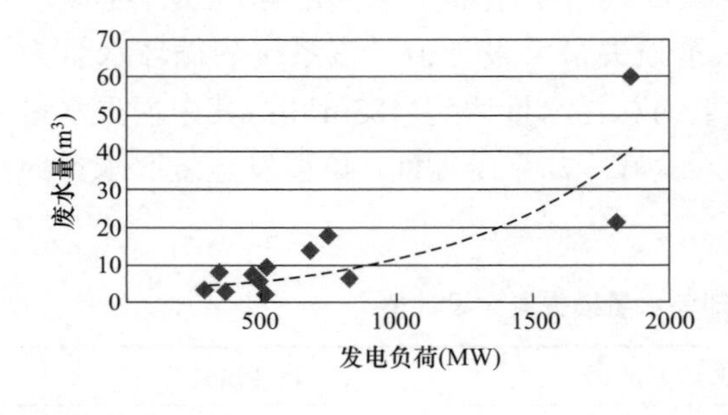

图1-6　不同电厂FGD废水的产生量与发电负荷的关系

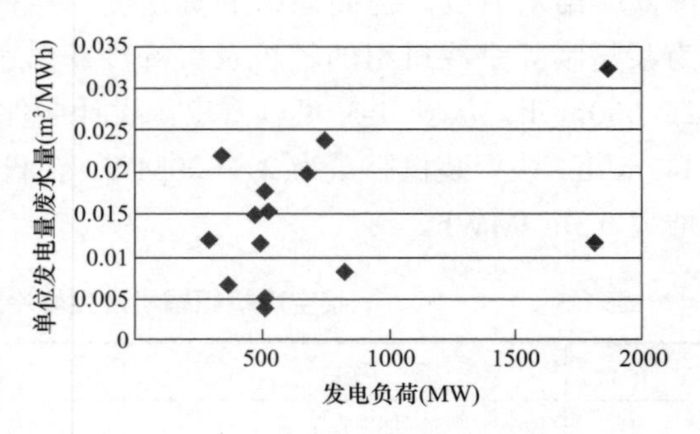

图1-7　不同规模电厂的单位发电量废水产生量

第二节　火电厂主要系统的用水特点

一、循环冷却水系统

湿冷机组凝汽器有直流冷却和循环冷却两种冷却方式。直流冷却使用河流、湖泊或水库等地表水源，采用直流冷却的电厂主要分布在地表水流量丰沛的南方地区。沿海地区多采用海水直流冷却。直流冷却的优点是冷却系统简单，冷却水通过凝汽器后直接返回取水水源，不需要设置冷水塔，没有废水产生。除了有时需要间断性地投加少量的杀生剂外，一般不需要对冷却水进行其他处理，对环境基本不产生污染。直流冷却系统的运行成本主要是水费和电费，一般比较低。直流冷却的缺点是排水温度升高，排水点需要合理选择。为了防止热排水循环，排水点位于取水点的下游位置。另外，热排水应能快速扩散，否则可能会影响外部水环境。总体来讲，直流冷却相对比较简单，综合环保性优于循环冷却。从节水和减排的角度，直流冷却可以做的工作很少，本节主要分析循环冷却型机组的循环冷却水系统的用水特点。

1. 循环冷却流程

循环冷却水系统是火电厂水容积最大的系统。在全厂生产用水的损耗中，循环冷却塔损失的水量约占全厂生产新鲜水取水量的50%～70%。图1-8所示为典型的火电厂循环水系统循环流程图。与其他用水系统相比，循环水系统最大的特点是在用水过程中，有大量的水发生蒸发而损耗，循环水因此会发生浓缩。为了维持水系统盐量的平衡，当水质浓缩到一定程度后需要进行排污。为了保持水量的平衡，需要不断地向系统内补水以弥补蒸发、泄漏、风吹和排污造成的水量损失。蒸发损失率全年不同，一般冬季最低，夏季最高。

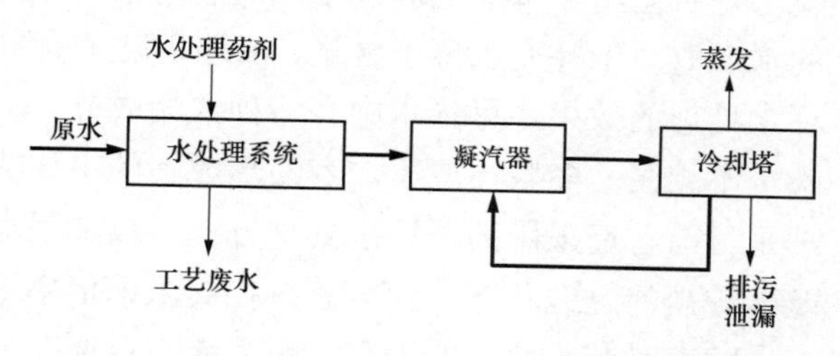

图1-8　循环水系统循环流程图

2. 循环水系统的水量平衡

图1-9所示为某电厂2×600MW凝汽机组循环水系统的水平衡图，从图中可以看出，蒸发量达到1667m^3/h，占补充水量的70.18%；有313m^3/h循环水分别用于输灰空气压缩机冷却、锅炉疏水减温、湿法脱硫系统、除渣系统、绿化和景观，占补充水量的13.18%；排污水量为395m^3/h，占补充水量的16.63%。

3. 循环水系统运行控制的关键问题

火电厂的循环水大多以地表水、地下水和城市中水为水源。地下水曾经是北方火电厂的主要水源，近年来随着对地下水资源保护力度加大，使用地下水做循环水水源的电厂越来越少。城市周边的火电厂以城市中水作为循环水的越来越多。电厂其他系统的排水，处理合格后也被作为循环水的补水。现在对循环水浓缩倍率要求较高，无论采用何

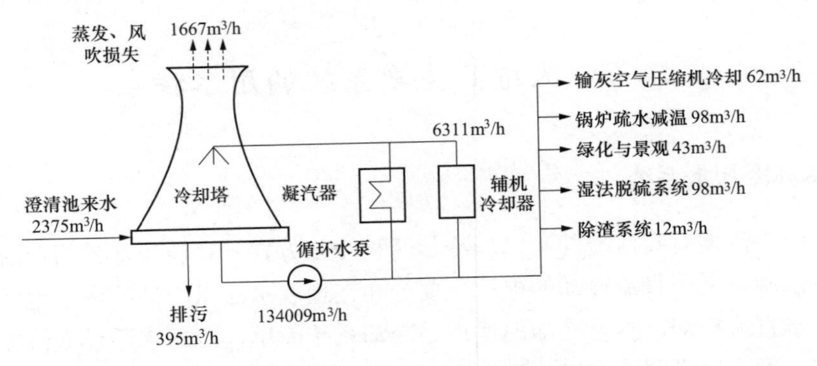

图 1-9 某电厂循环水系统水量分布

种水源都需要对补充水进行处理。在水循环过程中，还要对循环水进行药剂处理，有些系统还要进行旁流过滤或者旁流软化处理等。处理的目的是保证循环水在浓缩过程中水质稳定，不会发生结垢、腐蚀、微生物滋生等问题。

（1）防垢。防垢是循环水系统的主要任务之一。循环水在通过凝汽器后温度会有较大的升高，当温度升高后，水中碳酸钙等主要致垢物质的溶解度会降低，因此有可能发生沉淀和结垢。尤其是在凝汽器内部水温并不是均匀的，冷却换热管表面的水温更高，结垢的风险最大。

是否会结垢本质上取决于浓缩后的水质和向循环水中投加的阻垢剂的性能。浓缩后的水质取决于补充水离子含量、浓缩程度（浓缩倍率），以及加酸、旁流过滤或软化等循环水处理的效果。尽管水中有多种致垢成分，但在水中的含量和溶解度不同，成垢的风险也不相同。多数情况下，容易形成垢的主要成分是碳酸钙、硫酸钙和硅酸盐。药剂处理是目前普遍采用的循环水处理方式。投加阻垢剂可以加大循环水中碳酸钙、硫酸钙以及硅酸盐的过饱和度，使得系统在高浓缩倍率下能稳定运行。

随着对节水要求的提高，很多老电厂原有的用水方式已无法满足节水和排放控制的要求，需要在新的水平衡条件下运行。首先要求循环水系统大幅度降低补水量和排污量，为此必须大幅度提高循环水系统的浓缩倍率。与此同时，随着水资源保护政策的调整，很多电厂被要求更换水源，使用水质更差的水（如要求使用城市中水或者将地下水改为河水等）。因为循环水补水水源的水质变差，防垢、防腐的难度变得更大。在此情况下，为了满足防垢、防腐蚀的需要，往往需要同时采取多种防垢措施联合处理：①对补充水或循环水进行处理，包括加酸、软化等，降低水中钙镁、重碳酸根等致垢离子的含量，以取得更大的水质浓缩空间。②使用高性能的水质稳定剂，提高浓缩极限。

新的要求对系统排水也有很大的影响，提高浓缩倍率使得新鲜水取用量和冷却塔排污水量降低，但同时也使得排污水杂质浓度更高，部分成分可能会超过环保排放标准（如磷含量）。循环水排污水的处理更加复杂。另外，因为处理工艺复杂，工艺废水的种类和废水产生量也会增大，加大了后续处置的难度。循环水排污水的处理将在后面的章节中讨论。

（2）腐蚀防护。除了防垢的因素外，循环水系统金属材质的耐腐蚀能力也是提高浓缩倍率的制约性因素。凝汽器换热管壁很薄，容易发生腐蚀穿孔，是凝汽器耐腐蚀最薄弱的部分，是循环水系统防腐的关键点。随着循环水系统浓缩倍率的进一步提高，循环水的水质更差，防腐蚀的压力也更大。

防腐蚀的途径有两条：一条是对水质进行调整，采用防腐化学药剂，这方面的内容将在后面的章节详细讨论；另一条是选择耐腐蚀性优良的管材。从耐化学腐蚀的角度来看，钛管的性能最好，不需要考虑化学腐蚀问题。但钛材价格昂贵，主要用于海水冷却电厂，内陆电厂只有极少数使用钛管。对于使用最普遍的铜管，影响化学腐蚀的因素主要包括循环水的含盐量、氯离子浓度等。含盐量越高，水的腐蚀性越强；氯离子浓度越高，铜管发生孔蚀的可能性越大。过去大部分电厂使用各类铜合金管材，不同型号的管材对于含盐量、氯离子耐受量差异较大。表 1-4 所示为我国火电厂常用的各种铜合金管材能够适应的水质范围及允许的运行流速，是选择凝汽器管材的依据。

表 1-4　　凝汽器铜管所适应的水质及允许流速

管材	水质要求			流速要求	
	溶解固体（mg/L）	氯离子浓度（mg/L）	悬浮物和含砂量（mg/L）	最低流速（m/s）	最高流速（m/s）
H68A	＜300，短期＜500	＜50，短期＜100	＜100	1.0	2.0
HSn70-1	＜1000，短期＜2500	＜400，短期＜800	＜300	1.0	2.2
HSn70-1B	＜3500，短期＜4500	＜400，短期＜800	＜300	1.0	2.2
HSn70-1AB	＜4500，短期＜5000	＜1000，短期＜2000	＜500	1.0	2.2
HFe10-1-1	＜5000，短期＜8000	＜600，短期＜1000	＜100	1.4	3.0
HAl77-2	＜35 000，短期＜40 000	＜20 000，短期＜25 000	＜50	1.0	2.0
BFe10-1-1	＜35 000，短期＜40 000	＜20 000，短期＜25 000	＜1000	1.4	3.0

不锈钢的耐腐性能优于多数铜合金材质，但导热系数比铜合金低。在薄壁不锈钢管出现以前，因为导热性差的原因，凝汽器主要采用铜合金材质而不使用不锈钢。近年来随着薄壁不锈钢管的出现，凝汽器采用薄壁不锈钢管的越来越多，尤其是采用中水作为水源的电厂。相比之下，不锈钢管的优点是价格低，耐腐蚀能力比大部分铜合金好。不锈钢的机械强度大，管壁厚度减小后可以弥补传热效率的不足。

有些电厂在更换水源后（新水源的水质往往更差），同时将管材更换为不锈钢材质，以满足新水质下高浓缩倍率的防腐要求。对于采用中水作补充水的机组，除了上述指标外，还要控制硫化物、氨以及有机物。硫离子、氨都可直接与铜发生化学反应引起腐蚀；有机物主要是产生沉积物附着，导致沉积物下的腐蚀。

德国火电厂 20 世纪 90 年代还普遍采用铜合金管材，在当时的水质条件下，铜合金管材完全可以满足运行的要求。但近年来要求新建电厂只能使用地表水，火电厂铜管的故障率越来越高，主要的问题是发生冲刷腐蚀、应力腐蚀和氨腐蚀，而不锈钢管和钛管则没有发生问题。研究表明，其中一个原因是河水中含有一种来自洗涤剂的络合物，对铜基材料产生了腐蚀。因此，现在德国新建的冷却系统对铜管的使用大幅度减少。表1-5所示为德国火电厂在不同水质条件下（Cl^-含量）换热器（包括凝汽器）的材质。

表1-5　　德国火电厂换热器材质与所适应的水质

Cl^-含量（mg/L）	冷却水的等级	冷却系统	管材	端板材质	水室及冷却水管道材质
＜0.5	除盐水	闭式循环系统、中间冷却系统	（1）X5CrNi18-10；（2）S235JR；（3）CuZn28Sn1As；（4）Cu-DHP	S235JR或P265GH，无涂层	S235JR无涂层
＜500	河水、湖水	开式循环系统	（1）X5CrNi18-10；（2）CuZn28Sn1As	（1）S235JR或P265GH，无涂层；（2）电镀不锈钢；（3）CuZn39Pb0.5	S235JR焦油树脂涂层
＜1500	河水	开式循环系统	（1）X5CrNiMo17-12-2；（2）CuZn28Sn1As	（1）电镀不锈钢；（2）S235JR或P265GH焦油环氧树脂涂层；（3）CuZn39Pb0.5	S235JR焦油环氧树脂涂层；S235JR硬橡胶衬
1500～5000	河水	开式循环系统	（1）钛（3.7025/3.7035）；（2）X2CrNiMoN17-13-5；（3）CrZn28Sn1As	（1）电镀不锈钢；（2）S235JR或P265GH焦油环氧树脂涂层；（3）CuAlNi5Fe4	（1）S235JR焦油环氧树脂涂层；（2）S235JR硬质橡胶内衬
5000～10000	高盐水	开式循环系统	（1）钛（3.7025/3.7035）；（2）X1NiCrMoCu25-20-5；（3）CuZn20Al2As	（1）镀钛；（2）电镀不锈钢；（3）S235JR或P265GH焦油环氧树脂涂层	（1）S235JR焦油环氧树脂涂层；（2）S235JR硬质橡胶内衬
＞10000	海水	开式循环系统	（1）钛（3.7026/3.7035）；（2）X2CrNiMoCu20-18-6；（3）CuZn20Al2As	（1）电镀钛；（2）S235JR或P265GH焦油环氧树脂涂层	（1）S235JR焦油环氧树脂涂层；（2）S235JR硬质橡胶内衬

二、湿法脱硫系统（FGD）

1. FGD系统主要用水流程

FGD系统的工艺水主要用于吸收塔补水、除雾器冲洗、烟气换热器（GGH）高压及低压冲洗、氧化空气增湿以及事故喷淋等。此外，石灰石浆液系统的转动机械冷却、密封冲洗和浆液输送设备、管道、阀门、在线表计、储存箱等的冲洗也采用工艺水。上述所有水最终都排入了脱硫吸收塔，相当于脱硫浆液的补充水。除了上述工艺用水外，增压风机油站、氧化风机及石灰石磨机油站等设备的冷却一般采用全厂的辅机冷却水。

表1-6所示为某300MW机组脱硫系统几个主要用水点的流量测定值。由表1-6可知，脱硫系统补水量为58m^3/h，主要用于除雾器冲洗、氧化风机冷却等。用水过程中消耗水总量为55.5m^3/h，其中，吸收塔蒸发损失54.7m^3/h，石膏携带水约0.8m^3/h，脱硫废水流量为2.5m^3/h。与循环冷却水系统相似，脱硫吸收塔的蒸发损失占总用水量的72%，构成了水耗的绝大部分。

表 1-6 某 300MW 机组脱硫水平衡

项目	水量构成	流量（m^3/h）	项目	水量构成	流量（m^3/h）
用水量	除雾器冲洗水流量	21	用水量	其他杂用水	19
	氧化风机冷却水流量	18	损失量	石膏带走水量	0.8
	真空脱水机用水流量	8		蒸发损失水量	54.7
	制浆用水量	10	排污量	脱硫废水流量	2.5

2. FGD 系统工艺水的水质要求

用于脱硫系统的工艺水对水质有一定的要求，除了应满足脱硫设备的防腐要求外，还要求水中所含的杂质不能影响烟气中 SO_2 的吸收和浆液中亚硫酸盐的氧化，也不能影响石膏的脱水。为了保证吸收塔内化学反应的顺利进行，需要控制悬浮物、氯离子、有机物及油类物质的含量。以前 FGD 使用的是工业水，水质一般都能满足以上要求。近年来为了满足深度节水条件下的水平衡需要，需要将电厂其他系统排出的高含盐量、容易结垢的废水用于 FGD。如果用水不当，则有可能引发一系列的问题。

（1）在吸收塔喷头上结垢。这个问题主要是水中所含的致垢成分浓度过高引起的。以前使用未经浓缩的工业水不会出现此类问题。从这个角度来看，至少喷淋水不能使用结垢倾向较大的循环水排污水或反渗透浓排水。

（2）吸收塔内产生泡沫。脱硫塔内出现泡沫是常见的问题，泡沫会引发脱硫塔浆液溢流、浆液液位无法控制，甚至浆液返流至烟道等很多问题。引起泡沫的因素很多，除了因浆液中硫酸镁的浓度过大引起泡沫外，大部分原因是浆液中存在过多的表面活性物质。工业油中通常含有烷烃、芳烃等复杂的有机成分，其添加剂的成分则更为复杂，是脱硫浆液中经常发现的有机活性物质。如果工业油进入脱硫浆液中，容易引起吸收塔泡沫问题。

在脱硫系统中的有机成分主要来源于工艺水。烟气中的杂质都是经过高温燃烧后的产物，正常情况下不会残留有机物。但是在锅炉投油助燃的非稳定阶段，如果燃烧不完全，烟气中有可能存在未燃尽的有机物；这些有机物可以随烟气进入脱硫浆液。相对而言，通过工艺水带入的表面活性剂比较常见，尤其是在使用废水、有机物污染比较严重的河水作为 FGD 的补充水时。例如浙江某电厂，当采用地下水作为工艺水时，脱硫系统没有任何问题；但水源换作地表水（运河水）后，尽管经过预处理，吸收塔仍会出现严重的泡沫问题。天津某热电厂采用 COD 大于 40mg/L 的水做工艺水，也频繁出现泡沫问题。为了有效控制泡沫问题，很多电厂在用水规定中提出工艺水的有机物指标，如要求 COD 不能超过 10mg/L。但实质上引起泡沫的关键是其中表面活性物质的含量，与 COD 的高低并没有明显的对应关系，因此无法统一规定脱硫工艺水的 COD 控制标准。

为了防止从工艺水中带入此类物质，需要控制脱硫工艺补水的水质，重点是补水的悬浮物和有机物。实际上，单从悬浮物含量的高低来看，由烟气带入脱硫系统的远大于废水带入的，而且烟气带入的成分更为复杂。但是，水中可能带入的一类长链有机分子更容易包覆石灰石颗粒，对石灰石的活性影响很大。

水中的磷也会影响脱硫效率。有报告表明，采用循环水排水作为脱硫系统工艺水水源时，水中的磷等成分对亚硫酸钙的氧化产生一定程度的抑制，因此要求将循环水总磷含量控制在 5mg/L 以下。

除了容易引起吸收塔泡沫问题外，工业油还会导致石灰石活性变差、干扰亚硫酸钙的氧化反应和影响石膏脱水等诸多问题。因此工艺水的油类物质要严格控制。某电厂的 FGD 系统在调试过程中因浆液漏入润滑油，使得浆液品质急剧劣化，石膏中亚硫酸钙的含量过高，最后不得不彻底更换吸收塔浆液。

近年来一些电厂将石灰处理沉淀的泥渣作为脱硫剂补入脱硫浆液系统，当泥渣来自城市污水或中水处理装置时，泥渣中含有大量复杂的有机物，发生上述问题的可能性很大。总体来看，有机物对脱硫的干扰是多方面的，应进行严格的评估。

除了有机活性物外，有些无机物质也会降低石灰石的活性，使脱硫效率下降。脱硫浆液中的悬浮物含量极高，其中含有的惰性物质会覆盖在石灰石颗粒的表面，阻碍浆液与石灰石接触，降低石灰石的反应活性和利用率，导致脱硫装置的脱硫效率下降。最为常见的是铝离子（通常主要由石灰石带入系统），在浆液中可以与 F^-（主要由烟气带入）反应形成 AlF_3、AlF^{2+}、AlF_4^- 等氟化铝络合物。当这类络合物达到一定浓度时，会吸附在石灰石颗粒的表面；情况严重时会形成所谓的石灰石浆液“盲区”现象，即浆液的 pH 值失控（即使增大石灰石投加量，浆液的 pH 值也无法维持稳定，持续降低）。

当发生“石灰石包覆”作用时，还会影响石膏的脱水性能和石膏的质量。一方面，石膏中碳酸钙的残留量增大，石膏纯度降低；另一方面，石膏颗粒粒径变小，导致脱水困难，含水率增大。同时，废水中的 F^- 含量也会增大。按照《环境标志产品技术要求化学石膏制品》（HJ/T 211—2005）的规定，石膏产品浸出液中氯含量应小于 100mg/kg，因而石膏滤饼和真空皮带脱水机滤布的冲洗水均应注意水质的杂质种类和含量。

三、机组水汽循环系统

水汽循环系统的最大特点是使用除盐水，是火电厂对水质纯度要求最高的系统。发电过程中最重要的能量转换与传递过程就是通过该循环实现的。水汽循环的基本过程是：原水经过水处理系统净化处理后，加压送入锅炉；水在锅炉中吸收烟气的热量，蒸发转化成高温高压蒸汽（液相转变为气相）；高温高压蒸汽进入汽轮机后将热能转化为动能并驱动发电机发电。做功后排出汽轮机的蒸汽（乏汽）在凝汽器中被冷却成凝结水（气相转变为液相）；凝结水再由凝结水泵送回锅炉，至此完成一个能量转化和传递的循环过程。

在水汽循环过程中，因锅炉排污、蒸汽管道疏水等排污以及排汽等原因，水量有一定的损失，所以需要补充除盐水。现在的大型火电机组汽水系统损失率很低，锅炉补给水量通常仅占锅炉蒸发量的 1%左右。因此，水汽循环系统尽管循环量很大，但除了机组启动时需要大量补水或停运时大量排水外，正常运行期间对全厂的水平衡影响不大。尽管补水率不大，但因为补充的是纯水，制水成本很高，因此水汽系统的节水依然很重要。

表 1-7 所示为某 4×600MW 机组水汽循环系统各部分的水量测试结果。从表中可以

看出，在除盐水中，主要用水系统为锅炉、闭式冷却系统及凝结水精处理。水汽损失占补充水量（不含对外供汽损失）的 61.8%；系统产生的排水主要是取样排水、疏水和精处理排水，约占补充水量的 17.4%。

表 1-7　　某 4×600MW 机组水汽循环系统各部分水量

项目	系统	水量（m^3/h）	项目	系统	水量（m^3/h）
用水量	除盐水补水总量	102	损失量	对外供汽损失	18
	锅炉补给水	90	排水量	疏水	6
	闭式冷却系统补充	4		取样排水	4
	凝结水精处理自用	8		凝结水精处理排水	7.7
损失量	汽水系统水汽损失	63			

间接空冷机组的水汽循环系统与湿冷机组相同，只是除盐水的消耗与湿冷机组略有不同。表 1-8 所示为某 2×600MW 空冷机组水汽系统水量的测试结果。与湿冷机组不同的是空冷换热器在夏季高温期间需要喷淋冷却和冲洗，这要消耗一部分除盐水，测试时这部分水的消耗量达到 $32m^3/h$，与该厂的锅炉补给水水量相当。

表 1-8　　某 2×600MW 空冷机组水汽系统水量

用水系统	水量（m^3/h）	用水系统	水量（m^3/h）
锅炉补给水	36	凝结水精处理自用*	5.5
闭式冷却系统补充*	4.5	空冷岛喷淋和冲洗	32

*　全厂公用系统，含湿冷机组用水

四、工业水系统

火电厂的工业水系统是连接设备最多、用水网络最复杂的水系统，辅机冷却是其中最大的用水网络，也是火电厂除循环水系统之外最大的冷却水系统。冷却水量较大的设备包括大型水泵、风机、空气压缩机、汽水取样装置、汽轮机润滑油系统等，这些都是电厂系统中的关键设备，采用统一的配水网络，因此工业水系统又称为辅机冷却水系统。

由于冷却水流经的设备类型很多，过流材质各不相同（包括碳钢、不锈钢、铜合金、钛等），耐腐蚀能力差异较大，所以一般采用水质稳定、安全可靠的天然水（地下水或地表水）作为冷却水源，而不使用水质复杂的中水和废水。在滨海电厂，尽管凝汽器使用海水冷却，但主要辅机设备依然用淡水冷却。当采用地表水做水源时，在补入辅机设备冷却水系统之前要经预处理。

辅机冷却水系统有直流式和闭式冷却两种方式。直流式冷却系统比较简单，冷却排水一般收集到回水箱或者直接补入循环水冷却塔水池。闭式冷却采用表面式冷却器，经过冷却器换热降温后循环使用。一些空冷电厂和滨海电厂，通过小型冷却塔来冷却工业水。这种冷却系统与循环水冷却塔相似，水会发生损失和浓缩，所以要不断地补充新鲜水。同时为了防垢、防腐蚀，有时还需要向水中投加阻垢、防腐蚀药剂、杀菌剂等。这类系统的浓缩倍率一般控制不高，各类药剂的投加量不大，通常不影响后续的梯级使用。

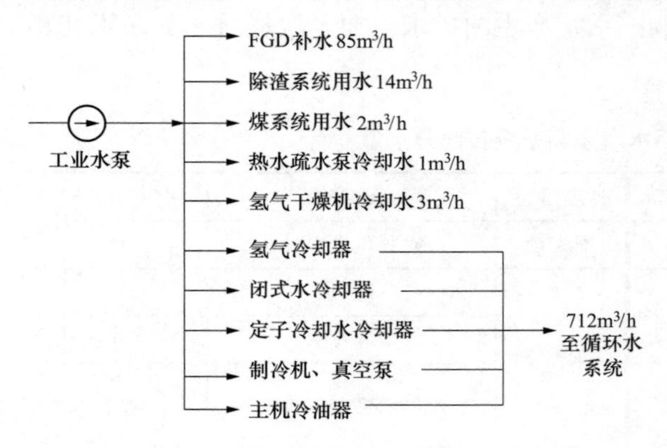

图 1-10　某电厂工业水系统水量分配图

各电厂的工业冷却水系统配置不完全相同。除了用于辅机设备冷却外，在有些电厂，工业水系统为 FGD 系统、除渣系统提供工艺水；在一些电厂工业水还用于全厂消防水池补水，炉底石子煤斗、燃油泵房轴封水及油罐喷淋用水，以及脱硝氨区用水等。

图 1-10 所示为某电厂 2×350MW 循环冷却机组的工业水系统水量分配图，从图中可以看出，直接用于设备冷却的水量占绝大部分。辅机设备冷却水在使用过程中水质基本不会受到污染，排水水质仍然较好，可以全部直接回用。除了空气压缩机、灰浆泵油站、渣浆泵油站等布置分散的设备外，大部分辅机设备的冷却排水都回收至工业水池循环利用，一部分直接补入循环冷却水系统。

五、水力除灰除渣系统

灰渣是煤的燃烧残留物，是火电厂最主要的固体废物。早期电厂的设计是灰渣混除。20 世纪 90 年代以后新建的电厂实行灰渣分除，灰渣采用独立的系统进行单独处置。图 1-11 所示为火电厂水力除灰和水力除渣的水循环示意图。

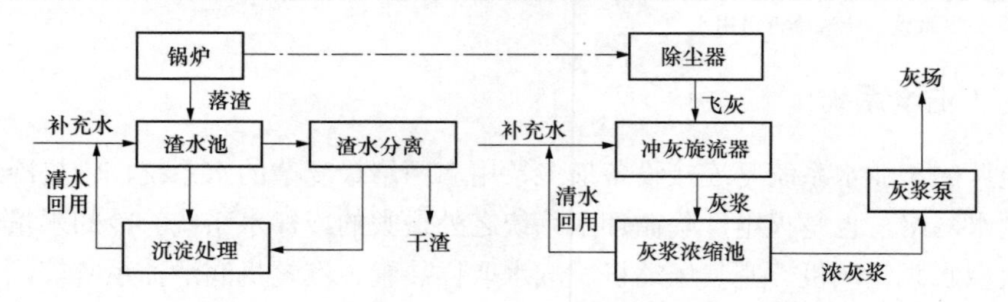

图 1-11　水力除灰和水力除渣系统的水循环示意图

1. 除灰系统用水

火电厂除灰有干除灰和水力除灰两种方式。

（1）干除灰。电除尘器、省煤器、空气预热器灰斗内的干灰，首先送入干灰压力输送罐，在此与压缩空气混合形成流化的气固混合物，送至干灰库。灰库中的干灰通过干灰卸料系统直接装车外运（如干灰场碾压堆放），也可以进行综合利用。干除灰系统与水的关系不大，在本书中不详细讨论，这里主要讨论水力除灰的问题。

（2）水力冲灰系统。早期的火电厂没有节水的概念，基本都采用低浓度水力除灰系统，每个电厂都有占地很大的水灰场。冲灰时需要消耗大量的水（甚至是新鲜水）。除了水的浪费十分严重外，冲灰水过剩和灰场灰水溢流外排引发的环保问题也很突出。后来逐步通过灰浆浓缩高浓度输灰、灰水循环使用等方法减少了排至灰场的水量，基本实现灰场废水不溢流。20 世纪 90 年代后期，随着干灰综合利用技术的推广，多数采用水力除灰的电厂进行了干除灰改造，增加了干除灰系统，除灰用水和排水大幅度减少。现在新设计的电厂全部采用干除灰、干输灰和干灰场。但一些老电厂为了处置外售剩余的干灰，还保留了水力除灰系统。

即使是保留水力除灰系统的电厂，大多也在厂内设置了灰浆浓缩池，实现了灰水短流程循环回用，大幅度减少了冲灰用水量，解决了灰水外排的问题。灰浆浓缩的基本流程是将电除尘器等设备的排灰用水冲到灰浆前池，然后用灰水泵送至灰浆浓缩池。在灰浆浓缩池中，粒径较大的灰颗粒沉淀至池底，因此浓缩池底部的灰浆浓度较高。这部分高浓度灰浆用柱塞泵输送到灰场，浓缩池上部的“清”水送回冲灰系统循环使用。

2. 除渣系统用水

除渣方式有两种，一种是干除渣，另一种是水力除渣。干除渣是在专用冷渣器中将炉底落渣（又称为底渣）利用空气冷却，再用汽车外运。因为热损失较大，采用这种除渣系统的电厂较少。水力除渣是国内绝大多数电厂采用的方式，炉膛内的高温底渣直接落入布置在炉底的水池（渣池），在水的激淬下高温渣块分裂成碎粒，再用捞渣机将渣粒捞起并转运至沥水仓脱水后外运。在冷却高温底渣时，渣池中的一部分水会蒸发造成水量损失。因此，除渣系统是火电厂除循环水冷却塔、脱硫塔之外的第三个产生蒸发损失的用水系统，需要持续补充水。

为了节水，现在的水力除渣系统都采用渣水闭路循环系统，除渣水经过处理后可以直接循环使用。除渣系统的补水可以使用电厂大部分系统的排水，包括澄清池排泥水、精处理再生废水、机组排水、化学再生废水及反渗透浓水等，水量不足时由循环水排污水补充。但要注意水中的氯离子等腐蚀性离子含量不能太高，以免腐蚀碳钢设备。曾经有电厂直接采用氯离子含量很高的 FGD 废水作为渣系统的补充水，导致碳钢、不锈钢部件发生了比较严重的腐蚀。另外，因为渣池又是炉膛底部的密封水池，一般要求水温不能高于 65℃左右，所以对补充的水温度有限制，不能过高。

冷却降温是渣水循环处理的主要环节。冷却方式有两种：一种是通过渣水中间池自然冷却，另一种是采用表面换热器（渣水冷却器）冷却。冷却水源大多采用工业水或循环水。使用渣水冷却器的优点是冷却效果好、流程短，但存在冷却器结垢和堵塞的问题。

某 2×600MW 火电厂采用灰渣分除，除灰方式为静电除尘、干灰外运，底渣采用湿式除渣，刮板捞渣机捞出的渣通过渣仓沥水后装车外运。除渣补充水主要是工业水和化学回用水池收集的排水。除渣系统用水点包括石子煤系统用水、捞渣机溢流水泵润滑水、渣仓反洗水、冲链水等，这些水最终都补入渣系统。

表 1-9 所示为该电厂湿式除渣系统水量测试结果。从表中可以看出，渣系统用水量高达 $214m^3/h$；水量损失主要是捞渣机蒸发损失和浓缩池排渣损失。通过渣水浓缩器回收的水量为 $182m^3/h$，补水量为 $32m^3/h$。回收水量占系统用水量的 85%，是补水量的 5.68 倍。可见，渣水回收对渣系统节水和废水减量有重要的作用。

表 1-9　　某 2×600MW 机组渣水系统水量

项目	水量（m^3/h）	项目	水量（m^3/h）
捞渣机补充水量	32	渣水处理系统浓渣水排出量	21
捞渣机损失水量	11.5	回用澄清渣水	161
渣水浓缩池处理水量	182		

从用水层级上来讲，水力除渣、除灰系统是最低级的，对水质的要求最低。几乎电厂的各类废水都可以用来除渣和冲灰。但在实际使用过程中，系统的结垢问题比较普遍，有一些电厂也发现有腐蚀的问题。尽管存在这些问题，从深度节水减排的要求出发，灰渣系统仍要优先使用其他系统无法直接回用的最“差”废水，包括冷却塔排污水、酸碱再生废水等。这方面的内容在后面的章节中讨论。

六、输煤系统用水

火电厂的输煤系统延伸的路线很长，涉及的区域也很大，包括码头、铁路专用线、煤场、输煤栈桥、转运站、碎煤机房以及主厂房内制粉系统等。煤场和输煤系统为了防止煤自燃和降尘，经常需要用水喷淋；输煤栈桥、输煤皮带机地面的煤粉需要经常冲洗。这些用水的特点是均为间断性用水，对水质的要求不高，前提是不能发生设备堵塞和腐蚀。喷淋器是最容易发生堵塞的设备，因此对水中颗粒杂质以及油的控制是煤系统用水水质控制的重点。新建电厂的煤系统基本全部使用回收水，将分散在输煤系统各处的排水及煤场附近产生的废水收集、处理后循环使用，水量不足时补充其他系统的废水。因为排水点比较分散，所以含煤废水的收集难度相对较大。

表 1-10 所示为某电厂煤系统用水水量分配情况。输煤系统用水包括煤场栈桥地面冲洗用水、煤场喷淋用水、除尘器喷雾用水、翻车机房抑尘装置用水及皮带机尾水喷雾等用水。输煤用水系统补水主要来自厂区化学回用水池来水和工业水。煤场喷洒水、输煤冲洗水及除尘器喷雾水先进入煤水沉淀池，经煤水处理装置处理后回用。煤水处理设备共有 3 套，实际处理能力约为 $3\times60m^3/h$。栈桥冲洗损耗 67%，皮带机及煤场翻车机抑尘喷洒消耗 33%。

表 1-10　　煤水处理系统水量分配情况

项目	水量（m^3/h）	项目	水量（m^3/h）
煤水处理循环使用水量	65.5	补充工业水	14
回用澄清渣水	38.5	煤场喷淋、栈桥冲洗、除尘喷雾损失水量	12

第三节　主要用水系统的节水

火电厂的用水系统实质上是一个用水网络，十分复杂。不同系统之间相互影响，因此火电厂的节水是一个系统工程。火电厂节水工作的特点是：①节水并不局限于某个系统或某个工序，而是涉及火电厂所有的用水系统。②节水与废水排放控制是相互影响和制约的；节水不单纯是减少用水量和取水量，还要充分考虑废水排放的要求。从目前很多电厂和实际情况来看，来自废水排放限制的压力更大。因此，火电厂节水工作的开展要制定系统的规划和方案，要遵循科学规律，循序渐进进行。

总体来说，火电厂的节水工作应该包括以下几个层次：

（1）提高用水管理水平。消除设备的泄漏，杜绝水的浪费。这是节水工作最基础、技术难度相对最小的工作。

（2）通过技术改进，减少用水设备或系统的用水量和耗水量。如循环水系统，通过采取一定的技术措施，提高浓缩倍率，可以大大减少补水量和废水排放量。对于水汽系统，通过对给水、炉水进行优化处理，减少水汽损失，降低除盐水的消耗。

（3）对各系统的排放废水进行综合利用。这是火电厂节水的最高层次，技术难度也是最大的。火电厂有多种类型的废水，因水质不同，其回用的难度和代价也不同。

从节水工作的顺序来讲，只有解决了低层次的问题，才能进一步解决更高层次的问题；否则，工作有可能出现重复甚至走弯路。从节水效益来讲，越基础的工作，节水效益越显著，技术难度也越小。例如跑冒滴漏问题，完全取决于电厂的管理水平，但对水耗影响很大。本节重点对火电厂几个节水关键环节以及可能的节水途经进行分析。

一、提高循环水系统的浓缩倍率

对于循环冷却型电厂，无论是干除灰还是水力除灰，浓缩倍率都是决定单位发电量取水量大小最关键的参数，也是全厂用水优化的核心参数。因为循环水系统的循环水量很大，所以其水平衡的改变，即使是很小的变化，都可能对全厂水平衡产生很大的影响。循环水补水量、排污水量直接影响全厂单位发电量取水量和末端废水量的大小。图 1-12 所示为 6 个大型循环冷却火电厂的浓缩倍率和单位发电量取水量。尽管这些电厂机组形式和装机容量都不相同，也使用不同的水源，但从图 1-12 可以看出，浓缩倍率的高低基本可以决定全厂单位发电量取水量的大小。因此，合理地提高循环水系统的浓缩倍率是循环冷却型火电厂最核心的工作之一。图 1-13 所示为浓缩倍率对补充水量的影响。从图中曲线可以看出，浓缩倍率在 3～5 之间的节水效益最为显著；继续提高浓缩倍率至 5 以上，节水量越来越小。

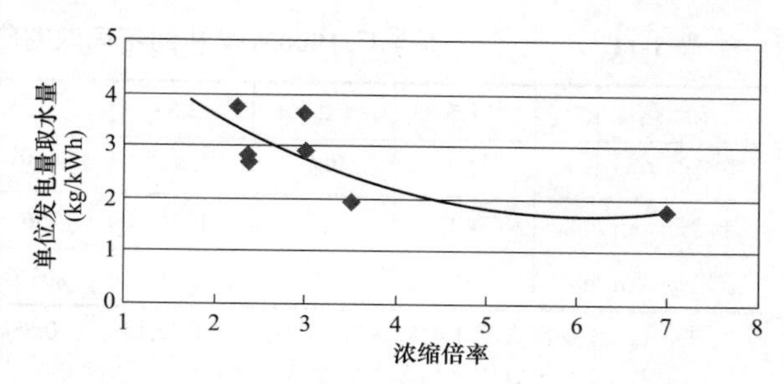

图 1-12　浓缩倍率对单位发电量取水量的影响

表 1-11 所示为某电厂 1000MW 火电机组循环冷却水在不同浓缩倍率时，补充水量、排污量和节水量的计算值。该系统循环水量为 $12.6\times10^4m^3/h$，节水量以浓缩倍率 1.5 为基数计算。从表中可看出，浓缩倍率为 5 时比浓缩倍率为 1.5 时节水 $3087m^3/h$，而 6 倍浓缩只比 5 倍浓缩节水 $88m^3/h$。以前大多数电厂都是将浓缩倍率控制在节水效益最高、

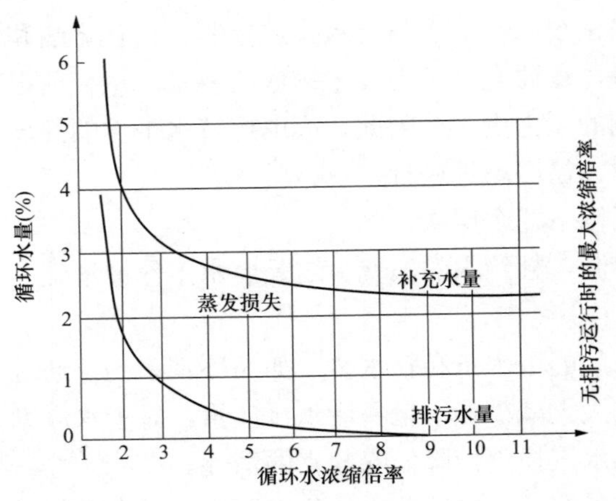

图 1-13　浓缩倍率对补充水量和排污水量的影响

处理成本相对较低的 3～4 之间。因此，以前在确定浓缩倍率范围时，从节水经济性考虑，浓缩倍率大多不超过 5。

浓缩倍率对循环水系统排污量的影响与补充水量完全相同，从图 1-13 中浓缩倍率对排污量的影响曲线以及表 1-11 的排污流量就可以看出这一点。如果没有废水零排放的要求，对于大多数水质来说，只考虑节水量，循环水浓缩倍率无疑应控制在 3～5 的节水最佳效益区间。但是，如果对最终废水外排量有限制甚至要求达到废水零排放，则本着从源头减少高盐废水排污量的原则，浓缩倍率应优先满足以废水排放控制为核心的全厂水平衡的要求。随着“排污许可”制度的推进，对电厂废水排放量的要求越来越严格，在此情况下，应着眼于末端废水的处置成本来分析浓缩倍率的经济性范围。冷却塔排水是火电厂流量最大的一股高盐排水，从全厂减排的经济性来考虑，应尽量实现前端减量。根据大量的案例分析，对于要实现废水零排放的电厂，循环水系统提高浓缩倍率增加的处理成本，大多远小于末端废水减量而降低的末端废水处置成本。因此一般浓缩倍率应该提得更高，而且应尽量提高。提高浓缩倍率还可以节约阻垢剂等药剂的消耗量。药剂很大一部分是随排污损耗的；浓缩倍率提高，排污量减少，药剂损失量随之降低。

表 1-11　　某电厂 1000MW 机组不同浓缩倍率的节水量和排污量

浓缩倍率 K	1.5	2	2.5	3	4	5	6	10
排污率 P_P（%）	2.7	1.3	0.83	0.6	0.37	0.25	0.18	0.056
排污量（m^3/h）	3402	1638	1046	756	466	315	227	71
节水量（m^3/h）	0	1764	2356	2616	2936	3087	3175	3331

注　1．蒸发损失率 1.4%，排污率 0.1%，风吹损失率 0.5%。
　　2．节水量以浓缩倍率 1.5 为基数计算。

提高浓缩倍率的成本取决于补充水的水质。有些电厂的水质很好，原水的碳酸盐硬度和含盐量低，仅仅采用成本较低的药剂处理就可以达到较高的水平。例如南方地区某电厂水源的含盐量很低，只投加水稳剂就可以将浓缩倍率维持在 5 左右，循环水的含盐量仅为 1200mg/L。北方大部分电厂的水质较差，碳酸盐硬度和含盐量都比较高，要维持较高的浓缩倍率，通常需要对循环水或补充水进行软化处理，同时要投加带缓蚀剂的水质稳定剂，处理系统比较复杂，成本也很高。图 1-14 所示为北方几个大型火电厂的碳酸盐硬度和浓缩倍率（图中 K 表示浓缩倍率），从图中可以看出，大部分电厂原水的 $Ca(HCO_3)_2$ 含量在 3～5mmol/L 的范围内，而且主要集中在 4mmol/L 附近。这些电厂要将浓缩倍率提高至 5 以上，单靠加水质稳定剂是不够的，必须通过软化等多种工艺联合处理。

二、FGD系统的节水

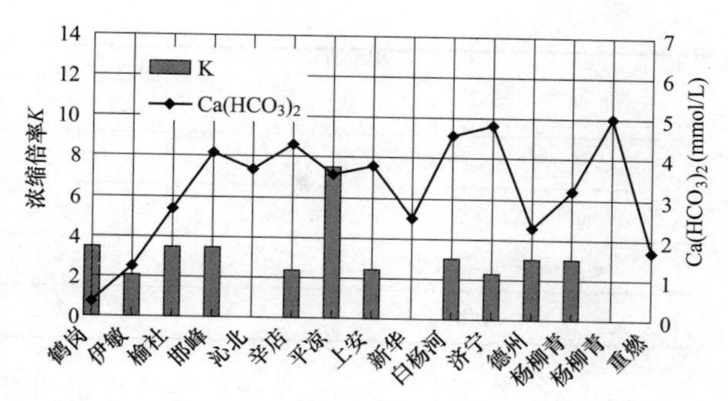

图 1-14 几个火电厂的碳酸盐硬度和浓缩倍率

FGD 水的损失主要包括蒸发损失和排污两部分。在脱硫吸收塔内烟气与喷淋浆液接触，水分蒸发，烟气温度降低到饱和温度。在吸收塔内蒸发的水量取决于进入吸收塔的烟气温度以及烟气湿度。SO_2浓度对 FGD 系统的蒸发水量影响不大。排污损失主要与浆液的杂质含量有关。

（1）降低湿法脱硫的蒸发损失。降低 FGD 系统入口的烟气温度后，脱硫吸收塔的蒸发损失水量相应减少，FGD 系统耗水量降低，这是 FGD 系统节水的一种途径。试验表明，如果将 FGD 系统入口烟气温度从 120～140℃降至 90℃，可以节水 30%～40%。德国某电厂一台 300MW 烟煤机组，燃煤的含硫量为 1%，水分为 10%，热值为 28.000kJ/kg。当脱硫吸收塔入口烟气温度为 140℃时，吸收塔蒸发水量约为 47m^3/h；当吸收塔入口烟气温度降为 80℃时，蒸发水量仅为 20m^3/h 左右。某电厂 300MW 机组 FGD 的测试数据显示，当脱硫塔出口烟气温度由 53℃降至 47℃后，烟气中有 33.5m^3/h 的水分凝结出来。图 1-15 所示为根据模型计算得出的吸收塔进口烟气温度与蒸发水量的关系曲线，从图中可以看出烟气温度对蒸发水量影响很大。

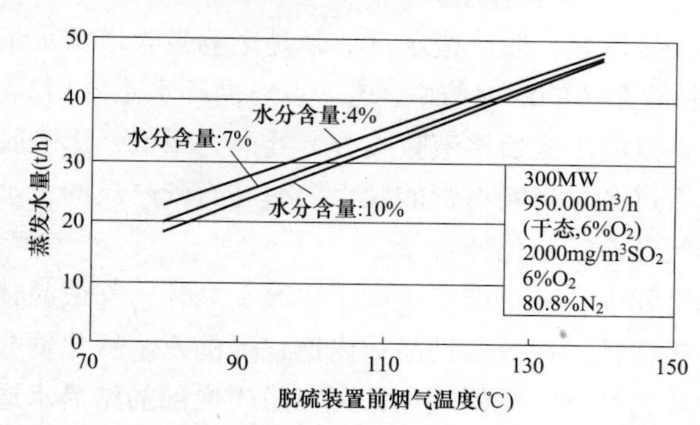

图 1-15 吸收塔进口烟气温度与蒸发水量的关系

某电厂有 6 台机组，其中 5 台机组（1～5 号）进行了低低温省煤器节能降耗改造，另外还对 5 号机组进行了 WGGH 改造。改造后，1～4 号机组脱硫塔的进烟温度降至 90～95℃，5 号机组脱硫塔的进烟温度降至 90℃左右。没有进行改造的 6 号机的脱硫塔进烟温度约为 125℃。由于 1～5 号机组的烟温降低，所以脱硫系统蒸发水量较水平衡测试期间工况均明显降低。表 1-12 所示为 1～5 号机组改造前后 FGD 系统的蒸发损失量变化，从表中可以看出，降低烟气温度后，蒸发损失量降低了 15～26m^3/h，改造后水量减少 16%～26%，节水效果显著。

表 1-12　　某电厂节能改造前后 FGD 系统蒸发损失量的变化

项　目	一期 2×350MW 机组（1、2 号）	二期 2×330MW 机组（3、4 号）	600MW 机组（5 号）
机组冷却形式	循环冷却	循环冷却	直接空冷
改造前脱硫塔蒸发损失水量（m^3/h）	105	94	138

续表

项　目	一期 2×350MW 机组（1、2 号）	二期 2×330MW 机组（3、4 号）	600MW 机组（5 号）
改造后进入脱硫塔的烟气温度（℃）	90～95	90～95	90
改造后脱硫塔蒸发损失水量（m^3/h）	81	79	102
蒸发损失水量减少（m^3/h）	24	15	26
节水率	23.8%	16%	26%

图 1-16 所示为国内 16 个电厂脱硫塔进口烟气温度和脱硫系统水耗的调研结果，从图中可以看出，基本趋势是脱硫塔进口烟气温度越高水耗越大。

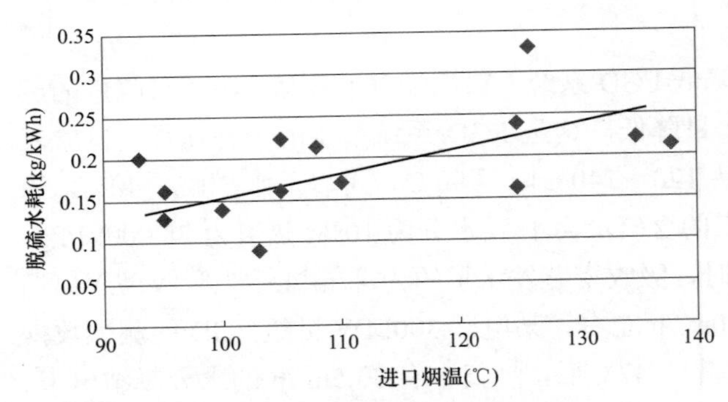

图 1-16　FGD 进口烟温对水耗的影响

除温度外，烟气湿度对脱硫系统水平衡也有很大的影响。烟气湿度越大，随烟气带入吸收塔的水越多，相当于额外补入脱硫系统的水量越多，需要的补水量越少。当燃用褐煤等高水分煤种时，还会出现烟气带入脱硫系统的凝结水多于脱硫过程损失的情况，不仅不需要补水，还要向外排水。

（2）提高脱硫浆液的浓缩倍数，减少排污量。脱硫废水排放量是影响吸收塔需水量高低的另一个重要因素，其大小取决于脱硫系统的浓缩倍率，这一点与循环水系统相似。目前限制脱硫浆液浓缩程度的主要因素是过度浓缩后浆液吸收 SO_2 的能力降低，影响脱硫效率。另一个因素是浆液中氯离子含量过高会影响石膏的脱水效率与石膏产品的含水率。多数情况下，氯离子主要取决于烟气带入的氯化物含量。

研究表明，浆液中的硫酸钙在结晶过程中，有可能将氯离子包裹在晶体内部或晶体之间，并与钙离子反应生成稳定的六水氯化钙。在硫酸钙晶体内部包裹的六水氯化钙会造成石膏产品的含水率增大；存在于硫酸钙晶体之间的氯化钙可以阻碍内部的结晶水透出，导致石膏脱水困难。因此，为避免过量氯离子对石膏脱水造成影响，很多情况下要求氯离子浓度控制在 20 000mg/L 以下。

尽管存在以上问题，但为了满足当前废水深度减排的要求，仍需要通过优化运行条件提高脱硫浆液的浓缩倍数，尽量减少脱硫废水产生量。因为脱硫废水是构成电厂末端废水最大的部分，其减量对整个电厂的废水减排，尤其是废水零排放有重要的意义。这方面的研究工作已经开始，也有成功的案例，如德国某电厂通过加大浆液的浓缩大幅度减少了脱硫废水量。该厂机组容量为 251MW，烟气氯含量为 150～300mg/m^3，进入脱硫吸收塔的烟气流量为 900 000m^3/h，设备的防腐材料可以耐受氯离子浓度为 35 000mg/L，原设计浆液氯离子含量上限为 15 000mg/L，相应的废水量为 14m^3/h。为了减少废水量，通过调整离心脱水机参数，将氯离子的限值提高至35 000mg/L，废水量降至6m^3/h，降低至原来的43%，废水减量效果显著。

（3）优化脱硫塔的用水，降低脱硫补充水量。一方面，用石膏脱水滤液代替部分补充水，滤液可用于制浆、底层除雾器冲洗等；另一方面，优化石膏冲洗水的用量，应根据石膏的具体用途，确定水冲洗的程度。例如，如果石膏作为建材材料，则通过调试，确定满足氯离子含量下的冲洗水量和冲洗时间，避免过度冲洗；如果石膏不外销而是直接掩埋，则不需要进行冲洗。

三、灰渣系统的节水

在当前深度节水的要求下，水力冲灰系统要耗用大量的水，必须采用干除灰。近年来新建的火电厂已经全部采用干除灰方式，新建的灰场全部是干灰场，但一些老电厂还保留水力除灰方式，因此除灰系统依然是这些电厂节水的关键之一。水力除灰的节水要点如下：

（1）只能使用回用成本较高的废水冲灰（如煤源性废水或高盐废水），不能使用低盐废水甚至工业水，因为低盐废水简单处理后即可用于其他水质要求更高的场合。由于除灰系统对水的含盐量没有特殊要求，在使用高盐废水冲灰时，废水中带入的过饱和盐分与灰浆混合的过程中析出沉淀，这些沉淀大部分会吸附在灰颗粒上，因此回用成本相对较低。尽管各种废水的补入会引入更多的致垢成分（如碱度），增大冲灰水系统结垢的风险，但是从全厂的水平衡优化和综合的节水减排效益来讲是值得的。

（2）即使使用废水，也要努力降低系统补水量，因此要提高灰水比，采用高浓度（灰水比）除灰。以前的灰浆输送设备对灰浆浓度有限制，是高浓度输灰的一个瓶颈；近年来的柱塞灰浆泵可以输送灰水比为1的灰浆，输灰设备已完全可以满足高浓度输灰的要求。

需要指出的是火电厂应该尽可能采用干除灰，主要原因如下：

（1）要满足深度节水要求下的水平衡必须采用干除灰。在水力除灰电厂，为了满足冲灰水量的要求，上游用水系统的排水量就不能低于冲灰需水量，其节水程度和水平受水力冲灰的制约。例如在确定循环水浓缩倍率时，要考虑系统排水与冲水用水量的关系，限制了全厂节水水平的提高。

（2）相对于节水来讲，水力冲灰的更大问题是环保风险。灰中富含的多种杂质遇水溶出，大大增加了灰水中的污染物，环境风险远高于干灰储存。从环保角度来看，不用水除灰，干灰中的各类杂质不会溶出，只要按照规定在干灰场储存，就不会污染环境。而水灰场则有很大的环保风险，灰水外排或泄漏会污染土壤和水源（包括地表水和地下水）。即使灰场排水水质满足相应的排放标准，但因废水的含盐量很高（大部分标准不限制废水含盐量），仍然容易引起土壤板结，使土质劣化；同时高硬度、高盐分的灰场废水也会增加外部水体的硬度和含盐量。因此，无论从节水的角度还是环保角度，都应该大力采用干除灰技术。

除渣系统是火电厂另一个重要的用水系统，目前仅有少数电厂采用干除渣，绝大多数的电厂依旧采用湿法除渣。与灰系统相比，除渣系统的水容量小得多，但除渣系统的废水排放控制是很多火电厂废水治理的难点之一。除渣系统废水减排的关键是其排水应全部循环利用。在保证除渣及锅炉炉底密封的前提下，应尽量减少外来水源的补充量。这方面的内容会在后面的章节中详细讨论。

四、汽水循环系统节水

锅炉给水系统补充的是除盐水（纯水），制水成本很高，因此即使水量不大也有很大的效益。通过对给锅炉给水处理方式进行优化，可以减少补充水量。

（1）锅炉给水加氧处理是一种新的给水处理方式。可以减小除氧器的开度，降低蒸汽的损耗，节约除盐水用量和能量损失。

（2）对于汽包锅炉，通过给水和炉水优化处理，可以减少锅炉的排污量，具有一定的节水和节能效果。

（3）优化水汽系统水质调整处理参数，在满足系统防腐的前提下减少水汽系统的化学药剂加入量，可以取得节水减排的综合效益，最典型的是加氨的优化。为了防止锅炉水汽系统发生腐蚀，需要向水中加氨以提高凝结水、给水的 pH 值。无论是汽包炉还是直流炉，氨在蒸汽中的分布系数远大于水，因此加入给水的氨几乎全部进入蒸汽，最终全部进入到凝结水。这些氨在凝结水精处理装置中又被去除，既占用了精处理树脂的交换容量，又增加了再生废水中的氨浓度，影响再生废水的后续回用或处理。如果通过优化，减少氨的加入量，既减少了氨的消耗，又延长了凝结水精处理的有效运行时间，增加了周期制水量，减少再生用的酸碱的消耗量，同时降低了再生用除盐水的消耗量以及再生废液的产生量。

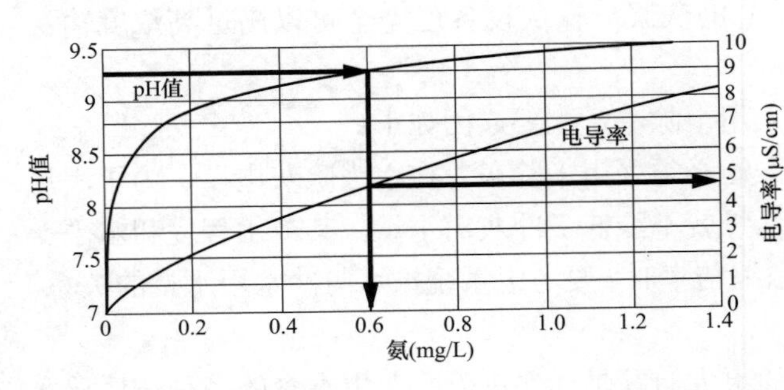

图 1-17　给水中氨浓度与 pH 值、电导率的关系（25℃）

需要注意的是，按照蒸汽动力设备水汽质量标准的要求，水汽系统的氢电导率在用氧作为调整剂后应低于 0.15μS/cm。图 1-17 所示为给水中氨浓度与 pH 值、电导率的关系。通过将锅炉给水调节从碱性运行方式（pH=9.4、NH_3 浓度为 1.1mg/L）改为联合运行方式（pH=8.0、NH_3 浓度为 0.5mg/L，加氧 0.030～0.150mg/L），凝结水中的氨含量可以减半，凝结水精处理运行时间延长一倍。通过该项措施，凝结水精处理再生废水量从 0.18kg/kWh 减少到 0.072kg/kWh。

五、对全厂废水进行高效综合利用

废水回用是火电厂节水减排的重要途径，通过废水回用，可以替代火电厂 30%以上的新鲜水，节水潜力巨大。同时，还可以减少电厂外排废水量，减轻对环境的污染。因此，对废水进行综合利用，将废水资源化，电厂可以取得节水和废水减排的双重效益。

火电厂的废水种类很多，所含杂质和排放特点各不相同，应优先进行水的梯级使用，提高水的利用效率和用水的经济性。梯级使用是相对于水质而言的，其涵义是按照用水设备对水质要求的高低顺序串联用水，又称水的串级使用。火电厂典型的梯级用水方式有辅机设备的冷却排水直接补入循环水系统、冷却塔排污水补至除灰系统等。为了减少废水回用过程中的处理成本，应根据废水的水量、水质进行合理地分配，尽可能减少处理环节，以尽量低的成本取得废水回用的最大效益。

用水系统对水质的要求也是决定回用处理工艺和成本的重要因素。从现有的各种废水处理工艺来看，是否需要进行脱盐处理是决定回用处理成本、工艺复杂性的分水岭。如果不需要除盐处理，则废水的回用成本一般比较低，处理工艺相对简单；如果必须进行脱盐处理，则废水的回用成本往往较高，处理工艺也比较复杂。废水综合利用的要点就是根据各路废水的水质、水量特点和各用水系统的要求，对废水进行合理的分配并进行相应的处理，在整体上以最低的处理成本取得最大的废水回用效益。

六、褐煤水分的利用

褐煤是碳化程度较低的煤种，具有高挥发分、高水分和低热值的特点；褐煤中的水分含量高达 25%～50%。燃用褐煤的电厂烟囱里冒出的白色烟云，曾被很多人认为是白色的烟雾，实际上这些浓烈的白色“烟雾”主要成分是水蒸气。在环保压力日渐加大、水资源费用越来越高的今天，褐煤烟气中的水分已成为褐煤火电厂的新水源。我国的褐煤主要分布在内蒙古、东北和云南等地，多为干旱缺水地区，褐煤取水对于缓解这些地区火电厂的用水紧张状况有一定的作用，具有显著的节水效益。

目前较为成熟的褐煤取水工艺技术路线包括煤中取水与烟气中取水两种。

1. 从褐煤中取水

煤中取水的主要工艺路线有两种：一种在褐煤预干燥阶段回收水，另一种是在制粉阶段回收水。

（1）在褐煤预干燥阶段回收水。褐煤预干燥工艺主要是在褐煤入炉前，利用循环冷却水、汽轮机抽汽、汽轮机排汽、锅炉排烟等低品位热能作为热源对褐煤进行干燥处理。预干燥后低水分的褐煤入炉燃烧，水分转入干燥过程中产生的乏汽通入后续回收系统回收水分和热量。该工艺最大的特点是充分利用电厂的低品位热源转移褐煤水分，减少了进入炉膛的水分，提高了高品位能量的利用效率，实现燃煤发电过程能量的梯级利用。1996 年，德国某研究单位在一台 400m^3 褐煤焦固定床反应器上安装并运行了回收水的示范装置，运行结果证实了该工艺的可行性。计算及试验研究结果表明，利用流化床干燥和废热内部循环利用可提高 5%的效率。通过将原褐煤单独进行预干燥，除了提高节能效率外，还可能使电厂单位耗水量降低 20%。方法是将干燥乏汽冷凝，凝结水处理后用于电冷却塔补充水。

（2）利用风扇磨煤机仓储式制粉系统回收水。该工艺的工作原理是从锅炉中抽取干燥烟气输送到干燥管，在干燥管中对褐煤进行快速加热干燥。干燥后的原煤送入风扇磨煤机磨制。磨制过程中煤粉中残余的水分蒸发，形成高湿乏汽送入乏汽余热及水回收系统。

乏汽余热及水回收系统主要包括乏汽暖风器、乏汽加热器及深度水回收装置三部分。暖风器利用乏汽预热锅炉送风，在回收乏汽余热的同时也回收一部分凝结水。加热器利用乏汽加热低温机组凝水，既回收乏汽余热回用于机组热力系统，同时也进一步回收乏汽中的水。乏汽中水的回收量取决于水回收系统的末端乏汽排放温度，在加热器（或暖风器）后设置深度水回收装置可以尽可能多地回收水。乏汽余热及水回收系统排出的低温乏汽送往锅炉尾部烟道，与锅炉除尘器出口的排烟混合后进入烟气脱硫系统。在该过程中低温乏汽对锅炉排烟有冷却作用，进入吸收塔的烟气温度降低可显著减少脱硫系统的蒸发损失。

2. 从烟气中回收水分

（1）冷却取水。褐煤电站锅炉排烟温度一般在140～150℃，烟气体积含水量达15%左右。从理论上来说，通过冷却将烟气温度降至露点以下就可以回收烟气中的水分。与此同时，水蒸气在凝结的同时可以释放大量的显热及潜热，这部分热量可以回收利用，提高热能的利用率。目前这方面的研究工作已经开展。美国理海大学锅炉烟气水分回收项目研究结果表明，部分过程条件下的水分回收率可达70%，锅炉效率可增加1.8%～3.9%，如将烟气冷却至环境温度，烟气中Hg的脱除率能达到60%。

除了必须提供巨大的制冷能力外，烟气冷却取水存在的另一个问题是烟气中复杂的成分会溶解在冷凝水中，冷凝水水质将十分复杂且具有很强的腐蚀性，所以冷凝水的后续净化处理需要研究。西安热工研究院先后两次分析了内蒙古某电厂的烟囱冷凝水样品的水质，结果表明冷凝水呈强酸性，悬浮物、硬度、硫酸根及含盐量均较高，且两次分析的水质差异很大，说明水质不稳定，波动幅度很大。从目前的研究结果看，这类冷凝水首先考虑回用至脱硫系统，但需要研究对脱硫反应、脱硫效率、除雾器结垢以及烟气排放的影响。因为冷凝水水质波动大、水质差、水温高（40℃以上），暂不考虑用于其他系统。

（2）膜分离取水。另一种有潜力的路线是利用气体膜分离系统从烟气中回收水，但需要解决高温环境中（烟气温度）高分子膜材料耐受高温，以及高温下氮气等非凝结气体透过膜的问题。据报道，荷兰某大学研发出一种基于高分子膜的材料，这种膜材料是具有水分子选择性涂层的中空纤维，对烟气温度下的水蒸气具有很强的选择性。运行时，中空纤维内维持真空状态，为平衡中空纤维内、外的压力差，水分子自然扩散进入纤维内部，最终实现水蒸气与烟气的分离。在燃煤电厂中该装置可设置在脱硫装置后。膜分离取水技术目前还在进一步研究之中，主要的技术障碍是推动压差很小，水透过膜的通量太低，还不具备工业应用的条件。

美国天然气技术研究院采用无机中空陶瓷膜技术进行烟气水分捕集技术（TMC）的开发。TMC技术中烟气在中空陶瓷膜内流动，陶瓷膜外流体为锅炉补给水，烟气中的水蒸气通过具有不同孔径的多层陶瓷膜后冷凝，冷凝放出的热量被锅炉给水吸收，实现水分及热量的同步回收。将TMC技术用于天然气锅炉后，水分回收率在40%以上，锅炉效率可提升 5%。

七、水处理过程的节水

对于水处理工艺的选择，以往只从技术、经济两方面进行考虑。技术方面主要考虑技术的成熟性和先进性，而经济性往往只考虑建设投入和运行成本。在当前对废水排放的严格要求下，还应该考虑工艺过程的环保性。

环保性评估应该着眼于化学品的使用和工艺排水两个方面。一方面，选择工艺过程中化学药品用量少的工艺；另一方面，根据药剂对工艺废水的成分、乃至全厂最终排水的影响整体考虑，正确选择化学品。要计算工艺废水的产生量和主要杂质成分的量，以及工艺过程中固体废物的产生量，根据全厂废水处理的要求进行评估。例如在选择除盐工艺时，以前认为反渗透只适用于含盐量高的水处理；当原水含盐量低于一定的范围后，就没必要使用反渗透，可以采用离子交换工艺。这是一个单纯的经济性分析得到的结果，如果从环保角度来分析，会有另外的选择。从废液盐浓度来看，离子交换再生废水的盐浓度比反渗透浓排水高很多倍。从整个水处理过程的物料平衡分析，离子交换过程中人为向水中增加了相当于除去杂质离子 1.5 倍以上的酸和碱，最终以中性盐的形式进入到再生废水中。与此相比，反渗透脱盐处理过程中人为加入的药剂量几乎可以忽略。尽管离子交换工艺产生的废水量的确比反渗透少得多，但从盐类杂质的排放总量来看，离子交换是反渗透的 1.5 倍以上。因此，目前在很多情况下反渗透脱盐都是首选工艺。

在锅炉补给水处理系统中，还有其他类似的情况，如混床与电除盐工艺的选择、石灰沉淀、弱酸离子交换软化工艺的选择等。混床除盐工艺应用时间很长，技术很成熟，但再生要消耗酸、碱，同时形成大量高盐的酸碱性废水。电除盐工艺应用时间不长，对进水要求严格，而且只能除离子态杂质，不能除硅和有机物，但在运行过程中基本不消耗酸、碱，也不会产生大量的再生废液，具有良好的环保性。因此，近年来在新建火电厂中大量应用。软化处理工艺选择也有类似的情况，以前往往会基于占地面积小、出水水质稳定而选择弱酸离子交换软化工艺。但是该工艺需要频繁再生，要消耗大量盐酸或硫酸，还会产生大量高盐再生废液，后处理难度极大。随着环保要求更加严格，近几年新建的机组已经很少采用弱酸离子交换软化工艺，这方面的问题将在后面的章节中详细讨论。

第二章 火电厂废水的产生及杂质迁移过程

火电厂的废水主要来源于各用水系统、各水处理系统产生的排水，废水的种类很多，水质水量特性差异很大。在用水过程中存在不同程度的浓缩、杂质溶入，在水质调整中还要加入各类化学药剂，所以废水的杂质来源和迁移过程都比较复杂。电厂主要的废水包括循环水排污水、灰渣废水、工业冷却水排水、机组杂排水、煤系统废水、油库冲洗水、化学水处理工艺废水、生活污水等。与化工、造纸等工业废水相比，火电厂废水中的有机污染成分较少，杂质以无机物为主；在生产过程中进入水体的有机污染物主要是油。另外，间断性排水较多。

本章根据废水中杂质的来源和分类处理的需要对废水进行分类，在此基础上重点分析不同类型废水杂质的特点和迁移过程。

第一节　废水中杂质的来源及废水的分类

一、废水中杂质的来源分析

火电厂水中的杂质主要来源于原水、燃煤及燃油燃烧后残留杂质、水处理过程中人为的加入，以及用水过程中各种形式的混入。

1. 原水带入的杂质

电厂的原水主要采用天然水和城市中水，个别电厂采用矿井疏干水。原水带入的杂质主要有无机盐和有机杂质。这些杂质在用水过程中大多会发生浓缩，杂质的浓度越来越高。在排放时有些排放控制成分可能会因浓缩而浓度超标，如使用中水的电厂有可能出现排水中氨氮、有机物和磷超标的问题。在对排水有含盐量要求的地区，溶解盐量也会超标。其中，循环冷却水、反渗透等排出的浓缩性废水是末端废水的主要部分，其杂质主要是随原水带入的。

2. 燃煤和燃油带入的杂质

燃煤和燃油带入的杂质是火电厂废水中杂质的主要来源之一。燃煤和燃油中都含有各种矿物质，在高温燃烧过程中会发生一系列复杂的化学反应，产生很多新的化合物。其中很多高活性的成分会通过烟气和灰渣进入水中。

煤中的杂质主要是铁、铝、钙、镁等元素组成的硅铝酸盐、碳酸盐、含硫化合物、氯化物和氟化物等，成分和含量与煤的形成过程、年代有关，组成复杂，含量的变化也很大。因此，与煤关联的废水总体表现为成分复杂，杂质含量高且水质波动大，处理难度大，回用成本高。典型的废水包括含煤废水、灰渣废水以及湿法脱硫废水。原煤在储存、转运过程中遇水溶出一部分杂质，形成含煤废水。在水力除灰、水力除渣过程中灰渣中携带的水溶性杂质进入水中，形成灰渣废水。在湿法脱硫过程中，烟气中的杂质进入水中形成脱硫废水。相对而言，脱硫废水中的杂质更加复杂，含量更大，是电厂末端废水中主要的杂质来源。

煤中杂质的转化和迁移过程十分复杂。大致过程是：煤在炉膛内高温燃烧时（温度高于 1000℃），碳、硫、磷等可燃无机物和有机物在燃烧过程中快速氧化形成二氧化碳（CO_2）、氮氧化物（NO_x）、硫氧化物（SO_2 和 SO_3）和水蒸气，与炉膛内的不可燃气体一起形成高温烟气。煤中不可燃的无机化合物在高温环境中会发生一系列的化学变化，以新的物质形式进入到烟气和灰渣中。其中有一部分可以受热分解（如碳酸钙），产生的气体进入烟气；化学稳定性高的化合物则以残留固体物的形式与煤中的其他惰性物质一起被熔化，因表面张力的作用形成液滴。其中，体积较大的液滴在炉膛中下落形成渣（底渣），而体积小的液滴则飘浮在高温烟气中，随烟气流过烟道并在低温区域冷却凝结成飞灰颗粒。当遇到水时，灰渣中的活性物质（主要是钙的氧化物）会溶入水中，这是灰渣废水杂质的主要来源。

含硫化合物是煤中对环境影响最大的杂质。在炉膛内燃烧时，煤中的硫化物氧化成为二氧化硫，是火电厂污染大气的主要成分。硫化合物分为无机硫和有机硫两部分。无机硫主要是硫铁矿硫和硫酸盐硫，还有些煤中存在单质硫（即硫磺）。其中，硫铁矿硫主要以黄铁矿硫（FeS_2）为主，还有少量的白铁矿硫（FeS_2）、砷黄铁矿（FeAsS）、黄铜矿（$CuFeS_2$）、方铅矿（PbS）、闪锌矿（ZnS）等。硫酸盐硫主要有石膏（$CaSO_4.2H_2O$）、绿矾（$FeSO_4.7H_2O$）、重晶石（$BaSO_4$）等硫酸盐。有机硫主要有硫醇或醚基化合（R-SH、R-S-R）、二硫醚羧（R-S-S-R）、噻酚类杂环硫化物、硫醌化合物等。

氯化物和氟化物是煤中存在的另一种重要杂质。在燃烧过程中，煤中的氯化物和氟化物分别形成气体，在湿烟气环境中，这些酸性气体会腐蚀烟道的金属构件和设备。在脱硫吸收塔中，烟气中的可溶性杂质大部分会溶入水中，包括氯化氢、氟化氢。煤中的氯元素对大气环境影响不大，主要增加废水的含盐量，影响废水的 pH 值。

输煤系统喷淋时或冲洗输煤栈桥地面时，煤粉、煤粒以及油等混入水中，形成含煤废水。另外，锅炉空气预热器、省煤器烟气侧表面积累的灰在进行水冲洗时，污物转移至水中形成高悬浮物和成分复杂的冲洗废水。

3. 水处理过程中加入的杂质

主要包括水处理过程中因工艺需要人为加入的化学药剂。加入的化学药剂包括预处理阶段加入的各种混凝剂、高分子絮凝剂，以及化学软化处理阶段加入的石灰；离子交换系统再生加入的盐酸、氢氧化钠，在反渗透脱盐设备中加入的各类阻垢剂；循环水系统阻垢处理过程加入的水质稳定剂；FGD 废水处理中加入的重金属沉淀剂等。次氯酸钠或其他杀菌剂也是水处理中常用的药剂。

4. 用水过程中混入的杂质

用水或废水收集过程中漏入的油是最常见的杂质。在循环水喷淋冷却、除盐水储存过程中，会吸收空气中的二氧化碳、灰尘等杂质。与其他杂质来源相比，这部分杂质的混入量少得多。

上述杂质无论在哪个阶段加入，最终都会汇集于两处：一处是进入泥渣，随泥渣带走；另一处是进入最终的剩余废水（又称末端废水，即整个用水流程的终端）。

二、杂质的类型

水中的杂质产生的影响主要有两种：一种是影响水的使用，另一种是影响水的排放。一部分杂质对用水系统或者水处理设备有不利影响，这类杂质要根据用水设备或水处理设备对水质的要求来控制，称为运行控制杂质。还有一部分杂质会对环境产生不利影响，是环保限制外排的成分，属于废水排放控制标准中的“污染因子”，即通常讲的污染物。这类杂质的处理目标是根据废水排放标准来控制的，为排放控制杂质。

在水中所含的各类杂质中，钙离子、镁离子、铁离子等杂质是典型的运行控制杂质，这些成分对用水设备、水处理设备有不利的影响，是水处理重点去除的成分，但在环保要求中并不限制。

重金属离子是环保排放严格控制的污染因子，是典型的排放控制杂质。因为在水中含量极低（毫克/升级及以下），对用水设备或水处理设备的影响可以忽略，因此在用水处理中不需要监测和控制，而是排放处理中重要的水质控制指标。这类杂质主要来自煤燃烧的灰渣和烟气，源头是煤。

有机物、油、氨氮等杂质，既是运行控制杂质，又是排放控制杂质，来源于原水和用水中的污染，在各种水处理或废水处理中都要控制。需要说明的是，近年来随着环保要求的提高，部分地区环保排放标准更加严格，以前并不控制的含盐量或氯离子含量已被纳入废水排放控制标准，在这些地区含盐量或氯离子既是运行控制指标，又是污染控制指标。

三、废水的分类

1. 按照废水的来源划分

按照废水的来源划分，火电厂的废水包括循环水排污水、灰渣废水、工业冷却水排水、机组杂排水、含煤废水、油库冲洗水、化学水处理工艺废水、生活污水等。这是电厂常用的分类方法。

2. 按照废水的水质类型划分

火电厂废水的水质和水量差异很大，不同回用目标的水质要求也完全不同，因此不宜采用集中处理的方式，而只能按照分类处理、分类回用的原则，以最简单的处理达到各自的回用标准来确定处理方案。为了满足确定分类处理方案的需要，需要根据火电厂各废水的水质水量特性，从实现回用需要去除的重点杂质来划分废水的类型。

回用处理系统一般有两类：一类是只要处理后水的悬浮物、油等杂质的含量达到要求就可以回用。这种情况下只需要去除水中的悬浮物、油等杂质，相应的处理工艺比较简单，处理成本较低，比较容易实现回用。另一类是废水的含盐量不能满足回用要求，必须通过除盐工艺将含盐量降低到一定的范围之后才能回用。这类废水的回用处理工艺比较复杂，处理成本高，难度较大。是否需要除盐是影响废水回用处理工艺复杂性、处理成本高低的关键因素，因此可以根据废水的含盐量和难处理杂质的情况对废水进行分类。

（1）低含盐量废水（低盐废水）。这里所讲的低含盐量是相对于高含盐量废水而言的，指的是在用水过程中含盐量与原水相比没有显著增加的废水。低含盐量废水包括机组杂排水、工业冷却水系统排水、过滤器反洗排水、生活污水等。近年来新增了脱硝设备，出现的氨区废水大多也是低含盐量废水。与新鲜水相比，这类废水的共同特点是含盐量没有明显的升高；回用不需要进行脱盐处理，只要除去悬浮物、油等杂质，水质就可以达到或接近工业水的水质标准，甚至可以替代新鲜水。因此，低含盐量废水最大的特点是回用处理成本较低，目前很多电厂已经对这类废水实现了回用。表 2-1 所示为某电厂的几种低含盐量废水的水质分析。

表 2-1　　　　**低含盐量废水水质分析**

水质指标	超滤反洗水	杂排废水	氨区废水	机组排水	生活污水
pH 值	7.55	8.29	10.24	7.66	7.20
电导率（μS/cm）	270	393	205	274	544
浊度（NTU）	0.31	3.03	1.37	1.59	11.90
Cl^-（mg/L）	32.64	46.33	66.67	37.91	34.75
$1/2Ca^{2+}$（mmol/L）	0.67	1.86	未检出	1.47	3.59
总硬度（mmol/L）	1.60	2.25	0.26	1.56	4.10
总碱度（mmol/L）	0.92	0.89	9.63	0.78	2.43
总固体（mg/L）	211.00	308.80	131.65	246.60	1007.20
溶解性总固体（mg/L）	194.70	208.40	121.30	225.40	409.80
悬浮物（mg/L）	16.30	100.40	10.35	21.20	597.40
COD（mg/L）	5	17	—	8	20
氨氮（mg/L）	—	—	189.87	—	3.03

（2）浓缩性高盐废水（高盐废水）。浓缩性废水是火电厂主要的一类废水，这部分废水的特点是含盐量比新鲜水高得多，一般为工业水的数倍以上。废水的盐分高，主要因为使用过程中原水的浓缩，以及水处理过程中加入的化学品（如酸、碱、盐等）。化学除盐再生废水、反渗透浓排水、循环水排污水和凝结水精处理再生废水等都属于浓缩性高盐废水。

在火电厂的用水过程中，会发生各种形式的浓缩。一类是热力蒸发浓缩，如循环水冷却塔、脱硫吸收塔等，这种浓缩过程主要是一部分水通过蒸发而损失发生的杂质浓缩；另一类是水处理过程中发生的分离浓缩。实质上，以净化水质为目的的水处理过程，大多数杂质并没有真正从水中除去，所有的水质净化过程实质上是一个杂质“浓缩”和“转移”的过程，通过分离、浓缩将大部分水中（出水）的杂质转移到另外小部分水中（排水或排泥）。例如，在混凝澄清系统中，水中的悬浮物、胶体等杂质被转移到泥渣中；在水的过滤处理中，水中的悬浮物被滤层截留，最终转移到反洗排水中。在反渗透中通过膜的分离浓缩，在生产出淡水的同时也产生了杂质含量很高的浓排水。在离子交换除盐制水过程中，水中的杂质通过离子交换反应转移到树脂上（相当于浓缩），再生时又将这些杂质全部转移到再生废液中；废液中的杂质浓度高于原水很多倍。在 EDI 中，通过电迁移使杂质离子迁入浓水室，另一侧形成淡水。在水处理过程中真正从水中除去的杂质是那些以沉淀形式排出、并进行脱水处理后的固体泥渣，这类杂质主要是原水带入或处理过程中生成的各类不溶性的沉淀。关于各类废水的形成以及杂质的产生、转移过程将在后面详细分析。

表 2-2 所示为某循环冷却型电厂化学再生废水、反渗透浓排水几种主要的浓缩性高盐废水的水质分析。其中，精处理再生废水含盐量与废水收集方式有关，如果进酸碱和置换阶段的废水单独回收，其余废水的含盐量并不高；整体来看，精处理再生废水中氯离子、氨氮含量较大（有电厂精处理再生废水的氨氮含量达到 1205mg/L）。

表 2-2　　　　某电厂几种高盐废水水质分析

水质指标	化学再生废水	精处理再生废水	杂排废水	反渗透浓排水
pH 值	2.16	7.78	10.78	7.56
电导率（μS/cm）	10 520	8390	2150	1051
浊度（NTU）	5.36	—	5.03	0.79
Cl^-（mg/L）	2198.14	3000	589.68	126.36
$1/2Ca^{2+}$（mmol/L）	0.81	未检出	0.065	6.48
总硬度（mmol/L）	1.33	0.03	0.17	7.78
总碱度（mmol/L）	0	46.90	8.75	3.42
总固体（mg/L）	2443.40	6055	1287.60	844
溶解性总固体（mg/L）	2227.10	6030	1113.00	808
悬浮物（mg/L）	216.30	25	174.60	36
COD（mg/L）	26	29	14	28
氨氮（mg/L）	—	＜500	—	—

以前浓缩性高盐废水除了用于冲灰、冲渣系统外，大部分是达标排放。在现有的技术条件下，该类水要实现回用（除了用于冲灰、冲渣之外），必须进行脱盐处理，因此存在建设投资大、运行费用高的问题。但是为了满足当前深度减排的要求，这部分水一般都要进行处理回用。

（3）煤源性废水。水与煤，以及煤燃烧后的烟气、灰渣等产物接触后产生的废水称为煤源性废水，如脱硫废水、冲灰渣废水、含煤废水等。煤源性废水的特点是煤与煤燃烧后产生的多种复杂的化学成分进入水中，废水的水质复杂且多变，因此这类水一般不与其他废水混合处理。含煤废水、冲灰渣废水通常单独经过沉淀、混凝澄清、过滤处理后，补回至原系统循环使用。煤系统、除灰、除渣系统主要要求限制水中的颗粒物（不堵塞设备），对水的含盐量等没有严格的要求，因此循环回用不需要脱盐处理，成本最低。

脱硫废水是火电厂目前最复杂的废水，其含盐量、悬浮物含量很高，燃煤中所含的汞、铅等重金属元素也会通过烟气汇集于脱硫废水中，因此脱硫废水是火电厂废水治理难度最大的一类废水。即使燃煤的重金属含量不高、脱硫废水的重金属不超标，废水中高浓度的氯离子（多数设计条件下脱硫废水的氯离子浓度可以达到 20 000mg/L）、硫酸根，以及过饱和的硫酸钙、亚硫酸钙、氟化钙等，也使脱硫废水基本上没有回用的价值。但是对于有废水零排放要求或者环保标准限制外排水含盐量、氯化物的电厂来讲，这类废水也无法外排，只能按照废水零排放的目标进行处置。表 2-3 所示为某电厂脱硫废水、除灰渣溢水、含煤废水水质分析。

表 2-3　　某电厂三种煤源性废水的水质分析

水质指标	脱硫废水		除灰渣溢水		含煤废水
	预沉池	清净水池	高效浓缩池	缓冲水仓	
pH 值	7.92	8.92	8.49	8.98	7.78
电导率（μS/cm）	32 100	27 600	1179	1162	913
Cl^-（mg/L）	13 689	10 635.30	101.09	101.09	69.82
SO_4^{2-}（mg/L）	1836.56	1620.47	—	—	—
$1/2Ca^{2+}$（mmol/L）	213.84	200.88	8.38	8.16	4.45
$1/2Mg^{2+}$（mmol/L）	159.84	118.80	1.08	0.57	1.64
总硬度（mmol/L）	373.68	319.68	9.46	8.73	6.09
总碱度（mmol/L）	6.89	17.22	1.24	1.25	2.00
总固体（mg/L）	38 324.80	29 767.50	9676	942	45 906
溶解性总固体（mg/L）	35 508.00	29 661.25	840	810	690
悬浮物（mg/L）	2816.80	106.25	8836	132	45 216
COD（mg/L）	390	180	16	14	20
氨氮（mg/L）	—	8.19	—	—	—

表 2-4 汇总分析了上述三类废水的主要杂质。

表 2-4　　火电厂三类废水的主要杂质成分

废水分类	废水名称	主要杂质成分	备　注
低含盐量废水	工业冷却水	油	
	锅炉排污水	在排水沟道可能会受到油或其他废水污染	锅炉排污、水汽系统杂排水
	热力系统疏水	在排水沟道可能会受到油或其他废水污染	

续表

废水分类	废水名称	主要杂质成分	备　注
低含盐量废水	地面冲洗水	悬浮物、油	
	生活污水	有机物、悬浮物、细菌、氨氮等	非工业系统排水，水质特殊，水量、水质变化大
浓缩性高盐废水	循环水排污水	过饱和无机盐类；有机物；悬浮物；磷	对于干除灰电厂，循环水排污水占全厂废水的75%
	酸碱废水	无机盐类；酸或碱	酸碱性废水；氯离子或硫酸根较高
煤源性废水	含煤废水	悬浮物、煤粒、油、无机盐	
	冲灰渣废水	过饱和无机盐、悬浮物、pH值高	水力冲灰电厂逐渐减少
	脱硫废水	悬浮物、无机盐、重金属元素、还原性物质等	

3. 按照废水的排放规律划分

按照排放规律，废水可分为经常性废水和非经常性废水。

经常性废水指的是电厂在正常运行过程中，各系统排出的工艺废水，这些废水可以是连续排放的，也可以是间断性排放的。火电厂的大部分废水为间断排放，连续排放的废水较少。连续排放的废水主要有锅炉连续排污、汽水取样系统排水、部分设备的冷却水、反渗透水处理设备的浓排水；间断性排水包括锅炉补给水处理系统的工艺废水、凝结水精处理系统的再生排水、锅炉定时排污、化验室排水、冷却塔排污及各种冲洗废水等。

非经常性废水是指设备在检修、维护、保养期间产生的废水。如锅炉化学清洗废水（包括盐酸、柠檬酸和EDTA清洗），除尘器冲洗水，空气预热器冲洗水，炉管冲灰排水，凝汽器管泄漏检查排水，烟囱冲洗水等。其中，废水产生量最大的是锅炉化学清洗废水和空气预热器冲洗废水。对于酸洗废液、空气预热器冲洗、省煤器冲洗等废水，除了悬浮物很高外，COD、铁含量也很高，其中铁浓度甚至会达到10 000mg/L。与经常性排水相比，非经常性排水的水质较差而且不稳定。

（1）锅炉化学清洗废水。锅炉酸洗一次产生废水量与锅炉参数有关。例如1台300MW机组，每次酸洗产生的废液大约为4000m^3，4～6年清洗1次。锅炉酸洗在不同的阶段，废液的成分是完全不同的，处置难度也不同。其中，水冲洗阶段采用除盐水将设备冲洗至排水澄清，不使用任何药剂，冲洗排水悬浮物多、浊度高。过热器充保护液阶段通过省煤器向过热器注入加过氨的保护液，然后排放过热器保护液。酸洗阶段废液主要成分为残余有机酸和铁化合物，色度、COD含量很高，是清洗废水中最难处理部分；酸洗后用除盐水冲洗系统至出水澄清，冲洗初期废水pH值较低，铁离子含量较高，冲洗后期逐渐变澄清。钝化废液主要含有机钝化剂和氨，COD含量、pH值较高。

（2）空气预热器冲洗水。空气预热器在长时间运行中，烟气侧受热面会有污物黏附，需要用水冲洗。以前是数年冲洗一次，频次不高。近年来，随着烟气脱硝装置的大量投产，空气预热器的污堵加重，水冲洗的频次加大。脱硝对空气预热器粘污的影响主要是在烟气脱硝过程中，催化剂还可以使部分烟气中SO_2氧化生成SO_3，SO_3与选择性催化还原脱硝过程中未反应的氨（逃逸的氨）反应生成硫酸氢铵。硫酸氢铵是一种黏性较强的物质，会黏附烟气中的飞灰，造成大量灰分在空气预热器沉降黏附，引起空气预热器堵塞及阻力上升，有可能损坏催化床层，严重时必须停炉清理。为了避免这些情况的发生，需要定期对空气预热器进行冲洗。

空气预热器冲洗废水具有 pH 值低、悬浮物高、含盐量高（主要为硫酸盐）和氨氮浓度高的特点，在冲洗初期氨氮含量高于 1100mg/L，含盐量约为 20 000mg/L。空气预热器冲洗一次约产生废水 $4000m^3$，基本 1～2 次/年，属于非经常性废水。

总体来讲，非经常性废水全年的产生量不大，因水质复杂基本上无回用价值，一般通过沉淀、中和等处理后达标排放，在本书中对非经常性废水不作深入分析。

第二节　低盐废水的形成及杂质的迁移

一、水汽循环系统的废水

在机组正常运行期间，水汽循环系统产生的废水主要来自锅炉排污、系统疏水及机组启动时的各种排水。这些排水通常与主厂房内的各种辅机冷却排水一道，汇集于机组排水槽。另外，机房和锅炉房的设备、地面的冲洗水一般也由地沟汇集到机组排水槽。这部分排水水量不大、含盐量不高、水质总体较好，比较容易回用。对于滨海电厂，有时因海水的混入导致水质变差，影响回用。

水汽循环系统中的杂质主要来自系统产生的金属腐蚀产物、凝汽器冷却水渗（漏）入、水质调整加入的药剂以及补给水带入的杂质。此外，在机组安装、检修期间的残留物，以及供热电厂生产返回水中携带的杂质也会带入系统。

金属腐蚀产物是最主要的杂质，系统中各种管道和热力设备的金属腐蚀产物（主要是铁和铜的腐蚀产物）会在水汽系统积累。腐蚀产物主要以颗粒的形式存在，因此通过过滤可以除去大部分。

随锅炉补给水带入的杂质是水汽系统杂质的来源之一。尽管锅炉补给水的纯度很高，但水中还是带有微量的杂质，包括钠离子、氯离子、硅酸盐和有机物等。尽管补给水中杂质含量很低，但在水汽循环中反复浓缩，各组分的含量会大幅度增加。

凝汽器冷却水会因渗漏进入纯水侧系统，这是水汽中杂质的来源之一。凝汽器的冷却水多为天然地表水或中水，含有悬浮物，胶体，无机离子（包括 Ca^{2+}、Mg^{2+}、Na^{+}、HCO_3^-、SO_4^{2-} 等），硅化合物和各种有机物等杂质；一旦发生渗漏，这些杂质都会进入纯水系统。

对于汽包炉，在炉水中加入的磷酸盐是水汽系统中磷的主要来源。表 2-5 所示为某电厂的炉水水质分析结果。从表中可以看出，锅炉排污水的含盐量很低，其他杂质成分含量也很小，是一种优质的可回收排水。对于直流锅炉，给水处理中加入的氨等 pH 调节剂是主要的杂质。氨在循环过程中与凝结水精处理离子交换被除掉，最终进入凝结水精处理再生废水。

表 2-5　某电厂锅炉排污水水质分析

序号	分析项目	含量（mg/L）	序号	分析项目	含量（mg/L）
1	Na^{+}	3.0	9	PO_4^{3-}	2.0
2	Ca^{2+}	0.00	10	SiO_3^{2-}	微量
3	Mg^{2+}	0.00	11	pH 值	9.44
4	Fe^{2+}	0.00	12	电导率	7.31
5	NH_4^{+}	1.27	13	全碱度	0.20
6	Cl^{-}	0.00	14	酚酞碱度	0.05
7	SO_4^{2-}	0.00	15	全硅	0.00
8	CO_3^{2-}	3.0	16	总含盐量	9.27

上述杂质一部分高温分解（如有机物、HCO_3^{-}等无机盐），另外一部分随锅炉排污（汽包炉）进入机组排水，或通过凝结水精处理后，进入精处理再生废水。

二、辅机设备冷却系统排水

辅机冷却水系统多采用表面式冷却换热器，冷却过程中一般没有大的污染源，其排水水质很好，含盐量、悬浮物等关键用水水质指标与系统补水相当，在火电厂废水利用的梯级中位于顶层，可以直接用于循环冷却水系统补水，也可用作脱硫系统的工艺用水。即使是一些设有小型冷却塔的工业水循环系统，因用水过程中浓缩倍率不高，各类药剂的投加量不大，通常也不影响后续的梯级使用。

相对于全厂其他用水系统，辅机设备冷却系统排水回用的问题不在于水质，而在于排水的收集。因为设备布置分散，所以部分设备的冷却排水直接进入地沟，影响了排水的分类回收。

三、油系统废水

油类对生态系统及自然环境（土壤、水体）有严重影响，油是废水排放重要的控制指标之一。在水体中，浮油可以阻碍大气中氧的溶解，断绝水体氧的供应。乳化油和溶解油在微生物分解过程中会消耗水中的氧气，使水体缺氧，二氧化碳浓度升高；严重时会降低水的 pH 值，影响水生物的正常生长。含油废水对土壤有严重的破坏作用，可以堵塞土壤的毛细管，阻碍空气的透入。同时，油也会污染用水设备，影响水处理的运行。例如污水处理厂进水的含油量要求不大于 30～50mg/L，否则将会影响生物膜、活性污泥的活性，阻碍正常的生物代谢。

严格地说，火电厂的很多废水都含油，但含油最大的废水主要来自油系统。火电厂的油系统包括燃油储存设施、输油系统等。油系统产生的废水主要包括储油设施的排污、泄漏，以及夏季油罐的冷却喷淋、冲洗水。燃油装卸等区域的含油雨污水也是含油废水的重要来源之一。

（1）储油罐排水。电厂使用的油品包括重油、柴油、润滑油和变压器油等几类。其中，锅炉燃料用油主要是重油、轻柴油。对于燃油电厂，重油是主要的燃料。在燃煤电厂，轻柴油主要用于启动时点火，重油主要用于助燃。重油的外观呈黑褐色，是一种黏稠状的液体，它是在石油加工过程中从原油中分离出汽油、煤油、柴油之后经过适当裂化处理后的产物。重油中含有较多的非烃化合物、胶质、沥青质。常用的乳化重油是重油、水和乳化剂的合成物；通过向油中加入乳化剂（表面活性剂）降低了水的表面张力，使得油和水以 W/O 或以 O/W 的形式共同存在。当温度或其他环境条件改变时，乳化重油很容易出现破乳化而发生油水分离的现象。因此，乳化重油在长期储存过程中，因破乳而发生脱水现象，油罐内不断有水产生并沉积在罐的底部。这些积水需要经常排除，从而形成油罐的排污水。另外，对油路蒸气吹扫时也会形成含油废水。这部分废水水量一般与使用的燃油品质和蒸气吹扫用汽量有关。温度的变化对燃料油质量影响较大，会影响其抗氧化安定性，故油库中的燃油常采用绝热油罐、保温油罐储存。阳光的热辐射会使得油罐中的油温明显升高，故轻油储罐外部大多涂成银灰色，以减少其热辐射作用，高温季节还要对油罐淋水降温。空气与水分会影响燃料油的氧化速度，故在储存燃料油时常采用控制一定压力的密闭储存，以减少空气与水分的影响。

重油罐排污水中往往含有大量的重油，污染性很强，一般在储油场地设置专门的含油废水收集和初处理系统，将大部分油污清除后再将废水排入厂区公用排水系统。

（2）冲洗产生的含油废水。火电厂燃油的运输有铁路、水运、公路运输等形式。燃油的装卸场地包括铁路专用线、油码头、油轮、栈桥等。在卸油结束后，一般需要利用蒸汽吹扫输油管线。废水主要来自卸油栈台、点火油泵房、汽轮机房油操作区、柴油机房、柴油机驱动泵（消防泵）等的冲洗。这部分废水量比较小，与冲洗频次、冲洗水量有关。

重油的黏度很大，在使用前需要进行蒸汽加热，使其能够达到雾化的程度，再用热空气以雾状喷入炉膛燃烧。在对锅炉燃油系统进行冲洗时，废水的含油量会显著增加。

（3）含油雨污水。含油雨水主要来自油罐防火堤内的区域、整体道床卸油线和卸油栈台的地面、露天放置的油罐，以及露天点火油加热区等。

整体道床卸油线和卸油栈台的地面雨水量，按照接纳雨水的面积、降雨强度和初期降雨时间来计算；在设计时，初期降雨时间一般取 15min。当降雨 15min 后，雨水不再收集，而是引入电厂的公用排水沟道。

四、水处理系统产生的低盐工艺废水

对于采用地表水为水源的电厂，一般都有复杂的预处理系统。预处理系统的主要设备有澄清器、过滤器（池），以及配套的加药设备；当原水有机物含量高时，必要时设有活性炭过滤器。原水预处理产生的工艺废水主要是澄清器排泥水、滤池及活性炭过滤器的反洗排水，其特点是废水中的含盐量与原水相比无显著增加，悬浮物较多。近年来，超滤水处理工艺快速应用于火电厂。超滤装置产生的废水种类较多，水质比较复杂，但大部分是反洗过程产生的排水；反洗排水的水质与过滤器反洗排水相似。超滤在化学清洗阶段产生的废水含盐量较高。本节主要讨论混凝澄清、过滤、超滤等工艺产生的低盐废水。

1. 混凝澄清

混凝澄清是水处理的基本工艺之一，如图 2-1 所示，混凝澄清产生的排水只有排泥废水。在该处理过程中，向水中投加的主要是混凝剂、高分子助凝剂和杀菌剂等，通过混凝、絮凝反应，加入的药剂大部分以沉淀的形式进入泥渣中，通过脱水处理后形成固体泥饼。在混凝过程中，水中胶体、悬浮物等杂质与加入的混凝剂之间能进行各种复杂的反应，包括胶体脱稳、吸附，以及一定程度的中和反应等，反应过程无法准确量化。按照一般运行条件进行估算，在预处理过程中，原水中大约有 95%的悬浮物转移到 8%左右的排泥浆液中。

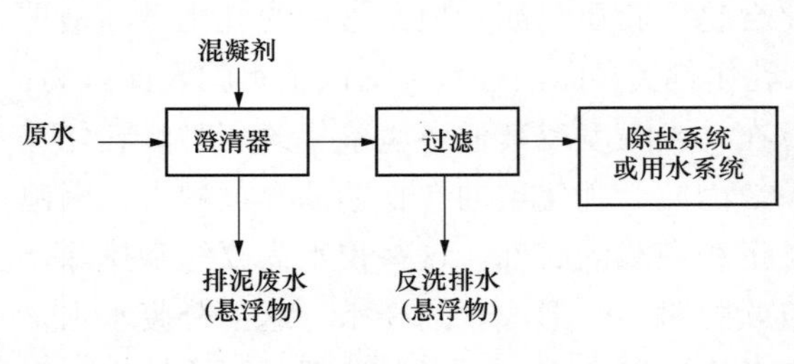

图 2-1 混凝澄清工艺废水的产生

以前火电厂混凝澄清没有泥渣脱水处理，系统产生的排泥废水直接送入工业废水处理系统或者送入除渣、冲灰等系统。现在采用泥渣脱水处理的电厂逐渐增多，脱水分离出的废水返送到混凝处理系统的进水，这种情况下混凝澄清系统基本无工艺废水产生。

2. 石灰软化

石灰软化处理设备与混凝澄清设备相同，但反应原理有较大的不同。混凝澄清利用胶体脱稳、絮凝沉淀的原理，而石灰软化则是利用难溶盐的化学沉淀反应原理。

石灰软化的工作原理是加入水中的 $Ca(OH)_2$ 与水中的 $Ca(HCO_3)_2$ 和 $Mg(HCO_3)_2$ 进行反应，生成 $CaCO_3$、$MgCO_3$ 和 $Mg(OH)_2$ 沉淀而从水中分离出去，从而达到软化水质的目的。通常在石灰处理中还加入混凝剂，与水中的胶体（如胶体硅和非溶解态有机物等）、悬浮物等反应，形成絮凝体与 $CaCO_3$ 晶粒等共同沉淀。混凝处理的一个主要作用是可以除去对 $CaCO_3$ 结晶过程有干扰的有机物，有利于沉淀反应的进行。除钙镁离子外，水中所含的其他金属离子也会形成氢氧化物沉淀，以泥渣的形式排出系统。

石灰软化设备在排渣时会形成工艺废水，排出的泥渣需要进行脱水处理。泥饼多数情况下可以外运掩埋或用于农田，分离出的废水因碳酸钙、碳酸镁过饱和容易结垢，因此不宜与其他废水混合，一般返送到沉淀系统的进水中。按照这种流程设计的石灰软化工艺基本无废水产生。

需要说明的是，软化设备的出水中很多沉淀离子还处于过饱和状态，水质安定性差，容易在后续系统中形成沉淀。为此，一般要对软化水进行加酸调 pH 值的稳定化处理。加酸后，软化水中的氯离子（加盐酸）或硫酸根离子（加硫酸）会增大。另外，对于碳酸盐硬度比例较高的高硬度水也可以采用 NaOH 软化，其工作原理与石灰处理相同，但是药剂成本较高。因为应用较少，在此不作详细讨论。

3. 超滤

超滤主要截留水中的悬浮物、胶体等颗粒物，以及部分尺寸较大的细菌，其作用与通常的石英砂、无烟煤等深层过滤相同。但是超滤采用表面过滤原理，这一点与深层过滤不同。超滤膜是一个截留杂质的平面，没有深层截污的空间，因此它的周期截污容量比深层过滤小得多，运行周期很短，需要频繁地反洗和化学清洗。反洗和化学清洗是超滤装置工艺废水的主要来源。反洗是超滤运行中最为频繁的操作过程，通过反洗可以清除滤膜表面附着强度不大的新沉积物，反洗间隔一般为 20～60min（取决于水中杂质的类型和含量）。对于陈旧性积累的沉积物，因附着强度较大，单靠反洗无法清除，需要进行化学清洗。

超滤的杂质转移发生在反洗和化学清洗过程中。滤膜截留的杂质最终都转入反洗排水和清洗废液中，大部分是水中含有的杂质，另有化学清洗过程中人为加入的酸、碱和氧化剂等杂质。反洗和化学清洗效果的好坏，是超滤能否可靠、长期使用的关键的因素。超滤膜透水能力恢复的情况是判断反洗效果和化学清洗效果的主要依据。

（1）超滤装置的反洗。反洗排水是超滤反洗产生的主要废水，其中主要含有超滤膜截留的各种颗粒杂质，这些杂质都来自超滤进水，该过程不加化学药剂。从制水量和反洗用水量估算，反洗排水中的杂质含量大致是进水含量的 10～20 倍。

与石英砂等常规过滤器已经成熟的反洗工艺不同，超滤的反洗需要根据具体的运行条件，通过试验确定反洗工艺参数和反洗频率。反洗工艺参数包括反洗水量、辅助压缩空气的压力、用量、是否加杀菌剂、反洗前是否需要正冲洗等。反洗的频率与进水水质、膜通量、膜的材质和每次反洗的效率有关。通常是 20～60min 反洗一次；反洗流量一般选择为产水流量的 2～5 倍，反洗历时一般为每次 30～60s。反洗流量越大、时间越长，反洗效果越好；但耗水量与产生的废水量随之增大，系统水回收率降低。

超滤的反洗流程也会根据运行条件而改变。例如有时在反洗前要增加正洗程序，提高进水流量，用高速水流冲刷膜表面上的沉积物，以达到清洁膜表面、增强反洗效果的目的。正洗时间一般比较短，约 5～10s。有时正洗安排在反洗之后，这是考虑到通过反洗，膜表面的部分污物已松动但未被冲走，施以大流量的水正向冲洗可以将这些污物洗去。

当处理有机物、细菌含量比较高的废水（如循环水排污水）时，截留在超滤膜表面的细菌会分泌黏液，这种黏液与其他截留物一齐黏结在膜表面，单纯靠水、气反洗不易除去。为此在反洗时加入一定剂量的杀菌剂（如 NaClO）或酸、碱，在反洗中杀灭或抑制细菌的滋生，清除膜表面细菌膜，改善反洗效果。这种反洗方式称为化学反洗，是对一些废水特殊设计的反洗过程。化学反洗的间隔与超滤进水的水质、膜压差增长速度以及运行方式等有关，通过试验确定。

尽管在化学反洗中增加了杀菌剂或酸碱，但加入量很低，而且这些药剂会与膜表面截留的杂质反应，因此进入反洗排水中的药剂总量很低，对排水的含盐量影响很小。

（2）化学清洗。超滤膜截留的一些杂质黏附力很强，在每次反洗过程中（包括添加药剂的化学反洗）不能彻底地清除。随着运行的持续，这类污物会在膜表面不断积累，超滤膜的运行压差不断增大，产水量持续衰减。当产水量衰减到一定程度后，就需要通过化学清洗的方法清除污物，恢复膜的通水能力。是否需要进行化学清洗是根据滤膜运行压差的增长变化来定的。通常当滤膜运行压差达到 70～100kPa 时，即可考虑化学清洗。

要保证化学清洗的效果，首先要合理地选择化学清洗剂，此外还要优选清洗液浓度、清洗时间、清洗温度等参数，这些都应该通过模拟试验来确定。在选择清洗药品时，要注意药剂之间是否会相互反应，是否会形成对膜有污染的沉淀物。

次氯酸钠、盐酸、氢氧化钠是常用的化学清洗药剂。一般次氯酸钠是主要的成分，其浓度一般可达数百毫克/升（如 200mg/L）；而盐酸、氢氧化钠则根据具体的情况进行选择。有时需要用盐酸，有时需要用氢氧化钠，有时二者交替使用。这些药剂残留成分最终都进入清洗废液中。

与反洗排水不同，超滤化学清洗废水的含盐量较高。不过因为化学清洗间隔时间很长，清洗废水的总量不大，所以一般不单独收集。清洗排水与大量的反洗排水混合后，含盐量无明显的增大，因此这部分废水依然当作低含盐量废水处理和回用。

第三节　浓缩性高盐废水的形成以及杂质的转移

一、循环水系统的排水

冷却塔的排污水是循环水系统产生的主要排水。冷却塔排污水大多为间断性排放，瞬时流量较大。在干除灰火电厂，这是流量最大的一股排水。

1. 循环水杂质的主要来源

在循环水中含有多种杂质组分，主要有悬浮物、胶体、有机物、无机盐和微生物、藻类等。这些杂质主要来自补充水和水循环过程中人为加入的化学品，以及系统滋生的微生物杂质。

（1）补充水带入。随补充水带入的杂质是循环水中最主要的杂质来源。循环水在循环过程中因蒸发、排污、泄漏和风吹等损失，水量会逐渐减少。为了维持循环水量的稳定，需要不断地向系统补充水，补充水中含有的各种杂质也随补充水进入循环水系统。在不断循环运行中，因为水质发生浓缩，循环水中的无机离子、有机物等杂质的含量大幅度增加。

浓缩后循环水中各种离子的浓度与补充水的水质、循环水的浓缩倍率以及水处理方式有关。如果补充水和循环水没有经过加酸、软化或者脱盐等处理，而且浓缩过程中没有结垢，那么循环水中的各种阳、阴离子的比例应该与补充水的相同。如果对循环水补充水或者循环水进行了酸化或软化处理，则水中的阳、阴离子的比例会发生变化。例如加酸处理后，循环水中的 HCO_3^- 碱度会降低，Cl^- 或者 SO_4^{2-} 则可能会升高（取决于加盐酸还是硫酸）。若经石灰软化或离子交换软化处理后，HCO_3^-、钙镁硬度离子会降低。表 2-6

所示为某电厂的补充水和循环水水质分析数据。从表中可以看出，浓缩后，无机离子浓度和有机物大幅度增加。

表 2-6　　某电厂的循环水水质

分析项目	单位	补充水	循环水
pH 值	—	7.43	8.47
悬浮物	mg/L	11.1	26.0
浊度	NTU	8.0	25.0
总固体物	mg/L	241.2	843.9
溶解固形物	mg/L	230.2	817.9
电导率	μS/cm	360	1125
Na^+	mg/L	24.1	74.3
Ca^{2+}	mg/L	45.9	155.3
Mg^{2+}	mg/L	11.1	39.5
Cl^-	mg/L	8.5	34.0
SO_4^{2-}	mg/L	33.8	246
CO_3^{2-}	mg/L	0.0	7.5
HCO_3^-	mg/L	183.1	424.1
NO_3^-	mg/L	9.0	35.0
PO_4^{3-}	mg/L	0.0	0.1
全硅	mg/L	6.8	17.6
$KMnO_4$ 指数	mg/L	3.20	11.20
全硬度	mmol/L	3.20	11.00
碳酸盐硬度	mmol/L	3.00	7.20
全碱度	mmol/L	3.00	7.20
含油量	mg/L	微量	＜1.0
余氯	mg/L	0.00	0.25

（2）空气带入。在冷却塔内进行的水、气换热过程中，由上而下喷淋的循环水对向上流动的空气有洗涤作用，空气中的灰尘、气体等杂质随之进入冷却水。

（3）循环水系统微生物滋生。微生物滋生增加了大量的藻类、生物黏泥等，这是循环水系统特有的一个杂质来源。冷却塔、水池等处有良好的光照、适宜的温度、好氧的环境和充足的养料，这些条件十分有利于藻类和细菌的繁衍。因此，在敞开式循环冷却水中以悬浮态存在的杂质（如藻类、微生物代谢产物等）的增长速度远高于溶解物质的增长速度。这些悬浮杂质会附着在凝汽器管内壁、冷却塔的填料表面上，为微生物滋生提供营养源。在水流的冲刷下，部分死亡的藻类和微生物的代谢产物形成黏泥不断进入水体，最终会以生物黏泥的形式沉积在系统中，对循环水的水质影响较大。

（4）人为加入的化学药剂。为了维持较高的浓缩倍率运行，补充水或循环水一般要进行处理。在循环水水质调整的过程中，要加入各种化学药剂，如水质稳定剂、酸等，这些化学品的加入增加了循环水杂质的种类和含量。

水质稳定剂在循环水处理中是最常用的药剂。以前使用磷系阻垢剂，如六偏磷酸三钠；现在普遍使用合成的含磷有机水质稳定剂。这些药剂除了具有高效的防垢能力外，还兼有防腐蚀、杀菌的作用。投加磷系水质稳定剂会引起水中磷含量的显著增加，这是使用含磷水稳剂对水质产生的最不利的影响。在一些电厂，循环水排水的磷浓度会超过排放标准。

杀菌剂主要用来控制循环冷却系统中微生物的滋生和繁殖，分为生物杀灭剂和生物抑制剂两类。生物杀灭剂的作用是杀死微生物，而生物抑制剂只起抑制微生物滋生繁殖的作用。根据杀菌的对象不同，生物杀灭剂又可分成杀菌剂、杀真菌剂和灭藻剂等；生物抑制剂又可分为抑菌剂和抑真菌剂等。但在循环冷却水处理的过程中，往往把控制微生物繁殖的药剂统称为杀菌剂。这类药剂投加浓度较低，有些为间断投加，因此对循环水排水水质以及后续的排放或处理影响不大，不需要特殊关注。

2. 循环水杂质的转移

循环水系统中的杂质随排污水转移至下游用水系统，通常为除渣系统、脱硫系统。剩余的排水达标排放。水中的杂质最终转移至两处：一处是在循环水排污水深度处理中，转入沉淀泥渣（石灰处理）；另一处是不能沉淀的溶解性离子等杂质随排水进入末端废水。

二、水处理过程中产生的高盐工艺废水

除盐系统包括反渗透、离子交换器、电除盐等设备，是另一个产生高盐废水的系统。除盐系统产生的高盐废水主要是酸碱再生废水、反渗透浓排水。反渗透高盐废水中的绝大部分杂质来自原水，只是通过渗透膜的分离对杂质进行了浓缩。离子交换废水的杂质一部分来自原水（通过离子交换树脂进行“富集”浓缩），更大的一部分则来自再生时加入的酸碱。

图 2-2 所示为反渗透和离子交换除盐系统废水的产生示意图，图中数据是按照一般运行条件估算的。

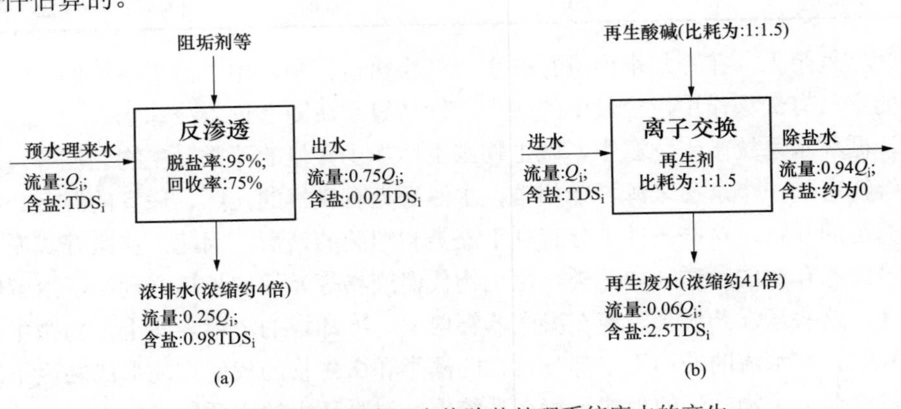

图 2-2　反渗透和离子交换除盐处理系统废水的产生

（a）反渗透；（b）离子交换

1. 反渗透产生的浓缩排水

反渗透系统是一种物理分离工艺，反渗透膜对进水中除溶解气体之外的所有杂质都有很好的分离效果。通过反渗透处理，在水被净化的同时杂质被浓缩。反渗透排出的废水杂质主要来源于进水携带的杂质，加入的药剂主要是阻垢剂，剂量一般小于 5mg/L。与原水携带的杂质相比，这部分药剂对废水成分的贡献可以忽略不计。因此，反渗透系统外加的盐量很小，其排水中的盐分仅仅来自原水的浓缩。浓缩倍数取决于产品水的回收率；当回收率为 75%时相当于杂质浓缩了 4 倍。

反渗透膜化学清洗会产生一部分废液。在反渗透化学清洗中，可能用到的化学药剂有盐酸、NaOH、柠檬酸、氨水、三聚磷酸钠和十二烷基苯磺酸钠等，具体的配方需要根据污染物的成分、性质进行试验研究后确定。清洗后这些药剂的残余部分与清洗下来的污物都进入清洗废液中。当用于天然水处理时，化学清洗的间隔很长（通常 1 年以上），清洗废液的总量很少，不用考虑单独处理。近年来反渗透已经成为高盐废水处理的主要工艺，膜的清洗间隔很短，甚至 1 个月就需要进行化学清洗，因此清洗废液的产生量较大，这部分废液的处理问题就需要专门考虑。

2. 离子交换除盐的再生废水

离子交换系统在除盐时，水中的离子首先转移到离子交换树脂上，待离子交换树脂失效后用酸碱再生，将所有交换的离子转移到废水中。相对于反渗透，离子交换除盐产生的废水量很少，约为处理水量的 6%，仅为反渗透的 1/4。但是，离子交换除盐再生废水的盐浓度很高。为了彻底将交换至树脂上的离子置换出来，必须使用比除去的离子更多的酸、碱进行再生，结果是向水中增加了更多的盐。按照 1:1.5 的再生比耗计算，从原水中每除去 1mol 的无机离子，需要用 1.5mol 的酸、碱再生，即再生后有 2.5mol 的离子进入再生废液。在一个运行周期内，进入再生废水中的盐量大约只有 40%来自原水，其余 60%都是人为加入，这还不包括在后续废液中和处理时加入的酸和碱。因此，从环保的角度来讲，反渗透除盐的环保性优于离子交换工艺。

3. 凝结水精处理系统的再生废水

大多数 300MW 以上的凝汽式机组，都带有凝结水精处理设备。精处理再生废水的含盐量很高，但成分与锅炉补给水除盐系统有很大的不同。在锅炉补给水除盐系统的再生废水中，钙镁等硬度离子的比例很高，而精处理再生废水中，硬度离子含量很低，废液的主要成分是氯化钠和氨。其中的大部分盐分来自再生用酸和碱。因为再生程序复杂、再生环节多，所以每次再生产生的废水量比补给水除盐系统大得多。不过凝结水精处理设备的运行周期一般都超过一周，废水总量并不大。因为废水中没有硬度离子，不用担心钙、镁结垢的问题，所以精处理再生废水比较容易回用。表 2-7 所示为某电厂的精处理再生系统在再生过程各步序产生的废水量。

表 2-7　凝结水精处理再生各步序产生的废水水量

再生步序	废水水量（m^3）	废水比例（%）
树脂输送	52.7	9.5

续表

再生步序		废水水量（m^3）	废水比例（%）
树脂清洗		72.7	13.1
树脂分离		12.8	2.3
阴树脂再生（进碱）	阴树脂进碱置换	30.0	33.0
	阴树脂正冲	153.0	
阳树脂再生（进酸）	阳树脂进酸置换	30.0	28.4
	阳树脂正冲	127.6	
阴、阳树脂混合		75.7	13.7
合　计		554.5	100

为了进一步提高精处理再生废水的利用水平，有些电厂根据再生各步序排水的水质特点，将精处理再生废水分为低含盐量和高含盐量两部分并分别收集。其中，树脂输送、清洗、分离及混合四个步序的废水，以及阳树脂正洗和阴树脂正洗的部分废水为低含盐量废水；阴树脂进碱、置换和正洗初期废水的碱性强、Na^+含量高；阳树脂进酸置换和正洗初期废水酸性强，Cl^-和氨含量高，这两部分废水为高含盐强酸性废水。从表 2-7 可以看出，该电厂精处理每次再生产生的废水总量为 554.5m^3，其中阳阴树脂进酸、进碱过程产生的废水量共 340m^3。这部分废水为高盐废水，占总废水量的 61.4%。表 2-8 所示为精处理再生过程废水中几种主要组分的浓度分析。

表 2-8　　精处理再生过程废水中几种主要组分的浓度分析

杂质成分	再生过程	废水量（m^3）	杂质总量（kg）	杂质平均含量（mg/L）
Na^+	阴树脂再生进碱置换	30.0	431.00	14 366.67
	阴树脂再生	183.0		2355.19
	精处理再生全过程	554.5		777.28
Cl^-	阳树脂再生进酸置换	30.0	729.00	24 300.00
	阳树脂再生	157.6		4625.63
	精处理再生全过程	554.5		1314.69
氨	阳树脂再生进酸置换	30.0	130.00	4333.33
	阳树脂再生	157.6		824.87
	精处理再生全过程	554.5		234.44
含盐量	阴树脂再生进碱置换 阳树脂进酸置换	60.0	1294.00	21 566.67
	阴树脂再生和阳树脂再生	340.6		3799.18
	精处理再生全过程	554.5		2333.63

注　含盐量计算根据 Cl^-、Na^+、氨、Ca^{2+}、Mg^{2+}及 SO_4^{2-} 的总量进行计算。

从表 2-8 可知，精处理再生废水中所含的主要离子为 Na^+、Cl^-及氨。计算表明，每次再生排入废液中的物质总量约为 1290kg；其中，Na^+为 431kg，Cl^-为 729kg，氨为 130kg。

Ca^{2+}、Mg^{2+}及SO_4^{2-}总量很低，基本可以忽略。

4. 弱酸软化处理产生的再生废水

在反渗透技术大规模推广之前，弱酸离子交换曾经是火电厂锅炉补给水处理除盐中重要的工艺，主要用于原水碳酸盐硬度含量很高的水质。在锅炉补给水处理系统中，弱酸离子交换器布置在强酸离子交换设备之前，利用弱酸离子交换树脂交换容量大的特点，除去水中大部分钙镁的碳酸盐，以此大大延长离子交换除盐系统的运行周期，增加周期制水量。随着反渗透技术的日益完善和大规模应用，弱酸离子交换在除盐工艺的作用已完全被反渗透代替，目前仅用于大流量水的软化处理。弱酸软化最多的是用于循环水处理(包括循环水补充水处理和旁流软化处理)，以前是一种重要的循环水处理方式。

弱酸离子交换在再生时也会排放大量的再生废水。失效的弱酸离子交换主要是钙、镁两种形态。在制水过程中，水中构成碳酸盐硬度的那一部分Ca^{2+}、Mg^2转移到树脂上并置换出H^+，H^+则与水中的HCO_3^-反应生成CO_2和水，这就是弱酸软化同时可以除去水中碱度的原理。碱度离子转化为二氧化碳完全从水中除去，而钙镁离子最终以更高的浓度转入再生废液。

弱酸离子器的再生废液比较难处置，其主要成分是硫酸钙、硫酸镁（用硫酸再生）或氯化钙、氯化镁（用盐酸再生）。其中，含量最高的硫酸根或氯离子完全是再生剂带入的，其总量大致相当于一个软化制水周期中除去的碱度离子总量，因此在废液中浓度很高。考虑经济性，循环水处理中多采用相对便宜的硫酸再生。硫酸再生存在的问题是废液量很大，其原因是为避免进酸时交换床层内产生硫酸钙沉淀，硫酸的浓度控制得很低，因此产生大量的再生废液。另外，废液中有大量硫酸钙，容易在废液池中沉积，废液池的清污比较麻烦。为此，有些电厂采用盐酸再生。盐酸再生带入废液的氯离子是个比较棘手的问题，氯离子在整个用水流程中完全处于溶解状态，再生中加入的所有氯离子最终都转入到末端废水中，增加了末端废水的处置难度。鉴于以上问题，在循环水软化处理中，弱酸软化逐渐被石灰软化处理工艺取代。

总体来讲，在各类水处理过程中，人为添加的药剂是废液中杂质的主要来源之一。表 2-9 所示为几种水处理工艺中所用药品对工艺废水杂质的影响。

表 2-9　　几种除盐工艺中所用药品对工艺废水杂质的影响

系　统	使用的药剂	对工艺废水杂质的影响
混凝澄清系统	混凝剂、助凝剂、杀菌剂	（1）混凝剂主要转化为泥渣，增加了排水的悬浮物总量； （2）排水的含盐量稍有增加。如果氯离子、硫酸根的浓度增加太多，会对废水的回用有不利影响
超滤	杀菌剂、酸、碱	（1）是化学清洗废液中盐分的主要来源； （2）仅在维护性化学清洗时产生，总量不大
离子交换除盐系统	再生用酸、碱	大幅度增加了废水的盐分；废水中约 60%的盐分来自再生酸碱；废液显酸性或碱性
反渗透	阻垢剂、杀菌剂、酸	排出废水的杂质基本上来自原水杂质的浓缩；人为投加的药剂剂量很小，对排水水质基本无影响
电除盐	维护中少量酸碱等化学品，可忽略	可以忽略

三、含氨废水

火电厂含氨废水主要来自凝结水精处理再生废水及烟气脱硝氨区的排水，这两类废水的平均流量都不大。表 2-10 所示为某电厂的精处理再生废水和氨区废水的水质。

表 2-10　　含氨废水主要水质指标

水质指标	单位	精处理再生废水（混合）	氨区废水
pH 值	—	7.78	10.24
电导率	μS/cm	8390	205
Cl^-	mg/L	3000	66.67
SO_4^{2-}	mg/L	25.93	21.20
总碱度	mmol/L	46.90	9.63
总硬度	mmol/L	0.026	0.26
$1/2Ca^{2+}$	mmol/L	未检出	未检出
总固体	mg/L	6055	131.65
溶解性固体	mg/L	6030	121.30
悬浮物	mg/L	25	10.35
NH_3-N	mg/L	＜500	189.87

由表 2-10 可见，精处理再生废水（混合）的氯离子、溶解固体及氨氮含量均很高，高盐再生废水部分的各水质指标含量更高；氨区废水仅氨氮含量较高，其他水质指标含量均较低。

第四节　煤源性废水的形成以及杂质的转移

含煤废水、灰渣废水、脱硫废水都属于煤源性废水。与冷却塔排污、水处理酸碱废水等高盐废水不同，煤源性废水中的杂质主要来源于煤及其燃烧产物。例如含煤废水中的悬浮物，主要是溶入水中的煤粉微粒；灰渣废水中的盐分主要来自灰渣的溶出；脱硫废水中的各种杂质，大部分由烟气带入。

以前最常见的煤源性废水是冲灰废水。因为水质极为复杂，所以冲灰废水是当时火电厂处置难度最大的一股废水。随着粉煤灰综合利用技术的发展，目前火电厂基本采用干除灰，冲灰水越来越少。目前，除渣废水、脱硫废水和含煤废水在火电厂是主要的煤源性废水。

实质上，因为煤的结构比较稳定，所以其中所含的矿物质等盐类杂质遇水后直接溶出并不多，这也是无烟煤可作为滤料的原因。在煤的储存和输送过程中所产生的含煤废水，除了水本身带的杂质外，由煤贡献的杂质主要是悬浮于水中的微细煤粒，溶出的矿物质很少，因此含煤废水的含盐量并不高，其高低主要取决于系统补水的含盐量。但是

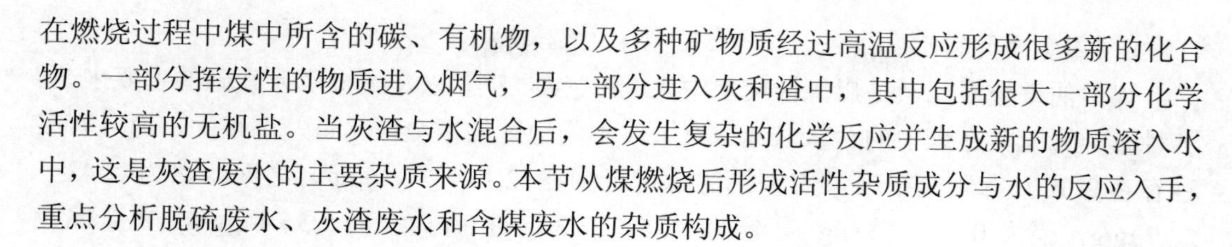
在燃烧过程中煤中所含的碳、有机物，以及多种矿物质经过高温反应形成很多新的化合物。一部分挥发性的物质进入烟气，另一部分进入灰和渣中，其中包括很大一部分化学活性较高的无机盐。当灰渣与水混合后，会发生复杂的化学反应并生成新的物质溶入水中，这是灰渣废水的主要杂质来源。本节从煤燃烧后形成活性杂质成分与水的反应入手，重点分析脱硫废水、灰渣废水和含煤废水的杂质构成。

一、原煤中所含的杂质

煤是由植物转变而成的。由高等植物变成的煤称为腐植煤，这种煤的储量多，用途广；由低等植物变成的煤称为腐泥煤。自然界中的各种煤，都是由有机物质和无机物质（包括水分）组成的。按照燃烧过程的表现，煤包含可燃和不可燃两部分。表 2-11 所示为煤的主要组成。

表 2-11　　煤的主要组成

不可燃部分	水分（包括外在水分和内在水分）
	灰分（主要为含 Ca、Al、Si、Fe 等元素的无机矿物质，是形成飞灰和渣的部分）
可燃部分	挥发分（由 C、H、O、N、S 等元素组成的在受热后能够转为气态的物质）
	固定碳（由碳元素组成的固态物质）

（一）煤的主要元素组成

存在于煤中的元素种类很多，几乎自然界中所有已发现的元素都能在煤中找到。按照含量的高低，煤中所含的元素分为微量元素（含量小于 1%）和常量元素（含量大于 1%）两大类。

1. 可燃部分存在的几种元素

（1）碳。碳是煤中的主要成分。煤中的含碳量随着煤变质的程度而有规律地增加。因此，含碳量的多少可以表示煤的变质程度。

（2）氢。氢是组成煤中有机物质的主要元素，煤中的含氢量随煤变质程度的加深而减少。

（3）氧。煤中的氧在燃烧过程中并不放出热量，含氧多的煤热值较低。

（4）硫。煤中的硫元素以有机硫、无机硫的形式存在，是煤中的有害成分。在煤的储存过程中，因黄铁矿氧化放热而加速了煤的氧化变质。在煤燃烧过程中产生的二氧化硫、三氧化硫气体对锅炉受热面有一定的腐蚀作用。同时，随烟气排入大气的二氧化硫会严重影响大气质量，是形成酸雨最重要的化学物质。

（5）磷。煤中的磷存在于矿物质中，一般含量较低，最高不超过 1%。因为煤中磷含量不高，所以火电厂一般不监测。但在冶金行业，磷的危害很大。在炼焦时，煤中的所有磷元素全部转入焦炭中；在用焦炭炼铁时，磷元素又转入到生铁中，使生铁变脆，影响生铁的质量。

（6）氮。氮是组成煤中有机物的次要元素，含量较少，且变化不大。煤中的氮在燃烧时常以游离状态分解出来，炼焦时因温度较高，氮也会转化为氨或其他氮的化合物。

2. 重金属元素

煤中的重金属元素是煤源性废水中汞、铅、镉、硒，以及类金属元素砷的主要来源。各种重金属元素在煤中的含量与地域有关，不同地区的重金属含量差别很大，而且有多种存在形式。有研究指出，煤中铅的含量范围在 2.17～21.36μg/g 之间，铬为 1.43～28.7μg/g，镉为 0.45～2.11μg/g，铜为 3.36～23.3μg/g，锌为 7.44～36.44μg/g。重金属元素对环境影响很大，是废水中最重要的环保控制污染因子。煤中存在的几种重金属元素的性质简述如下。

在煤中所含的重金属中，汞是最主要的挥发性金属元素。汞又称水银，有剧毒。煤燃烧释放的汞是大气中汞的主要来源。在各种金属中，汞的熔点是最低的，只有−38.87℃，也是唯一在常温下呈液态并易流动的金属。汞的内聚力很强，在空气中较稳定；溶于硝酸和热浓硫酸，但与稀硫酸、盐酸、碱都不反应。汞挥发后形成的气态汞可以长期存在于环境中，危害很大。研究表明，电厂煤燃烧后，汞元素主要挥发于烟气中，只有少部分以各种不同的形态进入飞灰、底渣和石膏等固体产物中。在固体产物中的分布是：在渣中含量仅约为 3.35%，飞灰中含量为 6.67%～46.59%，石膏中含量为 7.27%～67.10%。

汞在煤中的浓度并不高。根据美国地质调查的数据，美国煤炭汞的平均浓度近似为 0.2mg/kg，我国煤炭汞的平均含量为 0.22mg/kg。尽管含量低，但因为火电厂煤的消耗量巨大，汞的释放总量仍然很大。加之汞剧毒的性质、可以在生物体中积累、释放后难以捕获以及在大气中停留时间长等因素，汞排放及控制已成为火电厂煤燃烧污染防治中的一个关键研究领域。

2000 年 12 月，美国宣布开始控制燃煤电厂锅炉烟气中汞的排放，并于 2005 年 3 月 15 日颁布了汞排放控制标准（Clean Air Mercury Rule，CAMR）。2001 年 4 月 4 日，欧洲议会（European Council）签署协议，采取措施减少对人类有害的重金属的排放，并于 2005 年 1 月采纳了减少环境中汞含量的控制政策。2003 年德国联邦排放法第 17 条例修订之后，规定必须将脱硫废水泥渣中的汞去除大于 65%后才能返回锅炉掺烧，同时还需保证排放烟气中汞小于或等于 30μg/m^3。国内 2011 年修订的《火电厂大气污染物控制排放标准》也规定了汞及其化合物不超过 0.03mg/m^3 的排放限值。

铅也是一种挥发性元素，煤中所含的铅在燃烧中会释放至烟气中。铅是银灰色重金属，质柔软，延性弱，展性强。熔点为 327.5℃，沸点为 1740℃，密度为 13.34g/cm^3。在空气中，铅表面易氧化而失去光泽，变灰暗。铅溶于硝酸、热硫酸、有机酸和碱液，不溶于稀酸和硫酸。煤燃烧后，铅元素主要随烟气迁移。其中一部分在除尘器中随飞灰除去，还有少部分分布于渣和石膏中。研究表明，铅在固体产物中的分布是：飞灰中占绝大部分，为 46.91%～99.41%；渣中约为 0.59%～4.4%，石膏中约为 0.68%～4.91%。

镉为银白色或铅灰色有光泽的软质金属，具延展性，密度为 8.642g/cm^3，熔点为 320.9℃，沸点为 765℃。在空气中迅速失去光泽，并覆上一层氧化物薄膜，可防止进一步氧化。不溶于水，溶于大多数酸中。镉在所有的稳定化合物中都呈+2 价，其离子无色。煤燃烧后，镉元素附着于颗粒上，大部分随飞灰迁移，一部分进入底渣中。研究表明，镉在固体产物中的分布是：飞灰中占 71.3%～89.4%；渣中约为 5.5%～23.83%；石膏中很小，约为 0.75%～2.29%。

铬为一种银白色金属，质硬而脆，密度为 7.20g/cm^3，熔点为 1857±20℃，沸点为 2672℃，化合价为+2、+3 和+6。铬具有很高的耐腐蚀性，在空气中，即便是在赤热的状态下，氧化也很慢，不溶于水。金属铬在酸中一般以表面钝化为其特征。一旦去钝化后，即易溶解于几乎所有的无机酸中，但不溶于硝酸。铬是人体必需的微量元素，在肌体的糖代谢和脂代谢中发挥特殊作用。三价铬对人体有益，而六价铬是有毒的。煤燃烧后，铬元素附着于颗粒上，大部分随飞灰迁移，一部分进入底渣中。与镉在固体产物中的分布相似，铬在飞灰中占 67.18%～96.64%，渣中约为 6.46%～14%，石膏中很小，约为 1.2%～7.74%。

砷为非金属元素，但因为具有金属元素的很多性质，所以砷被称为类金属。砷有黄、灰、黑褐三种同素异形体。砷及其可溶性化合物都有毒；砷的硫化物具有强烈毒性，三氧化二砷在我国古代文献中称为砒石或砒霜。砷的灰色晶体具有金属性，脆而硬，具有金属般的光泽，具有良好的热、电传导性。密度为 5.727g/cm^3，熔点为 817℃（28 大气压）。砷的化合价为 3 和 5。游离元素易与氟和氮化合，在加热情况亦与大多数金属和非金属发生反应。不溶于水，溶于硝酸和王水，也能溶解于强碱，生成砷酸盐。煤燃烧后，在各种固体产物中砷主要分布于飞灰中，约占 25.48%～90.26%，石膏中为 0.86%～18.44%，底渣中约为 0.14%～7.02%。

镍为银白色金属。密度为 8.9g/cm^3，熔点为 1455℃，沸点为 2730℃，化合价为 2 和 3。质坚硬，具有磁性和良好的可塑性。有好的耐腐蚀性，在空气中不被氧化，又耐强碱。在稀酸中可缓慢溶解，释放出氢气而产生绿色的 Ni^{2+}；与氧化剂溶液包括硝酸在内，均不发生反应。

锌为蓝白色金属，密度为 7.14g/cm^3，熔点为 419.5℃。在室温下，性较脆；100～150℃时，变软；超过 200℃后，又变脆。锌的化学性质活泼，在常温下的空气中，表面生成一层薄而致密的碱式碳酸锌膜，可阻止进一步氧化。当温度达到 225℃后，锌氧化激烈。燃烧时，发出蓝绿色火焰。锌易溶于酸，也易从溶液中置换金、银、铜等。

铜为紫红色光泽的金属，密度为 8.92g/cm^3，熔点为（1083.4±0.2）℃，沸点为 2567℃。常见化合价为+1 和+2（3 价铜仅在少数不稳定的化合物中出现）。铜是人类发现最早的金属之一，稍硬、极坚韧、耐磨损，还有很好的延展性。导热和导电性能较好。铜及其一部分合金有较好的耐腐蚀能力，在干燥的空气里很稳定，但在潮湿的空气里在其表面可以生成一层绿色的碱式碳酸铜。铜可溶于硝酸和热浓硫酸，略溶于盐酸，容易被碱侵蚀。

（二）煤中主要的不可燃杂质

煤燃烧后，其中的不可燃杂质形成了灰和渣，其主要组成是水分和各种矿物质。

1. 水分

煤中的水分有内在水分和外在水分的区别。煤中的内在水分指在煤风干后，将煤加热到 102～105℃时逸出的水分。这部分水分是依靠吸附力而保持在煤粒气孔中的水分。外在水分是保持在煤粒表面和煤颗粒之间的水滴，这部分水在风干时即可除去。内在水和外在水之和就是煤的总水分。

2. 矿物质

煤中矿物质主要是铁、铝、钙、镁等元素的碳酸盐、硅酸盐、硫酸盐和硫化物，其组分非常复杂，含量的变化也很大，与煤的形成过程有关。煤在燃烧过程中，矿物质发生一系列的变化，最终形成的残留物称为灰分。一般来说，灰分的含量可以反映出煤中矿物质的大致含量，因此有时也笼统地将矿物质称为灰分。灰分是影响煤质的重要指标，灰分高的煤不仅发热量低，而且灰渣量大，增加了电厂除渣、除灰的工作量。煤中主要的矿物质有以下几类：

（1）硅铝酸盐。硅铝酸盐是黏土的主要成分，也是煤中所含的主要不可燃杂质。硅铝酸盐在炉膛内燃烧时（温度超过1000℃）融化，冷却后就成为玻璃体，是构成灰渣的重要部分。

（2）碳酸盐。碳酸盐是煤中存在的另一种无机物。煤中碳酸盐包括碱土金属碳酸盐和过渡金属碳酸盐两类，其含量与成煤地质时代和煤沉积环境条件密切相关。碱土金属碳酸盐主要是钙镁的碳酸盐，过渡金属碳酸盐主要是铁的碳酸盐。碱土金属碳酸盐主要包括方解石和白云石两种。方解石的主要成分是 $CaCO_3$，是煤中最常见的碳酸盐矿物，通常是在成煤作用的后期，钙离子由于地下水活动被带入煤层，经化学作用沉积而生成的次生矿物。白云石为钙镁的复合碳酸盐（$CaCO_3 \cdot MgCO_3$），一般存在于受过海水侵袭影响的煤层。过渡金属碳酸盐主要包括菱铁矿和铁白云石。菱铁矿的主要成分是 $FeCO_3$，是在厌氧的酸性淡水泥炭聚积环境条件下形成的同生矿物。泥炭层孔隙水中含有的铁与厌氧条件下有机质发酵分解产生的 CO_2 相互作用而产生的。铁白云石的主要成分为钙镁铁的复合碳酸盐（$2CaCO_3 \cdot MgCO_3 \cdot FeCO_3$）。

碳酸盐在炉膛内燃烧时，受热分解成为 CO_2 气体和 CaO、MgO 等金属氧化物，与烧制石灰的反应原理相同。CaO、MgO 等金属氧化物的含量对灰水的 pH 值有很大的影响。在煤燃烧过程中，碳酸盐会吸热分解生成 CO_2，因此煤中的碳酸盐会降低电厂锅炉的燃烧热效率，增加 CO_2 气体的排放。

（3）含硫化合物。在炉膛内燃烧时，硫化物氧化成为二氧化硫，是火电厂污染大气的主要成分。煤中的含硫化合物分为无机硫和有机硫两部分。无机硫主要是硫铁矿硫和硫酸盐硫，有些煤中也存在单质硫（硫磺）。其中，硫铁矿硫主要以黄铁矿硫（FeS_2）为主，还有少量的白铁矿硫（FeS_2）、砷黄铁矿（FeAsS）、黄铜矿（$CuFeS_2$）、方铅矿（PbS）、闪锌矿（ZnS）等。硫酸盐硫主要有石膏（$CaSO_4.2H_2O$）、绿矾（$FeSO_4.7H_2O$）、重晶石（$BaSO_4$）等。

有机硫主要有硫醇或醚基化合（R-SH）、（R-S-R）、二硫醚羧（R-S-S-R）、噻酚类杂环硫化物、硫醌化合物等。

（4）氯化物和氟化物。氯是具有强挥发性的元素。在燃烧过程中，煤中绝大部分的氯以 HCI 的形式释放至烟气中。当温度较高时（700℃以上时），也有少部分以 NaCl、KCI 的形式释放。煤中的氯化物和氟化物燃烧之后，分别形成氯化氢、氟化氢气体。这些酸性气体在湿烟气中会腐蚀布置在烟道的金属设备，同时也对灰水的 pH 值有影响。

煤中氯的含量相差很大，多数煤的氯含量为 0.005%～0.2%；我国煤中氯的含量总体比较低，在 0.01%～0.20%之间，平均为 0.02%。

氟是煤炭中存在的微量有害元素之一，含量一般多在 200～500μg/g 的范围。表 2-12 所示为我国主要煤种的氟含量。由表 2-12 可见，不同煤种的氟含量差异较大，烟煤、褐煤、无烟煤的氟含量基本上在 300μg/g 以内。无烟煤的含量略高于烟煤与褐煤，石煤含氟量相当高，可达 3000μg/g。

表 2-12　　我国主要煤种氟含量

煤种	氟含量范围（μg/g）	平均值（μg/g）	煤种	氟含量范围（μg/g）	平均值（μg/g）
褐煤	151～615	241	石煤	193～3313	1058
烟煤	17～696	173	煤矸石	259～1956	794
无烟煤	61～1800	308			

煤高温燃烧时氟化物将会分解，大部分形成 HF、SiF_4 及少量的 CF_4 等污染物，并以气态形式排入大气，造成大气污染。

二、煤燃烧后主要杂质的迁移

煤燃烧后的产物有烟气、飞灰和炉渣三部分。烟气中含有煤燃烧后形成的气体产物（CO_2、水等）、高温下气化的产物（氯化氢、氟化氢等），以及大量的飞灰；炉渣和飞灰是煤中不可燃烧的矿物质在高温条件下的反应产物，其中含有的水溶性杂质是脱硫废水和冲灰废水的主要杂质来源。本部分重点分析对废水水质有影响的氯化氢、氟化氢，以及灰中活性物质的转移情况。

（一）氯和氟的析出

烟气中的氯化氢是脱硫废水、灰渣废水中氯元素的重要来源，其源头是煤中所含的氯。氯是挥发性元素，煤中氯在燃烧过程中主要以氯化氢的形式释放至烟气中。燃烧温度对煤中氯的释放有重要影响。在不同的燃烧温度区间，煤中氯有不同的释放速率。研究表明，无论高氯煤还是低氯煤，从 200℃即有氯化氢开始释放；当温度达到 300～600℃范围时，煤中 90%以上的氯以氯化氢的形式释放。在低温区，释放的氯主要是存在于煤颗粒内部裂隙中的氯，这部分氯在加热过程中以氯化氢的形式解析出来，形成第一个释放峰；当温度达到一定温度后（如 400～500℃），会出现第二个氯化氢的析出峰，出现这个峰的温度范围与煤质、燃烧环境等有关。有分析认为，这个阶段析出的主要是通过化学键与有机分子结合的氯。实验表明，不同煤样析出氯的起始温度不同，但在高温段不同煤桦的氯析出率接近一致，煤中氯基本上都转化为气态氯。在煤燃烧过程中，钙、镁、铝、硅以及水等物质对氯析出的过程有影响；其中，水的存在可以促进氯的析出。

表 2-13 所示为煤中氯在燃烧产物中的分布实验结果。实验结果表明，氯元素的挥发性很强，大部分以氯化氢的形式进入烟气中，只有少量残留在飞灰和渣中。燃烧温度对煤中氯在底灰和飞灰中分布也有重要影响，低温有利于氯留在灰中。

表 2-13　　煤中氯在燃烧产物中的分布实验结果

项目	氯含量范围（μg/g）	氯含量平均值（μg/g）	项目	氯含量范围（μg/g）	氯含量平均值（μg/g）
煤	115～173	132	渣（底灰）	7～183	11
飞灰	19～100	32	烟气	88.4～96.71	94.5

其他类似的研究也有相似的结论。有人测试了 4 个电厂 6 台大型锅炉的氯元素分布，结果表明，煤燃烧后 96.99%以上的氯进入到烟气中，氯元素在原烟气中的含量范围为 10.17～33.63mg/m^3。除尘器可以除去烟气中 12.29%～19.86%的氯，FGD 可以除去 95.22%的氯（平均值）。在整个燃烧和烟气处理过程中，煤中氯最终有 0.35%～3.01%留在底渣中，6.46%～15%转移到飞灰中。在湿法脱硫过程中，68.88%～77.31%的氯进水脱硫废水，9.19%～15.95%的氯转移到石膏中，2.21%～5.545%的氯排入大气。

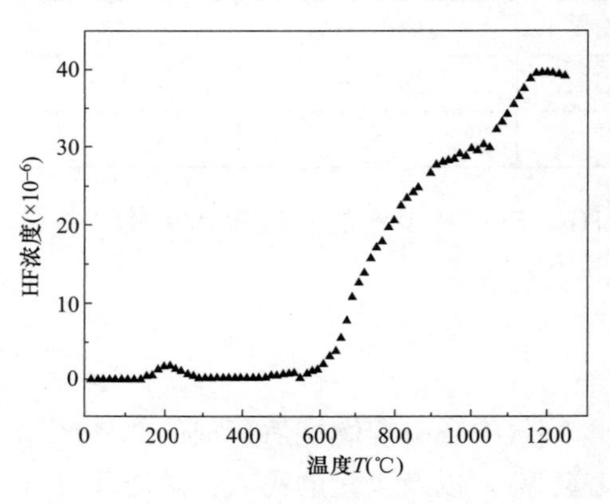

图 2-3　某种煤燃烧过程中 HF 的释放曲线

氟化物的转移规律与氯化物不同。图 2-3 所示为某种煤燃烧过程中 HF 的释放曲线，可以看出在 600℃以前，HF 基本没有析出，仅在 150～200℃区间有少量析出（分析认为这部分是随水的蒸发，部分氟化物以 HF 的形式析出）。当达到煤燃烧温度后，HF 的析出急剧增大，这说明含氟的多种化合物在煤燃烧过程中发生了剧烈的化学反应，在很宽的温度区间持续释放 HF。

（二）不可燃杂质的反应

煤中存在的不可燃烧矿物质，在高温环境中会发生一系列的化学变化，大部分以新的物质形式进入灰渣中。

（1）硅铝酸盐受热熔融，最终成为灰渣颗粒的基体。硅铝酸盐是黏土的主要成分，也是煤中含量较大的不可燃杂质。煤燃烧过程中，硅铝酸盐和其他惰性物质在高温中会被熔化，在表面张力的作用下，熔融物形成大小不同的液滴。较大的液滴在炉膛中下落形成底渣，小液滴则随烟气进入烟道并在低温区域冷却形成飞灰。灰渣中大量存在的玻璃体就是液滴随着烟气温度逐渐降低冷却转变成的。

在高温环境中，多种不可燃成分之间也会发生复杂的化学反应，这些反应的产物最终进入到飞灰和底渣中。灰中的有些元素，特别是碱金属元素，可能会以硅酸盐、硫酸盐和其他复杂化合物的形式存在。因为上述反应很复杂，对于飞灰化学成分的反应规律至今尚未研究清楚，对飞灰的组成还没有一致的结论。根据化学分析、X－衍射分析和差热分析，干灰中的主要矿物质为莫来石（$3Al_2O_3 \cdot 2SiO_2$）、硅线石（$Al_2O_3 \cdot 2SiO_2$）、游离 CaO，还含有少量的 α－石英。对全国电厂的粉煤灰进行的化学成分统计调查表明，SiO_2 一般在 50%左右，Al_2O_3 为 30%左右，Fe_2O_3 和 FeO 占 6%～10%；CaO 占 4%左右。

其中，SiO_2和Al_2O_3占到粉煤灰质量的80%。个别煤种飞灰的CaO含量达到10.4%。

需要说明的是在煤灰组分分析报告中，一般都是以氧化物的形式表示各组分，这些氧化物并不代表真实的存在形式。例如表中以CaO表示Ca元素的总量，但实际上灰中的钙有多种存在形式，其中只有一部分钙以CaO晶体的形式存在，称为游离CaO（一般用f_{CaO}表示）。游离CaO的含量对灰水pH值影响最大。

除了上述各组分外，灰中还含有大量的微量元素。这些元素在灰水中被浸出，不断地循环积累，对脱硫废水、灰水的水质都有一定的影响。

（2）碳酸钙和碳酸镁受热分解，转变为CaO、MgO。碳酸钙、碳酸镁在炉膛内受热分解，主要生成物为CaO、MgO，附着在灰颗粒上。煤中碳酸钙、碳酸镁的含量决定了燃烧后灰渣中CaO、MgO的含量，CaO、MgO随飞灰颗粒进入废水。这些氧化物呈碱性，对废水的pH值有很大的影响。

灰中的含钙化合物以两种形式存在。在高温条件下，煤中的一部分钙和硅酸盐反应，生成了复杂的硅钙化合物；这种化合物不溶于水，以玻璃体的形式存在；另一部分钙以游离CaO晶体的形式存在。游离CaO占比较低，一般仅占干灰质量的0.1%～1.5%左右。钙离子和镁离子都是非挥发性离子。燃烧形成的CaO、MgO微粒会在低温段凝结、富集在灰颗粒表面，因此灰粒表面的游离CaO、MgO要比颗粒内部的含量高。

不同大小的灰粒所含游离CaO晶体的量也不相同，颗粒越细，CaO晶体的含量越高。国内某研究单位在分析了宝钢、石洞口、镇海等9个电厂的29个灰样后提出，粉煤灰中的游离CaO的含量随粒径减小而增大，而且70%的游离CaO集中在50μm以下的灰粒中。

表2-14所示为几种灰样中总钙和游离氧化钙的含量，可以看出二者的含量差别是很大的。因此，在讨论钙元素的分布时，一定要注意游离CaO和钙总量的区别。游离CaO是影响灰水水质的主要因素，也是影响粉煤灰化学性质的主要组分。

表2-14　　灰样中总钙和游离氧化钙的含量

灰样编号	CaO（%）	*f*CaO（%）	灰样编号	CaO（%）	*f*CaO（%）
1	4.52	0.1	3	4.38	0.67
2	1.81	0.14	4	18.62	6.60

有些文献中根据飞灰中游离CaO含量的高低，将飞灰分为高钙飞灰和低钙飞灰。高钙飞灰中游离CaO的含量大于20%，低钙飞灰中的含量则小于20%。在未与水接触的高钙飞灰中，有多种钙的晶体，如$CaCO_3$、$CaSO_4$、CaO、Ca_2SiO_4、Ca_3SiO_5、$CaSiO_3$、$Ca_3Al_2O_6$、$CaMg(SiO_4)_2$、$CaMg(CO_3)_2$等。这些晶体在接触水后会溶于水。而低钙飞灰中，几乎不含钙化合物晶体，CaO多存在于玻璃体中。

（三）煤燃烧后的产物向水中的溶解转移

在煤燃烧后形成的复杂产物中，可溶于水的部分会在湿法脱硫、水力除灰、水力除渣等环节进入水中，构成废水的主要杂质。其中，氟化氢、氯化氢在水中的溶解度很高，溶解反应过程相对简单，在此不再讨论，这里重点分析随灰渣迁移的氧化钙、氧化镁、硅铝酸盐等在水中的溶解规律。

1. 钙的溶解

灰中 CaO 和 MgO 的溶解所表现出的重要特征是灰水 pH 值的升高。因除尘方式和灰的性质不同，灰水的 pH 值相差很大；稳定后的灰水 pH 值范围通常在 3～12 之间。

灰中的含钙化合物的存在形式不同，其溶出规律也不同。游离 CaO 晶体的溶出速度最快，其次是 $CaCO_3$、$CaSO_4$、Ca_2SiO_4、Ca_3SiO_5、$CaSiO_3$、$Ca_3Al_2O_6$、$CaMg(SiO_4)_2$、$CaMg(CO_3)_2$ 等晶体。以玻璃体存在的钙，溶出速度很慢。

影响水质的除了灰中矿物质的化学成分外，还与灰颗粒的微观结构有关。一般情况下，飞灰钙的溶解大致有以下的规律：

（1）对于高钙飞灰，钙元素的溶解速度比其他元素更快，因为这种类型的灰中所含的钙主要以晶体的形式存在，玻璃体中所含钙的比例很小。当干灰接触到水时会以较快的速度进行反应。CaO 晶体的溶解与生石灰的消化类似，为放热反应，水温上升较快，反应持续时间长。大部分灰样的钙溶出规律是：起初 Ca^{2+} 溶解的速度很快，水中 Ca^{2+} 浓度很快增大；然后溶解速度逐渐变缓，Ca^{2+} 浓度逐渐趋于稳定。图 2-4 所示为某电厂高钙飞灰的钙溶解曲线。从曲线可以看出，该类灰的 Ca^{2+} 主要在前 30min 溶出，30min 之后溶出量很少。

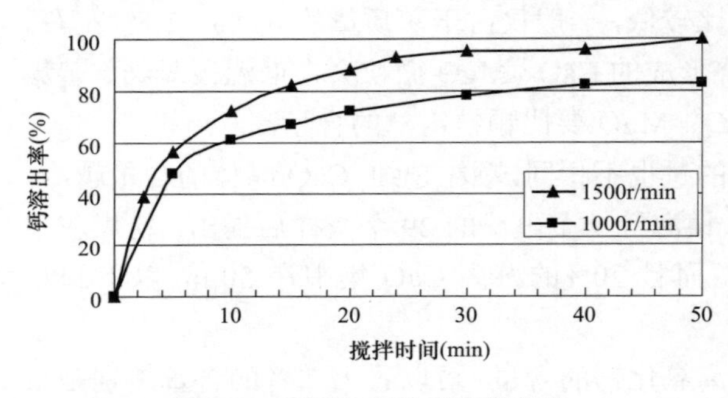

图 2-4　高钙飞灰的钙溶解曲线

（2）对于低钙飞灰，钙基本上都存在于玻璃体中，Ca^{2+} 的溶出速度很慢。即使是在灰与水混合初期，反应速度也很缓慢，水的温度变化较小。有人在试验中观察到灰与水混合一段时间后，突然会产生短暂的放热反应。这种情况应该是玻璃相中存在的少量 CaO 晶体突然溶出的结果。

（3）Ca^{2+} 的溶出量受 pH 值影响很大，低 pH 值条件下 Ca^{2+} 的溶出量大于中性条件。灰中溶出的 Ca^{2+} 会与水中的 HCO_3^-、SO_4^{2-}、F^- 等产生沉淀。在干灰中，不会有 HCO_3^- 存在，灰浆中的 HCO_3^- 主要来自冲灰水。电厂的冲灰用水一般为各类杂排水，含有多种阴离子，灰水中的 Ca^{2+} 浓度最终受到多种沉淀平衡控制。

2. 镁的溶解

除钙之外，在灰中还存在镁、锶等碱土金属。尽管镁、锶的化学性质与同族的钙很接近，但它们的溶出率要比钙低得多，其原因是镁、锶比钙更多地存在于不溶性固相中（如莫来石）。Mg^{2+} 与 Ca^{2+} 的溶出规律也完全不同。在灰的溶解试验中，无论灰浆浓度高或低，灰水中的 Mg^{2+} 浓度大多是先升高、后降低，最终稳定在一个浓度值。当灰浆浓度很低时，有可能检测不到 Mg^{2+} 浓度升高的过程，只能得到 Mg^{2+} 浓度由最大值下降并逐渐稳定的结果。其原因是随着 CaO 和 MgO 的不断溶解，灰水的 pH 值逐渐升高；当 pH 值升高至 11 以上时，Mg^{2+} 会与 OH^- 产生 $Mg(OH)_2$ 沉淀，所以灰水中的 Mg^{2+} 浓度会急剧降低。

图2-5所示为某电厂灰样Mg^{2+}的溶出曲线（灰浆浓度为1%），该曲线证实了前面的说法。在灰、水混合初期，水中的Mg^{2+}浓度很快增加，接着急剧降低，最终稳定在一个水平上。

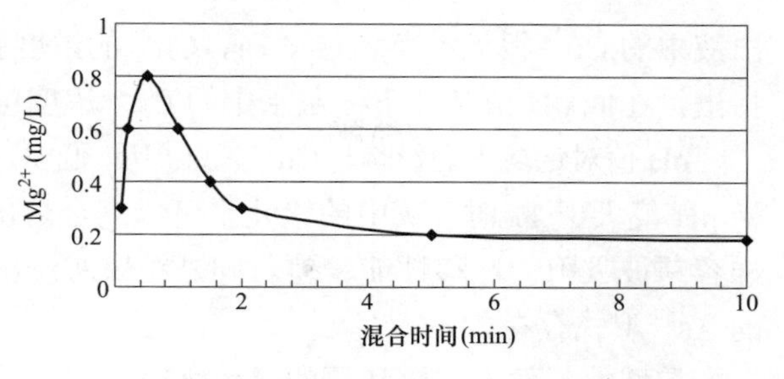

图2-5　灰水中镁离子浓度的变化

3. 铝和硅的溶出

铝、硅的化合物形成了灰粒中固定相的基本部分，灰水中Al^{3+}主要来源于固相硅酸盐中的可溶解部分。

研究表明，灰中钙的含量、碱金属和碱土金属的总含量对铝的浸出溶有影响。图2-6所示为Ca^{2+}浓度对灰中铝溶出的影响曲线；Ca^{2+}浓度越高，铝元素的溶出率也越大。这种影响的原因至今不完全清楚，有很多种解释，但是没有定论。

图2-7所示为不同浓度灰浆的SiO_2溶出曲线。从该溶解曲线可以看出，硅溶出与灰浆的浓度有关。当灰浓度较低时，溶出曲线的形状与钙的相似，即水中SiO_2的浓度不断增大至趋于稳定。但是当灰的浓度较高时，溶出曲线又与Mg^{2+}相似，开始水中的SiO_2浓度快速增大，然后又逐渐降低。其原因是溶出的硅酸根与灰水中高浓度的Ca^{2+}、Mg^{2+}等形成了沉淀。

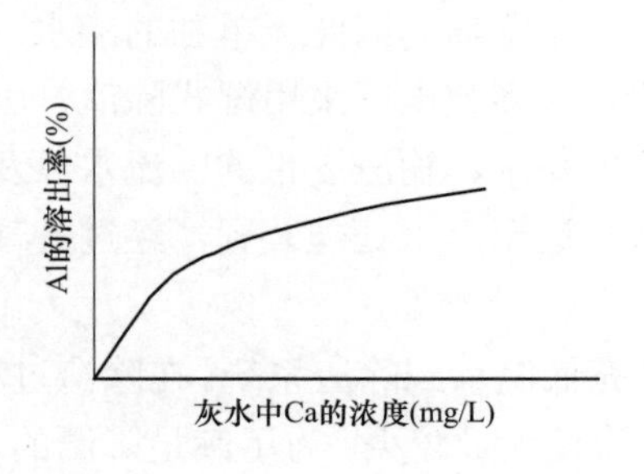

图2-6　钙对灰中铝溶出的影响

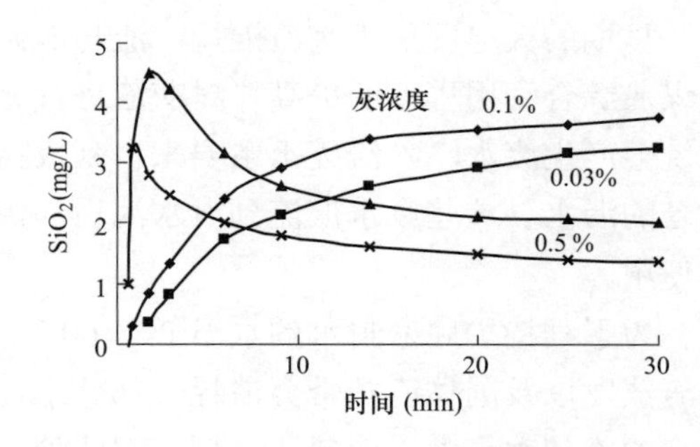

图2-7　灰浆中SiO_2的溶出曲线

4. 其他微量元素的溶出

灰中存在多种微量元素，其中很多是对环境危害很大的重金属元素，在污水综合排放标准中被列为第一类污染物。

当与水接触后，灰、渣中的微量元素会溶入水中并随水排入地表水或者渗入地下。有些重金属元素，如铅和镉，容易被植物吸收而产生污染的转移。因此，在灰场设计时，必须要充分考虑粉煤灰中微量元素的浸出及迁移的规律，采取适当的控制措施，以免对环境造成污染。

5. pH值对微量元素溶出率的影响

有关试验结果表明，水的pH值对灰中许多元素的浸出浓度有影响。砷、锡、铯、钼、钨、钒在中性条件下的溶出浓度最大，而酸性或碱性条件下其溶出浓度都会变小。铜、铅、镉、锌在高pH值时浸出浓度较小，低pH值时较大。例如，在pH>6时，浸

出液中的 Cu^{2+}很低；当 pH＜6 时，Cu^{2+}的浓度就会随 pH 值的降低而快速增大。有研究指出，在低 pH 值条件下，灰水中的 Cu^{2+}浓度可以达到 pH＞6 时的 1000 倍以上。

pH 值对铯溶出的影响与 Cu^{2+}正好相反。低 pH 值时，铯的浓度很小，可以低达 $10^{-7.9}$mol/L；当 pH 值大于 11 时，灰中的铯几乎可以完全溶出。铯的浸出能力尽管很强，但它与砷一样容易被吸附，迁移性能较差。砷是粉煤灰浸出液中常见的微量元素，通常以毒性较低的 As^{5+}形式存在。

在酸性条件下，锌和镉的浸出规律相似。锌的浸出率常在 30%～80%，而镉的浸出率则为 20%～100%。硼的浸出浓度在 pH＜11 时比较稳定，而 pH＞11 时迅速降低。对于灰中的硼，不但溶出率高，而且容易迁移，因此含硼元素较高的粉煤灰在储存时，应考虑措施阻断其迁移的途径。

铅的溶出过程比较复杂，干扰因素很多，浸出试验的溶出浓度变化很大。有时铅的浓度很高，超过 100mg/L；而有时则很低，检测不出。铅的浓度除了与煤中铅的含量有关外，还与铅在灰粒上的分布、存在形式有关，这些取决于燃烧时铅的挥发与凝结，过程十分复杂。另外，铅还会与灰水中的杂质进行吸附、沉淀等反应。

三、灰渣废水

1. 除渣废水

早期的火电厂采用灰渣混排，渣与灰浆混合后排至灰场，因此无单独的渣水。随着粉煤灰综合利用程度的提高，对灰渣进行分别处置。大多数电厂采用湿式除渣，因此渣系统会产生废水。除渣废水主要来自刮板捞渣机的冷却水、输渣皮带的回流水以及渣脱水仓的沥水。这些废水汇流到渣水池后，由溢流水泵送至渣水处理装置，经过处理后循环使用。

为了维持炉底密封水的水温低于 60℃，必须补充低温水到除渣系统。在除渣过程中，热渣蒸发以及固体渣携带会消耗一部分水，但总体消耗水量较少。为了满足降温的需要，补充的冷却水量大于消耗的水量，因此除渣系统会产生溢流水，即除渣废水。除渣系统废水中的杂质主要来源于渣和补充水，以渣溶出的杂质为主，杂质种类多且含量变化大。因此，渣溢水是火电厂成分最为复杂的废水之一，减少渣系统的补充水量和渣溢水量是大部分火电厂节水减排的重点工作。

2. 冲灰废水

在 20 世纪 80 年代以前，电厂设计中还缺乏节水的理念，火电厂大多采用直排式、低浓度的水力冲灰系统。低浓度直排式冲灰有很多缺点，主要是大流量、低浓度的灰浆直接排入灰场，冲灰耗水量大、排入灰场的水量大，产生外排水；对大流量的灰浆进行远距离的输送，能耗高；浓浆管道和灰场回水管道比较长，防垢的成本高、难度大，不利于水的回收和利用。当排入灰场的水量超过了灰场的蒸发量和渗漏量时，就会产生灰场外排水。这些外排水因 pH 值和含盐量较高（pH 值一般大于 9，有时达到 10.5 以上），直接排入外部水体会对环境造成污染。因此，自 20 世纪 80 年代后期开始，很多电厂开展了冲灰水系统的改造，主要采取的改造路线是进行稀浆浓缩提高灰浆浓度、灰系统清水循环回用，有些电厂则直接改为干除灰。为了将灰场的清水进行回用，设置灰场返回水管，将灰场多余的水（溢流）送回厂内循环冲灰。但是灰场返回水管道有结垢的问题，需要在灰场回水中加酸或加阻垢剂来防垢。当灰场距离厂区很远时回收清水的难度很大，灰场多余的水只能外排。

由于灰水的 pH 值和悬浮物有可能超过排放标准，一般需要将溢流水处理后外排。灰水进入灰场经过长时间的沉淀之后，其外观大多澄清透明，水的悬浮物含量很低，如果灰场的外排集水点选择合理，排水的悬浮物一般不会超标，主要的超标项目是 pH 值。因此，排水处理主要内容是调整 pH 值，通过加酸将其 pH 值调整至 6～9，达到排放标准。灰场排水一般通过灰坝一侧的集水渠溢流或渗流收集，收集的水自流进入中和反应池。由于灰场排水的 pH 值一般都大于 7，不会产生酸性腐蚀，所以集水渠一般采用毛石砌筑。

因灰场水含盐量很高，一些使用灰场溢流水灌溉的农田会出现土壤板结、盐碱化的问题，使土壤品质劣化。同时，水中含有灰渣溶出的复杂成分，包括重金属元素和氟化物。这些污染物尽管浓度可能不超标，但长期积累也会造成土壤的污染。

四、FGD 废水

1. 脱硫废水的产生

脱硫废水来源于持液槽或者石膏脱水系统的排水。在脱硫装置运行过程中，由于吸收液是循环使用的，其中的盐分和悬浮杂质浓度会越来越高，而 pH 值越来越低。pH 值的降低会引起 SO_2 吸收率下降。图 2-8 所示为浆液 pH 值对脱硫效率的影响，可以看出当 pH 值低于 5.5 时，脱硫效率降至 80%以下。过高的杂质浓度还会影响副产品石膏的品质。鉴于以上原因，脱硫浆液不能无限浓缩。当杂质浓度达到一定值后，需要定时从系统内排出一部分废水，以保持吸收液的杂质浓度，维持循环系统的物料平衡。

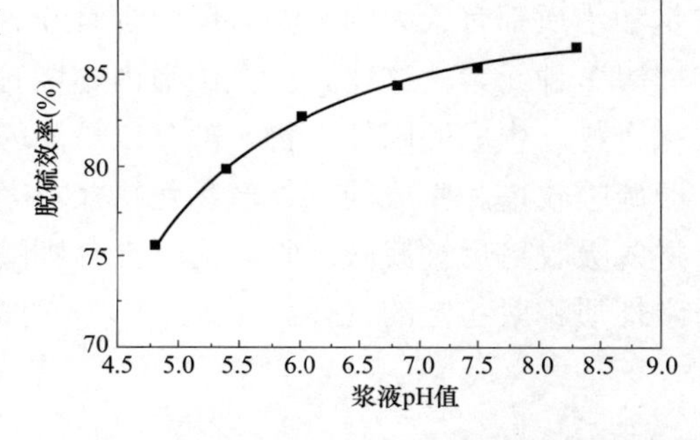

图 2-8　浆液 pH 值对脱硫效率的影响

2. 脱硫废水中的杂质及来源

脱硫废水中既含有一类污染物，又含有二类污染物。所含的一类污染物有镉、汞、铬、铅、镍等重金属离子和砷，对环境有很强的污染性；二类污染物有铜、锌、氟化物、硫化物。另外，废水的 COD、悬浮物等都比较高。除了上述成分外，近年来国外开始关注脱硫废水硒元素的控制问题。表 2-15 所示为文献中提供的某电站烟气脱硫废水的水质。

表 2-15　　烟气脱硫废水的水质

项目	单位	含量	项目	单位	含量
温度	℃	40～50	Cl^-	mg/kg	1000～30 000

续表

项目	单位	含量	项目	单位	含量
pH 值	—	5.5～6.5	F^-	mg/kg	50～100
可沉淀物	mg/L	10 000	SO_4^{2-}	mg/kg	800～5000
Ca^{2+}	mg/kg	2000～16 000	SO_3^{2-}	mg/kg	200～700
Mg^{2+}	mg/kg	500～6000	NO_2^-	mg/kg	2
NH_3/NH_4	mg/L	500	CN^-	mg/kg	0.1
COD	mg/kg	140～240	PO_4^{3+}	mg/kg	100～200
总 Fe	mg/kg	15	总 Cr	mg/kg	2
Al	mg/kg	60	Ni	mg/kg	2
Cu	mg/kg	2	Hg	mg/kg	0.1
Co	mg/kg	1	Zn	mg/kg	4
Pb	mg/kg	1	Mn	mg/kg	50
Cd	mg/kg	0.2			

从上述水质来看，脱硫废水的水质极差，悬浮物、含盐量、氯离子、钙镁离子、氟离子、重金属离子等指标都比火电厂的其他废水高出很多，许多水质指标都超过了环保排放标准。

脱硫废水中的杂质主要来自煤、油和石灰石（目前湿法脱硫的脱硫剂大多用石灰石）。燃料和脱硫剂（主要是石灰石）的成分以及脱硫系统的运行方式对脱硫废水的产生量和水质都有很大的影响。煤中含有 F、Cl、Cd、Hg、Pb、Ni、As、Se、Cr 以及重金属等多种元素，这些元素在炉膛内燃烧时发生了一系列的化学反应，生成了多种不同的化合物。生成的固体产物一部分以炉渣的形式排出炉膛，另一部分随烟气进入除尘器和脱硫吸收塔。生成的气体产物包括 CO_2、O_2、SO_2、HCl、HF、NO_x、N_2 等，一部分在进入吸收塔后被浆液吸收，另一部分则随烟气排出吸收塔。未被吸收的主要是氮气等化学性质相对稳定的气体。

在脱硫塔的吸收浆液中，除了烟气溶解带入的杂质外，石灰石也会溶出一部分杂质，如 Ca、Mg、K、Cl 等。随着浆液的不断循环，杂质不断被浓缩，排出的废水杂质浓度很高。有时为了提高 SO_2 的去除率，需要在脱硫剂中加镁的化合物，这种废水的 Mg 含量很高。现将脱硫废水中常见的主要杂质及来源分析如下。

图 2-9　某电厂的脱硫废水

（1）悬浮物。主要为烟气中的细灰和浆液中已析出的难溶盐沉淀物等。悬浮物的含量很高，大部分可直接沉淀，沉淀物呈灰褐色。图 2-9 所示为某电厂废液槽中收集的脱硫废水，可以看出悬浮物含量极高。

（2）钙和镁。Ca^{2+}和 Mg^{2+}主要来源于石灰石和补充水。因为 Ca 是石灰石中的主要元素，在废水中的含量很高。另外，烟气的飞灰中也会含有钙和镁。

（3）氯化物。氯化物主要来源于烟气，石灰石和补充水也会带入一些。煤中所含的氯元素在锅炉炉膛内燃烧后转化为氯化氢（HCl），氯化氢又被脱硫浆液吸收。近年来电厂使用高盐废水作为脱硫补充水，由废水带入的氯离子也成为浆液氯化物的主要来源。由于 Cl^-的化学性质比较稳定，不会因化学反应引起浓度的改变，所以在浆液循环浓缩过程中，以 Cl^-的含量变化判断浆液的浓缩程度，决定是否需要排污。资料中介绍，在煤的含氯量大于 0.05%、脱硫补充水 Cl^-浓度不超过 200mg/L 的条件下，浆液中 Cl^-的浓度是决定脱硫废水是否排污的主要参数。在允许的情况下，尽量提高浓缩倍数可以减小废水的排放量。

（4）SO_3^{2-} 和 $S_2O_6^{2-}$ 。是水中主要的还原态无机物，是构成脱硫废水 COD 的主要成分。SO_3^{2-} 和 $S_2O_6^{2-}$ 含量与脱硫过程中的氧化程度有关，如果氧化条件不好，这两种还原态离子的含量就大，脱硫废水的 COD 就高，而且不易处理。SO_3^{2-} 和 $S_2O_6^{2-}$ 还会影响石膏的品质。

（5）F^-。主要来源于煤。煤中的氟化物燃烧后生成氟化氢气体（HF），随烟气进入脱硫塔内，与浆液中的 Ca^{2+}反应生成 CaF_2 沉淀。由于 Ca^{2+}的浓度很高，所以废水中 F^-离子的浓度主要取决于 CaF_2 的溶解度；在脱硫浆液中，存在多种离子之间的沉淀平衡。影响沉淀溶解度的因素包括温度和废水的离子强度。温度主要影响溶度积常数，离子强度影响离子的活度系数。含盐量越高，活度系数越小，因此废水中的氟离子等的实际浓度，远高于根据浓度积常数计算的理论值。

（6）重金属离子。来源于石灰石、烟气和补充水。这里重点分析 FGD 废水中汞的来源及转移。

汞主要来源于燃煤。煤中汞以硫化汞、金属汞和有机汞化合物形式存在，大部分汞以固溶物形式分布于黄铁矿中，尤其是后期成因的黄铁矿中。也可能有部分细微的独立汞矿物分布于黄铁矿和有机组分中。煤燃烧后，在烟气中汞的主要存在形态包括气态单质汞（Hg^0），气态二价离子汞（Hg^{2+}）和粒子态汞（Hg_P）。

在自然界中，汞以元素汞 Hg^0、一价汞 Hg_2^{2+}和二价汞 Hg^{2+}三种价态存在。其中，元素汞 Hg^0 具有高挥发性，是空气中汞的主要存在形态；Hg_2^{2+}比 Hg^{2+}的稳定性差，在环境中可形成多种有机和无机化合物；Hg^{2+}化合物一般都具水溶性。有机 Hg^{2+}化合物一般都有 C－Hg 共价键，具有高挥发性。汞的有机化合物［如一甲基汞 CH_3Hg^+和二甲基汞（CH_3）$_2Hg$］不易解离，容易在生物体内、环境中造成蓄积，是汞最具毒性的形态。

在锅炉内燃烧过程中，煤中汞的存在形态随烟气温度的变化而改变，变化过程十分复杂。当温度高于 700～800℃时，汞的各种化合物分解为气态单质汞（Hg^0）；在炉膛的高温燃烧区（温度高于 800℃），汞全部转变为 Hg^0 进入烟气。随着烟气温度逐渐降低，三分之一以上的 Hg^0 会与烟气中其他成分发生化学反应，形成 Hg^{2+}的化合物；还有一部分 Hg^0 吸附于飞灰中残留的碳颗粒表面或者其他极细飞灰颗粒表面上，形成颗粒汞。炉膛中的烟气经过电除尘装置时，部分颗粒汞随飞灰被截留。除尘后的烟气流经脱硝处理装置时，在脱硝催化剂的作用下，烟气中大多数 Hg^0 会被氧化成 Hg^{2+}。

在脱硫装置中还可以除去一部分汞，但汞的去除率差异很大。美国能源部的现场测试统计，用石灰石做吸收剂的脱硫系统对总汞的去除效率为 10%～84%，去除率范围很宽。另有研究资料表明，单独的湿法脱硫装置对烟气中汞的脱除率大约为 45%～55%，脱除效率不高。脱汞效果取决于烟气中汞的形态。研究表明，湿法烟气脱硫过程对烟气中氧化态汞的去除率可以达到 80%～95%，但对不溶于水的 Hg^0 去除效果不显著。在某些条件下，氧化态汞甚至在湿式烟气脱硫系统中会被还原成单质汞排出，这可能是由于在脱硫塔内存在还原性物质如硫化物、亚硫酸盐及二价金属离子铁、锰、镍、钴和锡等，它们将被吸收的 Hg^{2+} 重新转化为元素汞 Hg^0。因此，受燃煤种类、煤中含汞量、煤在锅炉内燃烧工况、烟气温度、烟气组成、飞灰特性、是否安装有脱硝装置等条件影响，燃煤烟气中 Hg^0、Hg^{2+} 和 Hg^P 比例各不相同，使得脱硫装置对汞的总去除率亦不相同。

在整个电厂燃煤过程中汞的最终去向包括：锅炉底渣、飞灰、脱硫废水、脱硫废水泥渣、脱硫石膏、最终排放烟气。经过脱硫装置处理后的烟气被引至烟囱排放大气，其中携带的残留汞是大气汞污染的主要来源之一。

3. 影响脱硫废水水质的因素

（1）煤质。锅炉烟气中所含的杂质主要来自煤燃烧后的气态产物，这些是构成脱硫废水杂质的主要部分。废水中的氯化物、氟化物、硫酸盐和重金属等杂质的含量主要取决于煤质。表 2-16 所示为德国的几种煤质的成分分析。

表 2-16　　煤中氯、氟、硫和汞的含量*

煤种及产地		Cl（%）	F（%）	S（%）	Hg（mg/kg）
烟煤	鲁尔煤	0.15～0.30	0.005～0.04	0.5～1.5	0.14
	萨尔煤	0.05～0.45	0.003～0.011	0.6～1.5	0.03～0.5
	进口煤	0.001～0.30	0.002～0.10	0.28～2.5	0.01～12
褐煤	东易北河煤	0.02～0.20	0.002～0.018	0.65～3.35	0.05
	西易北河煤	0.02～0.04	0.010～0.027	0.85～4.0	<0.01
	莱茵褐煤	0.018	0.0007	0.27～0.40	0.05

* 表中所述数据针对干燥基燃料。

表 2-17 所示为两台锅炉的脱硫废水的水质。其中一台是褐煤锅炉，另一台是烟煤锅炉。

表 2-17　　两种煤质脱硫废水成分的差异

分析项目	单位	烟煤	褐煤	分析项目	单位	烟煤	褐煤
pH 值	—	5.3	5.8	Al	mg/L	18	0.5
固体物	mg/L	5500	15 000	Si	mg/L	67	55
Na	mg/L	622	1300	Fe	mg/L	37	—
K	mg/L	129	230	Mn	mg/L	444	170
Mg	mg/L	1850	4100	F^-	mg/L	—	105
Ca	mg/L	8820	700	Cl^-	mg/L	18 900	5000

续表

分析项目	单位	烟煤	褐煤	分析项目	单位	烟煤	褐煤
Br^-	mg/L	167	106	Cu	mg/L	0.57	<0.01
NO_3^-	mg/L	1480	575	Ni	mg/L	2.9	0.8
SO_4^{2-}	mg/L	1270	10 600	Pb	mg/L	0.75	<0.05
Cd	mg/L	0.40	0.13	Hg	mg/L	—	<0.004
Cr	mg/L	2.0	<0.01	Zn	mg/L	—	1.0

由表2-17可见，在燃用不同种类的煤时，形成的脱硫废水水质差异很大，各种元素的含量有很宽的分散带。我国火电厂的煤源不稳定，因此即使是同一座锅炉，脱硫废水的水质波动也很大。

（2）石灰石。为了保证较快的吸收速率，对脱硫用的石灰石在纯度和细度两个方面都有要求。在纯度方面的要求是纯度要大于90%；而对细度的要求是90%的石灰石粉能够通过325目（44μm）或者250目（63μm）的筛网。由于粒度很细，所以石灰石中含有的微量杂质会以较快的速度溶出，包括重金属元素。

（3）其他因素。脱硫装置的运行控制和系统设置，对废水的水质影响也很大。例如，浆液在循环过程中浓缩倍数的大小、烟气脱硫系统有没有预洗涤塔等，都会影响废水的水质。在不带烟气预洗涤塔的情况下，废水的pH值一般在4～6之间。脱硫塔内浆液的pH值会影响烟气中吸附于粉尘上的重金属元素的溶解。

影响脱硫废水成分的其他因素还有：脱硝装置的NO_x和NH_3是否会进入脱硫系统；烟气除尘装置的除尘效率等（决定进入脱硫系统的粉尘含量）。

综上所述，煤质、石灰石成分、补充水的水质以及脱硫吸收塔的运行方式等都对废水水质有影响。不同电厂的脱硫废水水质会有很大的差异。即使同一套湿法脱硫系统，也会因煤质的频繁变化而使水质经常变化，在不同的时段有不同的水质。因此，很难提出脱硫废水典型的水质数据。另外，脱硫废水为间断排放，水量也不稳定。所以脱硫废水处理系统的设计必须能够适应水量和水质的大幅度变化。

五、储煤、输煤系统废水

1. 含煤废水的产生

煤系统产生废水的地方主要有码头、铁路专用线、煤场、输煤栈桥、转运站、碎煤机房、水击式除尘器、办公楼等。露天煤场在雨雪天气容易形成积水；煤场和输煤系统为了防止煤自燃和降尘，经常需要喷淋；输煤栈桥、输煤皮带机地面的落尘需要经常冲洗；所有这一切，都会产生含煤废水。从外观来看，煤泥废水是火电厂最差的废水。外观呈黑色，含有大量的煤粉、油等杂质。

输煤系统的各种冲洗水、除尘器的排污水大部分利用分散的小型含煤废水收集池回收；煤场的废水通过煤场附近的煤泥沉淀池收集。目前，很多火电厂都设有集中的含煤废水处理站，将处理后的水循环使用。

2. 含煤废水的水质

含煤废水的外观呈黑色，悬浮物含量变化大。悬浮物主要由煤粉组成。其中一部分粒径较大的煤粒可以直接沉淀，而大量粒径很小的煤粉基本不能直接沉淀，可以稳定地悬浮于水中。即使经过几天的沉淀，水仍然很浑浊。

煤中的矿物质比较稳定，常温下在水中的溶解量不大，这一点与经过燃烧形成的灰渣性质完全不同。含煤废水中的杂质主要是煤颗粒，因此悬浮物含量很高，色度很大，但含盐量、pH 值并不高。表 2-18 所示为某火电厂含煤废水的水质分析结果，取样点为该厂煤场的雨水泵房集水池。

表 2-18　　某火电厂煤场废水的水质

项目	单位	数据	项目	单位	数据
pH 值	—	8.08	HCO_3^-	mg/L	98.55
电导率	μS/cm	761	Cl^-	mg/L	130.8
悬浮物	mg/L	69.5	F^-	mg/L	0.20
Ca^{2+}	mg/L	46.87	NO_3^-	mg/L	2.99
Mg^{2+}	mg/L	18.29	SO_4^{2-}	mg/L	77.8
Na^+	mg/L	22.51	SiO_3^{2-}	mg/L	14.87
K^+	mg/L	5.15	COD	mg/L	209.7
硫化物	mg/L	0.36	总碱度	mg/L	80.85
Fe（总）	mg/L	0.25	总硬度	mg/L	183.76

从表 2-18 的分析结果来看，含煤废水的悬浮物、SiO_2 的含量和 COD 值比较高，而钙、镁、钠、钾，以及重碳酸根、氯离子、硫酸根等的含量都不高，说明无机盐的溶出量很少。COD 高的主要原因是补水带入（包括雨水），因为煤系统补水时反复循环使用的，其中的有机物不断积累，COD 越来越高。另外，煤系统所占区域很大，区域内有很多大型转动设备，所以收集到的废水一般都含有油污。

第三章 火电厂用水管理及水平衡试验

水平衡试验是火电厂用水管理的重要内容。通过水平衡试验，摸清各系统水量平衡关系，进行用水管理指标计算与对标，在此基础上制订全厂整体用水优化方案。水务管理是对全厂所有的用水、排水进行的综合管理，涉及电厂锅炉、汽轮机、灰渣、输煤、水工、化学等多个专业。

火电厂用水管理首先需要建立水务管理组织构架，设置专业技术管理岗位；其次，需要建立水平衡监控体系，配备必要的水量计量关口表计和水质测量仪表，以随时掌握各系统的用水、排水情况及进、出水水质的变化。此外，还应定期开展水平衡试验，分析影响节水的各种因素，对用水流程进行优化，提高用水效率，使有限的水资源发挥更大的经济和社会效益。

第一节 火电厂用水管理

一、几个重要的水量概念

用水量是火电厂用水管理及节水规划的核心，是衡量火电厂用水水平的关键参数，也是提高火电厂用水精细化管理水平、制定节水及废水回用方案重要的基础数据。火电厂用水点很多，明确各用水系统对水量的要求及适用的边界条件，是正确实施用水管理及节水规划的前提。在火电厂用水管理中，根据不同的管理需要有各种水量指标。

1. 单位发电量取水量与装机取水量

按照GB/T 18916.1—2012《取水定额　第1部分：火力发电》的规定，单位发电量取水量为火电厂生产每兆瓦时电需要从各种水源提取的水量，单位为 m^3/MWh 或kg/kWh。

装机取水量为按火电厂单位装机容量核定的取水量，单位为 m^3/（GW·s）。装机取水量是按照火电厂总装机容量所确定的最大取水量值，主要作为设计阶段申请取水定额的依据。

2. 总用水量

总用水量是指火力发电厂的各用水系统在发电过程中使用的水量之和，包括由水源地所取的新鲜水，代替新鲜水的回用水，以及循环使用的水量。因此，总用水量并不是电厂总取水口测得的流量值。

3. 取水量

取水量是指除直流冷却水外，由厂外水源地送入厂内的新鲜水（包括地下水、地表水、自来水）或再生水的量（城市中水、煤矿疏干水等）；该水量包括生产用水和厂区的生活用水。

4. 耗水量

耗水量是指生产过程中以蒸发、风吹、污泥和灰渣携带及厂区绿化等形式消耗的水量。需要注意的是耗水量、用水量、取水量是三个完全不同的概念。

5. 排水量

某系统的排水量是指完成生产过程后，排出该体系之外的水量。火力发电厂的排水量是指由火力发电厂向厂外排放的水流量，不包括凝汽器直流冷却排水。

6. 复用水量

复用水量是指重复使用的水量。在火力发电厂，水的复用有三种形式：①直接串联使用。将一个系统的排水直接用作另一个系统的补水，如工业冷却水排水直接补入冷却塔。②循环使用。将系统的排水经过一定的处理后补回原系统循环使用。火力发电厂最大的循环用水系统有循环冷却水、锅炉汽水系统、灰水循环系统等。另外，含煤废水大多也是处理后循环使用的。③将废水处理后回用。火力发电厂将不能直接回用的废水进行收集、处理后，根据水质情况回用于相关用水系统。

二、火电厂在役机组的用水管理

火电厂水务管理的主要目标是提高用水效率，达到节水和废水减排的目的。要达到这一目标，需要制订各系统的用水指标。在役机组要制订节水细则，各用水、排水系统应设置流量计量和水质监测装置，在确保机组安全运行的前提下，实现节水减排。应重视水平衡测试并形成制度化，对全厂用水和排水的水量、水质进行有效监控，加强对生产及非生产用水的计量和管理，建立健全各级节水统计报表体系，并及时分析数据，指导补排水工序的正常操作，落实各项水务管理指标。

在役机组的水务管理工作主要包括：

（1）根据国家和地方的相关政策要求，制定适合本厂的用水管理制度。系统配备的各种水量、水质的计量与检测仪器仪表应校验，用水计量仪表校验和维护记录台账；检测所用标准药剂符合要求，保证检测数据真实有效。

（2）定期进行水平衡试验。火电厂应定期进行水平衡试验，掌握全厂用水、耗水、排水状况，及时发现不合理用水问题。通过水平衡优化，合理调配全厂水及废水资源，挖掘节水潜力点，降低设备自用水量。对各系统排水进行梯级利用，减少不合理用水和排水。

（3）对废水处理设施、设备维护，加强用水管理。在运行过程中，废水处理设施设备要进行必要的维护，以保证其投入率和正常运行，确保对全厂废水资源进行处理回用。

（4）采用更加节水、环保的新技术、新工艺，对电厂用水系统进行节水技术改造，降低耗水量和废水排放量。

三、火电厂用水管理中存在的问题

1. 用水效率不高

国内许多在运的中小型机组，由于服役已久或设计等历史原因，在实际运行中，用水指标达不到设计值。部分湿冷机组循环水浓缩倍率低，排污水量大且未进行回用，直接排放。一些电厂未对生活污水、工业废水等进行分类收集、回用，而是将这些废水混合后送至工业废水处理系统处理后直接排放，废水回收率低。有些电厂未建设废水处理回用系统，即使建有废水处理装置，运行投入率也很低。这些现象导致火电厂用水效率不高，有大量废水直接排放，废水资源化程度低，水资源浪费较为严重。

还有一些电厂存在新鲜水资源分配不合理及水的“高质低用”现象。如将新鲜水直接用于脱硫系统、灰渣系统、输煤系统等对水质要求不高的系统。部分水质较好的工业水冷却辅机后直接排放。部分电厂存在直接使用消防、生活水源作为冲洗水的现象等。另外，部分电厂也存在“用水过量”现象。例如冷却水量偏大，机组停机检修时部分系统依旧“长流水”，系统补水未做到“因需而授”，不受限制造成溢流等情况。

2. 水质和水量监控水平不高

水务管理主要涉及水质和水量的监控。通过水量监控，可了解电厂各系统的用水、排水情况，为制定全厂优化用水方案、建立优化的水量平衡体系提供依据。通过水质监控，可实时掌握重要的水质数据，为确定废水处理工艺、优化废水处理设施的设计和提高处理效果提供技术依据。

国务院发布《水污染防治行动计划》对企业严控用水总量、抓好工业节水、提升用水效率提出了更高要求，需要完善主要用、排水系统计量装置，实现主要供、排水系统流量（关口流量计）的监视和数据记录，通过及时、准确的监测，为用水管理提供可靠信息，提高电厂的用水管理水平。但是由于设计及历史原因，部分火电厂水系统安装的流量计数量较少，已安装的流量表计也存在选型不当、安装位置不规范、计量不准确等问题，导致无法及时、准确地监测全厂用水情况，未能发挥应有的作用。

第二节　水 平 衡 试 验

火电厂水平衡试验是将全厂作为一个用水体系，通过水量测定分析并得出各系统水量分配、消耗及排放之间的平衡关系，是为实现高效用水而进行的一项基础性试验。

一、水平衡试验的目的

火电厂水平衡试验的目的是通过对电厂各类取水、用水、排水和耗水的水量测定，摸清火电厂用水状况，正确地评价火力发电厂的用水水平，找出节水潜力点，优化用水流程，制定切实可行的用水规划、节水措施和合理的单位发电量取水量指标。除在正常运行阶段定期进行水平衡试验外，在出现下列情况时，也需要开展水平衡试验：

（1）新机组投入稳定运行一年内。

（2）主要用水系统、设备已进行了改造，运行工况发生了较大的变化。

（3）与同类型机组相比，单位发电量取水量明显偏高，或偏离设计水耗较大。

（4）在实施节水、废水综合利用或废水零排放改造可行性研究或实施工程之前。

二、水平衡试验的要求

试验期间对发电负荷有一定的要求。火电厂进行水平衡试验时，必须设定一个系统运行负荷的最低限，以确保水平衡试验数据的代表性和有效性。水平衡测试应选择在全部机组正常运行，发电负荷大于额定负荷80%的情况下进行，而且在试验期间负荷要基本稳定。

火电厂的用水量随气候和季节变化波动较大。因此，水平衡测试可在气候极端的冬、夏季两次进行，以便综合分析。为了避免气候和其他参数波动的影响，一次的试验时间跨度不宜过大，尽量在相对短的时间内完成。

试验数据应能真实反映用水、排水的情况。通过绘制全厂水量平衡图，得到全面、可靠的发电取水量、总用水量、复用水量、消耗水量、排放水量及单位发电量取水量等指标。

三、水平衡试验的程序及方法

1. 收集、分析电厂与水相关的基础资料

（1）查清全厂机组概况，如装机容量、台数、投运日期及主机等主要设备技术规范。

（2）查清全厂用水水源（包括地表水、地下水、中水、自来水等）情况，具体包括取水量、水质情况及变化趋势等。

（3）查清各系统生产、生活的用水工艺及设备概况。

（4）全厂已采取的节水措施。

（5）全厂水系统管网和已安装的水流量计量仪表的位置。

（6）整理、绘制全厂水系统管网图，用、排水计量网络图。

2. 制定水平衡试验方案并划分水平衡系统并确定测点

划分水平衡试验体系，确定试验对象。水平衡试验系统可按大中小三级划分，大体系为全厂水系统，中体系为单元工艺系统（如锅炉、汽轮机、燃料、除灰、化学等），小体系为单一设备。测试对象按照从小到中、从中到大逐级确定。

3. 校验水量计量仪表

一、二级用水的计量仪表要定时校验，有累计量；三级用水的计量表计要定时检查记录，有累计量。水量计量仪表精确度不应低于±2.5%。用辅助方法测量时，要选取负荷稳定的用水工况，数据不少于5次测量值，最终结果取其平均值。

4. 用水量测试

对于单一设备，测试每台用水设备的取水量、重复利用水量、耗水量、排水量四个基本用水参数，在代表性工况条件下，连续测定3次，取其平均值。

对于间断用水设备，将所测得的单位时间用水量乘以实际用水时间，计算每天的用水情况。

对于季节性用水设备，如采暖锅炉、空调等，要在用水季节测定，计算全年的月最高用水量。

5. 问题分析及水平衡优化方案的制定

对全厂及各用水系统用水、排水进行分析，评价用水效率，发现影响用水效率的问题，挖掘节水潜力点，优化全厂用水流程，制定水平衡优化方案。

四、水平衡试验结果分析

1. 对试验数据进行分析、整理并绘制各用水系统的水平衡

（1）水平衡测试数据按小中大三个用水体系逐级汇总计算，建立平衡体系。

（2）绘制各用水系统的水平衡图，计算出全厂总用水量、取水量、复用水量、消耗水量、排放水量，以及全厂各类用水所占的比率。

（3）计算全厂复用水率、排放水率、锅炉补水率、发电取水量、单位发电量取水量、废水回收率等指标值。绘制出全厂和各分系统水平衡图，水平衡图应能反映出各用水系统水的来源、类别（取水、复用水、排放水、蒸发、泄漏等）、用水系统或设备的名称、回用废水的处理设施、简单工艺流程和水的流向，同时应标出各节点水的流量。

2. 水平衡试验关键评价指标

评价火电厂用水水平的指标主要有单位发电量取水量、重复利用率、排放水率、废水回用率、锅炉补水率、循环水浓缩倍率等。下面对其中的关键指标进行分析阐述。

（1）单位发电量取水量。火电厂生产单位电量需要从各种水源提取的水量，单位为 m^3/MWh 或 kg/kWh。单位发电量取水量是根据一段时间内的发电量和取水量计算而来的，其值受地域、季节、发电负荷等多个因素影响，是衡量火电厂生产过程中用水效率的重要指标。

（2）重复利用率。在一定时间内，生产过程中所有重复利用的水量占全厂总用水量的百分数即重复利用率，该指标是反映火电厂生产过程中用水合理性的一个辅助指标。对于采用自然通风冷却塔冷却的火电厂，由于循环水量很大，计算出的重复利用率一般都大于95%，各电厂的重复利用率值差别很小，因而不能单独使用该指标比较各电厂实际的用水水平。

（3）排放水率。排放水率指火电厂在生产过程中向厂外排出水量占总取水量的比率。排放水率越高，说明该电厂回用废水的潜力越大。

需要注意的是对于有水灰场、采用水力除灰的火电厂，用循环冷却排污水、工业废水甚至厂区生活污水作为除灰渣系统的补充水，但排往灰场的冲灰水量不计入厂外排水量，这种情况下计算出的排放水率就很低。

（4）废水回用率。废水回用率是火电厂在生产过程中产生的废水、污水经废水处理设施处理后，其水质达到生产工艺流程要求的条件下，被回收循环使用，回收废水总量占电厂产生废水总量的比率。

（5）其他指标。各用水系统还有其他与水量相关的指标，如锅炉排污率、补水率等；循环水系统有浓缩倍率、蒸发损失率、排污损失率等。这些指标往往具体到某个用水系统才有准确的意义。

3. 用水水平评价

用水水平评价应包括全厂用水指标的评价、主要生产用水系统的评价及非生产用水评价等三个方面。

（1）全厂用水指标的评价。对单位发电量取水量、重复利用率、排放水率等指标进行分析、评价。

单位发电量取水量与设计值、行业系统考核指标或同类电厂先进指标进行比较，指出全厂水系统存在的不合理用水，分析排放水量大的主要原因。

（2）生产用水评价。循环水系统的用水评价结合原水水质、补充水处理方式、凝汽器管材，以及下游用户需水量等多个因素对循环冷却水处理方法和浓缩倍率进行评价。锅炉补水率、排污率与设计值、行业系统考核指标或同类型电厂先进指标进行比较，做出综合评价。

（3）厂区生活用水评价。应与当地城市居民生活用水标准、同类型电厂生活水用水先进指标进行比较，对电厂生活用水进行评价。

4. 水平衡优化

在摸清全厂各系统水量平衡关系的基础上，根据原水水质及预处理情况、各系统产生的废水水质和废水处理系统运行情况对用水状况分析，挖掘节水潜力，制定全厂水平衡优化方案，并分析节水效益。

第三节　不同冷却类型机组的水平衡分析

一、空冷机组的水平衡分析

与湿冷机组相比，空冷机组最大的特点是以空气做冷源，完成做功的乏汽用空气或闭式循环水冷却，不需要或只需消耗少量的冷却水，可节约大量的水资源，在低温、缺水地区应用较多。

空冷机组有间接空冷和直接空冷两种冷却形式。间接空冷是先用空气冷却闭式循环水，再用闭式循环水冷却凝汽器排汽。升温后的闭式循环水则用布置在冷却塔中的表面式热交换器通过空气冷却。直接空冷则是直接用空气冷却凝汽器排汽。由于间接空冷机组供电煤耗低于同容量的直接空冷机组，近年来新建的间接空冷机组较多。下面以某2×600MW间接空冷机组为例，对间接空冷机组的水平衡进行分析。

1. 间接空冷机组水平衡特点

图3-1所示为2台600MW间接空冷机组在一定工况条件下的水平衡图。外来水源入厂后主要分为三路：第一路进入工业水池（占取水量的51.55%），作为锅炉补给水和工业水系统补水；第二路直接补入冷却塔（占取水量的34.78%）；第三路作为生活、绿

化、消防用水（占取水量的13.66%）。

表3-1所示为该空冷电厂全厂各主要用水系统用水、取水情况分析，表3-2所示为该空冷电厂各系统主要耗水、排水情况分析。

表3-1　某2×600MW间接空冷机组主要系统的用水综合分析

用水系统名称	净补水量（m^3/h）	净补水量占总取水量比例（%）	新鲜取水量（m^3/h）	回用量（进）（m^3/h）	回用量（出）（m^3/h）
工业水系统	3.5	1.45	12.5	0	9
辅机冷却水系统	31	12.84	84	18	71
锅炉补给水系统	23	9.52	112	0	89
脱硫系统	134	55.49	0	139	5
输煤、除灰系统	8	3.31	0	8	0
生活绿化及消防	31	12.84	33	0	2
废水及回用水系统	11	4.55	0	91	80
合计	241.5	100	241.5	256	256

表3-2　某2×600MW空冷机组各系统主要耗水、排水情况

用水系统名称	消耗量（m^3/h）	对外排放量（m^3/h）	消耗率（%）	排放量占总排放量比例（%）
工业水系统	3.5	0	1.54	0
辅机冷却水系统	28	3	12.31	21.43
锅炉补给水系统	23	0	10.11	0
脱硫系统	134	0	58.90	0
输煤、除灰系统	8	0	3.52	0
生活绿化及消防	31	0	13.62	0
废水及回用水系统	0	11	0	64.29
合计	227.5	14	100	100

综合分析图3-1、表3-1和表3-2可知，该空冷机组单位发电量取水量为0.27m^3/MWh，满足GB/T 26925—2011《节水型企业　火力发电行业》中“单机容量600MW级及以上空气冷却机组单位发电量取水量≤0.37m^3/MWh”的要求。下面以该厂水平衡为例，分析空冷机组的水平衡特点。

（1）空冷电厂没有循环水系统。脱硫系统是全厂补水和耗水量最大的系统，其次是锅炉补给水系统和辅机冷却水系统。在该厂，脱硫系统的净补水量占全厂总取水量的55.49%，耗水量占全厂总耗水量的58.90%。这些系统用水水平对整个空冷机组的用水指标有直接的影响。

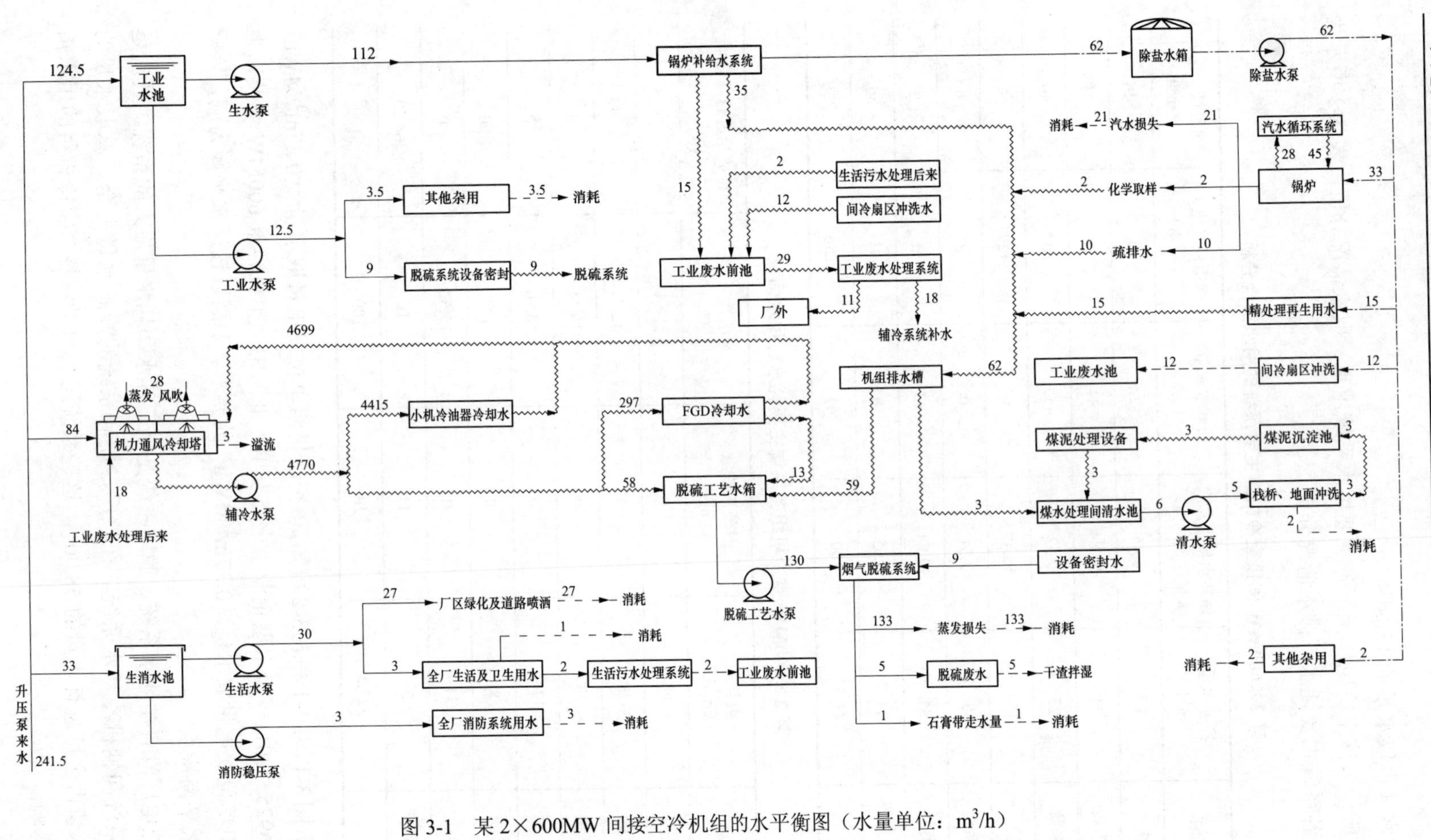

图 3-1 某 2×600MW 间接空冷机组的水平衡图（水量单位：m^3/h）

（2）空冷电厂都处于缺水地区，为了尽量减少取水量和废水外排量，一般均采用干除灰、干除渣系统。同时，空冷电厂一般都进行水的合理梯级利用，废水基本全部回收利用。

（3）该厂的外来水源只作为化学、工业（含辅冷）、生活以及消防系统的补水水源，脱硫、燃料系统的补水主要采用工业废水及辅机冷却水排水，末端废水作为干渣拌湿水源。该厂全厂无外排废水。

2. 空冷机组用水存在的问题及优化

通过在该空冷电厂进行的水平衡试验，发现了一些用水问题，这些问题可能是空冷电厂普遍存在的问题。

（1）锅炉疏水量过大。水平衡试验表明，该2×600MW空冷机组的锅炉补水量较高，达到33m³/h，主要原因是锅炉疏排水量偏大（10m³/h）。通常情况下，发生这类问题的一般原因是非正常排水多、阀门内漏等造成的。因为锅炉补水为处理成本较高的除盐水，所以解决这些问题可以带来显著的节水效益。

（2）精处理再生用水量过大。2×600MW机组配套的精处理再生用水量一般在5m³/h左右，而该电厂空冷机组精处理再生用水量达到了15m³/h。与同等规模电厂相比，该水量过高，需要进行精处理再生工艺优化调整，降低再生用水量和废水产生量。

（3）工业废水未全部回用。该2×600MW机组工业废水量为29m³/h，经工业废水系统处理后仅回用18m³/h。电厂应将处理后的工业废水全部回用至辅机冷却水或脱硫系统。

（4）消防水使用不规范。水平衡测试期间，该厂消防水使用量为3m³/h。电厂应规范消防水使用，杜绝违规使用造成消防给水管网不能保压，导致消防安全风险。

（5）水池高液位溢流。水平衡试验期间，发现该2×600MW空冷机组辅机冷却水池存在溢流现象。通过液位阀门连锁严格控制各水池水位，防止水池溢流造成不必要的损失。

二、循环冷却型机组的水平衡分析

1. 循环冷却机组水平衡特点

循环冷却冷机组最大的特点是有循环冷却水系统，该系统多采用逆流式自然通风冷却塔冷却循环水。通常每台机组配1座冷却塔，1条矩形回水暗沟，2台或者3台循环水泵。循环水泵均布置在主厂房外冷却塔附近。循环冷却机组凝汽器采用敞开式二次循环冷却系统。循环水处理主要是向循环水中投加化学药剂，并运用其他化学、物理方法，使循环冷却水维持一定的浓缩倍率运行，保持凝汽器冷却管内及循环冷却水系统不结垢、不腐蚀，控制藻类及微生物滋生。下面以某电厂2×300MW机组为例，对循环冷却型机组的水平衡特点进行分析。

图3-2所示为2台300MW循环冷却机组在一定工况条件下的水平衡图。水源有中水和自来水两种。其中，中水经过中水处理系统处理后作为冷却塔补充水。自来水入厂后主要一路进入清水池，经清水泵后主要分为三部分：一部分作为工业水，用作循泵、空气压缩机、氢站、机侧工业冷却水后排入冷却塔；另一部分作为脱硫系统的工艺水，直接补入脱硫塔；第三部分作为化学除盐系统水源。冷却塔的排水少量回用至复用水池，大部分溢流至雨水前池排至厂外。

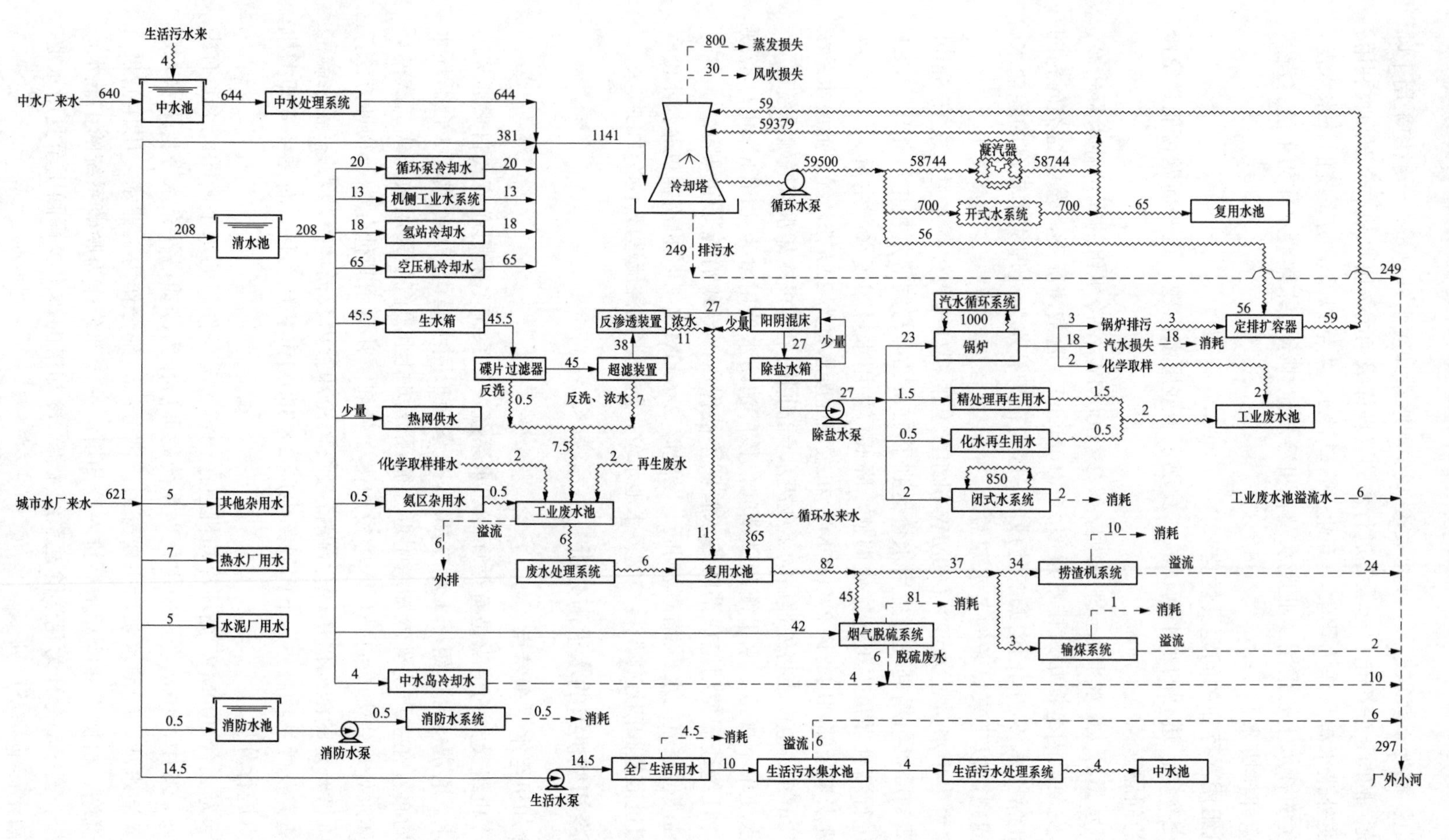

图 3-2　某 2×300MW 循环冷却机组水平衡图（水量单位：m^3/h）

表 3-3 所示为该湿冷电厂全厂各主要用水系统用水情况分析，表 3-4 所示为该湿冷电厂各系统主要耗水、排水情况。

综合分析图 3-2、表 3-3 和表 3-4 进行分析，该厂的水平衡情况如下：

表 3-3　某 2×300MW 湿冷机组全厂主要水系统用水情况分析

系统名称	净补水量（m^3/h）	各系统净补水量占总取水量（%）	新鲜取水量（m^3/h）	回用量（进）（m^3/h）	回用量（出）（m^3/h）
循环水系统	1079	85.55	1021	123	65
工业水系统	4	0.32	120.5	0	116.5
化学除盐水系统	20	1.59	45.5	0	25.5
生活水系统	10.5	0.83	14.5	0	4
消防水系统	0.5	0.04	0.5	0	0
除灰渣系统	34	2.70	0	34	0
输煤系统	3	0.24	0	3	0
脱硫系统	87	6.90	42	45	0
复用水系统	6	0.48	0	88	82
其他用水	17	1.35	17	0	0
合计	1261	100	1261	293	293

表 3-4　某 2×300MW 循环冷却机组各系统主要耗水、排水情况

系统名称	消耗量（m^3/h）	对外排放量（m^3/h）	消耗量占总消耗量比例（%）	排放量占总排放量比例（%）
循环水系统	830	249	86.10	83.84
工业水系统	0	4	0	1.35
化学除盐水系统	20	0	2.07	0
生活水系统	4.5	6	0.48	2.02
消防水系统	0.5	0	0.05	0
除灰渣系统	10	24	1.04	8.08
输煤系统	1	2	0.10	0.67
脱硫系统	81	6	8.40	2.02
复用水系统	0	6	0	2.02
其他用水	17	0	1.76	0
合计	964	297	100	100

（1）水源来新鲜水主要作为循环水、化学除盐系统的补水及脱硫工业。输煤、除渣系统的补充水及脱硫工艺水多采用循环水排污水和处理后的工业废水，剩余循环水排污水、工业废水和生活污水直接外排。

（2）循环水系统是全厂补、耗、排水量最大的系统，其补水量占全厂总取水量的

85.55%，耗水量占总耗水量的 86.10%，排水量占全厂总排水量的 83.84%，对全厂单位发电量取水量影响最大。该系统节水潜力最大，其次是脱硫系统、除灰渣系统、化学除盐系统。

（3）循环水浓缩倍率约为 3.3 倍，属于偏低水平。全厂单位发电量取水量为 2.10m^3/MWh，与 GB/T 26925—2011 中“单机容量 300MW 级循环水冷却机组单位发电量取水量≤1.71m^3/MWh”的要求有较大差距。

（4）用水方面存在较多的问题，没有做到水的“梯级利用”和分类分质收集、回用，存在水的“高质低用”问题，废水回收率低，外排水量大，具有较大的节水潜力。

2. 循环冷却机组用水存在的问题及优化

通过在循环冷却型电厂进行的水平衡试验，发现了一些用水问题，其中一些问题是同类型电厂可能存在的普遍问题。

（1）循环水浓缩倍率低，排污水量大。该湿冷电厂循环水浓缩倍率控制在 3.5 倍以下，排污水量高达 314m^3/h。根据该厂凝汽器管材（TP316L 不锈钢）、循环水补充水水质及相似电厂实际运行参数等，预计循环水系统可在浓缩倍率 5 倍条件下安全、稳定运行。可以通过循环水模拟试验，选择合适的水稳剂，确定提高浓缩倍率的技术方案。提高浓缩倍率后，循环水排污水量可降低至 170m^3/h，减少排污量 144m^3/h。排污水一部分可以综合利用，作为脱硫、输煤及除渣系统补水。

（2）一些回用价值较大的排水没有进行有效的回收利用。一方面，部分设备冷却水未回收。中水岛罗茨风机和脱硫系统的浆液循环泵、增压风机、氧化风机等设备，使用工业水作为冷却水源，水量分别为 4m^3/h 和 20m^3/h，这部分排水与新鲜水的水质相近，水质优良，但没有进行合理的回收利用。电厂可因地制宜，就近回收这部分优质的排水。例如可将罗茨风机冷却水收集至清水池，脱硫系统部分设备的冷却排水回收至冷却塔水池，作为循环水系统的补水。也可以将冷却系统改为闭式冷却水。另一方面，化学除盐系统废水未分类收集回用。在锅炉补给水处理中，过滤设备反洗排水仅悬浮物含量较高，其他水质与工业水相近，回用价值较大。这部分反洗排水一般可以返回到原水预处理系统的进水中。锅炉汽水集中取样装置的大部分排水为除盐水，尽管流量不大，但从水质来讲回用价值极大，可直接回收至冷却塔或者补给水处理系统。再生废水混匀并调节 pH 值后可用作输煤、除渣系统补充水或脱硫工艺水。

（3）输煤和除渣系统有废水外排，不利于环保。含煤废水及渣溢水都属于煤源性废水，水质复杂，悬浮物、色度等水质指标很高，直接外排不利于环保。根据这两类水的水质特点，应建设含煤废水处理设施和渣水处理设施，实现含煤废水和渣水的循环利用。

三、直流冷却机组的水平衡分析

1. 直流冷却机组水平衡的特点

直流冷却机组采用江水、湖水和海水等作为凝汽器的冷却水，冷却排水直接排放回江海。由于直流冷却机组的冷却水不循环，所以在发电过程中没有大量水的损耗，也不需要进行复杂的冷却水处理。海水不属于传统意义上的水资源，在计算发电取水量时不计海水使用量，因此从水平衡评价的角度来看，海水直流冷却机组类似于空冷机组。下面以采用河水直流冷却的某电厂为例，对直流冷却机组的水平衡特点进行分析。

图 3-3 所示为某电厂的 6 台直流冷却机组在一定工况条件下的水平衡图。该厂装机共 6 台，分三期建设。其中，Ⅰ期包括 2 台 330MW，Ⅱ期包括 2 台 300MW，Ⅲ期包括 2 台 600MW 机组，冷却水源为长江。来水主要分为三路：一路进入前 4 台机组共用的净化站处理后，用作这 4 台机组的锅炉补给水处理系统的原水、脱硫系统的工艺水、输煤和灰渣系统补水、工业冷却水以及生活水和消防水；第二路直接补入前 4 台机组的灰渣系统；第三路进入 2 台 600MW 机组的净水站处理后，出水用作这 2 台机组的锅炉补给水处理系统的原水、输煤和灰渣系统用水、工业冷却水，以及生活水系统和消防系统。工业冷却系统排水收集至复用水池，部分用作 2 台 600MW 机组的脱硫系统、输煤系统及灰渣系统补充水，剩余废水外排。

表 3-5 所示为该电厂全厂各主要用水系统用水、取水情况分析，表 3-6 所示为该电厂各系统主要耗水、排水情况分析。

表 3-5　　某直流冷却电厂主要用水系统用水情况分析

系统名称	净补水量（m^3/h）	净补水量占总取水量比例（%）	取水量（m^3/h）	循环水量（m^3/h）	回用量（进）（m^3/h）	回用量（出）（m^3/h）
原水处理及工业水系统	629	23.51	1246	0	0	617
化学除盐水系统	372	13.91	247	0	125	0
生活消防水系统	462	17.28	475	0	3	16
除灰渣系统	546	20.42	521	0	25	0
输煤系统	78	2.92	5	0	76	3
脱硫系统	378	14.14	180	0	240	42
其他用水	209	7.82	0	0	587	378
合计	2674	100	2674	0	1056	1056

表 3-6　　某直流冷却电厂各系统主要耗水、排水情况

系统名称	消耗量（m^3/h）	排放量（m^3/h）	消耗率（%）	排放率（%）
原水处理及工业水系统	85	544	6.27	41.24
化学除盐水系统	333	39	24.58	2.96
生活消防水系统	9	453	0.67	34.34
除灰渣系统	546	0	40.29	0
输煤系统	4	74	0.29	5.61
脱硫系统	378	0	27.90	0
其他用水	0	209	0	15.85
合计	1355	1319	100	100

注　共装机 2×330MW＋2×300MW＋2×600MW。

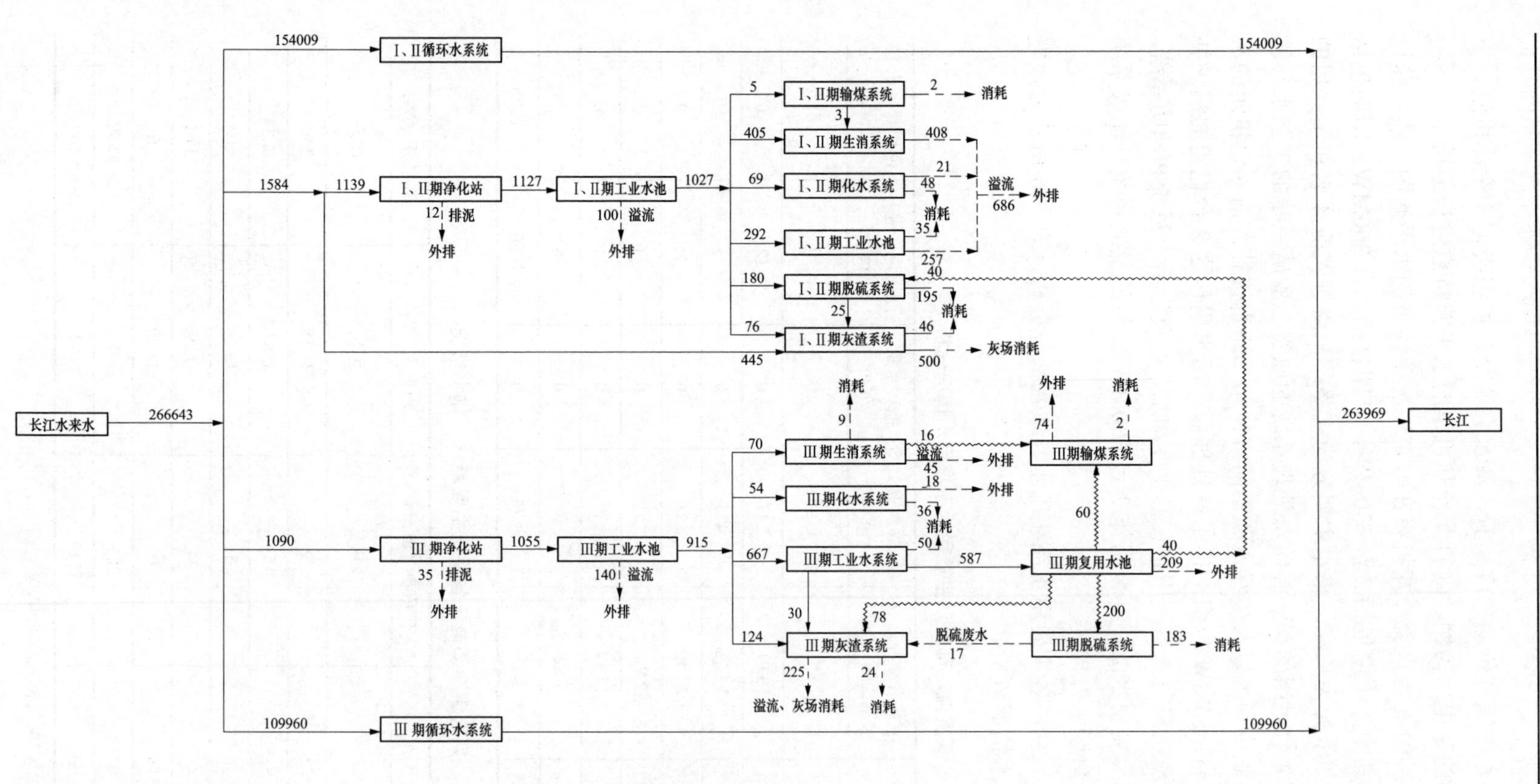

图 3-3 某电厂直流冷却机组水平衡图（水量单位：m^3/h）

综合分析图3-3、表3-5和表3-6可知，该厂直流冷却机组的水平衡具有以下特点：

（1）脱硫、化学除盐系统是直流冷却机组净补水量最大的系统。外排水主要包括原水预处理系统排水、脱硫废水、复用水池溢流水、灰渣及输煤系统排水等。

（2）直流冷却机组的水源来水主要作为锅炉补给水处理系统、脱硫工艺水系统、辅机冷却水系统、生活水和消防水等用水系统的补水水源。燃料、灰渣系统主要使用处理后的工业废水等复用水。

2. 直流冷却机组用水存在的问题及优化

相对于循环冷却机组，直流冷却机组因为没有循环水系统，用水系统相对简单。但是在对前面直流冷却电厂进行的水平衡分析中，还是发现在直流冷却机组用水中存在一些问题需要优化。其中最大的问题是取水量高。该直流机组实际发电量取水量为1.05m^3/MWh，与GB/T 26925—2011中的要求有很大的差距。按照要求，单机容量300MW级的直流冷却机组，其单位发电量取水量应该不大于0.34m^3/MWh；单机容量600MW级及以上直流冷却机组，其单位发电量取水量应不大于 0.33m^3/MWh。取水量高的主要原因如下：

（1）存在水的“高质低用”问题。例如该厂的脱硫系统工艺水、输煤及除渣系统使用新鲜水作为水源；废水回收率偏低，外排水量高达1319m^3/h，另有725m^3/h废水通过灰渣系统去灰场消耗，废水排放率高达49%以上。脱硫工艺水、输煤及除渣系统补充水对水质要求低，不应直接采用工业水，而是使用回收的排水，避免水的“高质低用”。

（2）上游各用水系统排出的水量大于下游用水系统的需水量，剩余的排水及末端废水直接外排。排水量大的原因主要是该回收利用的排水未回收。例如，净水站排泥水平均流量达到47m^3/h未回收。排泥水仅悬浮物含量高，其他水质指标与原水接近，是回用处理成本较低、应优先回用的排水。可增加污泥浓缩处理系统和污泥脱水系统，将浓缩池上清液及脱水机滤液回收至净水站处理回用，预计每天最大可回收优质水约1000m^3。

（3）工业水系统外排量大。该电厂工业水池外排水量高达 240m^3/h，造成水资源浪费。原因主要是用水不合理和供水管泄漏。该厂的磨煤机、引风机全部采用开放式水冷系统，冷却排水量很大，导致工业水大量外排。因此，电厂对全厂工业水系统进行改造：①将工业水泵改为变频泵，可以根据工作负荷要求调节冷却水量。②将磨煤机、引风机的冷却方式改为闭式循环冷却，减少不必要的排水。③新建复用水池，收集部分设备排出的冷却水和厂区其他可用的排水，作为脱硫塔工艺用水、输煤用水。

供水管泄漏是很多老电厂存在的普遍问题。泄漏不仅造成了新鲜水的损失，增加了发电水耗，而且增大了废水的产生量，给废水的减排增加了困难和成本。例如上述电厂的工业水母管以及工业水地下管网存在大量泄漏点，对于这类情况，电厂应及时对工业水管路进行彻底的改造，以减少发电耗水和废水排放量。

（4）大量煤渣废水直接外排。该厂外排渣溢水量高达 725m^3/h，含煤废水达77m^3/h。煤渣废水水质差，直接外排存在较大的环保风险。可对含煤废水收集系统进行改造，新建全厂煤水处理系统，将全厂的含煤废水合并处理，清水在输煤系统循环利用。

对除渣系统进行改造，实现渣水循环利用，只需补充少量的蒸发及湿渣携带损失水量，就可以取得节水效益，同时消除环保风险。

四、火电厂水平衡的新变化

随着国家环保政策日趋严格，发电企业面临的节水、减排压力更大，要求更高。在大气治理方面，近年来大多数火电厂实施了烟气超净排放改造；在废水治理方面，对火电厂废水排放的限制越来越严，标准越来越高。尤其是对废水零排放的要求，使得火电厂必须按照新目标的要求制定的新的水平衡方案。在此形势下，火电厂的水平衡呈现出一些新的变化。

（1）随着《大气污染防治行动计划》等环保政策密集出台，部分火电厂已实现烟气超净排放。烟气超净排放改造后，进入脱硫塔的烟气温度有较大幅度的降低，造成脱硫吸收塔蒸发量减少；除雾器冲洗频次相应调整，导致冲洗用水量变化，脱硫系统取水、排水量变化较大。

（2）有废水零排放要求的火电厂大幅增加。这方面的影响有两点：一方面为满足废水零排放对末端废水量的要求，各用水系统的排水量需要大幅度降低，需要新的水平衡。另一方面水平衡结果是废水零排放改造的基础，方案设计对废水测量准确度要求很高，还需根据测量值预测其波动范围，对水平衡试验提出了更高的要求。

（3）近年来，全国火电设备利用小时数逐年降低，且连续高负荷运行时间短，不能满足水平衡试验对发电负荷的要求。在此情况下，试验单位必须对不同类型机组的各系统关键水量进行分析、总结，预测改造方案设计所需的满负荷条件下的处理水量。

第四节　火电厂水平衡优化案例

以国内华东地区某电厂（A 厂）为例进行火电厂水平衡优化。该电厂有 2 台 320MW 机组，采用自然通风冷却塔循环供水冷却方式。除灰方式为干除灰，湿式除渣；脱硫采用石灰石-石膏湿法烟气脱硫工艺。图 3-4 所示为全厂在夏季满负荷时的水平衡图。

该电厂有两种水源：生产用水水源为地表水，生活用水水源为地下水。全厂用水系统按用途和工艺流程主要分为七个分系统，分别是循环水系统、化学除盐水系统、工业水系统、脱硫水系统、除灰渣及输煤水系统、生活及消防水系统及其他系统（办公楼制冷站冷却水）。全厂用水各阶段产生的排水主要有循环水排污水、脱硫废水、含煤废水、渣溢流水、工业废水、生活污水、酸碱再生废水、反渗透浓排水和过滤设备的反洗排水等。

电厂年取水量为 750.6 万 m^3，超过取水定额 700 万 m^3 的限值。电厂生产用总取水量为 1332m^3/h，单位发电量取水量为 2.08m^3/MWh，与 GB/T 26925—2011 中“单机容量 300MW 级循环水冷却机组单位发电量取水量≤1.71m^3/MWh”的要求有较大差距。

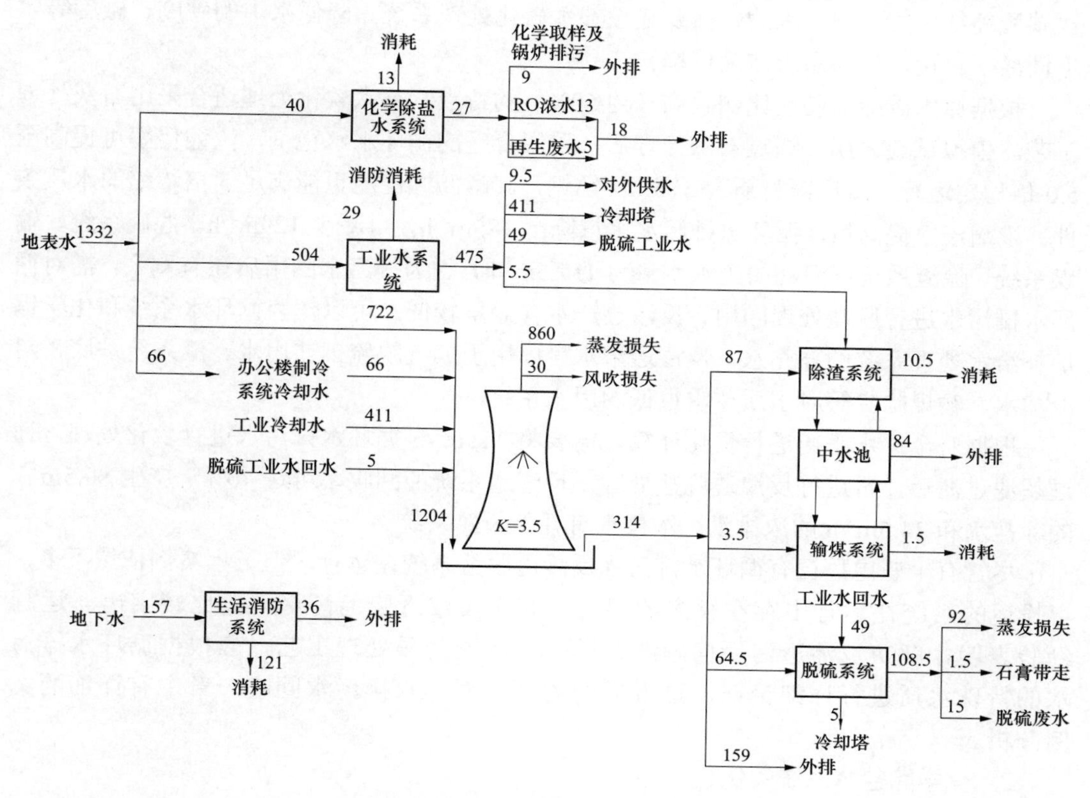

图 3-4 A 电厂夏季满负荷水平衡图

电厂外排废水包括化学废水、部分循环水排污水、含煤废水、渣溢流水和生活污水，外排废水的部分水质指标超过排放要求。电厂外排废水量为 306m^3/h，每天外排废水总量达到 7344m^3，远超外排废水 815m^3/d 的要求。外排水率也比较高，达到 20.55%。

因此，需要对电厂进行水平衡优化，主要包括优化调整用水流程，增加水的梯级利用级数，避免水的高质低用；对废水进行处理、回用或循环利用，提高废水回用率，降低排放水率。为降低废水回用的处理成本，综合考虑废水水质、水量因素，确定经济合理的回用方案。

1. 循环水系统用水优化

电厂目前循环水浓缩倍率控制在 3.5 倍，循环水排污水量为 314m^3/h，经输煤、除渣、脱硫系统回用后仍有 243m^3/h 外排。减少循环水排污水水量是电厂节水减排的关键，循环水节水思路主要从提高循环水浓缩倍率和循环水排污水脱盐回用两个方面考虑。

电厂循环水系统目前的浓缩倍率低，不利于节水，同时排污水量大，给后续实现零排放带来较大的压力。循环水补充水的总硬度为 7.5～8.0mmol/L，总碱度为 3.85～

4.0mmol/L。其中，钙离子含量为5.5～6.0mmol/L，镁离子含量为1.6～2.3mmol/L。该水质硬度和碱度高，运行过程中存在较大的结垢风险，进一步提升循环水浓缩倍率需要解决碳酸钙结垢的问题。因此，需要建设补水软化处理系统，降低水中的硬度、碱度等致垢性离子含量，提高系统浓缩倍率。

根据原水碳酸盐硬度比例较高（约50%）的特点，补水软化处理适合采用石灰处理工艺。模拟试验表明，通过石灰处理后，采用合适的循环水水稳剂，浓缩倍率可提高至5.0倍稳定运行。凝汽器材质为316L不锈钢，其耐腐蚀性能也能满足5倍浓缩的水质条件。浓缩倍率提高后，循环水排污水水量降至185m^3/h，可减少129m^3/h。脱硫系统、输煤系统、除渣系统可消耗的废水水量为117.5m^3/h，因为排污水回用后还有剩余，需对循环水排污水进行脱盐处理回用。反渗透产水含盐量较低，可以作为循环水系统和化学锅炉补给水处理系统的补充水，反渗透浓水可以用于烟气脱硫工艺用水、渣系统炉底密封冷却水、输煤除尘等对水质要求很低的用水系统。

根据对全厂水平衡进行优化计算，需要将115m^3/h循环水排污水进行软化处理，通过超滤过滤后，再进行反渗透脱盐处理。反渗透系统的回收率可达70%，产生80.5m^3/h的除盐水和34.5m^3/h的浓排水。浓排水可补入脱硫系统。

尽管有一些电厂已有循环水排污水反渗透脱盐系统在运行，但工程案例依然不多，已投运的系统在运行中存在较多的问题；其中反渗透膜的污堵问题比较突出。运行经验表明，解决反渗透污堵问题的关键是反渗透的预处理工艺，应根据循环水排污水的特殊水质进行详细论证。这方面的内容在循环水排污水回收一章中有详细的案例分析。

2. 化学除盐水系统的优化

化学除盐水系统的水源为地表水，产生的废水主要包括除盐设备反洗排水、酸碱再生废水等；废水量为27m^3/h，目前中和处理后外排。该系统主要的优化包括三部分内容：①将化学除盐水系统水源由地表水更换为经石灰软化处理的软化水，提高除盐水系统膜运行的稳定性。②收集锅炉排污水、汽水取样装置排水等水质较好的排水，直接回用至循环水系统；将反渗透装置的浓排水补入脱硫系统。③根据化学再生各步序排水水质特点，对再生废水进行高低盐分离改造、分类回收。其中，低含盐部分废水约为3m^3/h，水质较好，经工业废水处理站处理后作为循环水补水；高含盐部分废水约为2m^3/h，含盐量高、氨氮浓度高，与脱硫废水一起处置。

3. 生活污水处理回用

电厂原地埋式氧化法生活污水处理系统运行故障频发，设备处于闲置状态，出水36m^3/h直接外排。因此，需新建生活污水深度处理系统，提高处理标准；将深度处理后的生活污水用作循环冷却系统的补充水。生活污水回用于电厂的循环水系统，重点要解决氨氮和生物黏泥对循环水系统的影响。以曝气生物滤池（BAF）为代表的生物膜法处理工艺具有抗冲击负荷强等特点，出水水质能够满足火电厂循环水补水水质要求，可用于生活污水深度处理。在后面的章节中有关于生活污水深度处理回用详细的技术分析。

4. 除渣及输煤系统排水系统改造并实现分类回收回用

该电厂采用灰渣分除方式，干式除灰，湿法除渣。除渣系统的补充水由循环水排污水（$87m^3/h$）和工业水（$5.5m^3/h$）组成。捞渣机链条冲洗水、轴封排水、炉底密封水、渣浆泵轴封排水和冲洗水等均通过冲渣沟进入渣浆池，由渣浆泵将一部分水送往原有的中间回收水池，经简单沉淀后循环回用。

电厂没有煤水处理设施，煤水经收集后送至原有的中间回收水池，与渣系统排水混合进行沉淀后回收利用。回收水主要用于栈桥、地面冲洗等，在这个过程中因蒸发、渗漏等形式会消耗大部分水。存在的主要问题是对水质差异很大的除渣排水和含煤废水混合处理，混合回用，没有分类回收、分类处理和分类回用。同时，用水规律不同的系统之间混用，容易引起水量不平衡。水平衡试验发现，前述的中间回收水池有 $84m^3/h$ 的溢流进入排水系统外排，这部分排水的水质很差，存在较大的环保风险，因此需要进行改造。①更换全厂除渣系统和输煤系统的补水水源，全部采用循环水排污水，切断工业水。②在除渣系统增设独立的闭式水循环系统，对水量进行平衡，消除除渣系统水的溢流。③新建处理规模为 $2\times30m^3/h$ 的全厂煤水处理系统，采用混凝、澄清、过滤一体化含煤废水处理工艺，处理后出水可用于输煤系统地面、栈桥冲洗，实现输煤系统含煤废水闭路循环。由此实现渣、煤系统的排水单独回收、处理并循环回用，水量相对容易平衡，实现渣、煤系统没有废水外排。

5. 脱硫废水处理系统

原有的脱硫废水处理系统处理水量偏小，出水水质差（悬浮物很高），设备腐蚀、损坏严重，无法正常使用。旋流器排水直接进入三联箱，由三联箱简单沉淀后经废水池外排，水质不能达到 DL/T 997—2006《火电厂石灰石-石膏湿法脱硫废水水质控制指标》的要求，且原废水池未做防腐防渗处理，存在较大的环保风险。

结合该厂的特点，脱硫废水的处置分两步实施。首先实现达标排放，之后再实现全厂废水零排放。为了实现第一步达标排放的目标，新建 $20m^3/h$ 脱硫废水处理系统，使排放水质满足 DL/T 997—2006 的要求。中和、沉淀、絮凝工艺是应用最广泛的脱硫废水处理流程，主体设备包括三个箱体，前一个箱体充满溢流到下一个箱体。在不同区域分别加入石灰、有机硫、凝聚剂和助凝剂，完成 pH 值调整、饱和硫酸钙结晶析出、混凝、絮凝等反应，使生成的絮凝物能在澄清器中沉淀、分离。该工艺主要分为下列三个反应过程：

（1）中和。在脱硫废水进入中和箱的同时加入一定量的石灰乳溶液，控制废水 pH 值在合理的区间，在这一范围内可使大多数重金属如铁、铜、铅、镍和铬生成难溶的氢氧化物沉淀。同时，石灰乳中的 Ca^{2+}还能与废水中的部分 F^-反应，生成难溶的 CaF_2，达到除氟的作用。

（2）沉淀。经中和处理后的废水中 Pd^{2+}、Hg^{2+}的含量仍然可能超标，所以在沉降箱中加入有机硫化物，使其与参与的重金属离子反应，形成难溶的硫化物沉积下来。

（3）絮凝。混凝沉淀处理后，脱硫废水中大量细小的颗粒、金属沉淀物悬浮于水中。在絮凝箱体内加入助凝剂PAM，强化颗粒长大的过程，进一步促进氢氧化物和硫化物的沉淀，使废水中的细小颗粒凝聚成大颗粒而沉积下来，有效降低出水的悬浮物。

6. 末端高盐废水处置

要实现全厂废水不外排，必须对其进行回用甚至干化处理。脱硫废水中的水质极差，要实现回用必须进行深度处理。由于废水水量大，即使用于除渣系统也无法直接全部耗完。对于剩余的废水，要直接进行蒸发结晶干化处理不仅投资成本巨大，运行费用也极高。因此，需将脱硫废水以及精处理再生高盐废水合并，采用成本较低的其他技术进一步处理和浓缩，将分理出的淡水回用至循环水系统，浓缩液再进行烟气旁路蒸发或采用其他适当的方式进行处置。

表3-7所示为是该厂脱硫废水和精处理再生高盐的部分水质分析结果。脱硫废水和精处理再生高盐部分废水是电厂含盐量最高的两类废水。

表3-7　电厂脱硫废水和精处理再生高盐部分废水水质

检测项目	单位	脱硫废水	再生高盐废水
Cl^-	mg/L	6050	11000
SO_4^{2-}	mg/L	8875	24
溶解性固体	mg/L	22 442	18 900
$1/2Ca^{2+}$	mmol/L	40	—
$1/2Mg^{2+}$	mmol/L	266	—
氨氮	mg/L	5.35	2600
总氮	mg/L	95.7	—
总磷	mg/L	0.16	—

对于高盐末端废水，因地制宜确定处置方案是降低处置费用的有效方法。该电厂是老电厂，有湿灰场。灰场有效蒸发面积为95 125m^2，所在地区年平均蒸发1806mm（0.21mm/h），平均蒸发水量为19.9m^3/h。为降低末端废水处置费用，提高经济性，经过对废水水质进行严格评估后，可将高盐废水送至灰场蒸发消耗。

7. 废水综合治理改造后节水效益分析

电厂经过废水综合治理改造后，全厂水平衡图如图3-5所示。预计全厂总取水量将降至1159m^3/h，每年共取水637.5万m^3，满足取水定额700万m^3/年的要求。电厂生产用新鲜水的取水量由1332m^3/h降至1002m^3/h，每年可减少新鲜水取水量181.5万m^3。对应的全厂单位发电量取水量由2.08m^3/MWh降至1.6m^3/MWh，满足GB/T 26925—2011的要求。改造后正常运行工况下基本无废水外排，每年减少外排水量168.3万m^3，满足环保要求。

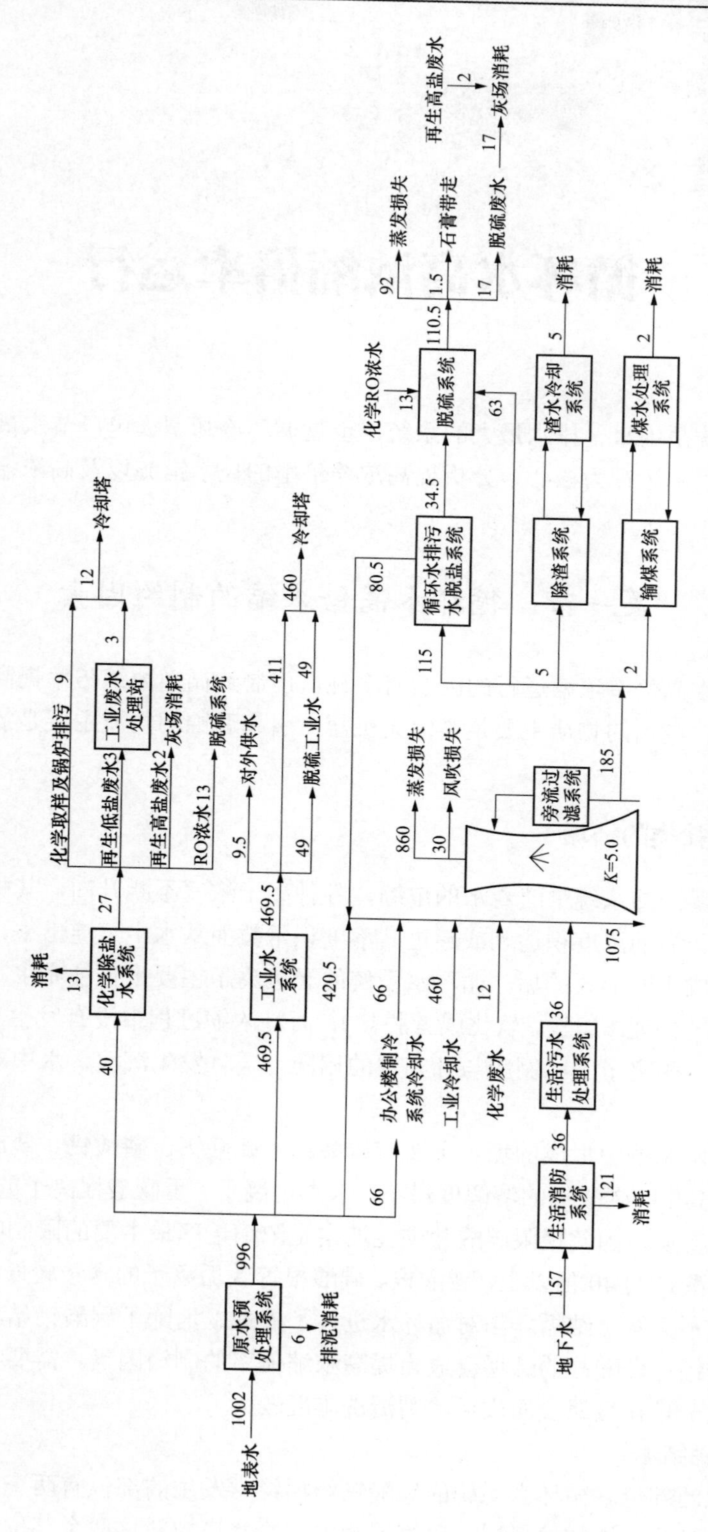

图 3-5 优化后的全厂水平衡图

第四章 >>>

循环水高浓缩倍率运行

循环水系统是用水、排水最大的系统，也是循环冷却型火电厂节水最关键的系统。本章以高浓缩倍率运行为核心，分析提高浓缩倍率的技术措施以及高浓缩倍率运行控制要点。

第一节　循环水高倍浓缩的制约因素

影响循环水高倍率浓缩运行的因素有多种，但制约循环浓缩倍率提高最关键的因素是结垢和腐蚀。结垢的物质主要是难溶无机盐，引起腐蚀的物质主要是氯离子等腐蚀性阴离子。

一、无机盐类的结垢

在开式循环冷却系统中随着水的浓缩，各种离子浓度不断升高，其中的一些难溶盐离子（致垢离子）的浓度积达到或超过其溶度积常数而从水中沉淀出来，在其他条件的共同作用下形成不同形式的垢。循环水系统的无机离子主要来自补充水。如果补充水和循环水没有经过处理（加酸、软化或者脱盐），而且浓缩过程中没有发生沉淀，那么循环水中的各种阳、阴离子的比例应与补充水的相同。一旦发生沉淀，水中难溶盐离子的比例将发生变化。

循环冷却水系统中形成的垢类主要有碳酸钙、硫酸钙、磷酸钙、磷酸锌、二氧化硅及硅酸镁等。其中，碳酸钙的溶解度最小，水中钙离子、重碳酸根离子的含量又比较高，是常见的结垢物质，因此极限碳酸盐硬度通常是浓缩倍率最主要的限制因素。硫酸钙的溶解度约为碳酸钙的40倍以上，磷酸根、硅酸根等致垢离子的含量较低，因此在浓缩倍率较低时一般不会发生结垢。当对循环水进行了处理、消除了碳酸钙结垢的障碍之后，硫酸钙、磷酸钙、硅酸盐的结垢会成为提高浓缩倍率的制约因素。需要特别注意的是硫酸钙和硅酸盐一旦在金属表面成垢，则清洗难度较大。

1. 碳酸钙结垢

（1）结垢的部位。循环水系统的碳酸钙结垢经常发生的部位有两个：一个是凝汽器管内，另一个是冷水塔的填料层。凝汽器管内和冷水塔填料这两个部位结垢的原理是不同的，前者与温度有关，后者与二氧化碳释放有关。

凝汽器管内的结垢是由于温度升高，碳酸钙的溶解度降低、结晶速度加快所致。碳酸钙结晶具有反温度特性，即温度越高，溶解度越低。因此，水温越高，结垢倾向越明显。表 4-1 所示为不同温度下碳酸钙的溶度积常数（0～50℃），可以看出水温越高，碳酸钙溶解积越小。图 4-1 所示为碳酸钙在蒸馏水中的溶解度随温度的变化曲线。从图中可以看出，在与大气相通条件下，水温越高碳酸钙溶解度越小；这正是循环水系统运行的真实条件。对于凝汽器管，循环水温升最高的部位是凝汽器的迎汽侧，因此该部位的碳酸钙结垢往往最严重。

表 4-1　　不同温度下，碳酸钙的溶度积

温度（℃）	碳酸钙的溶度积 K_{sp}	温度（℃）	碳酸钙的溶度积 K_{sp}
0	9.55×10^{-9}	25	4.57×10^{-9}
5	8.13×10^{-9}	30	3.98×10^{-9}
10	7.08×10^{-9}	40	3.02×10^{-9}
15	6.03×10^{-9}	50	2.34×10^{-9}
20	5.25×10^{-9}		

冷水塔内结垢的部位一般在冷水塔的淋水板、填料表面和喷水池的喷嘴等处。在这些部位，高处喷淋的循环水以水滴、水膜的形式与大量空气接触，水中过饱和的二氧化碳逸出，使得此处水的 pH 值升高，引起了碳酸钙沉淀平衡的移动，导致碳酸钙结晶析出而成垢。

水温对二氧化碳的溶解浓度影响很大，图 4-2 所示为不同温度下水中二氧化碳的残留浓度。循环水通过凝汽器后，温度升高 10℃以上，从图中可以看到残留二氧化碳的含量急剧降低，因此在水中呈现过饱和状态，在冷却塔内与空气对流过程中释放。

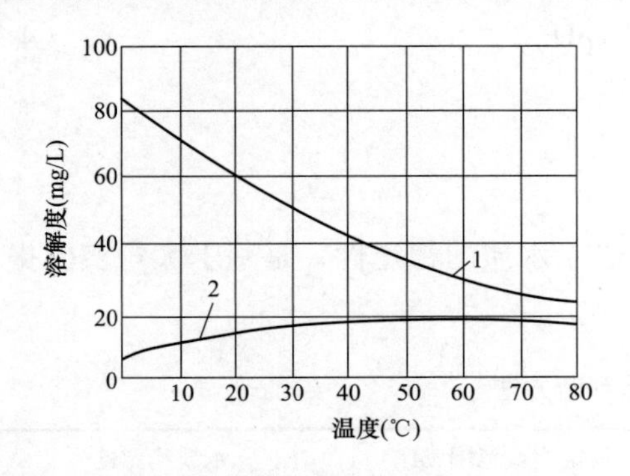

图 4-1　蒸馏水中碳酸钙的溶解度

1—通大气压；2—完全除去 CO_2

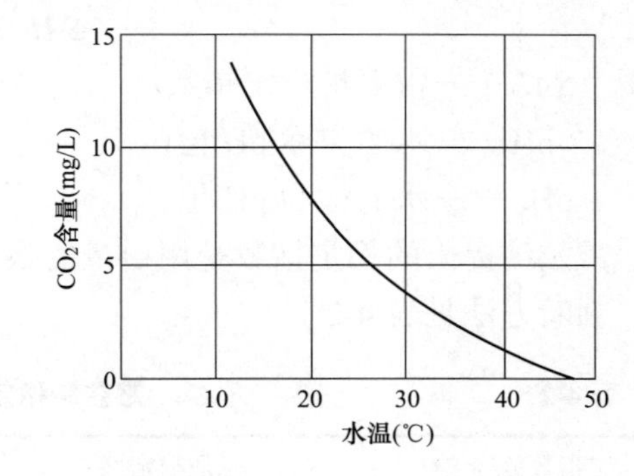

图 4-2　水中残留二氧化碳与水温的关系

（2）碳酸钙结垢判断。

1）朗格利尔饱和指数。1936 年朗格利尔（Langelier）根据碳酸钙在水中达到饱和状态时，存在着溶解动态平衡关系，提出了饱和 pH 值（pH_s）和饱和指数的概念，推导出了计算 pHs 的公式，并将水实际的 pH 值与其 pH_s 的差值作为饱和指数判断水结垢趋势。该指数称为朗格利尔饱和指数，简称饱和指数。计算式为

$$SI=pH-pH_s \tag{4-1}$$

式中 SI——朗格利尔饱和指数；

pH——水的实际 pH 值；

pH_s——水的饱和 pH 值。

$$pH_s=P_{K2}-P_{Ksp}+P_{Ca}+P_{ALK}+2.5\mu^{0.5}$$

式中 P_{K2}——HCO_3^- 电离常数的负对数；

P_{Ksp}——$CaCO_3$ 溶度积的负对数；

P_{Ca}——Ca^{2+}浓度（单位为 mol/L）负对数；

P_{ALK}——总碱度（单位为当量/L）负对数；

μ——离子强度。

$$\mu=(C_1Z_1^2+C_2Z_2^2+\cdots+C_nZ_n^2)/2$$

式中 $C_1\sim C_n$——水中各种离子浓度，mol/L；

$Z_1\sim Z_n$——离子浓度对应的离子价数。

朗格里尔提出的判断标准如下：

当 $SI>0$ 时，碳酸钙会析出，这种水属结垢型水；

当 $SI<0$ 时，原有的碳酸钙垢层会被溶解，这种水有腐蚀性，称为腐蚀性水；

当 $SI=0$ 时，碳酸钙既不析出，原有的碳酸钙垢层也不会被溶解，这种水属于稳定型水。

2）雷兹纳稳定指数。1946 年，雷兹纳（Ryznar）指出，利用朗格利尔饱和指数 SI 判断水的结垢趋势时经常出现错误。因此，他通过对各种水的实际运行结果进行总结，提出了雷兹纳稳定指数，简称稳定指数，用 SAI 表示。计算式为

$$SAI=2pH_s-pH \tag{4-2}$$

式中 SAI——雷兹纳稳定指数；

pH——水的实际 pH 值；

pH_s——水的饱和 pH 值。

雷兹纳提出的稳定指数是用定量的数值来表示水质的稳定性，是基于大量实验提出的。判断方法见表 4-2。

表 4-2　　雷兹纳稳定指数判断方法

稳定指数范围 SAI	水质稳定性	稳定指数范围 SAI	水质稳定性
<3.7	严重结垢	$6.0\sim7.5$	腐蚀
$3.7\sim6.0$	结垢	$I>7.5$	严重腐蚀
$I\approx6.0$	稳定		

3）普氏结垢指数 PSI。1979 年帕科拉兹（Puckoricus）认为水的总碱度比水的实测 pH 值更能正确反映水的结垢趋势。经过研究之后，他认为将雷兹纳稳定指数中水的实际

pH 值改为平衡 pH 值（pH_{eq}）更切合实际，pH_{eq} 可按式（4-3）计算，即

$$pH_{eq}=1.465\lg Alk+4.54 \tag{4-3}$$

式中　pH_{eq}——水的平衡 pH 值；

pH_s——水的饱和 pH 值；

Alk——系统中水的总碱度（以 $CaCO_3$ 计），单位 mg/L。

帕科拉兹提出的结垢指数定义为

$$PSI=2pH_s-pH_{eq} \tag{4-4}$$

其判断准则见表 4-3。多次的试验与实际运行对比，在上述三种方法中，*PSI* 结垢指数判断水中碳酸钙的结垢倾向准确性最高。

表 4-3　　不同 *PSI* 值的结垢、腐蚀倾向

PSI	结垢、腐蚀倾向	*PSI*	结垢、腐蚀倾向
3.0	极端严重	6.5	无结垢倾向，轻微腐蚀倾向
4.0	非常严重	7.0	无结垢倾向，轻度腐蚀倾向
5.0	严重	8.0	无结垢倾向，中等腐蚀倾向
5.5	中等	9.0	无结垢倾向，较强腐蚀倾向
5.8	轻度	10.0	无结垢倾向，很强腐蚀倾向
6.0	稳定的水		

2. 硫酸钙

与 $CaCO_3$ 溶解度明显的反温度特性不同，$CaSO_4$ 在不同温度下的溶解度比较复杂。图 4-3 所示为温度对 $CaSO_4$ 溶解度的影响曲线，可以看出 $CaCO_3$、$CaSO_4$ 和 $CaSO_4 \cdot 1/2H_2O$ 的溶解度都是随温度的升高而降低的，只有 $CaSO_4 \cdot 2H_2O$ 的溶解度是在 0～30℃之间随温度升高而升高的，超过 30℃后随着温度升高而降低。当温度升高，pH 值降低时，$CaSO_4$ 的溶解度降低。

另外，$CaSO_4$ 的溶解度约为 $CaCO_3$ 的 40 倍以上，这也就是火电厂凝汽器很少发生 $CaSO_4$ 水垢的原因。只有在高浓缩倍率下运行的换热设备，才会在水温高处析出 $CaSO_4$。

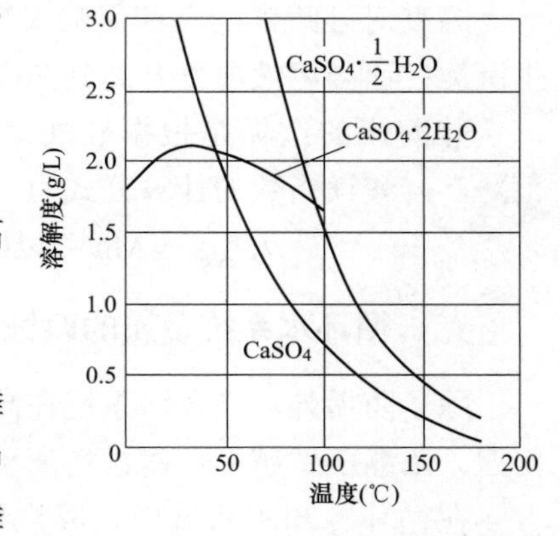

图 4-3　温度对 $CaSO_4$ 溶解度的影响

3. 磷酸钙和磷酸锌

为了缓蚀、阻垢，往往向冷却水系统中加入聚磷酸盐和有机膦，随着温度的升高及药剂在冷却系统中停留时间的增长，它们会部分水解为正磷酸盐，正磷酸盐与钙离子反应，生成非晶体的磷酸钙。

目前在很多复合配方中，为了缓蚀，都添加了锌，而一般复合配方中都含有有机磷，因此有可能形成磷酸锌的沉积。

4. 二氧化硅和硅酸镁

与硅有关的垢主要有二氧化硅垢和硅酸镁垢。循环水中的硅来自补充水源，其含量

差异很大。水中所含硅酸浓度主要与地质环境有关，如火山地区水中的硅酸浓度就高。

硅在水中的存在形式比较复杂。作为多元酸，硅酸在水中会发生多级电离。离解按下式进行，即

$$H_2SiO_3 = HSiO_3^- + H^+$$
$$HSiO_3 = SiO_3^{2-} + H^+$$

其中，硅酸的第一电离常数 $K_1=10^{-9.1}$，第二电离常数 $K_2=10^{-1.77}$。

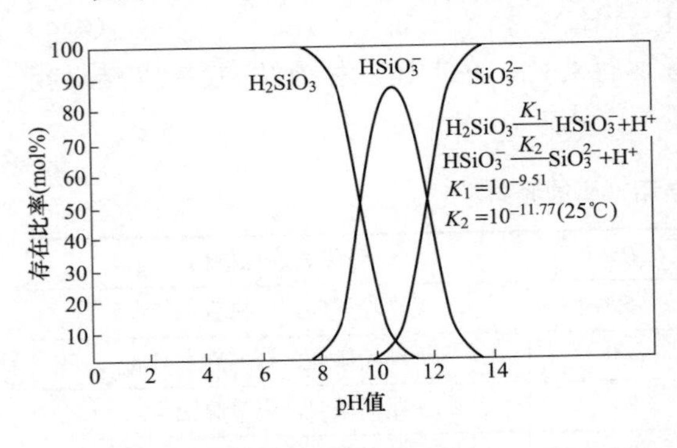

图 4-4　pH 值对硅酸各组分比例的影响

在不同 pH 值时，偏硅酸的存在比率如图 4-4 所示。从图 4-4 可看出，当 pH 值小于 8.0 时，硅酸几乎处于非离解状态，此时几乎无 $HSiO^-_3$ 存在。当 pH 值大于 9 时，由于 $HSiO^-_3$ 量明显增加，因而硅酸的溶解度也明显上升。当硅酸的含量超过其溶解度时，发生硅酸缩聚，转为聚合体的形式存在，而且聚合体的分子量会不断增大。随着聚合体分子量的增加，就会析出成为坚硬的硅垢。经验表明，当循环冷却水中二氧化硅量小于 150mg/L 时，一般不会析出沉淀；如循环水的 pH 值大于 8.5，二氧化硅含量达到 200mg/L，也不会析出沉淀。

硅酸镁有橄榄石（Mg_2SiO_4）、蛇纹石［$Mg_3Si_2O_5(OH)_4$］、滑石[$Mg_3Si_4O_{10}(OH)_2$]和海泡石[$Mg_2Si_3O_{7.5}OH3H_2O$]，冷却水系统中，一般常见的硅酸镁垢是滑石。硅酸镁垢的形成可分为两步，镁硬化后先以氢氧化镁沉淀，而后氢氧化物与溶硅和胶硅反应形成硅酸镁。

温度对硅酸镁的沉淀影响很大。例如在 20℃时，硅酸镁溶液静置一个月也不会产生沉淀；而当溶液温度升高到 70℃时很快会产生沉淀。

硅酸镁的结垢是根据硅酸镁指数来判断的。按照《工业循环冷却水处理设计规范》，硅酸镁指数的计算公式为

$$I_{MgSiO_3} = Mg^{2+}(以CaCO_3计,mg/L) \times SiO_2(mg/L) < 15000 \tag{4-5}$$

二、循环水系统金属的腐蚀

除了防垢外，循环水系统在高浓缩倍率下运行的另一个制约因素是金属材质的腐蚀问题。浓缩倍率越高，腐蚀性离子浓度越大，对金属耐腐蚀的要求就越高。

在循环冷却水系统中，凝汽器管以及使用循环水冷却的辅机设备是防腐的重点部位。辅机设备的材质通常有铜合金、碳钢和不锈钢，其产生的腐蚀形态与凝汽器管水侧类似。近年来由于使用城市中水或工业废水作为循环水系统补充水的电厂越来越多，有些新建电厂辅机系统设计为闭式循环系统，换热器材质根据水源水质和循环水处理工艺的不同选择耐腐蚀性较好的不锈钢、钛合金材质。但对于大部分使用铜合金管材的老电厂，在高浓缩倍率条件下腐蚀防护的压力很大。

铜的腐蚀与溶解氧、pH 值、含盐量等因素密切相关。溶解氧是铜腐蚀过程主要的阴极去极化剂，随着溶解氧的浓度升高，铜的腐蚀速度开始时急剧增大；当溶解氧继续增大时，铜的腐蚀速度反而下降。但无氧条件下铜的腐蚀速度最小。在 pH 值低于 7 的区间，随 pH 值降低铜的腐蚀急剧上升；当 pH 值大于 10 后，铜的腐蚀随 pH 值升高而增大。pH 值在 8.5～9.5 的范围内铜的腐蚀速率最低。在相同 pH 值条件下，铜的腐蚀速度随水中含盐量的增加而升高。在含盐量不高的冷却水中，铜合金表面因腐蚀而形成由 Cu_2O 和 Cu_2O-CuO 组成的、有双层结构的保护膜，即铜合金的自然氧化膜（其中内层原生膜是铜合金直接被水氧化而成的），它阻止了铜合金的腐蚀进程。但循环水浓缩倍率提高、含盐量增大的情况下，有可能因氧化膜被破坏而引起腐蚀。

对于铜合金管，主要的腐蚀形态包括均匀腐蚀、局部腐蚀、冲击腐蚀、晶间腐蚀和腐蚀破裂等。

1. 均匀腐蚀

一般在含侵蚀性二氧化碳或含其他酸性排水的冷却水中容易产生，其特征是铜管明显减薄。此外，层状脱锌腐蚀在总的几何形状上没有多少明显的变化，可以看成均匀腐蚀。层状脱锌腐蚀的特征是铜合金表面被一层不太致密、连续的紫铜层取代，表面呈紫红色，铜管的强度明显降低。在低硬度、低 pH 值、不流动的水中容易出现这种腐蚀类型。当水中氯化物含量高时，破坏了黄铜的表面保护膜，也容易产生层状脱锌。

2. 局部腐蚀

有脱锌腐蚀、坑点腐蚀等形态。相对于均匀腐蚀，局部腐蚀的速度更快，对金属部件，尤其是凝汽器管的危害更大。

栓状脱锌与点蚀相似。栓状脱锌时，铜管内表面上有白色或浅蓝色突起腐蚀产物，产物下呈紫铜色。在结有水垢时，突起的腐蚀产物和水垢夹杂在一起，不易被发现。但当铜管表面清洗干净后，就会发现铜管表面有一些直径为 1～2mm 左右的紫铜点，有时有更大的紫铜斑块。这些紫铜栓塞有时会脱落，在铜管表面上形成小孔，造成泄漏。促进黄铜脱锌的因素主要有以下几类：

（1）水流速。在流速较低的水中易脱锌。

（2）水温。温度较高时易脱锌，当温度超过 70℃时，砷抑止脱锌能力下降。

（3）附着物。在金属表面有沉积物或渗透性附着物时，也易发生脱锌。

（4）含盐量。在含盐量较高的酸、碱性溶液中易脱锌。

（5）合金中的杂质会促进脱锌。黄铜中的锰（Mn）会加速脱锌，有时镁（Mg）会使砷的抑止脱锌作用失效。

防止黄铜脱锌的主要措施有：①在黄铜合金中，添加微量砷、锑等抑制剂，能有效抑制黄铜脱锌，其中最有效的是砷。一般在黄铜中加 0.02%～0.03%的砷，就可抑止脱锌腐蚀。②在黄铜管投运前及投运期间加强维护，促进黄铜管表面形成良好的保护膜，保持铜管内表面清洁。③铜管内水的流速不应低于 1m/s。

坑点腐蚀的特点是在铜管内表面出现一些点状或坑状的蚀坑。点蚀的直径一般为 0.1～1mm，坑蚀直径一般为 2～4mm。在坑点内常充填有蓝色、白色或红色的粉状腐蚀产物，并在坑点上形成一突起物。但有时坑点内并无充填物，坑点腐蚀大多能迅速穿透管壁，造成铜管泄漏。点蚀是由于铜管表面的保护膜局部遭到破坏所致，造成这种局部破坏的原因是多方面的，如管内附着有多孔的沉积物、铜管内表面有碳膜、水中氯化物增多及含有某些杂质（如硫化氢等），均会引起铜管的点蚀。

氯离子是引起铜管发生点蚀的主要因素之一，因为它会破坏氧化铜保护膜的形成，其腐蚀产物氯化亚铜的水解产物又未被迅速去除，就要发生点蚀。

在蚀点内部，铜、氯化亚铜和氧化亚铜同时存在，其溶液的 pH 值为 2.5～4，这样基底金属处于酸性条件下所产生的自催化作用，使金属逐渐被蚀透。

防止铜管点蚀的措施如下：

（1）在铜管制造过程中，采用有效的脱脂工艺，除去铜管表面的油脂，防止油质在铜管退火时碳化形成碳膜（碳膜为阴极，金属表面成为阳极而腐蚀）。铜管退火应采用在惰性气体中的光亮退火工艺。

（2）做好黄铜管投运前及投运时的维护工作，促使黄铜管表面形成良好的保护膜。

（3）做好冷却水的防垢防微生物处理，防止垢和黏泥在管壁上附着。

（4）铜管水中流速不应低于 1m/s，采用胶球定期清洗，防止悬浮物沉积于管壁。

（5）做好凝汽器停用时的保养工作。

3. 冲击腐蚀

冲击腐蚀的特征是：在铜管内表面有连成片的高低不平的凹坑，凹坑呈马蹄形，一般无明显腐蚀产物，表面一般呈金黄色。将铜管纵向剖开，用低倍放大镜观察断面，就能发现凹坑具有与水流方向相同的方向性。

冲击腐蚀一般发生在凝汽器铜管入口端 100～150mm 的位置，由于该处冷却水呈激烈的湍流状态，所以当水流速过高，或水中悬浮物含量较高（特别是含砂量较高）及水中带有气泡时，都会破坏铜管表面的保护膜。当铜管表面保护膜被破坏后，其破坏处为阳极，未破坏处为阴极，构成腐蚀电池，引起铜管的损坏。铝黄铜管易发生冲击腐蚀，其入口端冲击腐蚀减薄速度可达 0.1～0.2mm/年。

为了防止铜管的冲击腐蚀，可采用如下措施：

（1）选用能形成高强度保护膜、耐冲击腐蚀的管材，如钛管、不锈钢管、铜镍合金管。

（2）限制冷却水流速不超过 2m/s。对铝黄铜管，悬浮物含量最好不超过 20mg/L。

（3）在铜管入口端部安装尼龙套管。在入口端易发生冲击腐蚀的 100～150mm 以内的涡流区用尼龙套管遮住。

（4）在铜管入口端涂环氧树脂也很有效。某电厂三台机组上涂环氧树脂后，消除了冲击腐蚀现象。涂环氧树脂的成本大大低于装尼龙套管。

（5）改善水室结构，使水流不在管端形成急剧变化的湍流。

（6）进行硫酸亚铁成膜。

（7）防止异物进入铜管（在铜管中的异物会造成局部流速过大，产生涡流等而破坏保护膜）。

4. 晶间腐蚀

对铜管横断面进行金相检查时，可发现铜合金的晶界变粗、脱开及晶界变成红色紫铜。晶间腐蚀一般均伴随有点蚀发生，而且在点蚀坑周围，晶间腐蚀较为突出，晶间腐蚀严重的铜管，机械强度明显降低，有时一折即断裂。

造成晶间腐蚀的因素是：当 HSn70-1A 管和 HAl77-2A 管中所含的砷（As）或磷（P）超过了规定，就会由于砷或磷过饱和而使晶界受到选择性腐蚀。如果铜管中的杂质含量过高或合金配比不当，则会在晶界处形成第二相，使晶界成为阳极，造成晶间腐蚀。

防止铜管晶间腐蚀的措施，主要应保证铜合金的成分合理，杂质含量符合标准，加工符合要求，运行中防止沉积物聚积。

5. 腐蚀破裂

（1）应力腐蚀破裂。应力腐蚀破裂，是敏感性材质在腐蚀性环境中受拉应力作用的结果。这类腐蚀必须同时具备三个因素（敏感性材质、腐蚀性环境、应力）时才会发生。铜管应力腐蚀破裂的特征是在铜管上产生纵向或横向裂纹——严重时裂开或断裂，裂纹的特征是沿晶裂开为主。

铜管的凝结水侧和冷却水侧都可能发生应力腐蚀破裂。拉应力可以是铜管在冷加工时留下的残余应力，也可以是运输、安装造成的应力，当管子支撑物之间的间距过大时，由于自重及冷却水质量而使铜管下垂也能造成应力。铜管发生振动也能产生应力，在安装时，拉及扭也会引起外加应力。

引起黄铜开裂的主要杂质是氨、胺类及硫化物。在有溶解氧存在时，氨常引起黄铜的应力腐蚀破裂。黄铜在含氨和氧的水中，会进行如下反应：

$$2\,Cu(NH_3)_2^+ + 1/2O_2 + H_2O + 6NH_3 \longrightarrow 2\,Cu(NH_3)_5^{2+} + 2OH^-$$

所形成的 Cu（NH_3）$_5{}^{2+}$附着于黄铜表面成为阴极，发生如下阴极过程：

$$2Cu\,(4NH_3)_2^{2+} + H_2O + 2e \rightarrow Cu_2O + 2\,NH_4^+ + 6NH_3$$

在应力集中处，氧化膜会持续破裂并逐渐溶解（局部阳极溶解）。

火电厂表面式凝汽器的空抽区内，常有局部高浓度的氨和漏入的空气，恰好形成了容易引起应力腐蚀破裂的环境。海军黄铜是常用管材中对应力腐蚀破裂最为敏感的材料，其次是铝黄铜管。铜镍合金一般不易发生应力腐蚀破裂。不锈钢管在较高温度的开式循环冷却系统中，对应力腐蚀破裂也是敏感的。钛管不会发生应力腐蚀破裂。

对于黄铜管，要防止应力腐蚀破裂最好使残余应力值降至 49kPa 以下，否则容易在有氨的条件下产生应力腐蚀破裂。在黄铜管搬运及安装时，应轻拿轻放，以防弯曲或扭曲，产生外加应力。在胀管时，应考虑胀接的合理次序，以免由于部分管子胀接时伸长，而造成其他管子受力。在空抽区采用镍铜管也能减轻应力腐蚀破裂的发生。

（2）腐蚀疲劳。腐蚀疲劳主要是由于凝汽器管因振动而受交变应力作用产生的腐蚀。铜管的振动引起铜管表面保护膜的局部损坏，在腐蚀介质的作用下使铜管产生点蚀，甚至穿孔、断裂。此时，铜管产生横向裂纹，裂纹以穿晶为主。在铜管表面有时会出现一些针孔状的孔洞，孔洞周围无腐蚀产物。有时在铜管外侧还能发现铜管互相摩擦而减薄的迹象。

防止铜管腐蚀疲劳的主要措施是：合理设计凝汽器隔板间距；在管束上采用插竹片

或塑料夹等减振方法。

三、冷却塔混凝土构筑物的防腐

电厂冷却塔主体的混凝土在长期使用中因各种原因会引起损坏。混凝土损坏的主要因素有：氯离子、硫酸盐类的侵蚀；混凝土质量低劣，修饰不当；浇筑时受雨水侵蚀或冻融危害；酸碱等有害物对混凝土表面的破坏；干湿、温度、二氧化碳等引起的变形、位移、蚀变；制作缺陷或内应力引起的开裂等。在深度节水要求下，循环水浓缩倍率提高，水中硫酸根、氯离子浓度更高，对混凝土有侵蚀作用的离子浓度增大，冷却塔混凝土遭受硫酸根、氯离子侵蚀的风险更大，需要特别重视。

GB 50050—2017《工业循环水冷却水处理设计规范》中规定的SO_4^{2-}与Cl^-总和不宜大于 2500mg/L。从以往的实践经验来看，在防护条件良好的情况下，水样中SO_4^{2-}含量达到 2000mg/L，经多年运行的冷却塔（如 20 年）没有发现混凝土构筑物有严重的腐蚀。表 4-4 所示为对几个循环水硫酸根较高的电厂进行的调查，这些电厂均未发现明显的硫酸盐对混凝土的结晶性侵蚀。

表 4-4　部分循环水硫酸根含量较高电厂的运行情况

厂名	地点	SO_4^{2-}含量（mg/L）	Mg^{2+}含量（mg/L）	运行时间（年）	混凝土侵蚀情况
A 电厂	山西中部	1600～2000	47～211	29	未发现
B 电厂	山西南部	500～2000	42～110	42	未发现
C 电厂	山东中部	755～1616	96～126	21	未发现
D 电厂	山东中部	700～1300	—	14	未发现
E 电厂	山东南部	528～1186	28～52	21	未发现

表 4-4 中的 A 电厂塔表面、水池、沟道、中间方形支撑柱均未发生任何腐蚀。从水池隔离墙取样观察，也无明显侵蚀现象。只有水塔下部外面的“V”型柱因为外部砂浆损坏，在柱外包衬环氧玻璃钢，情况良好。

对电厂来讲，混凝土的防腐重点在施工方面，注意施工所用材料一定要符合国家相关规范，特别是要选用合适的水泥牌号。要对混凝土施工质量进行严格把关，确保灰水比、坍落度等技术指标在要求的范围内，混凝土振捣要按操作规程进行，以保证混凝土的密实度，同时重视混凝土振捣后的抹面工作。

微生物对混凝土构筑物也有一定程度的腐蚀，从西安市各个污水处理厂的运行情况来看，微生物对混凝土的侵蚀还是比较严重的。因此，除了重视杀菌灭藻工作外，还应在冷却塔的混凝土构筑物表面刷防水涂膜，以减轻微生物对混凝土构筑物的侵蚀。

第二节　循环水酸化和软化处理

为了满足深度节水和废水减排的要求，目前所有电厂的循环水都要进行处理，以满足高浓缩倍率下的防垢、防腐蚀要求。

循环水控制结垢有两条路径：一种是对循环水进行处理，降低水中的钙、镁，以及 HCO_3^- 等致垢组分的含量，尽可能增大达到极限碳酸盐硬度前的浓缩空间，包括补充水处理和旁流处理两种方式。另一种途径是通过投加稳定剂，利用药剂的干扰作用使碳酸钙、硫酸钙的结晶延后，使水可以容忍更高的过饱和度，将极限碳酸盐硬度限值上延。具体内容包括以下方面：

（1）对循环水补充水进行处理。通过对循环水补充水的处理，降低水中结垢性离子的浓度，在循环水极限结垢性离子浓度不变的条件下，提高循环水浓缩倍率。目前，可以选择的循环水补充水处理的工艺主要有：加酸处理（一般加硫酸）、混凝澄清、弱酸离子交换软化、石灰软化、反渗透（RO）、电渗析（ED）等。具体工艺的选择需要根据水质条件和浓缩要求来选择，一般需要几种工艺联合处理。

（2）对循环水进行旁流处理。从循环水系统（一般是循环水泵出口）引出一定比例的循环水，经过滤或软化处理除去水中部分结垢性离子后再补回循环水系统。其中，单纯的过滤处理称为旁流过滤，软化处理则称为旁流软化。常用的旁流软化处理工艺包括弱酸离子交换软化和石灰沉淀软化两种。

（3）直接向循环水系统中投加酸和水稳剂。加酸可以中和部分碱度物质防止碳酸钙沉淀。投加水稳剂是一种传统的循环水阻垢技术，其作用机理如下：①提高水稳剂与钙镁等结垢性离子的络合比例，降低游离的结垢性离子浓度，在循环水极限结垢性离子浓度不变的条件下，提高循环水浓缩倍率。②通过提高水稳剂对循环水中已经形成的碳酸钙等微晶进行分散的能力，使之难以在金属表面沉积，从而提高浓缩倍率。③对水中已经形成的碳酸钙等晶体，通过络合作用将碳酸钙分子固定于水稳剂分子链中，并溶解于水中，不再发生二次结垢问题。

一、加酸处理

加酸处理主要是解决碳酸钙的结垢问题。其原理是通过加酸中和部分碱度物质来降低碳酸盐硬度，控制循环水的碳酸盐硬度小于极限碳酸盐硬度，从而达到防止结垢的目的。但水的总硬度并没有降低，只是碳酸盐硬度转变为溶解度较大的非碳酸盐硬度。

在加酸处理时，可用硫酸或盐酸，但在实际处理中多使用硫酸，其反应如下：

$$Ca(HCO_3)_2 + H_2SO_4 \longrightarrow CaSO_4 + 2CO_2 + 2H_2O$$

$$Mg(HCO_3)_2 + H_2SO_4 \longrightarrow MgSO_4 + 2CO_2 + 2H_2O$$

加酸处理的优点是系统简单，可靠。但存在如下缺点：

（1）只能解决碳酸钙、碳酸镁等难溶碳酸盐的沉淀结垢，不能解决硫酸钙结垢以及其他杂质浓缩后在系统内沉积的问题。

（2）加酸的同时会带入等量的硫酸根离子或氯离子，这些离子浓度过大会限制浓缩倍率的提高。硫酸根浓度太大，可能对冷却塔等混凝土构筑物有影响；氯离子浓度太大，有可能引起凝汽器管材或其他过流金属件的腐蚀。另外，循环水排污水中的 Cl^-、SO_4^{2-} 也会影响循环水的梯级利用。

相对于盐酸，使用硫酸的优点是可用碳钢设备储存浓硫酸，不需要防腐，设备相对简单；浓硫酸的消耗量比盐酸少，运输环节压力小，总体加酸成本比盐酸低。从排水梯级利用的影响来看，氯离子的不利影响比硫酸根大，一些电厂基于这一点将传统的盐酸改为硫酸。表 4-5 所示为采用硫酸和盐酸处理工艺的对比。

表 4-5　　硫酸、盐酸处理工艺的比较

内　容	H_2SO_4	HCl
处理费用	低	高
运输、储存设备材质要求	碳钢，不需要防腐	碳钢衬胶
对凝汽器铜合金管的腐蚀性	一般	腐蚀性强
难溶盐生成	有形成 $CaSO_4$ 可能	不会生成难溶盐
对普通硅酸盐水泥的侵蚀性	SO_4^{2-} 达到一定浓度时，有	无
对循环水排水梯级利用的影响	相对小	很大

氯离子含量的增加，对铜合金管材的腐蚀性增强。表 4-6 所示为几种常用的铜合金管材耐氯离子腐蚀的能力。

表 4-6　　不同型号铜合金管材抗氯离子腐蚀能力的对比

铜管型号	H-68	H-68A	H_{sn}70-1	H_{sn}70-1A
出现平均腐蚀速度最大值的 NaCl 含量（mg/L）	300	20 000	20 000	20 000
由均匀腐蚀变为局部脱锌的 NaCl 含量（mg/L）	≤500 ＞500 为均匀覆盖	＞500	500～10 000 ＞10 000 出现均匀脱锌	500～10 000 ＞10 000 出现轻微脱锌
腐蚀产物	CuO、Cu	CuCl，Cu_2O CuO（脱锌时）	CuCl，Cu_2O CuO（胶锌时）	CuCl，Cu_2O CuO（脱锌时）

二、石灰软化处理

1. 石灰处理工艺概述

石灰处理又称脱碳处理（Decarbonation），是一种传统的软化处理技术，已有超过百年的应用历史。其原理是向水中投加石灰，发生以下反应：

$$Ca(OH)_2+CO_2 \longrightarrow CaCO_3\downarrow+H_2O$$

$$Ca(OH)_2+Ca(HCO_3)_2 \longrightarrow 2\,CaCO_3\downarrow+2H_2O$$

$$Ca(OH)_2+Mg(HCO_3)_2 \longrightarrow 2\,CaCO_3\downarrow+MgCO_3\downarrow+2H_2O$$

$$Ca(OH)_2+2NaHCO_3 \longrightarrow CaCO_3\downarrow+Na_2CO_3\downarrow+2H_2O$$

$$Ca(OH)_2+MgCO_3 \longrightarrow CaCO_3\downarrow+Mg(OH)_2\downarrow$$

上述化学反应的结果是水中的 $Ca(HCO_3)_2$、$Mg(HCO_3)_2$ 转化为 $CaCO_3$、$MgCO_3$、$Mg(OH)_2$ 沉淀，碳酸盐硬度降低。在地表水、中水等水源的石灰处理中，需要进行混凝处理以除去水中对碳酸钙结晶有干扰的胶体（如胶体硅）、悬浮物以及有机物。

石灰处理的优点如下：

（1）水质适用范围广，可适用于各种类型的水质，包括地表水、地下水、中水等。

（2）可以同时除去水中的多种杂质，包括碳酸盐硬度、大分子有机物、悬浮物、胶体硅及磷等，水中的细菌及病毒也可以在高 pH 值下杀灭或抑制，能去除有结垢倾向的 SiO_3^{2-}，还可以去除某些重金属离子（循环水中一般重金属离子含量很低，大部分可以忽略）。这种综合处理效果对于循环水系统是非常适用的，可以取得阻垢、抑制冷却塔生物粘污、藻类的滋生等综合效果。

（3）石灰处理的运行费用相对其他软化法低。

（4）环保性好。石灰处理产生的泥渣主要成分是碳酸钙，可以直接填埋，对环境无害，这在当今是极为重要的优势。

但是石灰处理也存在很多问题，这些问题有些是早期工艺不完善造成的，随着技术的发展已逐步解决；但还有以下问题是石灰处理无法规避的难题：

（1）传统的石灰处理粉尘对环境污染很大，工作条件较差；目前新的石灰输送、储存系统已经大为改善。

（2）如果石灰质量不好，则因不溶物多系统容易堵塞，维护工作量大。

（3）处理后的水 pH 值很高，需要再加酸处理。

（4）水中残留大量的过饱和碳酸钙，安定性差，容易在系统内结垢。

2. 快速脱碳石灰处理工艺

石灰处理有两种基本的工艺，一种是快速脱碳，另一种称为慢速脱碳。

快速脱碳采用涡流反应器的基本设计原理，上流浮动床的方式运行。水在反应器内停留时间较短，仅为 10～20min；这种处理方式一般只加石灰，适用于水中碳酸钙硬度比例高，且水质有机物等干扰结晶的杂质少的水质。快速脱碳的化学反应为：

$$Ca(OH)_2+Ca(HCO_3)_2 \longrightarrow 2CaCO_3\downarrow+2H_2O$$

$$2Ca(OH)_2+Mg(HCO_3)_2 \longrightarrow 2CaCO_3\downarrow+Mg(OH)_2+2H_2O$$

图 4-5 所示为快速脱碳装置原理示意图，其流程是原水从反应器下部的锥底侧面进入并形成高速旋转水流，在此加入石灰并与原水快速混合。为了加快结晶反应，进水中已投加一定量经过特殊筛选的砂粒作为“晶种”。由于预加晶种的诱导，碳酸钙结晶反应速度很快，反应时间很短。当水流向上流至直筒段时，通过消旋稳流，水流改为稳定向上流动，结晶体在高速水流中处于悬浮状态。在反应过程中，$CaCO_3$ 不断在砂粒上结晶并长大。碳酸钙不断在砂粒表面覆盖，同时不断产生新的晶体颗粒，反应器中的结晶核心越来越多，反应速度越来越快，逐渐趋于稳定。随着结晶的持续，晶体持续长大，颗粒越来越重并逐渐下沉；当其质量超过上升水流的浮力时下沉至反应器底部，作为泥渣排出。

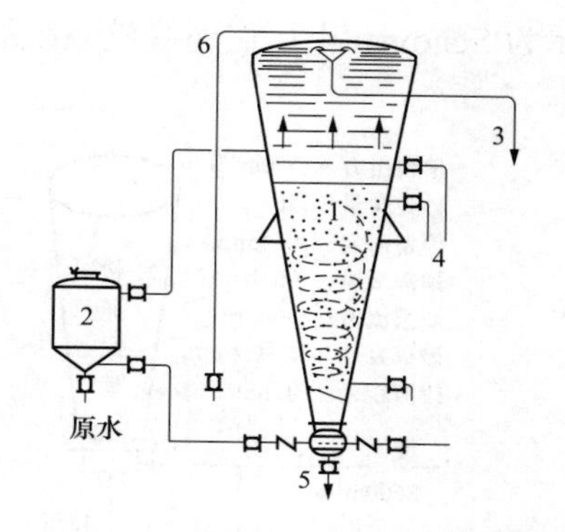

图 4-5　快速脱碳装置原理示意图

1—反应器；2—晶种补加罐；3—出水；4—泥渣取样；5—排渣；6—排气

因为反应速度快，所以快速脱碳装置具有占地面积小、投资成本相对较低的优点。

但并不是任何原水水质都应采用快速脱碳装置进行处理。

（1）如果原水镁含量较高，反应过程中会产生粒度很细、含水率较高、疏松的氢氧化镁絮体，这些絮体自身沉淀性能很差，而且很难与碳酸钙吸附并沉淀。在快速脱碳装置的高速水流中，氢氧化镁絮体不可能沉淀，而是随上升水流流出设备，影响出水悬浮物含量指标。

（2）当原水中存在磷酸盐时，磷酸根与投加的石灰反应会生成磷酸钙沉淀，这些沉淀容易覆盖在碳酸钙晶体的活性表面，干扰碳酸钙的沉淀反应。结果是碳酸钙晶粒变小，容易被水流带出，增大出水悬浮物含量。另外，水中铁、锰的浓度高于 0.1mg/L 时，也会干扰结晶过程。

（3）水中的有机物和微生物也会覆盖在碳酸钙晶体的活性表面，干扰晶体的生长，使得出水残余的碳酸氢根含量过高，影响处理效果。

（4）水温会影响碳酸钙晶体的型态。碳酸钙主要分为方解石型和文石型两类，方解石型为六方晶系，文石型为斜方晶系。研究表明，当水温低于 25～30℃时，形成的是方解石型的 $CaCO_3$；而高于 25℃时，文石型 $CaCO_3$ 晶体优先析出。文石型晶体结构细腻，沉淀性能差，容易被水流带出而影响出水水质。

这种工艺在国内火电厂使用很少，在国外有少数电厂使用，如德国 E-ON 公司的 Schoven 电厂，其循环水补充水软化就是采用利用涡流反应器软化、过滤器过滤后补入循环水系统。

图 4-6 所示为德国 Schoven 电厂的快速脱碳系统。该系统建于 1967 年，共 3 套，原水为地表水，总处理水量为 4000m³/h，处理后的软化水经砂滤后补入冷却塔。因为原水水质非常稳定，而且水种磷、有机物和镁的含量很低，适合于快速脱碳处理，所以该厂的系统很稳定。为了确保处理效果，在快速脱碳前还设置了混凝反应器，将 10%的原水投加 $FeCl_3$ 混凝剂，以除去原水中的有机成分，以免会对碳酸钙的结晶造成干扰。表 4-7 所示为 Schoven 电厂快速脱碳系统的出水水质。

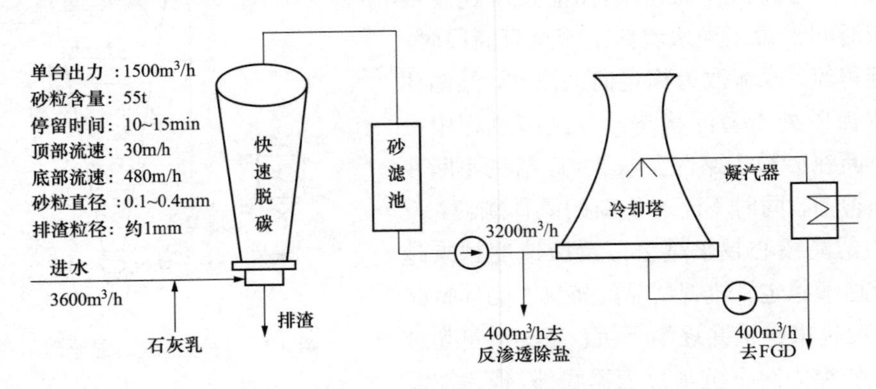

图 4-6　德国 Schoven 电厂的快速脱碳系统

表 4-7 Schuvon 电厂快速脱碳系统的出水水质

分析项目	单位	出水	分析项目	单位	出水
水温	℃	15～30	Mn	mg/L	＜0.1
pH 值	—	9.5～10.5	Ba	μg/L	＜40
电导率	μS/cm	300～500	Sr	mg/L	0.3～0.5
全碱度	mmol/L	0.4～1.0	Al^{3+}	mg/L	＜0.1
DOC	mg/L	2～2.5	Fe	mg/L	＜0.1
全硅	mg/L	4～10	Cl^-	mg/L	30～50
Na^+	mg/L	20～25	SO_4^{2-}	mg/L	50～70
K^+	mg/L	4～10	NO_3^-	mg/L	20～40
Ca^{2+}	mg/L	20～40	P	mg/L	＜0.2
Mg^{2+}	mg/L	4～8	ORP	mV	100～200

近年来在快速脱碳（涡流反应器）工艺方面，有些企业也在进行改进后尝试。为了提高处理效果，通过优化筛选晶种，同时配合投加碱化剂（如氢氧化钠和碳酸钠），改善结晶反应条件，缩短碳酸钙结晶析出的时间，加快反应速度。20 世纪末国内有科研单位曾经将此技术用于灰水的处理，通过向反应器投加晶种（称为惰性晶种），使灰水中的以碳酸钙为主的过饱和盐快速结晶。现在一些企业继续进行工艺的改进，拟将其用于火电厂废水的沉淀软化处理。

新的发展主要在以下方面：①晶种的选择，选择适宜于快速诱导碳酸钙结晶析出的颗粒物。②优化沉淀反应条件，除了投加传统的石灰外，对于碳酸盐含量比例不高的水，配合投加氢氧化钠、碳酸钠等药品，加快结晶反应的同时，还使一部分非碳酸盐钙硬以碳酸钙结晶的形式快速沉淀。③优化设备结构，使反应器的水利条件有利于碳酸钙晶粒的成长。这类工艺目前已有用于原水预处理和自来水厂的案例，在火电厂目前还处于试验研究阶段。

总体来讲，快速脱碳工艺具有高负荷、大流量、占地小的优势，缺点是只能适应特定的原水水质范围，出水悬浮物高（尤其是进水水质波动较大时）。因为出水悬浮物较高，一般在快速脱碳后面都有过滤设备，以滤除带出反应器的未沉淀颗粒。但因为水的停留时间短，沉淀反应不一定完全，出水的过饱和物质安定性需要重点关注。一般需要加酸将 pH 值调至稳定区域，避免在后续系统内结垢。另外，因为没有混凝处理，废水中的有机杂质会干扰碳酸钙结晶，包括晶粒生成与成长，尤其是处理废水时，有机物含量高且组分复杂，对其适用性一定要通过试验进行评估和验证。

3. 慢速脱碳石灰处理工艺

慢速脱碳是另一种石灰处理工艺。所谓“慢速”是相对于“快速脱碳”而言的，“慢速”是指沉淀处理反应时间较长（慢速脱碳在设备内的停留时间比快速脱碳长 2 倍以上，长达 60～90min）。该工艺主要处理用于碳酸盐硬度较高的水，对于悬浮物较高的地表水和中水也可以使用。

相对于快速脱碳，慢速脱碳工艺的反应时间长，沉淀反应彻底，一般同时进行混凝处理，对水质适应范围广，出力的变化和原水水质的波动对慢速脱碳装置几乎没有影响，出水水质好且稳定（安定性好）；水的上升流速比快速脱碳低，对负荷的变化适应范围大。基于这些优点，国内火电厂的石灰处理基本都采用慢速脱碳工艺，没有特别指明的情况下，“石灰处理”一般就指慢速脱碳工艺。早在20世纪50年代，国内火电厂就大量采用石灰软化，当时主要用于中压锅炉的补给水软化处理，如西固热电厂、太原第一热电厂、武汉青山热电厂、黄石电厂等苏联援建的热电厂，处理设备大多采用苏联的 щнйи 型澄清器。20 世纪 70 年代末期，国内化工系统曾经从国外引进了十套大化肥生产线，配套的冷却水处理多采用石灰软化工艺，采用机械加速澄清器。

尽管国内的石灰处理应用较早，但工艺上一直没有大的改进。在石灰储存、质量控制以及处理工艺等方面存在的一系列缺点，在很长时期影响了电厂的使用。主要存在的问题如下：

（1）对石灰质量要求不高，没有氧化钙纯度标准，石灰所含不溶杂质多，必须设置石灰消化车间。消化繁琐，消化机容易堵塞；车间粉尘污染严重，操作环境差。石灰乳浓度不稳定。

（2）因石灰乳不稳定，石灰加入量波动很大，导致石灰处理系统出水水质不稳定，容易在出水管路、过滤器等处发生后结垢。

（3）沉淀反应设备落后，为了尽量降低残余碳酸盐硬度，必须采用热石灰处理，生水要加热至 40℃左右。因为热水温度不稳定，所以容易发生“翻池”，尤其是泥渣悬浮式澄清池，出水水质很不稳定，电厂对石灰处理工艺评价很差。

后来随着离子交换软化、离子交换除盐技术的兴起，这些电厂所有的石灰软化系统几乎全部废弃。国内电厂在很长一段时间里，完全用离子交换技术代替了石灰处理工艺。在循环水软化处理方面，广泛采用弱酸离子交换软化工艺。

与国内完全不同，在德国，石灰处理得到了持续的改进和发展，石灰软化至今仍是德国火电厂循环水软化处理的首选工艺。通过多年持续的改进，如使用高质量的石灰、重新设计澄清池的形式、改进石灰处理全过程的自动控制等，已经有效地解决了石灰处理出现的粉尘污染、水质不稳定等问题。而弱酸离子交换软化在德国没有电厂使用，主要原因是与离子交换软化工艺相比，石灰软化的环保性好；脱碳过程生成的碳酸钙泥渣等副产物对环境无害，容易处置。在去除硬度离子软化水质的同时，还有除磷、除有机物和杀菌等综合处理效益，这是其他水处理工艺无法相比的。

石灰软化工艺近年来在国内火电厂的应用逐渐增多，主要用于中水深度处理、废水处理等领域。石灰处理的成本低，处理水量大时效益更为明显。在处理中水和工业废水时，混凝处理是不可少的过程；通过混凝处理除去污水、废水中的悬浮物、胶体和有机物，减少对碳酸钙结晶过程的干扰，使沉淀反应更加彻底，同时可以除去水中的多种杂质，综合处理效果显著。

经石灰处理后，水中的碳酸钙、碳酸镁还处于过饱和状态，为了稳定水质一般在补入循环冷却系统前向水中加酸，调低 pH 值。当 pH 值不太高时可以直接加水质稳定剂。

对于循环水系统，当系统水质稳定时也可以不用过滤直接补入冷却塔。

为了确保凝汽器冷却系统安全运行，通常还需要凝汽器胶球连续清洗。需要注意的是，如果只采用石灰—胶球处理，仍有可能形成较硬的垢。如果采用石灰—稳定剂处理，凝汽器管中仍会有沉积物。

4. 高效石灰处理工艺

高效石灰处理是慢速脱碳工艺的发展，是国外近年来推广应用的石灰处理新工艺，国内已有大量工程案例。该工艺的特点是采用了新设计的沉淀池型，使得沉淀分离效率提高很多倍。这种类型的装置采用串联的混合池、反应池、絮凝池和沉淀浓缩分离池，完成絮凝和脱碳软化过程。通过优化设计各阶段的反应条件和水流衔接，提高化学药剂的利用率和脱碳反应速度。回流的活性泥渣由浓缩池底部，通过体外泥渣泵引回至反应池作为接触污泥，增加絮凝吸附能力，从而提高净化处理能力。最终产生出尽可能小且密实的碳酸盐颗粒，获得较高的上升流速和脱碳负荷（即单位沉淀面积去除碳酸盐的量）。分离区水的上升流速是机械加速池型的5倍多，占地面积大为减小。其工艺过程分为四个阶段：

第一阶段：混凝。向水中投加混凝剂，水中胶体脱稳，形成微小絮体。这个阶段的目的是使水中的胶体、悬浮物、部分大分子有机物脱稳分离，减小这些杂质对碳酸钙结晶的影响。

第二阶段：沉淀软化反应。导入回流泥渣，微小絮体吸附于回流泥渣，进一步长大。之后，投加石灰乳开始软化反应。根据碳酸沉淀析出所需的反应时间不同，第二阶段可在多个池中进行。

第三阶段：絮凝。该阶段投加聚合电解质作为助凝剂，形成较大的絮体。

第四阶段：沉淀分离。第三阶段已经形成的大颗粒絮体在该阶段继续长大，并形成易于沉淀的更大絮体。这些絮体可以吸附水中残留的微小絮体一起沉淀。

分离区采用浅层沉淀原理，设置斜板（管）分离区。斜板（管）按一定的顺序排列，水流和泥渣通过与斜板平行布置的通道进入悬浮泥渣层，流至斜板区。大部分絮体被悬浮泥渣层捕获，少量穿透泥渣层的小絮体在通过斜板（管）时，会沉淀在斜板（管）壁上并逐渐下滑返回斜板区底部。同时，在分离区底部设有泥渣浓缩器，较重的絮体可以直接进入浓缩室，上清液则进入斜板侧面的出流管流出。

与传统的石灰处理工艺相比较，高效沉淀软化设备有以下特点：

（1）采用循环泥渣泵回流活性泥渣至絮凝反应池，在絮凝搅拌器作用下，脱稳的微小絮体吸附在较高密度活性泥渣上，并在高效斜板澄清池加以分离，从而达到去除碳酸盐硬度、浊度及有机物的良好效果。

（2）在设计中通过设计参数优化确定良好的反应条件，确保反应充分；要求搅拌机搅拌速率高，混合均匀。凝聚池则要求搅拌机搅拌速率低，有利于生成大颗粒的絮凝物，因此，搅拌机的选择很重要。由于石灰排泥水含固率较高，刮泥机的选择也很重要。

（3）通过设备的选型，达到精确自动控制的目的，如对反应的 pH 值、污泥回流量等的精确控制，可以提高出水水质的稳定性。工艺中石灰的精确投加很关键，石灰处理工艺中存在石灰加药系统堵塞的问题，主要与石灰计量设备有关。破拱良好、下料均匀准确、石灰乳浓度恒定，采用精确调节型阀门控制石灰乳投加量，可保证絮凝区 pH 值恒定±0.1（精确控制，确保反应效果）。

（4）处理后的水质稳定。有效地去除原水中的悬浮物和胶体物质，以及微生物、病原菌和病毒，也可以除去污水中的乳化油、重金属离子及其他一些污染物。当用于中水深度处理时，通过控制合适的 pH 值，可去除废水中 90%～95%的磷，同时出水较高的 pH 值有利于除氮，这对于很多使用中水的场合是很好的选择。

5. 石灰处理后的水质

（1）残留碱度。经石灰处理后的软化水 pH 值较高，一般在 9 以上（多数情况下在 10.1～10.4）。如果要除镁则 pH 值更高，水中的游离 CO_2 已全部除去。构成软化水残留碱度的包括两个部分：一部分是与 $CaCO_3$、$MgCO_3$ 保持溶解平衡的 HCO_3^- 和 CO_3^{2-}，其含量一般为 0.6～0.8mmol/L；另一部分是石灰的过剩量，一般控制在 0.2～0.4mmol/L（以 1/2CaO 计），水的残留碱度一般在 0.8～1.2mmol/L（$1/2\,CO_3^{2-}$）范围内。通过改变石灰剂量来控制出水的残留碱度。

水温对残留碱度影响很大，表 4-8 所示为石灰处理的水温与残留碱度的关系。从表中可以看出，水温越高，残留碱度越低。这也是以前石灰处理用于锅炉补给水软化处理时，原水必须加热的原因。

表 4-8　水温对石灰处理残留碱度的影响

水温（℃）	5	25～35	120
水净化的总时间（h）	1.5	1～1.5	0.75～1
残留碱度（mmol/L）	1.5	0.5～1.75	0.3～0.5

工程设计中，石灰处理后水的残留硬度可按下式估算，即

$$H_C = H_F + A_C + c(H^+) \tag{4-6}$$

式中　H_C——经石灰处理后水的残留硬度，mmol/L($1/2Ca^{2+}+1/2Mg^{2+}$)；

H_F——原水中的非碳酸盐硬度，mmol/L($1/2Ca^{2+}+1/2Mg^{2+}$)；

A_C——经石灰处理后水的残留碱度，mmol/L($1/2CO^{2+}{}_3$)；

$c(H^+)$——混凝剂剂量，mmol/L。

残留钙含量越高，残余碱度越低，表 4-9 所示为出水不同的残留钙含量所对应的残留碱度范围。

表 4-9　石灰处理后残留钙含量与残留碱度含量（水温 20～40℃）

出水残留钙含量［mmol/L（$1/2Ca^{2+}$）］	>3	1～3	0.5～1
残留碱度（mmol/L）	0.5～0.6	0.6～0.7	0.7～0.75

（2）残留硬度。对于永硬水，软化水的残留钙大致等于 $CaCl_2$、$CaSO_4$ 的含量；对

于不含永久硬度的水，残留钙是受$CaCO_3$溶解平衡制约的，与残留碱度是关联的。

残留镁离子的含量主要取决于pH值。图4-7所示为几种不同含盐量下残留镁硬度与pH值的关系。从图中可以看出，如果pH值在10以下，则残余镁离子含量在3mmol/L以上；pH值控制在10.2～10.3，残余镁离子含量可以在1mmol/L以下。残余镁离子低于1mmol/L时，pH值的影响更加敏感。因此，除镁时pH值的精确控制是很重要的。另外，在相同的pH值下，含盐量对镁离子的残余量有显著的影响。

（3）硅的去除。硅化合物的含量会有所降低，当温度为40℃时，硅化合物可降至原水的30%～35%。图4-8所示为快速脱碳和慢速脱碳两种石灰处理工艺除硅效率的对比。从图中可以看出，慢速脱碳除硅效果远高于快速脱碳。慢速脱碳的硅去除率大致在10%～50%之间，而且随原水含硅量的增加明显提高。快速脱碳基本没有除硅能力。

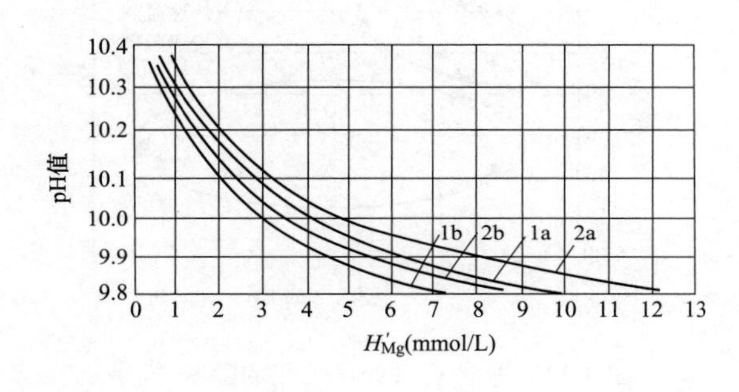

图4-7　残留镁硬度与pH值的关系

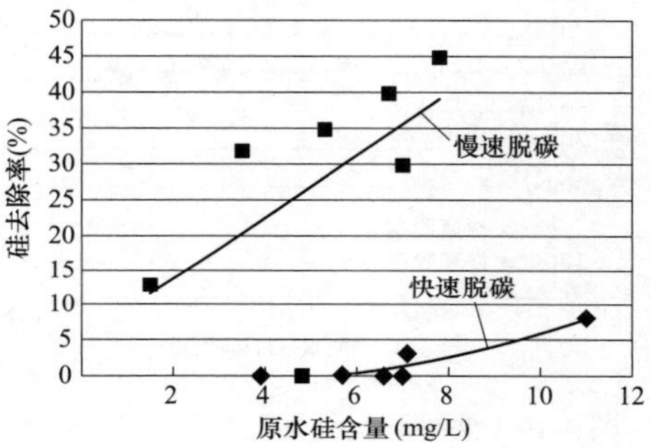

图4-8　两种石灰处理工艺除硅效率的对比

（4）有机物的去除。在采用石灰-混凝处理时，水中有机物可降低30%～40%。图4-9所示为两种石灰处理工艺除有机物效果的对比。因为快速脱碳只能用于有机物含量较低的水处理，在原水TOC小于3mg/L的情况下，其去除率大部分低于25%。慢速脱碳可以用于有机物含量高的场合，去除率总体比快速脱碳高得多。在原水TOC高于3mg/L的条件下，TOC去除率范围大部分在25%～42%。需要说明的是因为原水中有机物的构成不同，去除率变化范围很大。对腐殖酸的去除试验表明，水中腐殖酸含量在2mg/L以下的区间，快速脱碳对腐殖酸的去除率为5%～30%，大部分在20%以下；水中腐殖酸含量在1～3.5mg/L的区间，慢速脱碳对腐殖酸的去除率在30%～50%。对于大分子非溶解性的有机物，快速脱碳的去除率为15%以下，慢速脱碳为5%～35%；对多糖聚糖类物质的去除率，快速脱碳为10%～60%，慢速脱碳为25%～50%；对蛋白质的去除率，快速脱碳为50%以下，慢速脱碳为10%～50%；对有机酸的去除率，快速脱碳和慢速脱碳均为50%以下。

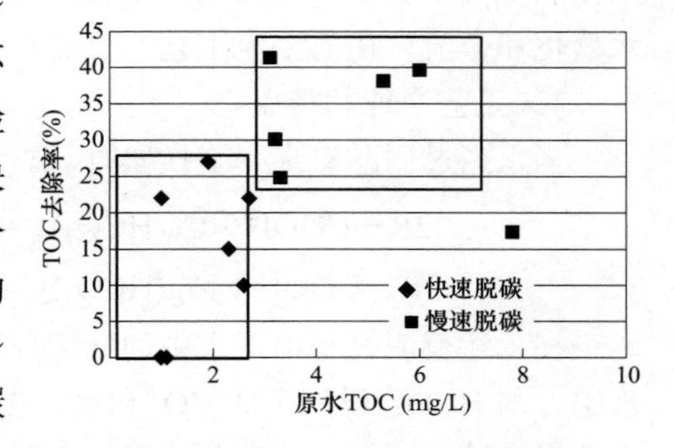

图4-9　两种石灰处理工艺除有机物的对比

上述试验结果仅仅是一部分水源取得的数据，在水处理设备实际运行中因水源的不同会出现不同的结果。

（5）Ba 和 Sr 的去除。在天然水中，Ba 和 Sr 是微量元素，含量很低。但 Ba 和 Sr 的硫酸盐溶度积很小，当用反渗透处理水时，经过高倍率浓缩后有可能形成 $SaSO_4$ 和 $SrSO_4$ 的沉淀。石灰处理作为反渗透的预处理时，需要考虑 $SaSO_4$ 和 $SrSO_4$ 的沉淀问题。

图 4-10 和图 4-11 所示分别为两种石灰处理工艺除 Ba、除 Sr 效果的对比（实验室试验数据）。从图中可以看出，快速脱碳和慢速脱碳在除 Ba 效率上没有显著的区别，说明硫酸钡的沉淀析出速度很快，10～15min 的反应时间已足够。当原水 Ba 含量在 20～70μg/L 的范围内，去除率在 30%～80%。大部分试验数据集中在 50%～60%之间。

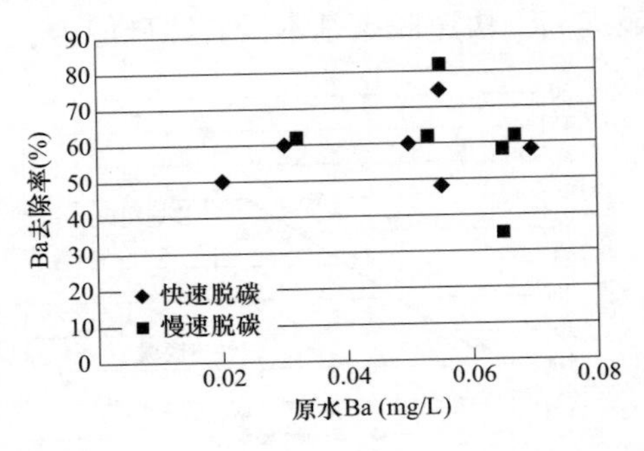

图 4-10　两种石灰处理工艺的除 Ba 效果

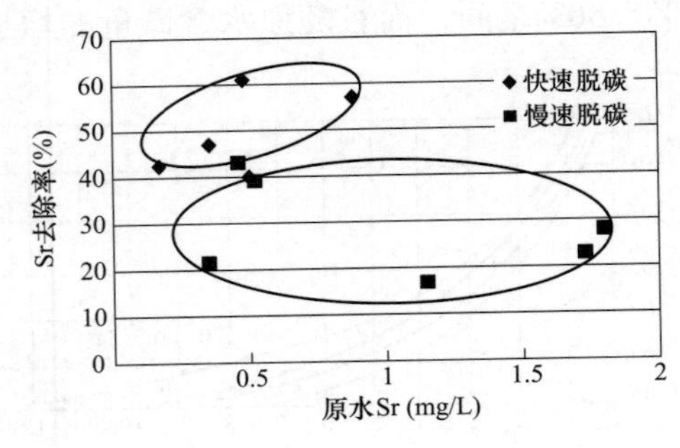

图 4-11　两种石灰处理工艺的除 Sr 效果

对于硫酸锶来讲，其溶度积比硫酸钡大得多，水中的 Sr 元素含量也比 Ba 高的多（高近 100 倍）。从试验结果来看，快速脱碳对 Sr 的去除率比慢速脱碳高，大约在 40%～60%之间，而慢速脱碳的去除率在 45%以下。

三、弱酸氢离子交换法

弱酸离子交换软化技术很早就被用于火电厂循环水处理，曾经是火电厂循环水补充水软化和旁流软化的主流工艺。目前在很多电厂还在使用该工艺。

1. 工艺原理和特点

当水通过弱酸氢离子交换器时，与水中重碳酸盐硬度（暂硬）发生以下交换反应：

$$2R-COOH+Ca(HCO_3)_2 \longrightarrow (R-COO^-)_2Ca+2CO_2\uparrow+2H_2O$$

$$2R-COOH+Mg(HCO_3)_2 \longrightarrow (R-COO^-)_2Mg+2CO_2\uparrow+2H_2O$$

在上述反应过程中，水中的一部分 Ca^{2+}、Mg^{2+}转移到树脂上，树脂上的 H^+则进入水中，与 HCO_3^-反应生成 CO_2 和水。在此过程中同时去除了水中的碳酸盐硬度和碱度，含盐量也随之降低。该工艺适用于处理碳酸盐硬度比例高的水，弱酸离子树脂软化的工作交换容量很大。

弱酸离子交换软化工艺的主要优点是运行稳定、可靠，但也存在下列缺点：

（1）失效树脂再生要消耗大量的硫酸或盐酸，对再生废液进行中和处理还需要消耗氢氧化钠，在此过程中会产生大量难以回用、成分复杂的废水。在当前对电厂废水外排限制越来越严的情况下，这部分废水的处置困难较大。同时，硫酸、盐酸和氢氧化钠均为危险化学品，运输限制越来越严。

（2）弱酸离子交换反应速度较慢，运行流速较低，需要的设备数量多，管路系统复杂，占地面积大。

在目前环境压力越来越大的情况下，这种工艺带来的环境问题越来越多，新建的火电厂已基本不采用，目前只有一些以前建成的系统在运行，这些系统也逐渐在改造。

2. 处理后的水质

表 4-10 所示为某厂弱酸处理前后的水质分析。从表中可以看出，处理后水的碱度、硬度都明显降低。在离子交换之后发生酸碱中和反应，含盐量也相应降低。电导率由 570μS/cm 降低至 450μS/cm。循环水弱酸树脂处理的目的主要是去除水中的暂硬。

表 4-10　　　　某厂弱酸处理前后的水质

项目	单位	弱酸处理前	弱酸处理后
平均碱度	mmol/L	2.20	0.85
平均硬度	mmol/L	3.80	3.20
平均 Ca^{2+}	mmol/L	2.00	1.80
Cl^-	mg/L	21.5	21.5
pH 值	—	5.85	5.60
电导率（25℃）	μS/cm	570	450

在弱酸离子交换器的运行过程中，伴随着树脂形态的转变，其出水的某些指标一直在变化。图 4-12 所示为弱酸离子交换出水碱度、硬度的变化曲线。

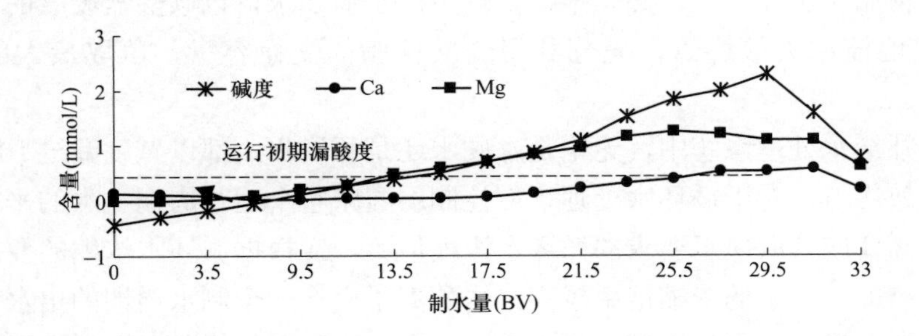

图 4-12　弱酸离子交换器的出水水质变化曲线

从曲线可以看出，在运行初期的出水中有一定的酸度（矿物酸度），这是由于弱型树脂中包含少量的强型基团，具有一定的中性盐分解能力所致。出水 pH 值一般在 3.5～6.5 的范围内。在整个运行过程中，出水 pH 值有一个逐渐升高再趋于稳定的变化过程。原水硬碱比（硬度与碱度的比值）越小，出水维持酸性的时间越短，碱度出现得越早。在运行初期出水的低 pH 值阶段，软化水中含有过饱和二氧化碳，这些二氧化碳在水进入冷却塔后被空气吹脱除去，因此循环水弱酸离子交换系统可以不设除碳器，而是利用冷却塔除碳。因为出水水质一直在变化中，为了匀化水质有意错开各并联运行的弱酸软化器的再生时间。

弱酸树脂对水中的钠离子基本没有去除作用。运行初期，出水中就漏过大量 Na^+，即使在硬碱比小于 1、水中含有较多 $NaHCO_3$ 时，弱酸树脂对水中 Na^+的交换量也很小。运行初期吸入的 Na 会在运行中后期被水中的 Ca^{2+}、Mg^{2+}置换出去，因此在整个制水周期出水平均的 Na^+含量与进水基本相等。

在以 H_2SO_4 作为再生剂时，即使再生剂用量充足，投运初期也会存在出水硬度偏高的现象。这是因为用 H_2SO_4 再生时会在树脂层中生成少量的 $CaSO_4$ 沉淀，在制水运行中 $CaSO_4$ 沉淀又会逐渐溶解，所以出水硬度偏高。

3. 工作交换容量与失效终点控制

工作交换容量是弱酸离子交换最重要的指标之一。与强酸性离子交换不同，弱酸树脂与 Ca^{2+}、Mg^{2+}的交换反应速度较慢，除了再生剂比耗、进水水质外，运行流速、水温、树脂层高等因素都会影响弱酸离子交换器的出水水质和工作交换容量。弱酸阳树脂容易再生，再生剂的利用率很高，一般按照 1:1 控制再生剂比耗就可以取得理想的再生效果。

弱酸树脂离子器的失效终点控制比较复杂。因为弱酸树脂离子交换反应速度较慢，树脂工作层厚，所以不会出现强酸离子交换那样明显的离子排代峰。其出水中泄漏离子的含量缓慢增长，离子泄漏的“尾迹”很长，失效终点不明显，失效终点的选择对周期交换总量的影响很大。以某电厂的循环水弱酸处理实验结果为例：在碳酸盐硬度漏过前，弱酸树脂已交换的离子量约为 1800mmol/L 树脂；碳酸盐硬度漏过 10%～50%，对应的交换量约为 600mmol/L 树脂；从碳酸盐硬度漏过 50%～80%，对应的交换量约为 600mmol/L 树脂。由此可见，必须根据处理后的水质要求，以碳酸盐硬度的漏过率为终点指标合理地控制失效终点，充分利用弱酸树脂的交换容量，争取最大的周期处理水量。

在锅炉补给水处理系统中，无论是永硬水还是暂硬水，都以碱度漏过 10%作为弱酸离子交换失效终点。对于循环水处理，应控制弱酸床整个运行周期出水的平均碱度，而平均碱度的高低应该取决于要求的循环水浓缩倍率，应根据循环水浓缩的要求，合理选择出水平均碱度。要求的浓缩倍率越高，弱酸离子交换一个制水周期的出水平均碱度就要控制得越低，失效终点的控制值就越靠前。在允许的条件下，尽量将出水平均碱度控制得高一些，这样可以大幅度增加周期处理水量，最大限度减少再生次数和再生剂用量，并减少再生废水的产生量，有利于全厂废水排放量的控制。

需要注意的是永硬水和负硬水的失效终点控制指标是不同的。当硬碱比小于 1 时，可以用出水硬度漏过作为失效终点；当硬碱比大于 1 时，应以碱度漏过率控制终点。表 4-11 所示为以暂硬漏过 10%为失效终点时，D111 弱酸树脂工作交换容量和原水硬碱比的关系。

表 4-11　　原水硬碱对应的 D111 弱酸树脂工作交换容量

原水硬碱比	原水暂硬（mmol/L）	树脂工作交换容量（mmol/L 树脂）	工作交换容量相对值（%）
0.6	4.41	2244	117
1.0	4.30	1917	100
2.0	4.42	2091	106

4．循环水双流弱酸离子交换器

双流弱酸离子交换器是专用于循环水软化处理的特殊设计的设备，其特点是弱酸离子交换树脂的装填高度很矮，层高一般为 1.0～1.2m，仅相当于普通离子交换器的一半。但因为上下两个方向同时进水，处理流量比普通设备增大一倍。如果采用常规单流式交换器处理循环水，设备内部空间有效利用率低，而且再生排水、排酸时间长，产生的废水量大。图 4-13 所示为双流弱酸离子交换器的结构示意图。

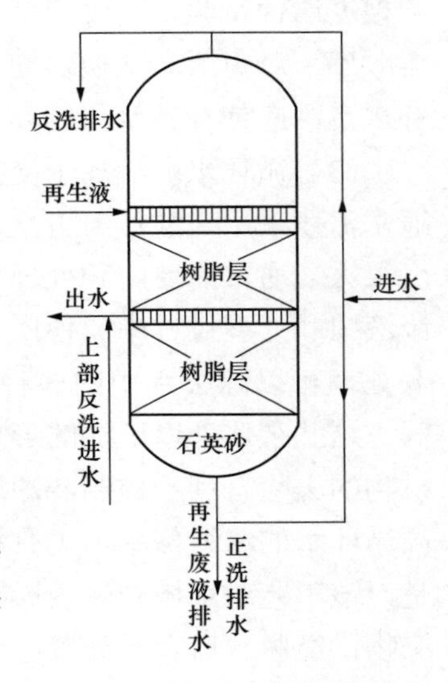

图 4-13　双流弱酸离子交换器结构示意

较之单流式交换器，双流弱酸离子交换器具有如下优点：

（1）可提高设备出力，降低投资。由于单台设备出力提高近一倍，设备台数减少近一半，减少了占地面积，降低了投资。

（2）节省树脂 12.5%左右，在双流弱酸离子交换器中，在相同再生剂比耗下，残留失效树脂占单位树脂体积的比例下降。此外，由于再生层高度约为运行树脂层的 2 倍，使再生剂得到充分利用，这些都使相同比耗条件下，双流弱酸离子交换器树脂的工作交换容量略高于单流式交换器，从而可节省树脂用量，同时降低了再生剂比耗。

（3）自用水率低。由于出水区树脂的再生度较高，不会发生“自再生”排代现象，因而减少了正洗水量，自用水率可由单流式的 7%左右下降到 5%左右。

5．循环水弱酸离子交换处理的其他问题

（1）循环水全处理与部分处理的选择。循环水软化处理的比例，需要结合原水水质、浓缩倍率、废水排放量以及投资综合确定。按照目前的深度节水要求，循环水的浓缩倍率大多需要达到 4 以上。照此计算，当原水碳酸盐硬度大于 6mmol/L 时，应采用 100%的弱酸处理系统。因为从理论上计算，如采用 50%弱酸处理系统，弱酸出水平均碱度控制为 0.5mmol/L，则补充水的碳酸盐硬度约为 3.25mmol/L，按浓缩 5 倍计算，循环水的碳酸盐硬度可高达 16.25mmol/L。这要靠稳定剂稳定，在目前是做不到的。因此必须将经弱酸处理的水量增加到 70%以上，方可满足稳定处理的要求。由于经弱酸处理的水量所占比例很高，这样的部分处理意义就不大了。如原水的碳酸盐硬度小于 4mmol/L，采用 50%酸处理和加稳定剂的方案是可行的，此时应尽量采用部分处理。原水碳酸盐硬度在 4～6mmol/L 时，在进行综合比较后，确定采用全部处理或部分处理。

从投资角度，大致情况是如将全部弱酸处理改为 50%弱酸处理，可节省基建投资 40%～50%。需要注意的是在全部弱酸处理时，循环水碱度与中性盐的比值比部分弱酸处理时小，水的腐蚀倾向大，已有采用全部弱酸处理的电厂出现腐蚀的案例。

（2）弱酸处理系统设置除碳器的必要性。循环冷却系统补充水经弱酸处理后，水中的大部分碱度转变成游离 CO_2，使水的 pH 值比较低。从某些电厂弱酸离子交换处理系统的运行情况看，交换器初期的出水 pH 值仅为 4～4.5，这个区间存在矿物酸度，腐蚀性较强。随着设备运行时间的延长，出水 pH 值逐渐上升。一般弱酸离子交换器一个运行周期的出水 pH 的平均值为 5.2～5.8，循环水 pH 值在 7.4～8.0。如果将补充水引至冷水塔上部，可利用冷却塔具有的脱碳性能，因此在弱酸系统中无需设置除碳器。但需要对交换器出口至冷却塔的补充水管进行防腐。如果将补充水直接补至凝汽器进水端，则应根据腐蚀试验情况确定是否需设除碳器。无论何种情况，都要控制好每台交换器的投运顺序，避免所有交换器均处于初投阶段，造成补充水 pH 值偏低的情况发生。同时在补水点，应使补充水与循环水能做到均匀混合。

（3）循环水弱酸离子交换与石灰处理的比较。采用弱酸离子交换处理循环水补水，通常需要采用硫酸作为再生剂。再生时会产生含高浓度硫酸盐的废水，这种废水回用难度很大，通常需要中和处理后外排。外排水中除了原水携带的盐分外，在再生过程中和废液中和处理过程中又使用了大量的酸、碱，最终以盐的形式进入排水，影响环境。石灰处理可以除去水中的多种杂质，包括碳酸盐硬度、大分子有机物、悬浮物、胶体硅等，这些杂质都以沉淀的形式离开水体进入泥渣，水的含盐量也有一定程度的降低，有机物的去除有利于控制冷却塔生物粘泥及藻类的生长。这种综合性的处理效果有利于提高循环水的浓缩倍率，也有利于将冷却塔排污水作为 FGD 的补充水回用。更为重要的是，该工艺对水域产生的影响很小。尽管会产生泥渣，但该类泥渣不含对环境有害的污染物，经脱水后容易处置；国外的经验是可铺洒至农田或与煤掺混后焚烧。

四、旁流处理

1. 工艺概述

旁流处理抽取一部分循环水进行处理，处理后的水送回系统，是提高循环水浓缩倍率的另一类工艺。通过旁流处理可以净化循环水质，将循环过程中由空气带入的灰尘、粉尘等悬浮固体物去除，以维持较高的浓缩倍率。旁流处理包括旁流过率和旁流软化两种。

多数高浓缩倍率循环水系统都要采用旁流过滤处理。通过旁流过滤，可以滤除循环水中的过饱和碳酸钙微晶粒，降低循环水的碱度和循环水中碳酸钙的过饱和度，维持高浓缩倍率运行。当采用城市中水做补充水水源时，尽管已经对补充水进行了处理，但由于中水中的有机杂质和微生物杂质含量较高，在不断循环过程中会产生较多的黏泥，因此大多设有旁流过滤处理装置。图 4-14 所示为旁流过滤处理流程示意图。

与补充水处理比较，旁流处理的特点如下：

（1）旁流处理系统相对简单，多见于电厂拟提高浓缩倍率、但不能建设补充水处理系统的场合。电厂大多是旁流过滤，少数采用旁流弱酸离子交换软化。表 4-12 所示为模拟循环水（添加 3mg/L 水稳剂）过滤前后碱度和 pH 值的变化。

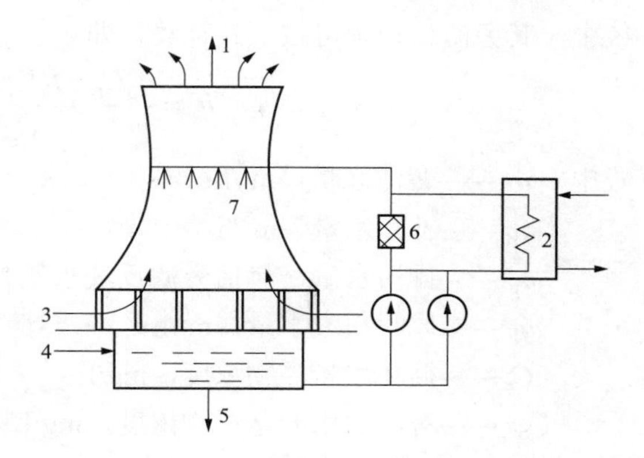

图 4-14 旁流过滤处理流程

1—蒸发损失；2—凝汽器；3—空气；4—补给水；5—排污；6—旁流过滤器；7—冷却塔

上述试验表明，通过过滤能有效除去部分过饱和的成分。如采用大理石（$CaCO_3$）作滤料，理论上出水残余碱度会更低，当然滤料颗粒会随着碳酸钙的结晶而不断长大。而在排出碳酸钙颗粒的同时，吸附在晶粒上的水稳剂也被除去，药剂的消耗也会增加。但因系统相对简单，对于一些因场地等条件限制无法采用复杂工艺而又要提高浓缩倍率的电厂来讲，采用稳定剂与旁流过滤联合处理工艺不失为一个提高浓缩倍率的有效方法。

表 4-12　　稳定处理时水过滤前后水质的变化

过滤前碱度（mmol/L）	8.95	9.85	11.02	11.75
过滤后碱度（mmol/L）	8.05	7.95	8.50	8.40
过滤前后碱度差值（mmol/L）	0.90	1.90	2.52	3.35
过滤前 pH 值	8.76	8.82	8.78	8.60
过滤后 pH 值	8.58	8.40	8.17	7.88
过滤前后 pH 差值	0.18	0.38	0.61	0.72

注　1. 试验用水加 3mg/L 水稳剂。

2. 过滤柱直径为 25.8mm，内装 60～14 目石英砂，层高 620mm，滤速为 10m/h。

（2）在循环水浓缩后，水中的碳酸钙等杂质浓度较高，旁流软化处理效率较高，可以减少软化处理的水量，因此处理设备的数量相应减少。例如一些电厂采用双流弱酸离子交换器处理循环水，因处理水量比处理补充水少得多，所以设备台数和占地面积可以减少。尽管因为进水离子含量高使得周期处理水量降低，再生频繁。这对于后期改造、场地有限的电厂是可行的选择。

（3）特别需要注意的是，如果补充水已经过软化处理，水中碳酸盐硬度比例已很低，旁流软化的效果往往较差，不宜再采用旁流软化。另外，试验表明，对循环水进行石灰软化处理时，因为水中的阻垢分散剂对 $CaCO_3$ 微晶有稳定作用，妨碍了 $CaCO_3$ 的结晶，对沉淀反应干扰很大。结晶反应慢，形成的晶粒尺寸小，不易沉降沉降速度较慢，澄清时间变长，出水水质较差。因此，循环水不宜采用沉淀软化的方法处理。

2. 旁流处理量的计算

如果采用旁流过滤处理，旁滤水量一般为循环水量的 1%～5%。在开式循环冷却系

统中，其旁滤处理量可按下式计算，即

$$q_s = \frac{q_B C_B + K V_B C_a (q_p + q_F) C_e}{C_e - C_S} \tag{4-7}$$

式中 q_s——旁滤水量，m^3/h；

q_B——补充水量，m^3/h；

q_p——排污水量（包括旁滤反洗水量），m^3/h；

q_F——风吹损失水量，m^3/h；

C_e——循环水悬浮物浓度，mg/L；

C_S——旁滤后水的悬浮物浓度，mg/L；

V_B——冷却塔空气流量，m^3/h；

C_a——空气中含尘量，g/m^3；

K——悬浮物沉降系数，可通过试验确定，当无资料时可选用 0.2；

C_B——补充中水县浮物浓度，mg/L。

如果采用旁流软化处理，则处理量按下式计算，即

$$q_S = \frac{(q_Z + q_F + q_T)C_B - (q_T + q_F)C_X}{C_X - (0.02C_B + 0.98C_S)} \tag{4-8}$$

式中 q_S——旁流软化量，m^3/h；

q_Z——蒸发损失量，m^3/h；

q_F——风吹损失水量，m^3/h；

q_T——用于烟气脱硫及冲灰的水，m^3/h；

C_B——补充水中化学成分浓度（Ca^{2+}），mg/L；

C_X——循环水中化学成分浓度（Ca^{2+}），mg/L；

C_S——旁流软化后水的化学成分浓度（Ca^{2+}），mg/L。

第三节 循环水水质药剂处理

在要求较高浓缩倍率运行的情况下，循环冷却系统必须采用多种工艺联合处理。在目前的实际应用中，无论采用何种工艺组合，水稳剂处理都是必不可少的处理工艺。水稳剂的性能及稳定性对循环水的运行起着关键的作用，在高浓缩倍率下运行更是如此。

一、水质稳定剂类型

国内火电厂常用于循环水处理的水质稳定药剂见表 4-13。

表 4-13 火电厂常用的循环水处理水质稳定药剂

序号	水稳剂名称	工业产品含量
1	三聚磷酸钠	固体含三聚磷酸钠 85%
2	氨基三亚甲基磷酸（ATMP）	固体 85%～90%，液体 50%

续表

序号	水稳剂名称	工业产品含量
3	羟基亚乙基二膦酸（HEDP）	液体≥50%
4	乙二胺四亚甲基膦酸（EDTMP）	液体 18%～20%
5	聚丙烯酸（PAA）	液体 20%～25%
6	聚丙烯酸钠（PAAS）	液体 25%～30%
7	聚马来酸（PMA）	液体 50%
8	膦羧酸（PMA）	液体 50%
9	膦羧酸（PBTCA）	液体≥40%
10	磺酸共聚物（含羧基、磺酸基、磷酸基的共聚物）	液体≥30%
11	马来酸-丙烯酸类共聚物	液体 48%
12	丙烯酸-丙烯酸酸共聚物	液体≥25%
13	丙烯酸-丙烯酸羟丙酯共聚物	液体 30%
14	多元醇膦酸酯	—
15	有机膦磺酸	液体≥40%

目前火电厂添加的水稳剂，绝大部分是复配药剂，这是因为上述水稳剂均具有协同效应（协同效应是指药剂复配使用时，在药剂的总量保持不变的情况下，复酸药剂的缓蚀阻垢效果高于单一药剂的缓蚀阻垢效果）。在火电厂使用复合配方的另一原因，是一些药剂对黄铜管有侵蚀作用，采用复合配方可减缓药剂对黄铜的侵蚀性。

需要注意的是在实际应用中，一定要注意有机类水质稳定剂的质量控制与监督。因为生产厂的生产工艺及工艺过程控制的水平存在差别，不同厂家甚至同一厂家生产的不同批号的产品性能会出现较大的差别。出现比较多的情况是ATMP产品中有效成分的含量不同，水质稳定效果差别较大。另外，购置的水质稳定剂产品一定要按要求的环境存放并控制放置时间，如果放置时间过长也会影响稳定效果。

二、不同水稳剂类型的阻垢机理

理论上讲，要防止生成水垢应该从三个环节着手：①防止生成晶核或临界晶核。②阻止晶体生长。③分散已生成的晶体微粒，使其在水中稳定存在不发生沉淀。

水稳剂的基本作用机理是阻止晶体生长和分散晶体。晶体从过饱和溶液中析出，实际上包含微晶核形成和晶格生长两个过程。对于微溶或难溶盐类，沉淀溶解平衡受溶度积常数控制，只要离子活度超过溶度积限制，很快就可以形成晶核。但晶体的生长过程较为复杂，只有在晶核的某些活化区域上吸附沉淀离子后，晶格才能继续生长，这个过程很容易被干扰。利用这个特点，可以使水稳剂优先吸附并覆盖活化中心，从而阻碍晶格的生长。至于如何阻碍晶体的生长则有很多解释。如聚磷酸盐的阻垢机理有两种解释：一种是通过改变结晶界面电位阻垢，少量六偏磷酸钠吸附于碳酸钙晶核表面，使其界面电位下降，碳酸钙晶核之间的斥力增强，因而抑止了碳酸钙晶体的生长。另一种解释是少量聚合磷酸盐干扰了碳酸钙晶体的正常生长，使晶格受到歪曲，使形成的碳酸钙不是坚硬的方解石晶体，而是疏松的软垢。上述两种机理也有可能共同作用。

对于有机磷酸盐的阻垢机理，首先是结晶过程去活化，有机磷酸盐能和已形成的 $CaCO_3$ 晶体中的 Ca^{2+} 作用。这种作用使得 $CaCO_3$ 小晶体在与其他 $CaCO_3$ 微晶体碰撞过程中，难以按晶格排列次序排列，不易生成 $CaCO_3$ 的大晶体。由于 $CaCO_3$ 晶体保持在小颗粒范围之内，因而提高了 $CaCO_3$ 晶体在水中的溶解性能。试验表明，在水溶液中投加 1mg/L 的 ATMP，可使 95mg/L 的碳酸钙在 20℃温度下保持 24h 不析出。其次晶格歪曲。因为 $CaCO_3$ 具有离子晶格，当 $CaCO_3$ 晶体带正电荷的 Ca^{2+} 与另一个 $CaCO_3$ 晶体带负电荷的 CO_3^{2-} 碰撞，才能彼此结合。因此 $CaCO_3$ 垢是按一定的方向，具有严格次序排列的硬垢。当水溶液中加入有机磷酸盐时，它在晶格生长的过程中被吸附，使晶格的定向生长受到干扰，无法按照严格的次序排列和生长，即晶格发生歪曲。这种情况下形成的晶格是疏松的，很容易被扰动的水流分散成小晶体，沉淀物以软垢的形式存在，而不再黏附于管壁上。

聚羧酸类的水稳剂有阳离子型（如聚马来酸与乙醇胺反应物）、中性型（聚丙烯酸胺）和阴离子型三种。目前主要应用的是阴离子型，属于这一类的药剂有聚丙烯酸、聚甲基丙烯酸、水解聚马来酸酐等。阴离子型水稳剂的阻垢机理一是分散作用，二是晶格歪曲。阴离子型水稳剂在水溶液中可以发生电离反应，以负离子的形式存在。聚丙烯酸负离子与水溶液中的 $CaCO_3$ 微晶体碰撞后会发生吸附，使微晶体表面形成一个双电层。如果碳酸钙微晶体吸附了聚丙烯酸负离子，这些微晶体的表面就会带上相同的负电荷，它们之间的静电斥力阻碍了相互之间的碰撞和晶体成长，起到了分散作用。晶格歪曲的理由是聚羧酸的羧基官能团通过对金属离子的络合干扰了结晶过程，使结晶不能严格按晶格排列正常生长，发生晶格歪曲。

磺化聚合物，如磺化聚苯乙烯，可使晶格严重歪曲，碳酸钙从立方晶格变成球状软渣。采用该处理方法时，可使生成的软渣保持悬浮状态，循环水会呈现浑浊状态，可以在排污时排出或通过旁流过滤除去，冷却系统的极限浓缩倍率更高。该类药剂在冷却水中使用的一般剂量为 0.5～2mg/L。

但需要注意有在填料层等发生沉泥积累、堵塞通道的可能，一旦发生会给电厂运行带来很大的问题，需要停机彻底清理，因此使用前需要认真评估。表 4-14 所示为投加聚丙烯酸酯和磺化聚合物时，循环水中的碳酸钙和硫酸钙的含量。从表中可以看出，投加聚合物可以大大提高碳酸钙和硫酸钙在水中稳定存在、不沉淀析出的含量。

表 4-14　　投加聚合物时碳酸钙和硫酸钙的含量

聚合物名称（剂量 5mg/L）	水中 $CaCO_3$ 含量（mg/L）	水中 $CaSO_4$ 含量（mg/L）
聚丙烯酸酯	4100	5032
磺化聚合物	4200	5168

三、水稳剂阻垢缓垢性能评价

1. 静态阻垢率

评定水稳剂阻垢性能的方法有多种，静态阻垢率试验是一种相对简单的方法。试验方法是在一定量的水样中（通常500mL）加入一定剂量的水稳剂，在60℃的水浴中保持24h，然后用0.2μm滤膜过滤水样，再测定滤液中Ca^{2+}的含量。按下式计算阻垢率，即

$$阻垢率=\frac{滤液中Ca^{2+}的含量}{水样中Ca^{2+}的含量}\times 100\% \tag{4-9}$$

表4-15所示为部分药剂的阻垢率试验结果。

表4-15　不同水质时稳定剂的阻垢率

药剂名称 \ 水质类型	模拟负硬水	模拟暂硬水	模拟永硬水
丙-丙共聚物	22%	36%	94%
PBTCA	26%	52%	80%
MB	28%	57%	90%
HPMA	34%	53%	93%
PAA	64%	50%	93%
ATMP	40%	77%	95%
HEDP	40%	74%	82%
磺酸共聚物	56%	63%	82%

注　模拟负硬水的主要成分为5mmol/L$CaCl_2$和20mmol/L$NaHCO_3$；模拟暂硬水的主要成分为10mmol/L$CaCl_2$和10mmol/L$NaHCO_3$；模拟永硬水的主要成分为10mmol/L$CaCl_2$和5mmol/L$NaHCO_3$。

2. 极限碳酸盐硬度

极限碳酸盐硬度法是目前最常用的实验室评价水稳剂阻垢缓垢性能的方法，可用于水稳剂的筛选。试验分静态法和动态法两种。一般通过静态法进行药剂筛选和预评估，之后再模拟实际运行条件，通过动态模拟试验得出更接近实际情况的结论。

（1）静态法极限碳酸盐硬度试验。试验装置如图4-15所示。它是由敞口圆柱形玻璃缸（直径为300mm、高300mm）、电加热管、搅拌器、控温仪、温度计组成。试验时，取一定量的试验水样（已加入所需的药剂）于玻璃缸中，加热升温至试验温度并保持水温，试验过程中连续补滴水样（相当于补充水，

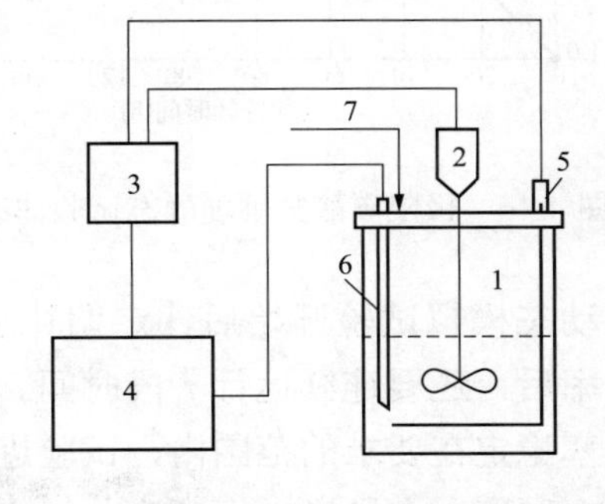

图4-15　静态试验装置

1—玻璃缸；2—搅拌器；3—电源；4—控温仪；5—加热管；6—热敏电阻；7—补充水

已加药）以保持玻璃缸内水位恒定。定期取样，测定全碱度和氯离子，直至求出极限碳酸盐硬度为止。氯离子浓缩倍率与碱度浓缩倍率的差值大于 0.2 时，玻璃缸中水的碳酸盐硬度值即为极限碳酸盐硬度值。计算式为

$$\Delta A=\frac{[Cl_X^-]}{[Cl_B^-]}-\frac{A_X}{A_B} \tag{4-10}$$

式中 $[Cl_X^-]$ ——浓缩水（循环水）中 Cl^-浓度，mg/L；

$[Cl_B^-]$ ——浓缩水（补充水）中 Cl^-浓度，mg/L；

A_X——浓缩水（循环水）的总碱度，mmol/L；

A_B——补充水的总碱度，mmol/L。

图 4-16 所示为极限碳酸盐硬度静态试验曲线，从图中可以得出极限浓缩倍率和极限碳酸盐硬度值。

（2）动态模拟试验。动态模拟试验是一种最接近实际的试验方法，经过在多个电厂试验中反复验证，该方法已趋成熟，所以其试验结果有很好的参考价值。对于电厂开式循环冷却系统，利用动态模拟试验台模拟换热管（凝汽器管）材质、管内水流速、换热器进出口水温、蒸汽侧温度、系统水容积与循环水量之比，以及浓缩倍率等工况参数，循环水长时间浓缩，定期取样，测定全碱度、Cl^-浓度，通过极限碳酸盐硬度判断最大浓缩倍率。图 4-17 所示为动态试验中污垢热阻的变化曲线。

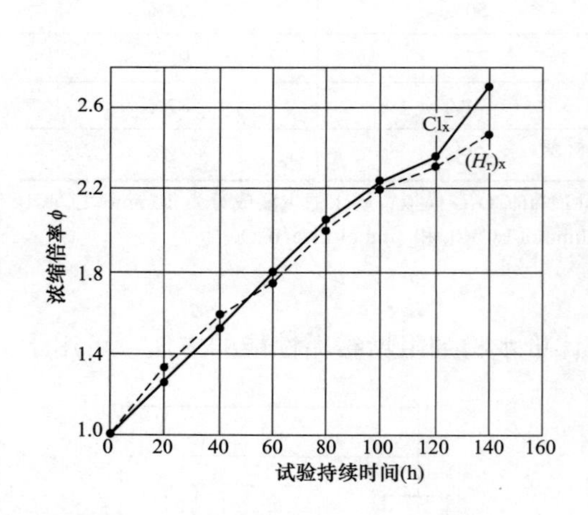

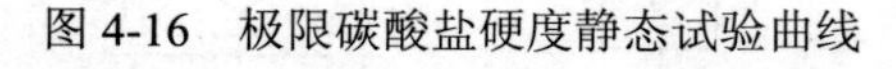
图 4-16　极限碳酸盐硬度静态试验曲线

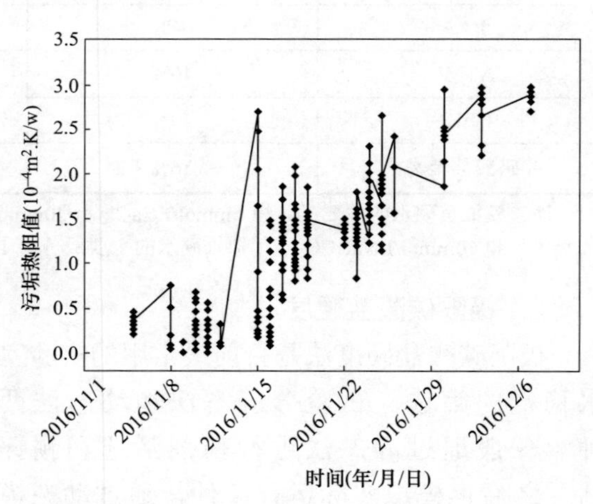

图 4-17　动态试验中污垢热阻的变化曲线

动态模拟试验开始后，定期补水，以保持系统水容积不变。当系统达到要求的浓缩倍率后，还要连续运行一段时间。此时系统开始排污，并调节排污量，以保持系统浓缩倍率稳定在要求的范围内，试验进入稳定工况运行阶段。试验期间，要不断分析循环水的全碱度、全硬度、钙硬度、氯离子浓度、电导率等指标，并应控制 ΔA 值小于 0.2。当 ΔA 大于 0.2 时应调整工况，使 ΔA 值小于 0.2。

第四节　循环水系统微生物的控制

循环水的微生物繁殖是影响提高浓缩倍率的一个重要因素。循环水中的微生物会产生生物黏膜、黏泥以及藻类等，带来的主要问题是影响系统的传热、引起沉积物下的腐蚀以及堵塞填料等。图 4-18 所示为加氯和不加氯两种情况下循环冷却水传热系数的变化，从图中可以明显看出加氯杀菌后传热系数可以维持稳定，而不加氯时传热系数在运行一段时间后就开始快速降低。这种情况是因为换热面生物黏膜的生长影响了传热效率，由此可以看出循环水系统微生物控制的必要性。

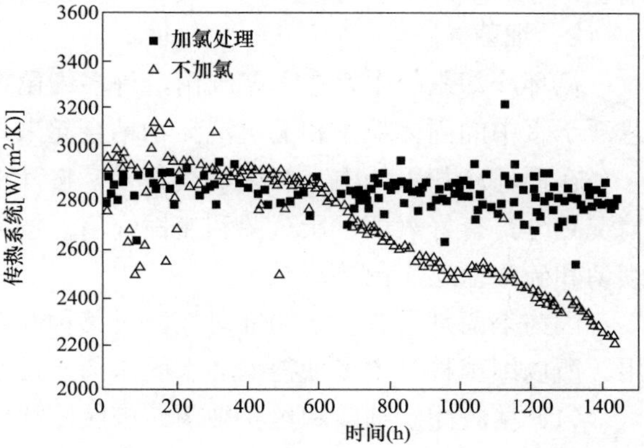

图 4-18　冷却水杀菌对传热系数的影响

一、常见微生物的种类

循环冷却水系统为生物的生长提供了良好的环境，在此生长的生物种类很多，包括动物界的生物和植物界的生物。动物界的生物有蜗牛、贝类等软体后生动物，以及纤毛虫、鞭毛虫等原生动物；植物界主要有藻类、真菌类和细菌类等。

动物界的生物对循环水系统的危害相对较小，在多数电厂的循环水系统中不是重点关注的问题。只有使用海水冷却的电厂经常有贝类（多为海蛎子）附着堵塞水通道的情况。在多数电厂，循环水系统普遍存在、危害最大的是微生物的滋生。

微生物种类很多，在冷却系统中引起问题的微生物主要有三类：藻类、细菌和真菌。

1. 藻类

冷却水中的藻类主要有蓝藻、绿藻和硅藻。藻类细胞内含有叶绿素，能进行光合作用，藻类生长的三个要素是空气、水和阳光。三者缺一就会抑止藻类生成。在冷却系统中，能提供这三个要素的部位，也就是藻类繁殖的部位。藻类生成的其他条件包括水温（20～40℃）和水的 pH 值为 6～9 等。藻类的影响为：①死亡的藻类将成为冷却水中悬浮物和沉积物。②藻类在冷却塔填料上生长，会影响水滴的分散和通风量，降低冷却塔的冷却效果。在换热器中，它们将成为捕集冷却水中有机体的过滤器，为细菌和霉菌提供食物。向冷却水中加氯及非氧化性杀生剂（季胺盐）对于控制藻类的生长十分有效。

藻类繁殖是电厂循环水系统最常见的问题。阳光能够照射到的区域是最适宜藻类生长的，这就是在冷却塔的支撑立柱等水泥构件的表面容易滋生藻类的原因。这些藻类植物在繁殖的过程中不断脱落进入循环水体，对水质的污染比较严重。藻类物质还可以堵塞填料层，消耗氧化性杀菌剂，加速微生物的生长。

大多数藻类是广温性的，最适宜的生长温度为 10～20℃左右；生长所需的营养元素主要有 N、P、Fe，其次是 Ca、Mg、Zn、Si 等。其中最好的营养条件是 N:P=(15～31):1；只要磷的浓度在 0.01mg/L 以上，就足以使藻类生长旺盛。

藻类繁殖后，会使循环水的溶解氧增加，pH 值上升。这是因为藻类含叶绿素，可以在日光下进行光合作用，并吸收碳而放出氧气。在此过程中，在 CO_2 转化为 O_2 和 C 的同时，水中的碱度（HCO_3^-）又转化为 CO_2 和 OH^-。反应的结果是一方面使水中溶解氧增加，另一方面使 pH 值上升。在夏季藻类大量繁殖时，可使水中 pH 值上升到 9.0 以上。

2. 细菌

循环冷却系统中存在大量细菌，许多细菌在新陈代谢过程中能分泌黏液，并把原来悬浮于水中的固体粒子和无机沉淀物粘合起来，附着于传热表面，形成污垢和引起腐蚀。

在循环冷却系统中，细菌种类繁多，按其形状可分为球菌、杆菌和螺旋菌。按需氧情况划分，有好氧菌、厌氧菌和兼性细菌；按需要的温度和营养分类，又有硫细菌、铁细菌和硫酸盐还原菌等。

因为杀菌剂具有一定的针对性，对某种细菌有效的杀菌剂可能对另一种细菌没有作用，所以细菌种类太多使得循环水的杀菌非常困难。

（1）菌胶团状细菌和丝状细菌。菌胶团状细菌是有机物污染的水系中最常见细菌，是块状琼脂，细菌分散于其中。在开式循环冷却系统中，由菌胶团状细菌引起的故障最多，其次是铁状菌、丝状细菌、藻类引起的故障。丝状细菌称为水棉，在有机物污染的水系中呈棉絮状集聚，有时将其分在铁细菌类。

（2）铁细菌。铁细菌是好氧菌，但也可以在氧含量小于 0.5mg/L 的水中生长。铁细菌是在铁质管道中最常见的一种菌类，如果水中含有 0.2～0.3mg/L 的铁，一般都可能存在铁细菌。铁细菌的特点是在含铁的水中生长，通常被包裹在铁的化合物中，生成体积很大的红棕色的黏性沉积物。

铁细菌可以使水中的亚铁离子氧化，并以氢氧化铁的形式沉积下来，在此过程中铁细菌获得了生长所需要的能量。由铁细菌形成的黏泥不仅可以形成氧的浓差电池，还可以在黏泥下产生缺氧的条件，使得还原菌（嫌气菌）得以滋生。另外水中的 Cl^- 等渗入黏泥内，还可以形成 $FeCl_3$ 等盐类的浓缩，促进电化学腐蚀。铁细菌还从金属表面的腐蚀区除去亚铁离子（腐蚀产物），从而使钢的腐蚀速率增加。

丝状铁细菌容易在管道表面沉积，是形成初期生物膜的主要细菌之一。铁细菌可使水溶性亚铁盐成为溶于水的三氧化二铁的水合物，附着于管道和容器内部表面，严重降低水流量，甚至引起堵塞。在铁质管道内，铁细菌通常会在管道表面形成一些瘤状的突起物。这些锈瘤遮盖了金属的表面，使冷却水中的缓蚀剂难以与金属表面作用生成保护膜。在这些突起物所包覆的内部空间，发生着各种腐蚀反应。如果剥开瘤状外皮，往往会发现内部的金属基体已经受到腐蚀。

（3）硫细菌和硫酸盐还原菌。属于好氧菌，在无氧的情况下不能生长。硫细菌的特点是能够将水中存在的还原态硫，如硫化物、亚硫酸盐、硫代硫酸盐等氧化成硫酸，造成酸性腐蚀。在氧与硫化氢同时存在的微好气环境中经常可以发现硫细菌。硫细菌引起的酸性腐蚀有时是相当强烈的。例如氧化硫杆菌可以氧化还原固态硫，在其周围产生强酸性的环境（相当于5%～10%的硫酸），使水的pH值降至1.0以下。还有一种白硫菌，在没有硫化氢的地方，它可以使水中的还原态硫逐渐氧化成硫酸，反应式为

$$H_2S+1/2O_2 \longrightarrow S+H_2O$$

$$2S+3O_2+2H_2O \longrightarrow 2H_2SO_4$$

硫酸盐还原菌是一种在厌氧条件下以有机物为营养，能够使硫酸盐还原成硫化物的细菌。常见的三种硫酸盐还原菌是脱硫弧（螺）菌（Desulfovibrio）、梭菌（Clostridium）和硫杆菌（Thiobacillus）。硫酸盐还原菌能把水溶性的硫酸盐还原为硫化氢，故被称为硫酸盐还原菌。它广泛存在于湖泊、沼泽、下水等厌氧性有机物聚集的地方。硫酸盐还原菌产生的硫化氢对很多金属有腐蚀性。硫化氢会腐蚀碳钢，也能腐蚀不锈钢和铜合金。该还原反应可以吸收金属表面的氢，对腐蚀过程中有去极化的作用，因而可以加速腐蚀的进行。

因为硫酸根离子是冷却水系统中普遍存在的无机物，所以硫酸盐还原菌的存在有较大的危险性。在循环冷却水系统中，硫酸还原菌引起的腐蚀速率是相当惊人的。0.4mm的碳钢试样，在60天内就腐蚀穿孔；已有硫酸盐还原菌在六周内使凝汽器管腐蚀穿透的案例。即使循环水系统有良好的pH值控制和用铬酸盐-锌盐做复合缓蚀剂，硫酸盐还原菌仍能使金属迅速穿孔。在冷却水中硫酸盐还原菌产生的硫化氢与铬盐反应，使这些缓蚀剂从水中沉淀出来，生成的沉淀则沉积在金属表面形成污垢。只进行加氯，难以控制硫酸盐还原菌的生长。因为硫酸盐还原菌通常为黏泥所覆盖，水中的氯气不易到达这些微生物生长的深处。硫酸盐还原菌周围产生的硫化氢使氯还原为氯化物（理论上，1份硫化氢需8.5份氯才能反应完全），使氯失去杀菌能力。硫酸盐还原菌中的梭菌不但能产生硫化氢，而且还能产生甲烷，从而为产生黏泥的细菌提供养料。

长链的脂肪酸胺盐对控制硫酸盐还原菌是有效的，其他如有机硫化合物（二硫氰基甲烷）对硫酸盐还原菌的杀灭也是有效的。

（4）硝化细菌。硝化细菌是能将氨氧化成亚硝酸和使亚硝酸进一步氧化成硝酸的细菌。反应式为

$$2NH_3+4O_2 \longrightarrow 2HNO_3+2H_2O$$

正常情况下，氨进入冷却水后会使水的pH值升高；但当冷却水中存在硝化细菌时，由于它们能使氨生成硝酸，故冷却水的pH值反而会下降，使一些在低pH值条件下易被侵蚀的金属（碳钢、铜、铝）遭受腐蚀。这类细菌不受氧的影响，也不影响铬酸盐和锌之间的抑制作用。

3. 真菌

真菌是一种不含叶绿素的单细胞并呈丝状的一种简单植物，它不分化出根、茎和叶。由于没有叶绿素，所以不进行光合作用。它属于寄生物，是一种异养菌。冷却水系统中的真菌包括霉菌和酵母菌两类。

真菌往往生长在冷却塔的木质构件上、水池壁上和换热器中。真菌会破坏木材中的纤维素，使冷却塔的木质构件朽溃，木头表面腐烂，产生细菌黏泥。真菌是具有丝状营养体的微小植物的总称。真菌的种类很多，在冷却水系统中常见的多属于藻状菌纲中的

一些属种，如水霉菌和绵老菌等。真菌的特点是没有叶绿素，不能进行光合作用，大部分菌体都是寄生在动植物的遗骸上，并以此为营养而生长。大量繁殖时可以形成絮状的团，附着于金属表面形成软泥，亦可堵塞管道。还有些真菌以木材中的碳元素为食物，可以分解木质纤维素。表 4-16 所示为开式循环冷却系统中微生物种类汇总。

表 4-16　　开式循环冷却系统中存在的微生物种类

微生物种类		特　点
藻类	蓝藻类	细胞内含有叶绿素，利用光能进行碳酸同化作用，在冷却塔下部接触光的场所常见
	绿藻类	
	硅藻类	
细菌类	菌胶团状细菌	是块状琼脂，细菌分散于其中，在有机物污染的水系中常见
	丝状细菌	称为水棉，在有机物污染的水系中呈棉絮状集聚
	铁细菌	氧化水中的亚铁离子，使高铁化合物沉积在细胞周围
	硫细菌	污水中常见，一般在体内含有硫磺颗粒，使水中的硫化氢等氧化
	硝化细菌	将氨氧化成亚硝酸盐的细菌和使亚硝酸盐氧化成硝酸盐的细菌，在循环水系统中有氨的地区繁殖
	硫酸盐还原菌	使硫酸盐还原生成硫化氢
真菌类	藻菌类（水霉菌）	在菌丝中没有隔膜，全部菌丝成为一个细胞
	不完全菌类（绿菌类）	在菌丝中有隔膜

二、循环冷却水微生物的控制方法

1. 微生物生长的控制指标

开式循环冷却系统中微生物生长的控制，主要是控制异养菌、真菌、硫酸盐还原菌、铁细菌等几类细菌的数量，同时控制黏泥量。表 4-17 所示为循环冷却系统中微生物生长控制指标。

表 4-17　　循环冷却系统中微生物生长控制指标

控制项目	单位	控制指标
异养菌	个/mL	$<5\times10^5$（平皿计数）
真菌	个/mL	<10
硫酸盐还原菌	个/mL	<50
铁细菌	个/mL	<100
黏泥量	mL/m^3	<4（生物过滤网法）

2. 微生物生长的控制

（1）微生物的控制首先是防止或减少污染物进入循环水系统。对于尺寸较大的机械杂质，可以通过拦污栅、活动滤网等过滤设备拦截；对于水中的悬浮物、黏泥和细菌等尺寸较小的杂质，需要通过旁流处理等方法滤除。为了防止黏泥在凝汽器管内的附着，凝汽器胶球清洗是一个有效的办法。另外，通过提高凝汽器内的循环冷却水流速、涂刷防污涂料等，可以减轻微生物和黏泥在过流设备内的附着，减轻黏泥的危害。尤其是在海滨电厂，涂刷抗污涂料是一种常用的防污措施。

对于有些胶体、有机物含量较高的水，有时需要对补充水进行混凝澄清、过滤处理，以尽量减少随水带入系统的营养源。经验表明，当水中 COD_{Mn} 含量大于 10mg/L 时，就有可能产生比较严重的黏泥问题。因此，当水中有机物含量较高时，应尽量在补入系统前降低其含量。

当使用城市中水时，水中含有泥砂、尘土、腐殖质、纤维素，以及细菌、藻类等，这些杂质部分与水形成胶状态的胶体溶液，通常不能通过沉淀的方式去除。悬浮物含量高，除了会在设备表面产生黏泥、污垢，促使发生局部腐蚀外，悬浮颗粒还会吸附极大部分药剂，使水稳剂失去缓蚀作用。

（2）药剂处理。一方面是通过杀灭或抑制细菌活性来控制微生物的增殖；另一方面使用氯剂、溴剂和有机氮硫类杀菌剂，具有较好的杀菌效果。一般认为，这些药剂的机理是它们与构成微生物蛋白质的要素，即半胱氨酸的 SH-基的反应性强，使以 SH-基为活性的酶钝化，并用其氧化能力破坏微生物的细胞壁，杀死微生物。另一类是抑制冷却水系统中微生物增殖的药剂，其作用机理与杀菌剂差不多，但使用方法不同，即在处理过程中，需要连续或长时间维持杀死微生物的原始浓度。属于此类药剂的有胺类药剂和有机氮硫类药剂。

另一类药剂通过改变微生物分泌的黏性物的性质，使微生物不能在设备表面附着。季胺盐和溴类药剂可与黏质物作用，使之变性，从而使微生物的附着性下降。还有一类为促使设备表面附着黏泥剥离的药剂，称为黏泥剥离剂，如过氧化物和胺类等。其作用原理一方面是与黏泥反应，使黏泥的附着力下降；同时在与黏泥反应中产生微小气泡，促使黏泥剥离。

淤泥分散药剂是指可以分散絮凝淤泥的药剂，被分散的悬浮物可随排污排出，因而减少了冷却系统中淤泥的堆积量。悬浮物的絮凝化现象与微生物和悬浮物都有关系，故需对它们都进行处理。抑制微生物絮凝可以使用黏泥附着抑制剂和剥离剂，抑制悬浮物絮凝可以使用聚电解质等分散剂。关于黏泥的问题会在后面的章节中详细讨论。

在药剂处理中，需要注意的是药剂具有残余效应，其现象是冷却水中已检不出药剂含量，但在一定的时间内仍具有防止黏泥滋生的效果。这是因为投加药剂后，微生物在细胞及酶系统上受到了损伤，虽然系统内药剂已经消耗完，但微生物细胞损伤的恢复需要一定的时间，这段时间微生物的增殖依然很慢，表现为药剂的残余效应。微生物的恢复需要能源（营养源），水中的营养源越丰富恢复得越快，药剂的残余效应时间也越短，越容易产生黏泥。这是循环冷却水系统要尽量减少营养物质带入的原因之一。

综合来看，影响循环水系统微生物处理效果的因素包括：

（1）pH 值。杀菌剂和黏泥抑制剂均有最佳效果的 pH 值范围。应选择 pH 值在 6.5～9.5 范围内显示最佳效果的药剂，作为适用于冷却水系统的黏泥处理剂使用。

（2）水温。黏泥处理剂与微生物的反应是化学反应，水温越高，杀菌效果越好。

（3）流速。由于流速快的部分较流速慢的部分水的界膜厚度小，药剂的扩散速率变快，因而处理效果明显增加。

（4）溶解有机物浓度和氨浓度。氯剂等氧化性杀菌剂在与微生物反应的同时，也与溶解的有机物反应而被消耗。此外，氯剂还可与氨反应生成氯胺，使杀菌效果下降。由于季胺盐显阳离子性，可以与水中显阴离子性的物质反应，所以当水中有此类物质存在时，也会降低处理效果。

（5）抗药性。如果长期连续使用某种药剂，由于菌类对药剂产生了抗药性，就会降低处理效果。在开式循环冷却系统中，通常是间断地使用药剂，所以微生物一般难以产生抗药性。微生物对不同药剂产生的抗药性也不相同。如氮硫类药剂，微生物易产生抗药性。在微生物已对某种药剂产生抗药性的情况下，应再选择一种药剂，二者交替使用。

三、氧化性杀生剂

氧化性杀生剂一般都是较强的氧化剂，能使微生物体内一些与代谢有密切关系的酶发生氧化而杀灭微生物。常用的氧化性杀生剂有氯、臭氧和二氧化氯。

1. 氯

用于杀菌的氯剂有液氯、漂白粉、次氯酸钠等。这些氯剂有形态的差异，但其作用机理是相同的。氯溶于水，形成次氯酸和盐酸，反应式为

$$Cl_2+H_2O=HOCl+HCl$$

次氯酸钙和次氯酸钠在水中也会生成次氯酸，即

$$Ca(OCl)_2+2H_2O=2HOCl+Ca(OH)_2$$

$$NaOCl+H_2O=HOCl+NaOH$$

氯的杀菌机理有以下几种：

（1）形成的次氯酸（HOCl）极不稳定，特别在光照下易分解生成新生态的氧，从而起氧化、消毒作用。

（2）次氯酸能够很快扩散到带负电荷的细菌表面，并透过细胞壁进入细菌体内，发挥其氧化作用，使细菌中的酶遭到破坏。细菌的养分要经过酶的作用才能吸收。酶被破坏，细菌也就死亡。

（3）次氯酸通过微生物的细胞壁，与原生质反应，与细胞的蛋白质生成化学稳定的氮-氯键，而使细胞死亡。

（4）三磷酸腺苷（ATP）对于微生物的呼吸至关重要。氯能氧化某些辅酶巯基（氢硫基）上的活性部位，而这些辅酶巯基是生产三磷酸腺苷的中间体。

2. 漂白粉

漂白粉的学名是次氯酸钙，工业上是由石灰和氯气反应而制成的。

次氯酸钙的杀菌作用是在水中产生次氯酸，即

$$2CaOCl_2 \longrightarrow Ca(OCl)_2+CaCl_2$$

$$Ca(OCl)_2+Ca(HCO_3)_2 \longrightarrow 2CaCO_3+2HOCl$$

漂白粉的氯含量约为20%～25%，用量大，加药设备容积大，溶解及调制也不太方

便，因而适用于处理水量较小的场合。它的优点是供应方便，使用较安全，价格低廉。

可以将漂白粉配成质量分数为 1%～2%投加，也可配成乳状液投加。可先在药液箱中放水，然后不断加入漂白粉，同时进行搅拌，待成糊状后，再用水稀释至活性氯含量为 15～20g/L，然后再不断搅拌下投加，但应避免有渣子进入冷却系统。

漂白粉精的含氯量比漂白粉高，氯含量可达到 60%～70%。

3. 二氧化氯（ClO_2）

二氧化氯是一种黄绿色到橙色的气体（沸点为 11℃），有类似氯的刺激性气味。二氧化氯的特点如下：

（1）杀生能力强。它的杀生能力比氯气强，大约是氯气的 25～26 倍。杀生作用较氯快，且剩余剂量的药性持续时间长。

（2）ClO_2 适用的 pH 值范围广。它在 pH 值 6～10 的范围内，能有效杀灭绝大多数的微生物。这一特点为循环冷却系统在碱性条件下运行提供了方便。

（3）ClO_2 不与冷却水中的氨或大多数有机胺起反应，因而不会产生氯胺之类的致癌物质，无二次污染。若水中含有一定量的 NH_3，那么 Cl_2 的杀生效果会明显下降，而 ClO_2 的杀生效果基本不变。

4. 臭氧（O_3）

臭氧是一种氧化性很强的杀生剂。臭氧是氧的同素体，气态臭氧层带有蓝色，有特别臭味，液态臭氧是深蓝色，相对密度为 1.71（－183℃），沸点为－112℃。固态臭氧是紫黑色，熔点为－251℃。臭氧在水中的溶解度较大（为氧的 10 倍），当水中 pH 值小于 7 时，臭氧比较稳定；当水中 pH 值大于 7 时，臭氧分解成为氧气。臭氧在空气中最大允许浓度为 0.1mg/L，如果超过 10mg/L，对人有生命危险。

（1）臭氧对水的脱色、脱臭、去味、除氰化物、酚类等有毒物质及降低 COD、BOD 等均有明显效果。如当臭氧加入量为 0.5～1.5mg/L 时，臭氧对水中致癌物质（1，2-苯并芘)的去除率可达99%。臭氧的杀菌效果良好，当水中细菌数为 10^5 个/mL 个，加入 0.1mg/L 的臭氧，在 1min 内即可将细菌杀死。

（2）臭氧还是一个好的黏泥剥离剂。它比氯气、双氧水、季胺盐和有机硫化物对软泥的剥离效果好。当臭氧浓度为 0.85mg/L 时，时间为 30min，剥离率可达 81%。当水中臭氧含量为 0.4mg/L 时，时间为 30min，剥离率可达 86%。

（3）臭氧在水中的半衰期较短，不存在过剩有危害残留物质。

表 4-18 汇总了几种用于火电厂主要的氧化性杀菌剂的优缺点。

表 4-18　几种氧化性杀菌剂的优缺点

药剂名称	优　点	缺　点
氯（Cl_2）	价格低	（1）剧毒危化品，加氯系统的危险性很大，安全防护复杂； （2）高 pH 值时，杀菌效率低； （3）与水中氨氮化合物作用生成氯胺，氯胺对人及水生物有一定危害； （4）可破坏木结构

续表

药剂名称	优　点	缺　点
臭氧（O_3）	无过剩危害残留物	（1）耗能较大； （2）对空气有污染（空气中最大允许含量为0.1mg/L）； （3）有刺激性臭味
二氧化氯（ClO_2）	（1）剂量少； （2）杀菌作用比氯快； （3）在pH值6～11不影响杀菌活性； （4）药效持续时间长	（1）为爆炸性、腐蚀性气体，不易储存和运输，需就地制备； （2）有类似臭氧的刺激性臭味

四、非氧化性杀生剂

在很多冷却水系统中，常常将氧化剂杀生剂和非氧化性杀生剂联合使用。例如每天冲击性加氯一次，同时每周加非氧化性杀生剂一次。以下介绍几种常用的非氧化杀生剂。

1. 季铵盐

长碳链的季铵盐，是阳离子型表面活性剂和杀生剂。具有长碳链的季铵盐分子中，既有憎水的烷基，又有亲水的季铵离子，因此它既是一种能降低溶液表面张力的阳离子表面活性剂，又是一个很好的杀菌剂。由于它具有此两种作用，所以它还是一个很好的污泥剥离剂。

季铵盐的杀生机理目前还不是完全清楚，一般认为它具有以下作用：

（1）季铵盐的杀生机理。这些正电荷与微生物细胞壁上带负电的基团生成电价键，电价键在细胞壁上产生应力，导致溶菌作用和细胞的死亡。

（2）一部分季铵化合物可以透过细胞壁进入菌体内，与菌体蛋白质或酶反应，使微生物代谢异常，从而杀死微生物。

（3）季铵盐可破坏细胞壁的可透性，使维持生命的养分摄入量降低。

使用季铵盐作为杀生剂时，应注意以下几点：

（1）不能与阴离子表面活性剂共同使用，因为易产生沉淀而失效。

（2）当水中有机物质较多，特别是有各种蛋白质存在时，季铵盐易被有机物吸附而消耗，从而降低了效果。

（3）不能与氯酚类杀生剂共用。

（4）在弱碱性的水质（pH=7～9）中的效果较好。

（5）在被尘埃、油类污染的系统中，药剂会失效；大量金属离子（Al^{3+}、Fe^{3+}）存在会降低药效。

（6）当添加量过多时，它们会产生大量泡沫。

2. 异噻唑啉酮

异噻唑啉酮的特点是高效和广谱（对细菌、真菌、藻类均有效）。异噻唑啉酮是通过断开细菌和藻类蛋白质的键而起杀生作用的。

异噻唑啉酮在较宽的pH值范围内都有优良的杀生性能。它们是水溶性的，故能与一些药剂复配在一起。

在通常的使用浓度下，异噻唑啉酮与氯、缓蚀剂和阻垢剂在冷却水是彼此相容的。例如在有 1mg/L 游离氯存在的冷却水中，加入 10mg/L 的异噻唑啉酮。经过 69h 后，仍有 9.1mg/L 的异噻唑啉酮保持在水中。

此药剂能在环境条件下，自动降解变为无害。有文献介绍，此药剂的不足之处是细菌对它有抗药性，药剂本身毒性较大，且成本较高。

有资料指出，在进行氯处理时，当停止加氯时，细菌数立即增加，但在使用有机氮、硫类药剂时，却能较长时间抑制细菌数的增长。若将氯处理和有机氮、硫类药剂合用，可使细菌数长时间维持低数量。

第五节 黏 泥 的 控 制

一、生物黏泥的危害

生物黏泥是火电厂循环水系统普遍存在的一个问题。黏泥会沉积在换热管壁上，增加了水流阻力，严重降低换热管的传热效率；另外，黏泥还会影响加入水中的缓蚀剂的防腐功能，产生沉积物下的腐蚀等问题。在循环水高浓缩倍率运行时，水中的细菌、营养物质等杂质浓度成倍增加，黏泥的问题更加严重。因此，在循环水高浓缩倍率运行时，尤其是使用城市再生水、废水的电厂，黏泥问题更加需要重视。

藻类、细菌、真菌、原生动物四大类是循环水中常见的微生物，它们在系统内的繁殖生长，不仅使水质恶化以微生物（细菌、霉菌、藻类等微生物群）和其粘在一起的黏质物(多糖类、蛋白质等)为主体，混有泥砂、无机物、软垢等，形成软泥性的污物，称为黏泥。因此，黏泥本质上还是由循环水中微生物的存在而引起的。

目前用黏泥量和黏泥附着度来判断生物黏泥的严重程度。黏泥量指 $1m^3$ 的冷却水通过浮游生物网所得到的黏泥体积（mL）。在 GB 50050—2007《工业循环冷却水处理设计规范》中规定，循环水系统的黏泥量要求小于 $4mL/m^3$（生物过滤网法）。如果黏泥量大于 $10mL/m^3$，则冷却水系统中黏泥故障的发生率就比较高。黏泥附着度是评估冷却水中粘泥附着强度的有效指标；附着度越大，黏泥越不容易脱落或清除。黏泥附着度的测定方法是将玻璃试片浸渍在循环冷却水中一段时间后取出，然后将带有附着黏泥的玻璃试片进行干燥，再进行微生物染色，最后测定玻璃片的吸光度。通过吸光度计算出黏泥附着度。

二、生物黏泥的形态和沉积部位

循环水系统泥的存在形式有两种：一种为附着型黏泥，含有大量以微生物为主体的有机质，其灼烧减量一般超过 25%；另一种为淤泥，堆积在水流死角或缓水区，泥砂等无机成分较多，微生物含量较低，其灼烧减量一般在 25%以下。测定的灼烧减量数据也包含微生物以外的有机物量，要准确判别，还应测定蛋白质量（仅微生物含有）。

表 4-19 所示为冷却系统黏泥附着型污垢和淤泥堆积型污垢的通常发生的部位。

表 4-19　　冷却系统各部位黏泥的类型

系统设备设施	黏泥沉积部位	黏泥存在形态
凝汽器	凝汽器管	黏泥附着
冷却塔	水池底部	淤泥堆积
	池　壁	黏泥附着
	填　料	黏泥附着

三、黏泥附着的机理

黏泥附着过程分为三个时期，即附着初期、对数附着期和稳定附着期。稳定附着期是指黏泥附着速度与水流引起的黏泥剥离速度处于平衡状态。

在黏泥形成的过程中，最初可能是由机械原因或换热管表面结垢引起的。物理表面的凹凸不平，为微生物的滞留提供了条件。另一方面，随着循环水的浓缩，水中有机物增多，给异氧菌的生长提供了大量的有机营养源，加剧了异氧菌在黏泥表面的繁殖。异氧菌的大量繁殖，必然导致黏泥的增多。异氧菌及生物黏泥的增多，为铁细菌、硫细菌和硫酸盐细菌等还原菌的生长提供了良好的生存环境，促进了它们的生长，进而加剧了黏泥的增加。

一般认为，水中的微生物附着在某个固体表面上，对利用营养成分是有利的，所以微生物有附着固体表面生长的倾向。凝汽器管附着黏泥的过程一般认为是微生物在固体表面附着、微生物周围生成黏着物质、黏着性物质黏结水中的无机悬浊物质、更大范围的附着。这种附着形态也在水中的悬浮物表面进行，生成微生物絮凝物；这种絮凝物最终也会附着在金属表面并使黏泥附着加速进行。

冷却水中的悬浮物，由于微生物生成的黏质物的作用，而使其絮凝化，生成絮凝物，在低流速部位，它会沉降而形成淤泥。通常把有微生物参与的絮凝现象称为生物絮凝。此外无机物相互间的絮凝作用也是淤泥堆积的原因。但在冷却水系统中，通常以生物絮凝为主。

四、影响生物黏泥沉积的因素

1. 黏泥生成的因素

微生物的营养源、水温、pH 值、溶解氧、光照条件等是黏泥生成的重要影响因素。微生物需要维持其繁殖的各种营养源，最重要的是碳、氮、磷。营养源带入冷却系统的途径主要是补充水、大气和设备泄漏。目前通过水的化学需氧量的大小判断这些营养源渗入程度，一般认为循环水中的 COD_{Mn} 大于 10mg/L，就容易引起黏泥故障。水质是影响生物黏泥的最主要因素之一。

水温是另一个重要因素。30～40℃是多种微生物最佳的繁殖温度，这与循环冷却水系统的水温相吻合。细菌宜在中性或碱性环境中繁殖，因此 pH 值对其繁殖有很大的影响。丝状菌（霉菌类）宜在酸性环境中繁殖，多数细菌群最佳繁殖的 pH 值在 6～9 之间。一般循环水的 pH 值就在此范围内。好养性细菌和丝状菌（霉菌类）利用溶解氧，氧化分解有机物，吸收细菌系繁殖所需的能量，在开式循环冷却系统中，冷却塔为微生物繁殖提供了充分的溶解氧。藻类的繁殖需利用光能，冷却水系统的光照条件影响很大。

冷却水中细菌数越多，黏泥滋生越快，黏泥量也越多。经验表明，一般情况下细菌数在 10^3 个/mL 以下黏泥滋生发生相对较轻，而细菌数超过 10^4 个/mL 以上黏泥滋生更容易发生。

2. 流动状态

流动状态包括流体的流速、流体的湍流或层流程度、流动图形或水流分布等几个方面。由于使沉积的污垢脱离表面的剪切力取决于流体的流动状态，因此流动状态对污垢的沉积有重要影响。在流动体系中，如有高流速突变为低流速的突变区域，则由于剪切力的突然消失，在此区域内容易发生沉积。

3. 温度

在冷却水系统中，有两种温度影响，即主体水温和热交换管的壁温。火电厂主体水温一般为 30～40℃，最适宜于微生物繁殖，它的影响主要是促进微生物生长。热交换器管壁温度高，会明显加强污垢的沉积。这是因为：①温度高会使碳酸钙、硫酸钙的溶解度下降，导致水垢析出。②温度高有利于解析过程，促使胶体脱稳如絮凝。③温度高加快了传质速率和粒子的碰撞，使沉降作用增加。

4. 表面状态

粗糙表面比光滑表面更容易造成污垢沉积。这是因为粗糙表面比光滑表面的面积大得多；表面积的增大，增加了金属表面和污垢接触的机会和黏着力。此外，一个粗糙的表面相当于有许多空腔，表面越粗糙，空腔的密度也越大。在这些空腔内的溶液是处在滞流区，如果这个表面是传热面，则还是高温滞流区。浓缩、结晶、沉降、聚合等各种作用都在这里发生，促进了污垢的沉积。

五、黏泥的控制

要控制黏泥生长，就必须破坏黏泥生长的环境和条件，阻止黏泥生长进入对数附着期或稳定附着期。以下的黏泥控制对策可供参考。

（1）保持凝汽器管内循环水的流速。凝汽器管内循环水的流速应维持在一定范围。流速过低，黏泥及泥砂容易沉积，影响传热效果和形成黏泥下腐蚀；流速过高，容易形成冲刷腐蚀。一般情况下，凝汽器管内循环水的流速在 1.5m/s 左右，不宜低于 1.0m/s，但也不宜高于 2.5m/s。流速对淤泥堆积有影响。当管内流速大于 0.5m/s 时，几乎不发生淤泥堆积；但当管内流速小于 0.3m/s 时，淤泥容易堆积。

（2）启动胶球清洗装置。启动胶球清洗装置，保持凝汽器管内清洁，使黏泥生长处在附着诱导期或阻止黏泥生长进入对数附着期。增设循环系统旁流过滤装置。为减少循环水的黏泥量，可考虑增设旁滤处理装置。旁滤处理主要用于去除循环水中的悬浮杂质、溶解性固体以及藻类微生物，降低黏泥形成的概率。

（3）加强对凝汽器管材和冷却系统设备的质量监督。保持凝汽器管内表面以及冷却系统设备表面一定光洁度的要求，是阻止黏泥形成的硬件要求。

（4）防止循环水结垢。加强水质稳定处理，防止循环水结垢，保持设备表面清洁，可以有效地阻止黏泥的附着。

（5）重视杀菌和黏泥剥离工作。微生物是黏泥形成的主要因素，污水中微生物含量高且不稳定。污水来源的变化，以及生化处理系统运行工况的变动，均有可能造成活性污泥的膨胀、流失，使出水中微生物及菌胶团含量增加，尤其在夏季，循环水中的细菌变化较大。因此，用污水作为循环水的补充水，循环水的微生物较难控制。为此，应正确掌握杀菌剂的投加量和濒次。不同种类杀菌剂应交替使用，以避免微生物的“抗药性”，优化杀菌操作。根据黏泥生长的实际情况，适时添加黏泥剥离剂。

（6）循环水质、微生物的监测和管理。实际运行管理中，应注意以下问题：加强水质监测，定期测定循环水的总碱度、总硬度、钙离子、氯离子、pH 值、浊度、COD、总磷、有机磷（如果水稳剂为磷系产品）等指标。根据水中异氧菌、微生物的含量控制杀菌剂的投加，并及时调整。当使用氯气作为杀菌剂时，要经常分析循环水进、出口余氯值，根据差值的大小可以判断黏泥控制的效果。必要时配合投加非氧化性杀菌剂。在投加非氧化性杀菌剂时，可以加大循环流速以增强黏泥剥离的效果；当发现有大量黏泥剥离时，应及时加大排污或置换循环水并再次杀菌。注意监测腐蚀速率、污泥沉积速率数据，如出现较大变化，应分析原因，解决问题。

第六节　浓缩倍率的稳定控制

在高浓缩倍率运行时，循环水的浓缩达到极限，系统的缓冲能力相对变差。要维持循环水系统稳定地在高浓缩倍率水平运行，除了前节讨论的对循环水进行处理，使水质满足高浓缩倍率的要求外，在运行控制方面也有很多影响浓缩倍率稳定的因素。为了使运行控制水平满足高浓缩倍率的要求，需要对各运行参数进行精准的控制。

一、排污控制

1．排污方式对浓缩倍率的影响

为了维持浓缩倍率在较高水平上维持稳定，除了对加药、水处理过程的精细控制外，排污的控制是一个关键。循环水系统的排污是维持循环水盐量平衡的关键。目前，火电厂大部分为人工控制的非连续排污，其方法是浓缩倍率到达控制上限时，打开排污门排水；待冷却塔水池液位降至一定范围后关闭排污门。排污后冷却塔水池液位降低再补水。这种排污方式造成的结果是在很短时间内，循环水大排大补，浓缩倍率由高位快速降低，然后逐渐增大，变化幅度很大。图 4-19 所示为某电厂一年期间 4 台机组浓缩倍率的变化曲线，从图中可以看出，浓缩倍率的变化范围很宽，在 1.5～4.3 之间。浓缩倍率的大幅度变化使得平均浓缩倍率比设计值低很多，实际的补水量和排污量都很大。由于循环水的处理是按照高浓缩倍率的要求配置和运行的，这种不连续排污存在很大的浪费，同时循环水质的大幅度变化也不利于凝汽器铜管的腐蚀防护。因此，应该精确控制排污间隔时间和排污量，缩窄浓缩倍率的变化区间，使循环水浓缩倍率在高位稳定运行。要满足该要求，自动排污是一种可行的选择。

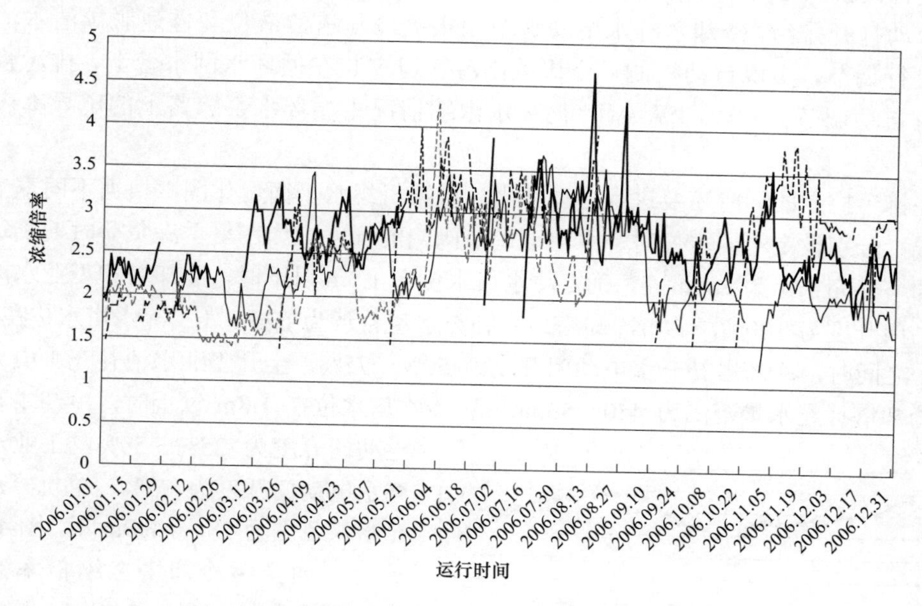

图 4-19　某电厂 4 台机组一年的浓缩倍率变化曲线

2. 自动连续排污控制原理

自动排污有两种方式，一种是自动控制排污时间间断性排污，另一种是控制排污流量连续排污。间断性排污本质上与人工控制排污相同，也无法从根本上解决浓缩倍率波动范围大、排污前后水质变化大的问题。而连续排污则可以较好地解决此问题。

由于循环冷却水中的溶解盐类呈离子状态，具有一定的导电能力，水中的电导率可以间接地指示溶解盐含量的高低，因此根据循环水电导率的大小可以表征浓缩倍率的高低。通过监测补充水和循环水中的氯离子浓度和电导率，掌握氯离子浓度和电导率之间的关系，以此为基础来控制排污的流量。以前有些火电厂曾经尝试过自动排污，根据循环水电导率的变化控制排污。这种单因子控制方法的缺点是当补充水质变化或冷却塔液位变化较大时，不能正确控制排污，浓缩倍率液不稳定。

3. 自动排污应用

某电厂 1～4 号机组循环水补充水进行慢速脱碳处理，5、6 号机组循环水补充水采用弱酸离子交换软化处理，水质条件可以满足 6 倍浓缩的运行要求。但因人工排污的精度无法满足要求，浓缩倍率变化幅度较大（1～4 号机组的浓缩倍率变化见图 4-19），平均浓缩倍率远小于 6。为了进一步提高节水水平，减少排污损失，可通过采用自动排污系统，将浓缩倍率稳定地控制在 6 左右。

对各机组循环水电导率与氯离子含量之间的关系进行长时间测试分析后，分别确定了各机组循环水的主要控制指标。包括电导率上限、循环水平均总碱度上限和循环水平均氯离子。将循环水电导率与浓缩倍率的关系函数输入到控制程序中，根据冷却水主管路上测得的电导率值来计算循环水的浓缩倍率，再与控制回路中的控制器里设定的浓缩倍率进行比较。当循环水的浓缩倍率大于控制器设定值时（设定值为6），排污电动调节门将自动打开排污。冷却塔补水电动调节门根据冷却塔的液位和慢速脱碳清水池中的液位进行调节，实现自动控制。冷却塔排污管道安装在循环水回水管上，排污管道上安装有自动调节的阀门和流量计，循环水浓缩情况由循环水泵管路上的电导率表进行监测。

在排污控制的同时还要进行自动补水。根据机组水平衡优化图，根据不同季节的负荷情况，分别设定不同水位时补水电动调节阀门的开度。如在夏季满负荷时期，每台机组冷却塔补充水量为580m³/h，确定冷水塔水位在1.5m以下时，冷却塔和工业水池补充水电动门开度为100%，单机冷却塔最大补充水量合计为675m³/h；冷水塔水位在1.5～1.75m之间时，冷却塔补充水电动门开度为50%～75%，全开工业水池补充水电动门，单机冷却塔补充水量范围为450～560m³/h；冷水塔水位在1.8m以上时，冷却塔补充水电动门开度为25%～50%，工业水池补充水电动门开度为75%，单机冷却塔补充水量范围为280～400m³/h。图4-20所示为自动排污冷却塔浓缩倍率波动曲线，可以看出与图4-19相比，浓缩倍率的变化范围已大幅度收窄。

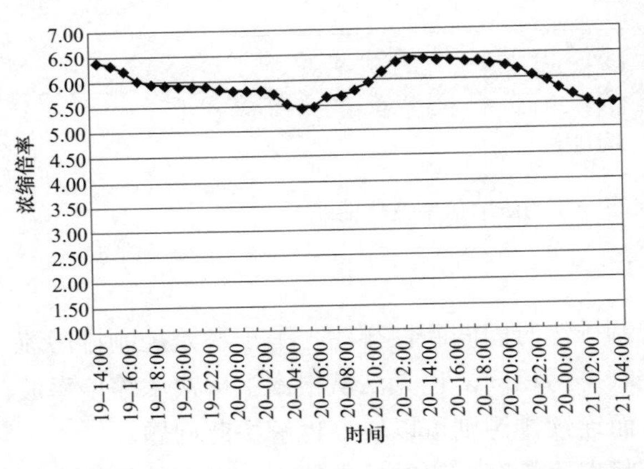

图4-20　自动排污冷却塔浓缩倍率波动曲线

需要说明的是根据氯离子计算浓缩倍率的前提是，一方面，补充水是循环水氯离子的唯一来源；另一方面，补充水的氯离子含量要稳定，否则就会带来很大的偏差。在实际运行中发现，在向循环水系统投加氯系杀生剂和阻垢缓蚀剂时，会使循环水中氯离子增加；在冷却塔补充水的预处理中，混凝剂剂量变化也使氯离子不稳定。为了避免这些不确定因素的干扰，部分石油、化工厂采用钾离子来测定浓缩倍率。但钾离子测定仪价格昂贵，电厂一般不配置。近几年循环水试验研究表明，当火电厂循环水不投加氯系杀生剂时，采用测定氯离子计算循环水浓缩倍率的方法是可行的。但如果投加了氯系杀生剂，这种方法不适用，还需根据循环水和补充水的电导率计算浓缩倍率。

二、影响浓缩倍率稳定控制的其他因素

（1）除了排污外，影响循环水系统浓缩倍率稳定的因素还有很多，包括机组负荷变化、下游用户水量变化，以及影响水量平衡的环境因素等。因此需要针对每个电厂的用水系统特点和环境因素，通过长期的生产运行中摸索分析，找出其他因素的影响规律，尽可能将这些因素纳入自动排污和自动补水的控制程序中。

（2）循环水浓缩倍率受下游用户用水量的影响波动很大。一些电厂循环水下游系统分支很多，用水复杂且用水量不稳定，这大大增加了循环水浓缩倍率稳定的难度。为此需要一方面对下游用水系统进行优化，尽可能减少下游用户水量的波动；另一方面尽可能摸清下游用水量的变化规律，增加水量变化的可预测性，以提高浓缩倍率稳定控制的精度。

（3）对于补充水源水质随不同季节会发生一定变化的循环冷却型火电厂，为了避免因原水水质发生大的变化导致循环水浓缩倍率显示值与实际测量值不同，应定期分析原水水质，在水质发生较大变化时，及时调整循环水电导率与氯根的关系曲线。

第七节 以中水为循环水补充水源的问题

一、中水的水质特殊

作为一类特殊的废水，国内城市中水水源具有以下特点：

（1）城市中水中杂质种类多，成分更加复杂。既有人类生活产生的各类杂质，也有工业废水带入的污染物。城市中水的含盐量通常比新鲜水高 2～5 倍，硬度、电导率、Cl^-、SO_4^{2-} 等水质指标都比较高。水的腐蚀倾向性大，所以在回用污水时防腐蚀、防垢的难度更大，要求更加完善的水处理工艺以及性能更好的阻垢缓蚀剂。

（2）城市回用污水中 BOD、COD、微生物等均高，在热交换器与管道表面会形成黏泥，引起泥垢沉积，不但降低传热效率，还会引起沉积物下穿孔腐蚀。因此在水处理方案中要加强杀菌灭藻，通常需要大剂量的杀菌剂。

（3）城市污水中悬浮物多，易形成泥垢，在进入循环水系统前要进行如混凝、过滤、杀菌灭藻等预处理，同时多数循环冷却系统需设旁流过滤。

二、补充中水的循环水系统常见的问题

1. 更加严重的黏泥问题

黏泥问题在循环水系统是常见的故障，在中水水源的循环水系统发生故障的概率会增加。

2. 更容易发生腐蚀问题

循环水处理的主要问题是防垢、防腐以及微生物的控制。对石灰-混凝深度处理后城市中水回用于循环水，防腐以及微生物的控制是重点。影响腐蚀的因素主要有以下方面：

（1）有机物。有数据表明，当污水中 COD 超过 100～140mg/L 时，腐蚀明显增加；而 COD 在 100mg/L 以下时，有机物对腐蚀不产生严重影响。但是经深度处理后的污水中，即使 COD 含量在 200mg/L 以上，腐蚀现象并不严重。主要原因可能是深度处理水中残余的有机物主要为难降解有机物，而有机物对设备的腐蚀影响主要是微生物在起作用。

（2）悬浮物。研究表明，一般情况下，循环水中浊度大于 50mg/L 时，腐蚀急剧增加，使药剂几乎失去缓蚀作用。这是因为浊度太大，绝大部分药剂被悬浮颗粒吸附，从

而使药剂的有效浓度丧失殆尽。

（3）含盐量。研究表明，在一般水稳剂投加量的条件下，含盐量在 3000mg/L 以下时，腐蚀趋势增长较慢，但超过此范围后腐蚀趋势明显加快。

（4）Cl^-。Cl^-是水中普遍存在的一种离子，也是目前水质控制中最受关注和最有争议的离子。有资料显示，在 Cl^-低于 600mg/L 时，腐蚀率随 Cl^-增加而增大很缓慢。但超过 1500mg/L 时，腐蚀率随 Cl^-增加而急剧增大，几乎成正比关系（海水除外）。

（5）SO_4^{2-}。SO_4^{2-} 也是一种腐蚀离子，但其危害较氯离子小，大约只是同浓度氯离子的 1/10。即使水中 SO_4^{2-} 浓度在 2000mg/L 以上，腐蚀也不严重。可见 SO_4^{2-} 对腐蚀的直接影响不大。但水中 SO_4^{2-} 过高，会对冷却塔等混凝土构筑物产生侵蚀，并且还是一些细菌的营养源，从而会间接影响系统的正常运行。

（6）硫化物。城市污水中工业废水的比例相对较高的中水。在回用过程中，可能存在硫化物的问题，对此应引起足够的重视。因为污水中的硫化物对循环水水质会产生以下影响：

1）强烈促进碳钢的腐蚀，尤其是加快初始腐蚀速度，即使循环水中的硫化物控制在 0.01mg/L 以下，也会影响缓蚀剂的成膜质量，在不预膜的碳钢表面会生成条状的腐蚀，形成黑色腐蚀产物，增加循环水的腐蚀速度。

2）影响氧化性杀菌剂的杀菌作用。

3）与锌等发生反应，可能造成铜合金的脱锌腐蚀。

由于中水水质变化因素较多，且各地中水水质差别较大，因此城市中水水源的循环水浓缩倍率控制需要根据凝汽器材质、辅机系统冷却方式及材质、水源水质等通过模拟试验确定。

三、NH_3-N 问题

城市中水回用于循环水中，如果深度处理不当，氨氮问题比较突出。城镇污水氨氮排放标准为一级 A 为 5mg/L，一级 B 为 8mg/L，二级标准为 15mg/L。循环水浓缩过程中随着氨氮浓度的增加会发生变化，从而引起循环水系统堵塞、水质恶化等故障。

1. NH_3-N 对循环水处理的影响

影响主要有以下几个方面：

（1）促进微生物的生长繁殖。在循环水中有充足的碳源、磷源、氧气，适宜的温度，非常适合于细菌、藻类等微生物的繁殖。同时，NH_3-N 以 NH_3 的形式存在时，硝化菌群大量繁殖。硝化菌群对水质最大的危害是使 NH_3 氧化成为 NO_2^-、NO_3^-，从而影响氯的杀菌能力，并产生酸性环境。当水中 NO_2^- 达到一定浓度时，微生物就会失控，造成水质恶化。一般认为水中含 $NH_3$20～30mg/L 时，若不加强杀菌处理，就足以引起水质恶化。

（2）NH_3 对铜材质的影响。少量的 NH_3 在含氧水中会引起铜和铜合金的应力腐蚀开裂等现象。开裂的原因是由于氨能与铜表面保护膜中的铜离子和亚铜离子形成稳定的络合物。络合离子的稳定性和良好的溶解性能使表面膜破坏，从而产生应力腐蚀或点蚀等问题。而污水由于有机物、细菌、微生物等较多，易形成黏泥，从而形成滞留区，产生盐类浓缩，可能产生氨蚀等所谓的黏泥下腐蚀。因此，保持设备表面清洁，防止结垢，是防止循环水中氨腐蚀最有效的措施。

（3）对循环水 pH 值的影响。前面已经分析，NH_3-N 会使循环水的 pH 值下降。为维持循环水的 pH 值，有时需要往循环水中加碱，这时会增加耗碱量。

（4）对冷却系统设备的影响。一般情况下，循环水杀菌灭藻处理大多采用氯剂杀菌剂，循环水中 NH_3-N 的存在，会和氯作用生成 NH_4Cl，从而消耗掉一定量的氯。为了保持杀菌灭藻效果，势必要增加氯剂的用量，有可能加大对循环冷却设备的腐蚀。

综上所述，NH_3-N 本身对碳钢设备和材料不会直接产生影响，但可以与其他因素产生协同效应，尤其是污水中对设备腐蚀影响的因素更多，从而对冷却系统设备产生影响。

2. NH_3–N 对循环水 pH 值影响的相关试验研究

一般情况下，以地下水或地表水作为补充水源的循环冷却系统，随着系统浓缩倍率的升高，循环水的 pH 值和全碱度也同步上升，直至循环水有碳酸钙沉淀产生为止。当水中含有氨氮时，在浓缩过程中 pH 值的变化比较复杂。图 4-21 所示为某电厂含有氨氮的水浓缩试验中 pH 值的变化过程。补充水中 NH_3-N 含量为 14.5mg/L。随着浓缩倍率的升高，循环水的 pH 值和全碱度却在一定范围内波动，pH 值最低可达到 5.9 左右，最高在 7.0 左右；而全碱度最低在 0.2mmol/L 左右，最高在 0.5mmol/L 左右（补充水的 pH 值在 6.42，全碱度为 0.45mmol/L）。

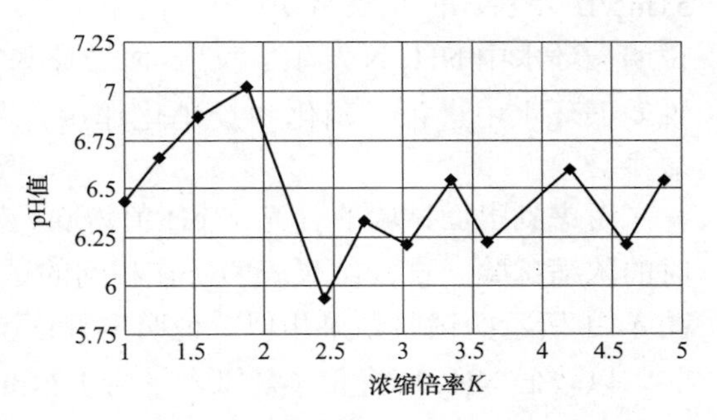

图 4-21 高氨氮中水浓缩过程中 pH 值的变化

上述研究结果表明，深度处理后的中水氨氮含量仍较高的话，将会导致循环水的 pH 值下降，这对碱性处理的循环水系统影响是较大的，它可能导致循环水系统大面积腐蚀。

由于阻垢试验采用的水样为深度处理后的中水（NH_3-N 含量为 14.5mg/L），水质很复杂，可能的原因与硝化和反硝化的过程有关。由于补充水中存在一定量 NO_2^-、NO_3^-、NH_3-N，以及有机物等营养源，随着浓缩倍率的增加，循环水中的 NO_2^-、NO_3^-、NH_3-N 以及有机物含量也同步增加。当上升到一定浓度时，由于硝化菌和反硝化菌的作用，产生同化作用、硝化和反硝化作用对循环水进行脱氮，循环水中 NH_3、NO_3^- 等经硝化和反硝化后以 N_2 形式逸出，因此水中的 NH_3-N 含量降低。与此同时，硝化反应要消耗水中一部分碱度，而反硝化反应则释放出碱度；因为反硝化作用释放的碱度为硝化作用需要碱度的一半，所以硝化、反硝化之后水中的碱度将降低，循环水 pH 值也随之下降。随着循环水中用于硝化和反硝化的营养源浓度下降，硝化和反硝化作用逐渐变弱，当补充水中带入的营养源与硝化和反硝化消耗的营养源达到平衡状态时，循环水的 pH 值和全碱度不再下降。而当补充水中带入的营养源大于硝化和反硝化消耗的营养源时，循环水的 pH 值和全碱度又开始回升。在循环水中 NH_3-N、有机物等营养物质浓度达到一定值时，又开始重复上面的过程，从而形成 pH 值和全碱度在一定范围内波动的现象。

表 4-20 所示为测定补充水和循环水的 NH_3-N、NO_2^-、NO_3^- 浓度试验结果，证明了硝化、反硝化反应的发生。

表 4-20　补充水和循环水的 NH_3-N、NO_2^-、NO_3^-

水样	NH_3-N（mg/L）	NO_3^-（mg/L）	NO_2^-（mg/L）
补充水	15.5	13.31	3.17
循环水 A	13.1	10.04	2.00
循环水 B	11.3	9.35	2.00
备注	循环水的浓缩倍率按氯离子计 3.3 倍。循环水 A 和循环水 B 使用水稳剂 B 的剂量分别为 1.5mg/L 和 2.0mg/L		

如果循环水中 NH_3-N 未发生反应，则循环水 A 和循环水 B 中的 NH_3-N 含量应为 51mg/L 左右。但从表 4-20 所示的结果看，循环水中 NH_3-N 的含量反而小于补充水，说明循环水中 NH_3-N 发生了反应。而循环水中 NO_2^- 和 NO_3^- 的含量也出现了类似的结果，说明循环水中进行了硝化和反硝化作用，从而导致循环水中 NO_2^- 和 NO_3^- 的浓度略有减少。

考虑到上面试验的补充水 pH 值为 6.4 左右，相对较低，为此验证了补充水 pH 为 7.2 时的浓缩试验。试验结果表明，在相同的试验条件下，浓缩过程中 pH 值变化的结果与图 4-21 所示的试验结果相似，说明出现该现象的原因与补充水的 pH 值没有关系。

以较低 NH_3-N 含量（氨氮含量为 1.34mg/L）的中水（经深度处理）做补充水进行浓缩试验，在试验至浓缩倍率 5 倍的过程中，pH 值达到 8.3 左右，全碱度达到 3.8mmol/L（补充水碱度为 0.55mmol/L）左右。该试验结果表明，在补充水中 NH_3-N 含量较低时，循环水的 pH 值可以维持在较高的水平。

通过以上试验可以确认，水中存在高浓度的 NH_3-N 和有机物等营养源时，在浓缩中会发生 pH 值波动，甚至出现酸性条件的现象，当以中水做循环水的补充水时一定要控制氨氮的含量，同时要注意监控循环水的 pH 值变化。

3. 几种主要的除氨氮工艺

城市中水氨氮较高的情况下，电厂在回用时需进行深度处理，进一步降低水中的氨氮，主要工艺有曝气吹脱、曝气生物滤池、曝气生物流化池等。

（1）曝气吹脱。曝气吹脱是一种传统的去除水中游离氨的方式，主要针对高氨氮含量和高 pH 值废水氨的脱除。影响氨氮去除率的主要因素包括 pH 值、氨氮含量和曝气气液比。pH 值是关键因素之一，曝气吹脱处理只有在高 pH 值（11 左右）条件下才有效果；如果 pH 值较低，则该工艺对 NH_3-N 的去除率很低。污水中 NH_3-N 的含量对 NH_3-N 去除率影响较大，NH_3-N 含量增加，其去除率也提高。增加曝气气液比也可以提高氨氮的去除率。一般情况下，大部分城市中水的氨氮含量和 pH 值都达不到曝气吹脱工艺有效的处理范围。

（2）曝气生物滤池（BAF）。曝气生物滤池是生物膜法的一种，以颗粒状填料及其附着生长的生物膜为处理介质。通过充分发挥生物代谢、物理过滤、生物膜和填料的物理吸附，以及滤池内食物链的分级捕食作用，实现污染物在同一单元内被去除。这种处理方法的实质是使细菌和菌一类的微生物，以及原生动物、后生动物一类的微型动物附着在滤料或某些载体上生长发育，并在其上形成膜状生物污泥——生物膜。污水与生物膜接触，污水中的有机污染物作为营养物质，为生物膜上的微生物所摄取，污水得到净化，微生物自身也得到繁衍增殖。

曝气生物滤池由滤床、布水系统、排水系统和供氧系统等组成。滤料包括页岩粒状填料、陶粒等，粒径一般为3～6mm（与材料的密度有关）。滤池内部设有曝气装置，由空气泵供氧；上部设有进水装置，底部设有排水装置。在启动初期，首先进行挂膜。挂膜的过程就是使具有代谢活性的微生物污泥在滤料上附着生长的过程，同时也是生物膜处理系统中膜状微生物的培养和驯化过程。挂膜过程分为两阶段进行。第一阶段是在连续曝气的条件下进行闷曝（即设备满水后关闭进出水阀，连续曝气）。闷曝期间要定期（如24h）更换污水，闷曝时间与水质和生物生长条件有关，一般需要一周左右。为加快挂膜速度，有时要在污水中加入少量的营养物质及少量铁盐，以有利于微生物的生长。挂膜的第二阶段同样是在连续曝气的情况下连续通入污水，维持较低的滤速（空塔水速保持一般在1.5～3m/h左右）运行，这个阶段大约需要运行20天左右。在此期间，定期检测滤池进出水的COD、NH_3-N含量，当COD、NH_3-N的去除率基本趋于稳定时，挂膜阶段结束。

BAF工艺对有机物的去除率变化很大，主要与有机物的组成有关，有些电厂的有机物去除率可以达到80%左右（试验数据）。

对于氨氮的去除，在理想条件下BAF工艺对氨氮的去除率可以在70%以上。影响氨氮去除率的因素主要有进水氨氮浓度、水力停留时间和曝气强度。进水氨氮浓度越高，氨氮的去除率也越高。增加水力停留时间也有利于氨氮的去除，因此实际运行中BAF滤层高度一般可达2.5～4.0m，若滤料高度不够会导致氨氮的去除率降低。

中水水质不适合时曝气生物滤池的氨氮去除效果也不理想。一方面原水中的碳氮比过低导致硝化和反硝化反应的碳源不足，研究表明，如果碳氮比在6以上，则BAF的脱氮效率可达80%以上；另一方面工业废水的比例过高也有可能影响氨氮的去除。

N曝气生物滤池是专为除氨氮设计的BAF工艺。有资料表明，N曝气生物滤池对氨氮的去除率可以达到90%以上。

（3）曝气生物流化池。该种工艺采用一种高分子合成材料作为生物载体。该材料表面带有亲水性基团，以及氨基、羧基、环氧基等活性基团，可与微生物肽链、氨基酸残基作用形成离子或共价键，从而将优势的硝化菌群固定在载体上，达到系统脱氮的目的。载体上附着的微生物除真菌、丝状菌和菌胶团外，还有多种捕食细菌的原生动物和后生动物，形成了稳定的食物链，因而产生的污泥量小。挂膜后的载体密度接近于水的密度，微生物负载量大，最高可达26.11g/L，容积负荷高达8kgBOD_5/（m^3·d），比表面积为

$24.8m^2/g$，年损耗率不大于5%。

此载体由于其结构的特点，可使污水、空气与生物膜充分混合接触，生物膜能大量牢固附着在载体内，保持良好的活性；气体在扰动下被载体切割成更小的气泡，增加了氧的利用率，可减小曝气量。

灰渣系统废水处理及回用

第一节　灰浆浓缩系统的防垢

为了减少冲灰耗水量和废水产生量，近年来新设计的电厂已全部采用干除灰，原来采用水力冲灰系统的老电厂也绝大部分改造为干除灰。干除灰彻底解决了冲灰系统耗水、废水污染的问题。干灰用作建材添加剂，原有灰场的负荷逐渐减轻，库容正在逐步恢复。但有些干灰外销量不稳定的电厂还保留了水力冲灰方式，当干灰外销量小时，采用水力冲灰输送剩余的干灰。当采用水力除灰时，灰浆浓缩系统是水力除灰的重要节水途径。本节讨论水力除灰情况下，灰浆浓缩系统的防垢问题。

一、灰浆浓缩系统流程

灰浆浓缩池的主要作用是提高外排灰浆的灰水比，回收清水来循环冲灰。从除尘器底部冲灰器来的稀浆汇集于灰浆浓缩池，在此通过重力浓缩使大部分灰粒沉淀分离，浓浆由浓缩器的底部引出并用浓浆泵（目前多用柱塞泵）送往灰场，浓缩池上部的清水则返回冲灰系统循环利用。这种工艺的最大优点是节水，送往灰场的水量很小，靠灰场自然蒸发平衡，不会产生溢流水。同时，与以前的灰场回水管相比，灰浆浓缩系统的灰水循环距离短得多，有利于解决结垢的问题。该工艺的系统流程见图 5-1。

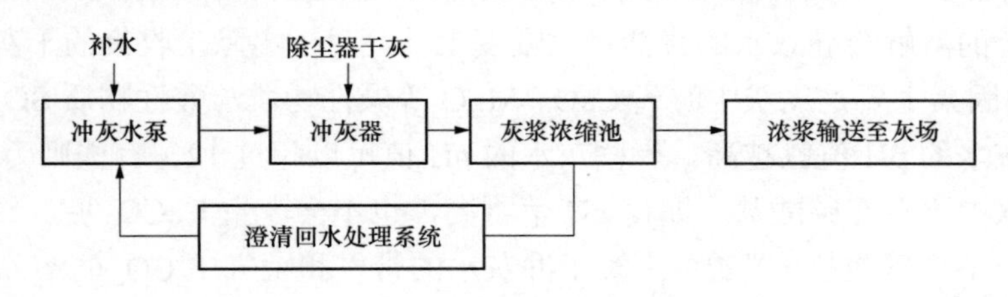

图 5-1　灰浆浓缩循环流程图

灰浆浓缩池为该系统的核心浓缩设施，多数电厂采用圆形混凝土沉淀池，最大的直径可达 50m。池中配有浓缩机，可以将沉淀在池底的灰渣汇聚至池中心，然后用渣浆泵外排。通过灰浆浓缩处理后，灰浆浓度可以达到 1:3 以上，这样可以有效地降低外排灰水的流量，增大循环使用的水量，减少冲灰系统补充水，既可以节约冲灰用水，又可以防止产生剩余冲灰水。

如果浓缩池运行不好，则上部的澄清水就会带有较高的悬浮物浓度（主要是灰颗粒），会影响水的循环使用。灰浆浓缩池的设计出水悬浮物一般小于300mg/L，但因为池体分离区面积很大，所以进、出水的配水均匀性很重要。如果存在偏流，则会严重地影响出水水质。有些电厂的浓缩池出水不稳定，悬浮物含量波动较大。如北京某厂装有2台直径为12m的浓缩机，设计停留时间为2h，浓缩池出水的悬浮物含量一般为400～700mg/L；有些电厂甚至高达1000mg/L。

灰浆浓缩系统管路结垢是最大的问题，尤其是浓缩池回水管。系统结垢后，管道通流受阻，阻力增大；泵腔内结垢阻碍了叶轮的转动，泵的出力大大降低。系统中的阀门结合面受损，密封不严密。但是因为管道比较短，所以很多电厂采用定期酸洗的方法等。

二、灰浆浓缩系统结垢

冲灰水循环使用的最大障碍是灰水系统的结垢。要稳定地实现灰水回用，必须解决系统结垢的问题。

1. 灰管结垢的成分

表5-1所示为某电厂灰管道垢样的成分分析。从结果可以看出，垢样中主要的成分是CaO，表明碳酸钙是最主要的结垢物质。

表5-1　　灰管沉结的垢样成分分析

成分	在垢中占比（%）	成分	在垢中占比（%）
灼烧减量	39.63	CaO	57.76
SiO_2	1.92	MgO	2.79
$Fe_2O_3+Al_2O_3$	5.91	SO_3	0.96

2. 影响冲灰管道结垢的因素

影响冲灰管道结垢的因素如下：

（1）灰中游离CaO的含量。未接触水的原始干飞灰是一种具有强烈活性的物质，在水中各类盐分的溶解会导致水的含盐量大幅度上升。对于电除尘收集的干灰来讲，影响灰水pH值的因素主要是飞灰中游离CaO、MgO等碱性物质与酸性物质SO_3的比例；该比例越大，灰水的pH值就越高。有些灰水的pH值可以超过12，有些则为8～9之间。

如果灰水中不存在碳酸盐，即使pH值再高，也不会产生$CaCO_3$垢。经过了高温燃烧的飞灰本身不含碳酸盐，碳酸根来源于冲灰水的带入和空气中CO_2的溶入。灰浆的pH值越高，大气中CO_2的溶入速度就越快，溶入量也越大，水中增加的碳酸盐更多。在敞口和密闭两种条件下用除盐水溶灰的试验结果可以发现，敞口容器中的灰浆电导率要低一些。其原因是在敞口条件下，pH值较高的灰水不断地吸收空气中的CO_2，使一部分Ca^{2+}转化为碳酸钙沉淀，这就是冲灰设备或管道与大气接触的表面容易结垢的原因。

（2）冲灰水中HCO_3^-的含量。锅炉的除渣方式为灰渣混除时，冲灰渣水的pH值一般低于单独冲灰的水。而且硬度较大的渣粒对灰浆系统的过流部件有摩擦作用，会减少甚至消除垢的沉积。目前还有一些老电厂采用灰渣混除。

（3）冲灰系统的运行方式。如果冲灰系统采用间断运行，会因为系统中水的滞留、

大气中 CO_2 的溶解等原因，增加结垢的速度。

（4）灰水在灰管内的停留时间。灰中过饱和盐类的沉淀与停留时间有关，影响停留时间的因素主要是灰管的长度和灰浆的流速。

3. 冲灰过程中水质的变化

在灰浆输送、浓缩的过程中，因大气中 CO_2 的溶入、灰中 CaO 等碱性物质的不断溶出，在沿程各段灰水水质会发生变化。在混合新灰后直至进入浓缩池之前，新灰中游离 CaO 一直在溶出，pH 值会持续升高。当灰水进入浓缩池后，因为空气中 CO_2 的溶入，促进了 $CaCO_3$ 沉淀反应的进行，pH 值逐渐趋于稳定。碱度的变化与 pH 值相同。

4. 灰水系统结垢的部位

结垢是火电厂灰系统遇到的老大难问题。各个电厂的结垢部位不一定相同，但一般都集中在灰浆泵、系统阀门、灰浆管、灰水管、喷嘴等处。

对于静电除尘的灰浆系统，垢的位置分布取决于以下因素：①灰中游离氧化钙溶出的速度。如果溶出速度快，则结垢发生在灰浆系统的前段。②灰浆与空气接触的部位容易结垢，例如冲灰的喷嘴。③在灰渣混除时，则因为渣粒的摩擦作用，灰渣管道的结垢并不严重（有些部位还会严重磨损），结垢一般发生在没有渣的回水管道上。图 5-2 所示为某电厂灰管沿程结垢的厚度变化。

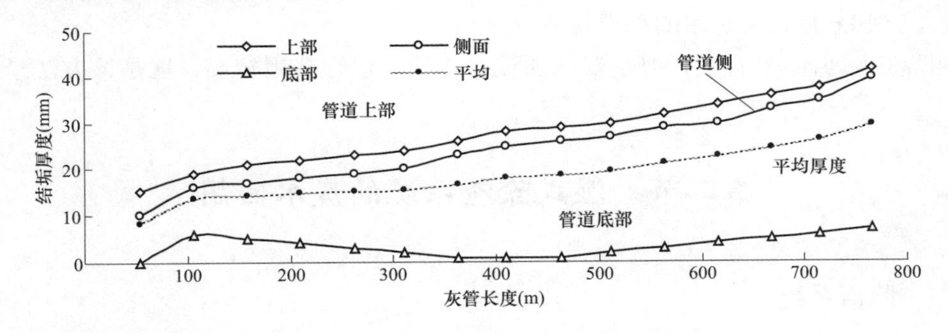

图 5-2　灰管沿程结垢的厚度

三、灰浆浓缩系统的防垢

1. 加酸处理

加酸处理的基本原理是化学中和，即向水中加入一定量的酸降低灰水的 pH 值，消除灰水中的碳酸钙过饱和，防止其结晶析出，从而达到防垢的效果。这种防垢工艺的优点是效果稳定，加酸系统简单；缺点是由于灰水量大，耗酸量很大，因此运行费用较高。水中悬浮的碳酸钙颗粒会增加酸的消耗量，因此加酸防垢只能用于悬浮物很低的灰系统回水管道，不能用于浓浆系统。另外，加酸只能用来解决碳酸钙结垢的问题，对于硫酸钙、亚硫酸钙垢没有效果。

加酸处理系统主要设备包括酸储存罐、加酸装置（多用酸计量泵），以及配套的 pH 计、系统管道、阀门等。加酸量可根据 pH 值自动调整。

加酸处理时要注意加酸点的选择，应该将酸加入后能快速分散均匀，避免局部 pH 值太低引起设备的腐蚀；同时应注意避开灰水悬浮物高的管段，以尽量减少耗酸量。加酸量不能过大，以免引起腐蚀。

2. 阻垢处理

加阻垢剂防垢的原理与循环水防垢相同，在此不再赘述。但循环水系统所用的阻垢剂不一定能用于冲灰系统，主要是灰水的 pH 值很高，超过了许多药剂适用的 pH 值范围。另外，加阻垢剂法只能适用于悬浮物较低的灰场返回水的处理。因为悬浮杂质会吸附阻垢剂，降低药效。

阻垢剂的质量对阻垢效果十分关键。因为灰水的水质差别很大，一般需要通过试验筛选出合适的阻垢剂。目前阻垢剂的质量标准仅仅是理化性能指标，包括有效含量、密度、pH 值等，仅仅依靠这些指标不能判断该阻垢剂能否使用。

pH 值的影响。有关研究报告指出，当 pH 值小于 10 时，各种膦系阻垢剂在较低的剂量下，就可以起到明显的效果，有效阻垢时间可以达到 4h。当 pH 值升高到 10.6 时，阻垢剂的剂量必需增加到 1～2mg/L，才能起到明显的效果。当 pH 值升高到 10.9～12.7 之间时，只有部分阻垢剂具有阻垢效果，而大部分阻垢剂即使将剂量提高至 3mg/L，阻垢效果也很差。因此可以认为，当回水的 pH 值小于 10.6 时，可以选用多种阻垢剂；而 pH 值大于 10.6 后，可选用的种类就很少。

阻垢剂防垢简单有效，但是灰水的流量很大，运行费用较高，这是该方法最大的缺点。

第二节　湿式除渣系统的废水回用

一、除渣系统

1. 系统概述

湿式排渣系统主要包括炉渣冷却设备、炉渣输送系统、冷却水的供水系统以及排污系统等。目前国内高参数燃煤机组的湿式除渣装置大致可分为两类，一类是水力喷射泵输送，另一类是刮板捞渣机机械输送。水力喷射泵输送系统应用比较早，其流程是在锅炉下部布置有底渣斗，底渣斗内存有一定量的冷却水（淡水或海水），底渣斗设有排渣门。炉膛内下落的热渣落入渣斗，遇冷水淬裂成渣粒。每隔一段时间定期打开排渣门放渣，积存在渣斗中的渣粒和水一起通过渣斗下方面的碎渣机碾磨后，由水力喷射泵通过管道输送至渣水池或渣场。水力喷射泵送渣系统有很多缺点，主要包括：①耗水量和耗电量大，维护复杂，经济性差。②渣粒对管道的磨损严重。③在锅炉运行过程中，不能清理渣斗。出渣带走大量的水，无法直接将渣水循环利用。

2. 捞渣机

目前高参数机组采用的除渣方式是刮板捞渣机机械输送系统，主要设备包括刮板捞渣机和渣仓。捞渣机包括一个长方形的水槽和由链条链接的多条刮板，水槽位于锅炉炉底渣井下方，槽内存装冷渣水。炉内的落渣掉入槽内遇水粒化，由捞渣刮板将碎渣捞起并输送至渣仓；在渣送进渣仓的过程中同时对渣进行脱水。图 5-3 所示为刮板捞渣机机械输送系统的流程示意图。与水力喷射泵输送相比，刮板捞渣机机械输送方式具有系统简单、方便维护的优点，同时，渣仓的干渣可以直接用车外运，有利于渣的综合利用；在锅炉运行过程中，可对积渣进行处理，有利于锅炉的稳定运行；从节水的角度来看，最重要的特点是在捞渣链条上直接脱水，大部分直接回收，有利于除渣水的重复利用，除渣补水量大大降低。

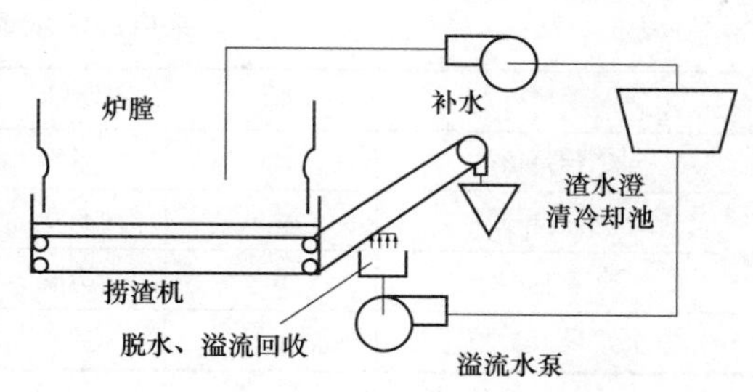

图 5-3　刮板捞渣机的水流程示意图

捞渣机水槽的溢流水和渣仓沥水通过沟道引入捞渣机附近的溢流水池中，由溢流水泵输送至渣浓缩池沉淀、浓缩和冷却。浓缩池的出水通过渣水泵送回系统中循环使用。

每台锅炉设置 1 台捞渣机，其关键参数是除渣量和存渣容积，要根据煤种进行设计。例如某600MW机组，单台锅炉配套的刮板捞渣机设计出力为80t/h，渣仓的容量为200m^3；配套 2 座渣仓，单座容积为 210m^3。表 5-2 所示为某 4×300MW 火电厂的渣水系统各设备的有效容积。按照容积计算，渣水在整个系统内的停留时间为 7h 左右。

表 5-2　　某 4×300MW 火电厂渣水系统设备的容积

设备名称	一期机组除渣系统设备容积（m^3）	二期机组除渣系统设备容积（m^3）	设备名称	一期机组除渣系统设备容积（m^3）	二期机组除渣系统设备容积（m^3）
渣水溢流水池	12.5	18.9	渣水浓缩机	375	420
捞渣机	40.3	47.2	缓冲水仓	1000	800

表 5-3 所示为捞渣机的水温及部分部件的材质。因为除渣系统的补充水使用高盐废水，所以废水中的氯离子等含量较高，有可能会腐蚀设备。对于捞渣机来说，与水接触的金属部件很多，材料也很复杂，包括各种不锈钢、碳钢等。

表 5-3　　捞渣机设备的水温及材质

项目	数据	项目	数据
冷却水进口温度（℃）	38	链条材料	14CrNiMo5
冷却水流量（m^3/h）	220	链轮材料	42CrMo4
溢流水温度（℃）	60	刮板材料	型钢＋65Mn

3. 渣浆浓缩系统

渣浓缩装置是实现渣水循环利用的关键设备。底渣处理系统所有的溢流水最终都送到浓缩池进行沉淀处理，因为在池内的停留时间较长，所以渣水同时被冷却降温。经沉淀、冷却后的水补入除渣系统循环利用。沉淀下来的底渣被送入煤泥沉淀池。系统中还设有化学加药系统，以调节循环渣水的酸碱度，防止结垢。

渣浓缩器的结构与灰浆浓缩池相同，只是直径和容积小得多。主要部分包括池体、刮渣耙、刮渣耙中心驱动和传动装置等。表 5-4 所示为某电厂的渣浓缩装置的主要参数。

表 5-4　　某电厂渣浓缩装置的主要参数

项目	单位	参数	项目	单位	参数
浓缩器直径	m	15	有效沉淀面积	m^2	1100
渣水处理量	m^3/h	500	底部刮渣耙直径	m	8
有效容积	m^3	700	出水悬浮物含量	mg/L	≤200
进浆最大颗粒	mm	5	有效容积	m^3	1000

二、湿除渣系统的水平衡

图 5-4 所示为某 4×300MW 火电厂除渣系统的水循环流程及水量分配图（水量单位为 m^3/h）。该厂采用湿除渣系统，除渣系统补充水为澄清池排泥水、脱硫废水及工业废水处理站出水（包括精处理再生废水、机组排水、化学再生废水及反渗透浓水），水量不足时由循环水排污水补充。

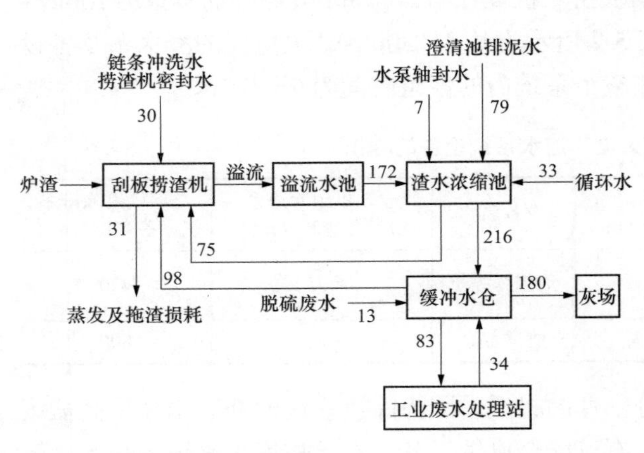

图 5-4　除渣系统工艺流程及水量分配图

该电厂的炉底渣经渣斗进入刮板捞渣机，由刮板捞渣机捞出送至渣仓脱水后装车外运；渣溢水进入溢流水池，由渣浆泵打到渣水浓缩池沉淀部分悬浮物，上清液溢流到缓冲水仓进一步沉淀澄清后，通过其底部的熄火水泵打回刮板捞渣机使用；多余的渣水通过一期缓冲水仓排放到灰场。

除渣系统消耗水量包括脱渣带走水量、炉底密封蒸发损失水量，四台机组除渣系统消耗水量合计 $31m^3/h$，远少于系统补充水量 $245m^3/h$，导致大量渣水溢流到地沟。该除渣系统的补充水量和渣溢水量都比较大，系统有结垢等问题。

三、渣水的水质

渣水水质主要取决于渣的性质和补充水的水质。不同的渣溶出物的种类和溶出量差别较大。渣中的杂质的溶出机理和过程与飞灰相同，除了与无机物的成分、含量有关外，还与其在渣中的存在形态有关（如是否被玻璃体包裹）。尽管水中主要杂质都是来源于煤的燃烧，但灰和渣形成的废水的组成还是有区别的。在燃烧过程中，熔融状态的小液滴最终形成飞灰，而大液滴形成渣，氧化钙等碱性物质在飞灰的聚集要比渣中高得多，因此渣水中溶出的盐分远小于飞灰。表 5-5 所示为用除盐水溶解渣样的试验结果。

表 5-5 除盐水溶解渣样试验结果

水样＼项目	pH 值	电导率（μS/cm）	总硬度（mmol/L）	Ca^{2+}（mmol/L）	碱度（mmol/L）	Cl^-（mg/L）
溶出 2h 后	10.31	243	1.17	1.16	1.90	30
溶出 10h 后	9.12	279	1.05	1.05	1.00	32
溶出 22h 后	8.67	318	1.15	1.15	2.30	34
备注	试验时水浴温度为 57～58℃，试验过程中补充除盐水保持水位					

从表中可以看出，在达到溶解平衡后电导率增加了 318μS/cm，而碱度、硬度、钙离子只增加约 1mmol/L。其中，硬度全部是由钙离子构成；氯离子增加 34mg/L。与冲灰相比，渣水中各种无机物增加的幅度低很多。在电厂除渣补充水多为冷却塔排污水、反渗透浓排水等高盐废水，大多为已经过高度浓缩的过饱和水，在与渣混合后结垢成分的含量进一步增大，系统很容易结垢。

表 5-6 所示为某电厂四台锅炉的渣水的水质分析结果。由表 5-6 可见，渣水呈微碱性，pH 值在 8.3～8.7 之间；悬浮物为 378～1760mg/L，含量很高且变化幅度大（悬浮物变化范围大主要与锅炉的排渣状态有关）。含盐量很高，达到 3854～7625mg/L。钙离子含量较高，为 17.7～35.2mmol/L。碱度为 2.19～2.84mmol/L，相对较低，主要是炉渣经过高温燃烧碳酸盐已全部分解，渣水中的碱度来自补充水带入。表 5-7 所示为另一个电厂渣水水质的分析结果。渣水的悬浮物含量高达 2368mg/L，主要为不易沉降的轻质硅酸盐（漂珠）和灰。因此，高悬浮物是渣废水的一个特点。

表 5-6 某电厂四台锅炉渣水水质分析

水样＼项目	pH 值	含盐量（mg/L）	Ca^{2+}（mmol/L）	碱度（mmol/L）	悬浮物（mg/L）
1 号炉渣溢水	8.63	3854	17.7	2.35	378
2 号炉渣溢水	8.39	3985	18.0	2.57	396
3 号炉渣溢水	8.64	7625	35.2	2.84	1760
4 号炉渣溢水	8.42	7340	34.1	2.19	1536

表 5-7 某电厂渣水水质分析结果

项目	结果	项目	结果
Cl^-（mg/L）	90.56	总固（mg/L）	3532
SO_4^{2-}（mg/L）	62.56	含盐量（mg/L）	450
$1/2Ca^{2+}$（mmol/L）	2.72	悬浮物（mg/L）	3082
$1/2Mg^{2+}$（mmol/L）	1.00	酚酞碱度（mmol/L）	0.27
总硬度（mmol/L）	3.72	总碱度（mmol/L）	1.49
电导率（μS/cm）	576	总磷（mg/L）	0.22
pH 值	8.97	氨氮（mg/L）	1.40

总体来看，渣水水质较差，悬浮物、含盐量、钙离子含量高且波动范围很大，因此不能直接外排。同时，作为一种煤源性废水，因为水质差而且成分特殊，渣系统排水不能与其他系统串用，也不宜与其他废水混合处理。要实现整个电厂深度节水和废水减排的要求，渣系统必须通过渣水的循环利用实现零排放。在这个过程中，渣水的循环利用是关键。渣水循环利用有两个难点，即防垢和冷却。后面分别讨论渣水循环系统的防垢和降温问题。

四、渣系统防垢

1. 渣水系统垢的成分

渣水的水质复杂，与渣系统补充水水质、煤种、燃烧方式等多种因素有关，各种低溶解度的钙镁化合物结垢是湿除渣系统普遍存在的问题。表5-8所示为渣水中各种有可能形成垢的钙镁化合物的溶度积。表5-9所示为取自某电厂除渣系统不同部位垢的成分分析结果，该系统主要的结垢部位在渣水管道和循环泵等设备。分析结果表明，垢样中90%以上为碳酸钙，还有极少量管道及设备内壁的铁氧化物。

表5-8 渣水中常见的难溶盐的溶度积

化合物	溶度积	化合物	溶度积
CaF_2	9.4×10^{-11}（18℃）	$Mg(OH)_2$	5.5×10^{-12}
$CaCO_3$	4.8×10^{-9}	$MgCO_3$	1.0×10^{-5}
$CaSO_4$	6.5×10^{-5}	$CaSO_3$	6.8×10^{-8}

表5-9 垢样的成分分析

成分＼取样位置	渣溢水管	渣浆泵出口	成分＼取样位置	渣溢水管	渣浆泵出口
石灰石	92.44%	98.04%	针铁矿型	0.64%	0.00
磁铁型	4.43%	1.02%	石英	0.00	0.94%
菱铁矿型,	2.49%	0.00			

2. 渣水系统防垢的基本方法

从杂质来源的角度来看，灰渣同源，因此以前用于冲灰水防垢的原理和方法应该都可用于渣水系统的防垢。主要有以下几种：

（1）加酸处理。向渣水中加硫酸降低渣水碱度和pH值，达到防垢目的。该方法简便易行，但因为固渣会在酸性条件下持续溶解，pH值很难稳定，加酸量大且不容易控制，而且渣水管道易发生酸性腐蚀，因此应用很少。

（2）加阻垢剂。向渣水中加入一定量的渣水阻垢剂，提高渣水中游离Ca^{2+}的稳定浓度，达到防垢目的。该方法相对简单，阻垢效果较好，运行费用较低，是用于渣水系统防垢的较为成熟的技术。但渣水悬浮物较高时会吸收阻垢剂，药剂的消耗量较大。

（3）加晶种预结晶。采用预结晶工艺将渣水中的致垢离子先行结晶析出，降低水中的碳酸钙过饱和度，达到防垢目的。由于要增设反应沉淀设备，所以应用很少。

（4）酸洗。定期对渣水管道酸洗除垢，但酸洗费用高，且是结垢后的补救措施，属于系统维护的手段。当结垢严重时通过酸洗即可恢复系统，但不能消除结垢的发生。

3. 阻垢剂防垢方法的研究

相对而言，如果渣水悬浮物含量不是很高，则使用耐高温的阻垢剂技术相对成熟，运行效果稳定。

（1）单加阻垢剂阻垢。某2x600MW火电厂的除渣系统补充水源为精处理再生废水、化学酸碱废水和反渗透浓水，采用渣水阻垢剂防垢。根据水量平衡试验结果，除渣系统蒸发水量为24m^3/h，渣外运携带水量为7m^3/h。为了满足全厂深度节水和废水减排的水平衡要求，渣水系统的排污量最大值为9m^3/h，为此渣水系统的浓缩倍率应达到2.5倍。为此进行了阻垢剂的剂量试验，考察高倍率浓缩后阻垢剂的效果能否满足要求。在渣系统的各种补充水中，反渗透浓排水的水质最差。表5-10所示为以该电厂反渗透浓水作为试验水样、投加不同剂量渣水阻垢剂的浓缩试验结果。根据捞渣机中的炉渣含量，试验水样中加入43.8g/L炉渣进行带渣浓缩。试验水温为60℃。

表5-10　渣水防垢试验结果

加药量＼水质指标	总碱度（mmol/L）	Cl^-（mg/L）	浓缩倍率 K_{Cl}
0	1.99	159.8	1.15
2mg/L	6.92	360.0	2.60
4mg/L	7.16	429.2	3.10
5mg/L	7.93	444.1	3.21
6mg/L	8.29	495.3	3.58

注 1. 阻垢剂加药量均为有效固含量。
2. K_{Cl}为以氯离子计的浓缩倍数。

由表5-10可见，增大渣水阻垢剂的加药量，极限浓缩倍率K_{Cl}相应提高。当加药量为4mg/L以上时，极限K_{Cl}可达3.0倍以上，工业应用浓缩倍率乘以0.85的安全系数，系统能够满足2.5倍的防垢要求。

表5-11所示为某电厂除渣补充水的水质分析数据（按照电厂各种水的比例混合水样）。该电厂除渣用水主要为精处理再生废水、化学再生废水、反渗透浓排水等浓缩型高盐废水和少部分机组排水。从表5-11可以看出，该厂除渣废水的含盐量、氯离子都比较高，电导率达到1487μS/cm。

表5-11　混合水样的主要水质指标

pH值	Cl^-（mg/L）	碱度（mmol/L）	总硬度（mmol/L）	Ca^{2+}（mmol/L）	Mg^{2+}（mmol/L）	电导率（μS/cm）
8.03	263.8	3.10	3.90	3.32	0.58	1487

用表 5-11 的废水进行了不同剂量阻垢剂的阻垢试验，结果见表 5-12。当投加 7mg/L 阻垢剂时，最大浓缩倍数可以达到 2.71。

表 5-12 极限浓缩倍率试验结果

加药量（mg/L）	Cl^-（mg/L）	极限 K_{Cl}	碱度（mmol/L）	K_a	$\triangle A=K_{Cl}-Ka$
0	352	1.33	3.56	1.15	0.18
3	635	2.41	7.20	2.32	0.09
5	695	2.64	7.60	2.45	0.19
7	760	2.88	8.40	2.71	0.17

从上述两个电厂的情况来看，采用阻垢剂都能满足渣水在一定范围的浓缩防垢要求，但阻垢剂消耗量较大。另外除了防垢外，浓缩后渣水中的氯离子含量较高，对于除渣系统的设备腐蚀需要关注。

（2）加酸、加阻垢剂联合处理。为了降低阻垢剂的用量，加酸联合处理是一种选择。表 5-13 所示为采用表 5-11 的水样进行的阻垢剂、加酸联合处理试验结果。在投加阻垢剂之前加入硫酸，将渣水的碱度由 3.10mmol/L 降低至 2.05mmol/L，pH 值降至 7.59。试验表明，投加 3mg/L 的阻垢剂浓缩倍数即可大于 3，阻垢剂的剂量可以减少 50%以上。因为硫酸的价格远低于阻垢剂，因此联合处理有显著的经济性。

表 5-13 加硫酸降低碱度后浓缩试验结果

加药量（mg/L）	Cl^-（mg/L）	极限 K_{Cl}	碱度（mmol/L）	K_a	$\triangle A=K_{Cl}-K_a$
0	431	1.64	3.00	1.46	0.18
3	834	3.16	6.20	3.02	0.14
5	918	3.48	6.80	3.32	0.16

（3）渣系统补充水水质对阻垢效果的影响。对于同样的渣，采用结垢离子含量更高的废水除渣时，浓缩倍数将降低。表 5-14 所示为采用反渗透浓排水进行除渣浓缩试验的结果。反渗透浓排水的主要水质指标为总硬度为 4.48mmol/L（其中 Ca^{2+} 含量 3.50mmol/L），碱度为 4.42mmol/L，Cl^-含量为 138.4mg/L，pH 值为 7.84，电导率为 1252μS/cm。加入一定量的底渣样品后，一部分杂质溶出，水质发生较大变化。总硬度增加至 5.26mmol/L（其中 Ca^{2+}含量 4.11mmol/L），碱度降低为 1.99mmol/L，Cl^-含量为 191mg/L，pH 值为 8.58，电导率为 1551μS/cm。其中，氯离子主要来自补充废水，渣溶出的氯离子增加量仅为 52.6mg/L，与渣混入除盐水中氯离子的释放量 31.2mg/L 相当。

表 5-14 反渗透浓排水除渣浓缩试验结果

水质指标 / 加药量（mg/L）	pH 值	电导率（μS/cm）	总硬度（mmol/L）	Ca^{2+}（mmol/L）	碱度（mmol/L）	Cl^-（mg/L）	极限 K_{Cl}
0	8.97	2140	6.79	5.42	4.86	255.8	1.62

续表

水质指标 / 加药量（mg/L）	pH 值	电导率（μS/cm）	总硬度（mmol/L）	Ca^{2+}（mmol/L）	碱度（mmol/L）	Cl^-（mg/L）	极限 K_{Cl}
2	8.93	2980	10.35	8.10	6.92	391.2	2.60
4	8.88	3470	12.65	9.79	7.16	460.4	3.10
5	8.86	3690	12.82	9.92	7.93	475.3	3.21
6	8.82	4260	15.08	11.23	8.29	526.5	3.58

阻垢剂加药点的选择也很关键。实际运行时，可在熄火水泵入口前设置阻垢剂加药点，在泵运行时将渣水与药剂混匀。

4. 预结晶防垢

预结晶防垢曾经用于灰水系统防垢，因为灰水的 pH 值及碳酸钙过饱和度较高，在投加晶种后可以快速产生碳酸钙结晶，降低碳酸钙过饱和度，达到防垢的目的。对几个电厂几种不同渣水进行的预结晶试验结果表明，向渣水中加入不同粒径的碳酸钙晶种（55～200 目），碱度仅降低 15%～25%，说明加入晶种后碳酸钙的结晶反应并不明显。相对而言，$CaCO_3$ 粒径越小，处理效果越好。粒度最小的分析纯 $CaCO_3$ 处理效果最好，碱度降低 25.5%，出水钙硬度略低于炉渣溶出后的反渗透浓水。投加其他粒径的 $CaCO_3$ 处理后，出水钙硬度均高于炉渣溶出后的反渗透浓水。

总体来看，预结晶对渣水碱度的降低幅度较小，处理效果不显著。究其原因，主要是渣水 pH 值比灰水低得多，一般仅为 8.3～9；钙离子和碳酸盐碱度也比灰水低得多；在此反应条件下，碳酸钙结晶的趋势和速度都较低。因此晶种预结晶法不适合于渣水防垢。

五、渣水的冷却

实现渣系统水量平衡的关键是减少进入渣系统的水量，渣水的冷却是减少补充水量的一个制约性因素。火电厂的捞渣机水温一般设计值为最高 60℃，实际运行中一般为 45～55℃。传统的湿除渣系统是通过补充低温水，维持炉底密封水温度。为了满足渣水降温的要求，需要向除渣系统补充大量的低温水，因此造成渣系统水量不平衡，形成除渣废水。

渣水循环回用后，除渣系统的补充水量将大大减少，为了维持炉底密封水的温度，必须解决循环渣水的冷却降温问题。渣水冷却主要有以下两种方式：

（1）自然冷却法。渣水在溢流水池、渣水浓缩池等设备中散热进行自然冷却，温度降低后回到捞渣机。该方法需要较大容积的池体，冷却效果有限，仍需补充较大量的低温水。

（2）渣水冷却器。采用渣水冷却器是解决这一问题的有效方法，通过表面式换热器转移热量降低水温。渣水在冷却器中与冷却介质进行热交换后温度降低，冷却器出口水回到捞渣机。该方法占地面积较小，冷却介质一般可选用循环水，且只需补充系统消耗的少量水。冷却水不会混入除渣系统，减少系统补水量，实现水量平衡和盐量平衡，最终实现渣水系统零排放。

渣水冷却器有内置式渣水冷却器和外置式渣水冷却器。

1. 内置式渣水冷却器

内置式渣水冷却器是将换热器完全浸没于捞渣机的密封水池中，冷却水流经换热器带走捞渣机密封水的热量。密封水池的水位需要稳定控制。因为结焦的问题，有时炉膛的落渣体积较大，会强烈地冲击密封水池的水面并引起水位大幅度波动。因为没有渣水引出水池，所以采用内置式渣水冷却器后，不会出现渣水泵常见的问题，包括阀门、管道磨损等。

2. 外置式渣水冷却器

外置式渣水冷却器是将渣水送出捞渣机外进行冷却，冷却后的渣水循环重复使用。渣水冷却器为管程式，也可以有两种方式：一种是冷却水在换热管外，渣水在换热管内；另一种是冷却水在换热管内，渣水在换热管外。相比较而言，第二种布置方式较好，主要原因是渣水在换热管内容易堵塞，在管外相对不易堵塞。

与内置式冷却器相比，外置式渣水冷却系统容易发生阀门、管道的磨损，灰渣水存在外漏、外泄问题，设备周围环境较差。冷却器易结垢，造成冷却效果下降，需要进行防垢处理。渣水送出捞渣机进入冷却器，需要泵等动力设备，能耗较高。

六、渣水处理实例

某电厂渣水冷却方案选用外置式渣水冷却器，设置在缓冲水仓熄火水泵出口。冷却水采用一期循环水，渣水冷却器的出口水回用到捞渣机，实现渣水循环。设计渣水循环量为 $200m^3/h$。

渣水冷却的工艺流程为缓冲水仓出口渣水→熄火水泵→渣水冷却器→捞渣机。

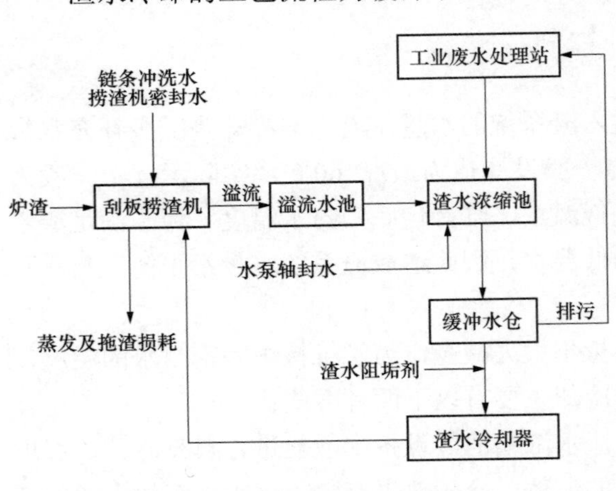

图 5-5 渣水循环系统工艺流程

熄火水泵出口渣水进入渣水冷却器进行冷却，冷却后的温度按 32℃（实际运行中，熄火水泵打回捞渣机的渣水夏季最高水温为 32℃）设计，冷却后的渣水补充至捞渣机。渣水温度应设在线温度计进行检测，当温度过高时，系统产生报警值。

渣水的热量由循环水带走，循环水由自吸水泵从冷却塔抽取，通过渣水冷却器后，循环水的温度由 28℃（夏季最高水温）升高到 32℃左右。循环水回到冷却塔。实现渣水循环利用后，该电厂除渣系统流程见图 5-5 所示。

系统需要从缓冲水仓少量排污。这部分排污水可以排到工业废水处理站，与处理后的含煤废水混合，回用到煤场作为喷淋水和冲洗水。

第六章

含煤、含油废水处理及回用

第一节　含煤废水的处理

一、含煤废水的收集

煤系统的废水有两部分，一部分是煤场汇集的废水，另一部分是输煤栈桥、码头、铁路等处分散的废水。

煤场废水主要是下大雨或积雪融化时形成的。当下雨时，煤场会形成径流，水中挟带着煤粒。当水流速变缓时，这些煤粒很容易沉淀下来。

煤场的废水通过布置在煤场周围的沉煤池来收集。图 6-1 所示为煤场废水的收集系统。煤场四周沟道汇集的废水，首先排入沉煤池。

沉煤池为细长型水池，底部有一定的坡度。其作用有两个，一个是收集废水，另一个是对含煤水进行预沉淀。当水进入沉煤池后，流速变缓，煤粒中颗粒大的部分沉淀下来。沉淀后的水流至沉煤池的另一侧，由废水泵送入含煤废水处理系统，处理后的水循环使用。

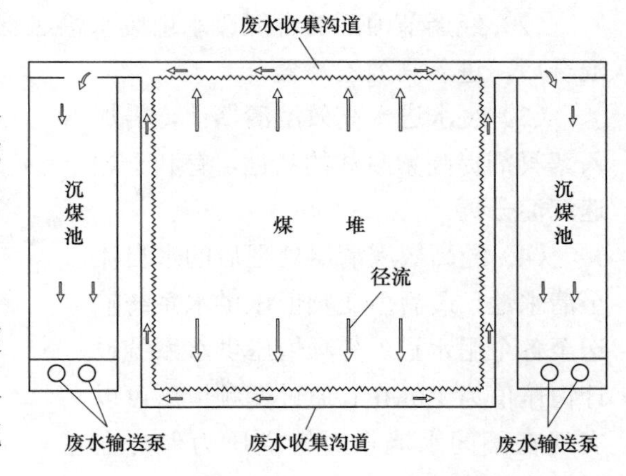

图 6-1　煤场的含煤废水收集系统

煤场的废水收集系统存在的最大问题是堵塞。由于沟道在煤堆旁边，随水冲入沟道的煤块会沉积在沟道中，阻碍水的流动，久而久之就会发生沟道的堵塞。

输煤栈桥、码头、铁路等废水收集点比较分散，一般根据地形设有多个容积很小的收集池。这些水一般用泵送至含煤废水处理系统进行处理，再循环使用。

图 6-2 所示为输煤栈桥集水池的结构示意图。因为栈桥排出的废水是间断性的，而且流量也不稳定，所以集水池中的水泵是根据液位自动启停的。当水池的液位到达设定的高限时，液位开关接通，控制液下泵启动。当水位到低限时液位开关断开，水泵停止。

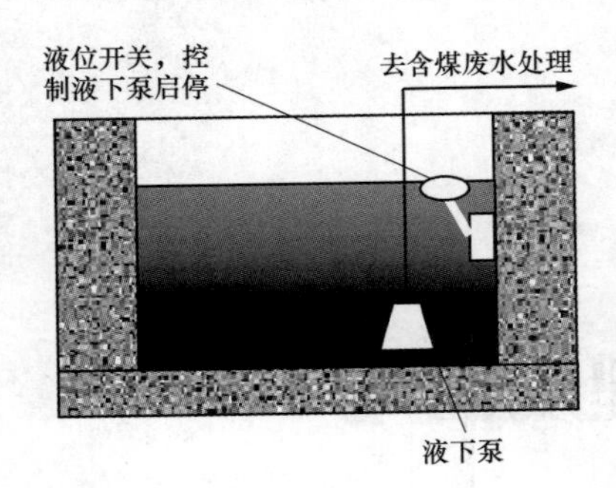

图 6-2 输煤栈桥废水收集池

二、含煤废水的处理工艺

1. 混凝澄清处理工艺

混凝澄清工艺的关键设备是澄清器和过滤器。与常规的天然水处理设备相比，含煤废水的悬浮物含量高，有利于混凝澄清处理；出水只考虑悬浮物指标，而且要求的标准不高，一般浊度小于 5～10NTU 即可。

含煤废水处理工艺主要包括混凝、澄清、过滤等过程，以除去悬浮物、色度及部分有机物，其流程见图 6-3。

（1）含煤废水经收集后进入废水调节池，废水调节池不仅具有缓冲和调节水量的作用，也具有初沉池的功能。池内设有导流墙，通过增加含煤废水在调节池内的停留时间，可沉淀较大的煤粉颗粒和悬浮物。

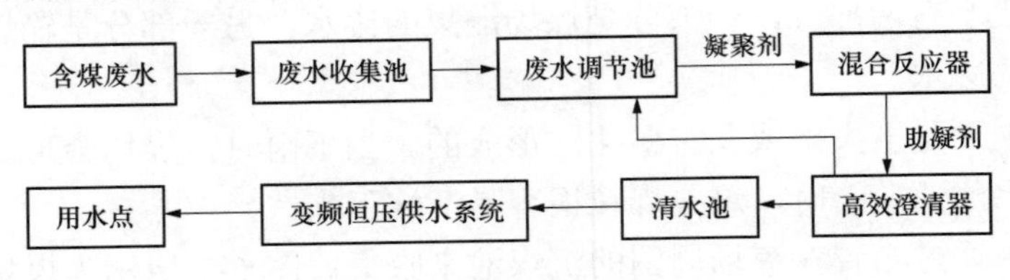

图 6-3 含煤废水处理工艺

（2）经调节池后的含煤废水由废水输送泵提升，经过静态管式混合反应器与混凝剂混合后，进入高效澄清器。

（3）废水进入高效澄清器前，需加入絮凝剂提高絮凝体的活性，有利于加速沉淀分离。

（4）经高效澄清器处理后的水自流至清水池，最后由变频恒压供水系统输送至各个用水点。变频恒压供水系统设计恒压值为 1.0MPa，通过变频恒压可以实现在不同水流量时管道压力保持在所设恒压值的上下，以满足用水点冲洗强度的要求。

2. 澄清处理设备

（1）折返式混凝澄清器。含煤废水的连续运行流量较小。因为废水中的悬浮物含量很高，一般不考虑泥渣回流的问题，所以澄清处理设备的结构相对简单，不使用常规的泥渣回流式澄清设备。图 6-4 所示为火电厂常用的折返式含煤废水澄清处理设备。

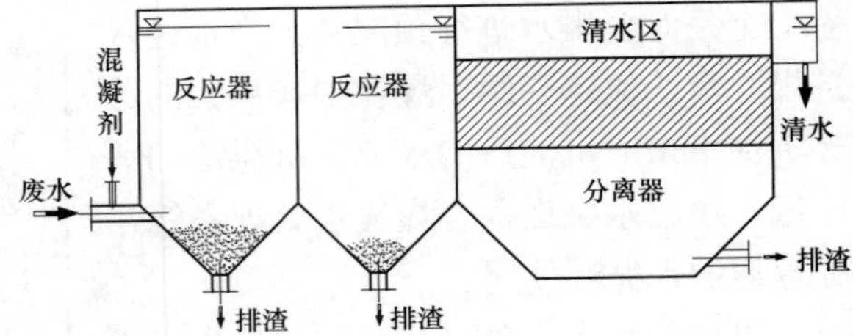

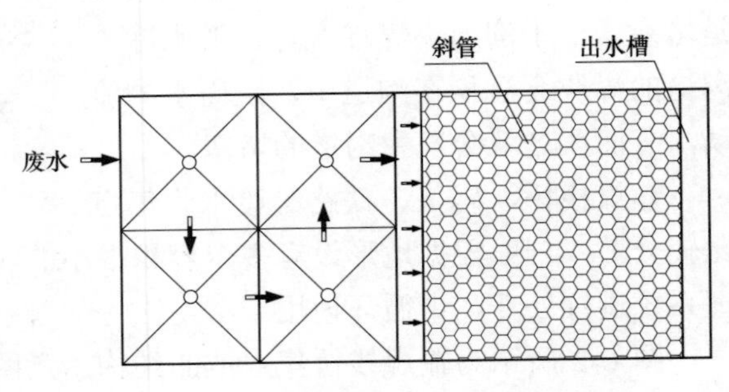

图 6-4 含煤废水澄清器结构示意图

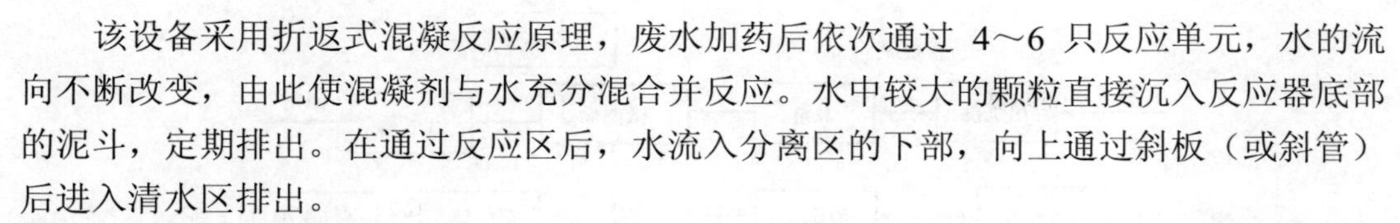

该设备采用折返式混凝反应原理，废水加药后依次通过 4～6 只反应单元，水的流向不断改变，由此使混凝剂与水充分混合并反应。水中较大的颗粒直接沉入反应器底部的泥斗，定期排出。在通过反应区后，水流入分离区的下部，向上通过斜板（或斜管）后进入清水区排出。

（2）旋流立式混凝澄清器。旋流立式混凝器是集混凝、沉降、分离、过滤、污泥浓缩等为一体的水处理设备，其特点是在澄清区上部设有多型树脂为滤料的过滤层。其工作过程如下：

1）混凝反应。凝聚剂经药液混合器与含煤废水混合后进入高效澄清器内，药液与废水充分反应，并逐渐形成矾花。

2）离心分离。含煤废水进入高效澄清器后，首先以切线方式进入离心分离区，使水向下旋流，在离心力的作用下，水体中的大颗粒物质（大于 20μm）旋流至装置中的污泥浓缩区。

3）重力沉降。当大颗粒物质旋流至污泥浓缩区时，小颗粒物质在药剂的作用下迅速形成絮体；絮体增大到一定程度，随自身重力作用下滑至污泥浓缩区。

4）动态过滤。当含煤废水经过装置中的滤层时，粒径在 5μm 以上的颗粒基本被截留，确保了出水水质。过滤后的水再经清水区后通过顶部出水管排出。高效澄清器内的滤料一般为惰性树脂，惰性树脂具有吸附能力强、密度轻的特点。由于滤料比水轻，可悬浮在高效澄清器内水体的上部，因而形成了动态过滤区，被滤料表面截留、吸附的颗粒杂质堆积达一定程度后，会随着滤料颗粒的相互摩擦作用而脱落，下滑到污泥区。

5）污泥浓缩。颗粒进入净化装置中的污泥浓缩区，在旋流力及静压的作用下使污泥快速浓缩，定期排出。高效澄清器需进行定期反冲洗，以保证设备的运行效率。

3. 电絮凝设备

电絮凝设备是近年来用于电厂含煤废水处理的。电絮凝具有絮凝活性高、设备体积小、无需外加化学药品等特点。该技术的核心是电化学反应，其主要反应机理是以铝、铁等金属为阳极，在直流电场中，阳极溶解产生 Al^{3+}（铝阳极）、Fe^{3+}（铁阳极）等离子，再经水解、氧化还原等化学反应过程，产生各种具有凝聚作用的羟基络合物、多核羟基络合物以及氢氧化物。这些络合物本质上与混凝剂加入水后产生的水解产物相同，可以使废水中的胶态杂质、悬浮杂质凝聚沉淀而分离，同时也具有去除水中的有机物、细菌的作用。

目前，电絮凝技术已逐步应用于多种行业的废水处理工程中，如电镀废水、漂染和纺织废水、造纸厂废水、石油化工厂废水处理等。近两年来，电絮凝在火电厂含煤废水处理中也有应用。

4. 其他工艺

国内已有电厂采用微滤装置来处理含煤废水的实例。微滤装置的优点是占地面积小，处理后水的悬浮物含量比沉淀、澄清或气浮要低，但其处理成本要高于沉淀或澄清处理。主要是微滤滤元、控制单元的自动阀门、控制元件等需要定期更换，而且需要定期进行化学清洗。图 6-5 所示为微滤水处理的工艺流程。

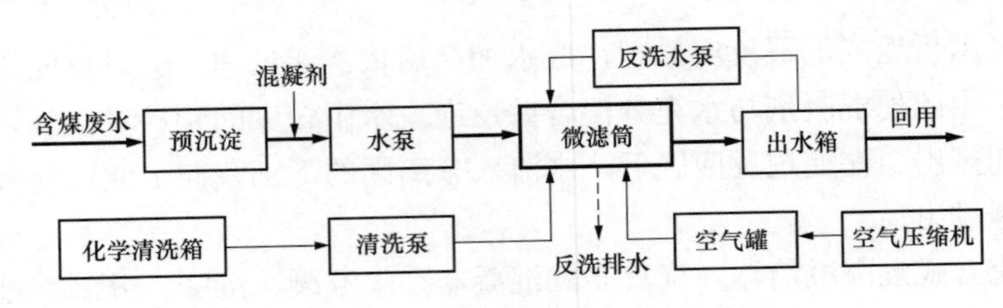

图 6-5　含煤废水微滤处理流程图

采用微滤的案例很少，对其工艺过程在此不再赘述。

三、含煤废水处理系统改造案例

（一）某燃煤热电厂含煤废水处理改造

1. 煤系统用水现状

该热电厂输煤系统水源为化学地下水箱来水，主要用于栈桥和地面冲洗等。输煤系统补水量为 $10m^3/h$，在使用过程中以蒸发、渗漏等形式消耗的水量为 $3m^3/h$，含煤废水水量为 $7m^3/h$。电厂原有含煤废水处理系统比较简单，只采用初步沉淀，出水的悬浮物含量仍然较高，在回用于煤场喷淋时堵塞喷头，不能满足使用要求。只能将含煤废水初步沉淀处理后，上清液溢流至生活污水泵前池，最后外排至污水处理厂，没有进行回用。

2. 改造方案

通过煤水系统现状分析，煤水系统的改造主要包括以下两个方面：

（1）输煤系统补水量为系统消耗水量，考虑到输煤系统对冲洗水的水质要求较低，可以利用精处理再生废水作为其补水水源。通过对输煤系统补水水源的改造，可以降低城市中水的取水量，同时降低循环水排污水的处理量。

（2）含煤废水经过处理后循环使用，实现输煤系统煤泥废水闭路循环，全厂可减少排放废水 $7m^3/h$，实现输煤系统废水零排放。需要在沉煤池旁边新建一套含煤废水处理系统。含煤废水的处理量约为 $100m^3/h$。工艺流程见图 6-6。

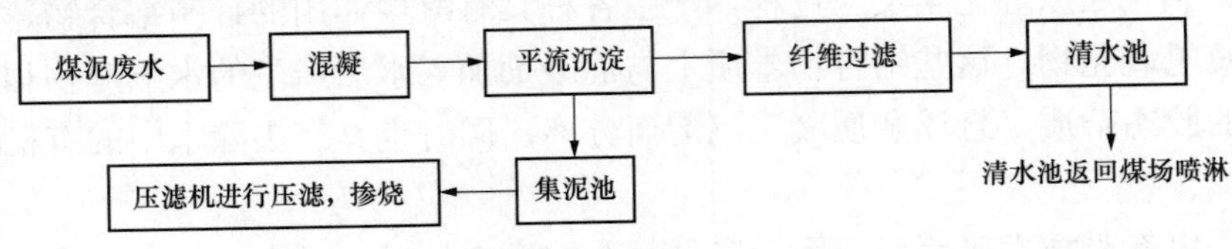

图 6-6　含煤废水处理工艺流程图

经过初步沉淀后的含煤废水用泵抽至原生活污水废水池，与三号澄清器排泥混合。澄清器排出的污泥作为晶核。含煤废水中的煤灰颗粒经过凝聚、絮凝、澄清一系列反应后，沉淀在平流沉淀池的底部。沉淀后的上层清液通过纤维过滤器进行过滤，过滤后的清水再由清水泵抽至煤场作喷淋使用。通过桁架式吸泥机，将平底沉淀池底部的污泥吸附至附近的污泥浓缩池。污泥经过浓缩澄清后由压滤机给料泵送至压滤机进行压滤，滤饼送至煤场掺烧。

（二）某电厂煤系统水处理改造工程

1. 电厂排水系统简介

该电厂是一个经过四期建设的老电厂。首批 2×125MW 机组于 1972 年投产，以后又经过了三期建设，目前的总装机容量为 1350MW（6×125MW＋2×300MW）。厂内的排水系统很复杂，前三期的 6 台 125MW 机组共用一套排水系统（雨污混排）。厂区内所有的废水通过合流制地下排水管道汇流至老厂集中排放点外排。收集的废水包括煤场废水、输煤系统冲洗水、主厂房废水、生活污水、雨水等。

四期工程为 2 台 300MW 机组，其排水系统是独立的，采用雨污分流。主厂房废水、生活污水、雨水通过独立的管网系统，汇入四期外排泵房前池。含煤废水则通过独立的收集系统，汇于煤场雨水泵房外排。

含煤废水的收集方面，前三期和第四期的含煤废水收集系统是由独立的两部分组成的。

前三期的煤系统由千吨级码头、煤场、10 条皮带栈桥、2 个转运站、1 座碎煤机房、14 台水击式除尘器、办公楼和检修车间等组成。煤场的用水主要是输煤系统的冲洗、煤场的喷淋、水击式除尘器的用水和办公楼、检修车间生活用水。其中，输煤系统的各种冲洗水、除尘器的排污水大部分回收至输煤栈桥的煤泥沉淀池中，经沉淀后溢流至排水管道中，汇至前三期的雨水泵房外排。

四期的煤系统由四期煤码头、四期煤场、12 条皮带栈桥、7 个转运站、1 座碎煤机房、14 台水击式除尘器、办公楼和浴室等组成。煤系统用水主要是输煤栈桥的地面冲洗、栈桥除尘喷淋、煤场的喷淋、水击式除尘器用水和办公楼、浴室生活用水。与前三期不同，四期的煤场设有独立的雨水泵房，用于煤场雨水的收集与排放。

四期煤场的两端也有两个沉煤池。煤系统的各种冲洗水、除尘器的排污水大部分回收至沉煤池中，经沉淀后通过两台潜污泵或直接溢流至煤场排水管道中，汇至煤场雨水泵房。

四期输煤皮带由于地形的原因很长，栈桥的冲洗水由栈桥下设置的小型收集水池收集，用液下泵送入煤场废水收集系统。

四期煤场的雨水泵房还设有通往灰浆浓缩池的管路。当不下雨时，进入雨水泵房的水量较小，用小流量的水泵将废水直接送至灰水系统的灰浆浓缩池，作为冲灰系统的补充水。如果降雨强度大，超过了正常的消耗量时，需要启动排涝泵外排。

2. 工艺系统及设备

含煤废水处理站工艺流程见图 6-7。

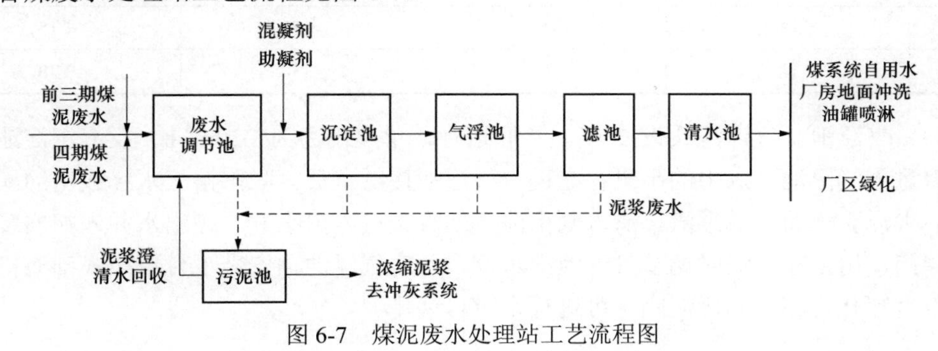

图 6-7　煤泥废水处理站工艺流程图

下面对系统中主要的构筑物和设备的情况进行说明。

（1）调节池。调节池有效容积为1000m³，在设计处理流量下可以储存2h的废水，同时在降雨期间可以收集水质较差的初期雨水。在调节池的进口设有2台循环齿耙式机械格栅，1运1备；降大雨时2台同时使用。

调节池的顶部设有1台带有高、中、低液位报警的超声波液位计，该液位信号与3台废水提升泵连锁。

调节池顶安装桁架泵吸式吸泥机1台，可将调节池内沉淀的底泥抽吸送至污泥池，吸泥机可定时往返吸泥。

调节池旁的泵房内安装3台额定流量为250m³/h的废水提升泵，2运1备；其作用是将调节池内的废水送入反应沉淀池。表6-1所示为调节池的进出水水质。

表6-1 调节池进出水水质

序号	项目	单位	进水	出水
1	pH值	—	6.5～9	6.5～9
2	COD	mg/L	≤60	≤54
3	悬浮物	mg/L	≤90	≤75
4	油	mg/L	≤30	≤30

（2）反应沉淀池。反应沉淀池由网格絮凝反应池和侧向流波纹板沉淀池合建而成。废水在进入网格絮凝反应区之前，首先经过管式静态混合器，使投加的凝聚剂与废水快速混合。进入反应区后，在混凝剂的作用下，水中的胶体脱稳形成矾花。在反应区后部投加助凝剂，促使矾花相互吸附、长大，以便在后面的侧向流波纹板沉淀区中沉淀去除。

反应沉淀池共设2座，并联运行，单座出力为250m³/h。底部设有穿孔排泥管和排泥阀，可进行定时自动排泥。表6-2所示为反应沉淀池的进出水水质。

表6-2 反应沉淀池的进出水水质

序号	项目	单位	进水	出水
1	pH值	—	6.5～9	6.5～9
2	COD	mg/L	≤54	≤37
3	悬浮物	mg/L	≤75	≤15
4	油	mg/L	≤30	≤30

（3）气浮池。气浮池共设2座，并联运行，单座出力为250m³/h。反应沉淀池的出水自流进入气浮池。水中的小矾花在进入气浮池接触室后，吸附溶气水释放出的大量微气泡后上浮至水面形成浮渣，清水则由池下部收集进入出水井。在出水井末端安装电动调节堰门，用来在刮渣时调节气浮池的水位。每座气浮池顶安装1台桁架式刮渣机，池底部设有穿孔排泥管和排泥阀，可进行定时自动排泥。

泵房内安装 3 台溶气水泵，单台出力为 75m³/h，2 台运行 1 台备运。溶气用空压机 2 台，单台出力为 1.63m³/min，1 台运行 1 台备用。气浮池进出水水质见表 6-3。

表 6-3　　气浮池进出水水质

项目	单位	进水	出水	项目	单位	进水	出水
pH 值	—	6.5～9	6.5～9	浊度	NTU	—	≤5
COD	mg/L	≤37	≤30	色度	倍	—	≤30
悬浮物	mg/L	≤15	≤5	油	mg/L	≤30	≤4

（4）中间水池。中间水池有效容积 V=250m³，在设计处理流量下停留时间为 0.5h。

泵房内安装中间水泵，将中间水池内气浮出水提升进入无阀滤池。中间水泵的出力为 250m³/h，共 3 台，2 台运行 1 台备用。池顶装有 1 台超声波液位计，设有高、中、低液位报警信号；该信号与 3 台中间水泵连锁。

（5）无阀滤池。无阀滤池内装填石英砂滤层，主要用来去除水中的悬浮物，降低水的浊度。滤池作为最后一级处理设备，将确保处理出水悬浮物和浊度满足设计要求。

无阀滤池共 2 座，并联运行，单座出力为 250m³/h。无阀滤池进出水水质见表 6-4。

表 6-4　　无阀滤池的进出水水质

项目	单位	进水	出水	项目	单位	进水	出水
pH 值	—	6.5～9	6.5～9	色度	倍	≤30	≤30
COD	mg/L	≤30	≤30	油	mg/L	≤4	≤4
浊度	NTU	≤5	≤3				

（6）清水池。清水池有效容积 V=1000m³，设计停留时间 2h。

泵房内安装 250m³/h 清水泵 3 台，2 台运行 1 台备运，将清水池内再生水送至回用水点。同时，在清水泵出水母管上还设有排放管，接至标准化排放口。

（7）污泥池。污泥池有效容积 V=150m³，可以储存系统排泥、排渣，以及滤池的反洗排水。

污泥池底安装潜污泵，用来将池内沉淀的污泥送至电厂冲灰系统。潜污泵的额定流量为 70m³/h，数量为 2 台，1 台运行 1 台备运。同时在污泥池上部安装 70m³/h 潜污泵 1 台，将池内上部澄清水送回调节池。

（8）系统加药设备。系统配套的加药装置包括凝聚剂加药装置和助凝剂加药装置。加药装置主要由药剂搅拌溶解箱和计量泵组成。其中，凝聚剂采用聚合氯化铝，剂量范围为 30～50mg/L；助凝剂采用聚丙烯酰胺，剂量为 0.2～0.5mg/L。计量泵带变频调速控制，根据流量信号自动改变加药量。

（9）二氧化氯发生器。由于水中混有部分生活污水，为了达到生活杂用水的水质标准，需要考虑杀菌处理。杀菌设备采用 ClO_2 发生器。

ClO_2 发生器采用化学法生产二氧化氯，由反应单元（主机）、氯酸钠溶液计量箱、氯酸钠溶解箱、氯酸钠溶液输送泵和盐酸计量箱等组成。由于水量较大，选用ClO_2发生器有效氯产量为 5000g/h，根据加药后出水余氯量调整加药量。在加药间单独隔间内设有V=3.0m^3盐酸储存槽，由自卸式酸槽车运送盐酸。

整个加药间地面及墙面 1.2m 范围内均贴耐酸瓷砖防腐，在布置二氧化氯发生器的房间内设置低位排风扇。

3. 处理后的水质

经该系统处理后要求绿化冲洗用水的水质控制标准见表 6-5。

表 6-5　再生水作绿化冲洗用水控制标准

控制项目	单位	控制指标	控制项目	单位	控制指标
pH 值	—	6.5～9	溶解性固体	mg/L	300
臭	—	无	总硬度	mmol/L	1.6
色　度	倍	30	Cl^-	mg/L	50
悬浮物	mg/L	5	铁	mg/L	0.2
浊　度	NTU	3	锰	mg/L	0.1
COD	mg/L	30	阴离子洗涤剂	mg/L	0.5
BOD_5	mg/L	10	游离余氯	mg/L	0.2
氨氮	mg/L	5	总大肠菌群	个/L	3

第二节　含油废水的处理

油类对生态系统及自然环境（土壤、水体）有严重影响，同时也会污染用水设备和有些水处理设备。在天然水体中，浮油可以阻碍大气中氧的溶解，断绝水体氧的供应。乳化油和溶解油在微生物分解过程中会消耗水中的氧气，使水体缺氧，二氧化碳浓度升高；严重时会降低水的 pH 值，影响水生物的正常生长。含油废水对土壤有严重的破坏作用，可以堵塞土壤的毛细管，阻碍空气的透入。污水处理厂进水的含油量不能大于30～50mg/L，否则将会影响生物膜、活性污泥的活性，阻碍正常的生物代谢。

一、含油废水的来源

严格地说，火电厂的很多废水都含有油。但是，通常所指的含油废水是指以下几类：

（1）储油罐排水。电厂使用的油品包括重油、柴油、润滑油和变压器油等几类，其中锅炉使用的主要是重油。除了燃油锅炉使用重油外，煤粉锅炉在启动、助燃时也要消耗大量的重油。重油的外观呈黑褐色，是一种黏稠状的液体，它是在石油加工过程中从原油中分离出汽油、煤油、柴油之后经过适当裂化处理后的产物，含有较多的非烃化合物、胶质、沥青质。

温度的变化对燃料油质量影响较大，会影响其抗氧化安定性，故在油库中常采用绝热油罐、保温油罐。高温季节还要对油罐淋水降温。空气与水分会影响燃料油的氧化速度，故在储存燃料油时常采用控制一定压力的密闭储存，以减少空气与水分的影响。阳光的热辐射会使得油罐中的油温明显升高，故轻油储罐外部大多涂成银灰色，以减少其热辐射作用。

因为重油中含有一定量的水分，在油罐内长期储存时会因重力分离而发生脱水现象，所以需要定时从油罐底部排出含油污水。这部分的废水水量一般与使用的燃油品质和吹扫管线的蒸汽量有关。正常情况下按照油罐储油量的1%～3%计算。若采用输油管将油品直接注入油罐，则可按全部输油管线容积的1.2倍计算。

（2）设备冲洗形成的含油废水。主要是来自卸油栈台、点火油泵房、汽轮机房油操作区、柴油机房、柴油机驱动泵（消防泵）等的冲洗水。这部分废水量比较小，与冲洗频率、冲洗水量有关。

火电厂燃料油的运输有铁路、水运、公路运输等形式。燃料油的装卸场地包括铁路专用线、油码头、油轮、栈桥等。在卸油结束后，一般需要利用蒸汽吹扫输油管线。

由于重油的黏度很大，在使用前需要进行蒸汽加热，使其能够达到雾化的程度，再用热空气以雾状喷入炉膛燃烧。因此，在锅炉附近的燃油系统冲洗，会使废水的含油量大大增加。

（3）含油雨水。含油雨水主要来自油罐防火堤内的区域、整体道床卸油线和卸油栈台的地面、露天放置的油罐，以及露天点火油加热区等。

整体道床卸油线和卸油栈台的地面雨水量，按照接纳雨水的面积、降雨强度和初期降雨时间来计算；在设计时，初期降雨时间一般取15min。当降雨15min后，雨水不再收集，而是引入电厂的公用排水沟道。

二、含油废水的水量和水质

1. 含油废水的水量

由于含油废水的来源较多，产生点比较分散。含油废水的收集及处理规模受到产生废水的设备在全厂的分布情况、气候（降雨量大小和降雨频率），以及使用油的品质等因素的影响。同时不同的设计单位有不同的风格，含油废水的收集有不同的方案。另外，各处含油废水的流量也受多种因素的影响。在不同的电厂，即使装机容量相同，含油废水的出处和水量都会有较大的差别。

表6-6和表6-7所示分别为两个2×300MW电厂含油废水的水量设计值。比较两表数据可以发现，二者在废水来源以及各处的废水流量方面都有很大的差异。还有一些电厂在选择废水来源时，只考虑油罐脱水和点火油泵房的冲洗废水。

表6-6　某2×300MW电厂含油废水的水量设计值

废水来源	流量（m^3/h）	废水来源	流量（m^3/h）
点火油泵房	11.4	柴油消防泵房	11.4
汽轮机运转层（连续）	17.0	汽轮机房润滑油区	17.0
检修场	11.4	柴油机房	17.0

续表

废水来源	流量（m^3/h）	废水来源	流量（m^3/h）
点火油罐区	9.3	由外部可能流入	10
露天点火油加热区和变压器区	4		

表 6-7　某 2×300MW 电厂含油废水水量

废水来源	流量（m^3/h）	废水来源	流量（m^3/h）
主厂房（连续）	10	主厂房地面冲洗（周期性）	5
重油设施（连续）	5	变压器坑雨水	16
辅助设施（连续）	5		

在火电厂设计含油废水处理系统时，其处理水量是按照连续性含油废水的排水量加上间断性排水中流量最大的一股的废水流量计算的。

2. 含油废水的水质

含油废水处理系统的主要处理对象是油。油在废水中的存在形式包括以下几种：

（1）浮油。漂浮于水面，形成油膜甚至油层。油滴粒径较大，一般大于 100μm。这种状态常见于油罐排污废水和油库地面冲洗废水中。

（2）分散油。以微细油滴悬浮于水中，不稳定；静置一段时间后往往会变成浮油，其油粒粒径为 10～100μm。在混有地面冲洗水的废水中、设备检修时排入沟道的废水中常见这种油的形态。

（3）乳化油。乳化液是一种或几种液体以微小的粒状均匀地分散于另一种液体中形成的分散体系。水中往往含有表面活性剂，这样容易使油分散成为稳定的乳化油。乳化油的油滴直径极其微小，一般小于 10μm，大部分为 0.1～2μm。

（4）溶解油。是一种以化学方式溶解的微粒分散油，油粒直径比乳化油还要小，有时小到几纳米。

火电厂含油废水处理系统的进水设计含油量范围很大，大多是在 100～1000mg/L 之间。一般油罐场地、卸油栈桥、燃油加热等处的含油量较高，其他含油量较低。表 6-8 所示为火电厂含油废水处理系统的设计含油量。

表 6-8　火电厂含油废水处理系统的设计含油量

电厂名称	装机容量（MW）	设计废水含油量（mg/L）	电厂名称	装机情况（MW）	设计废水含油量（mg/L）
平凉电厂	4×300	1000	铁岭电厂	2×300	100～1000
渭河电厂	4×300	1000	汉川电厂	2×300	500
绥中电厂	—	100～2000	石横电厂	2×300	300
平圩电厂	2×600	300	伊敏电厂	2×500	100
阳逻电厂	2×300	500			

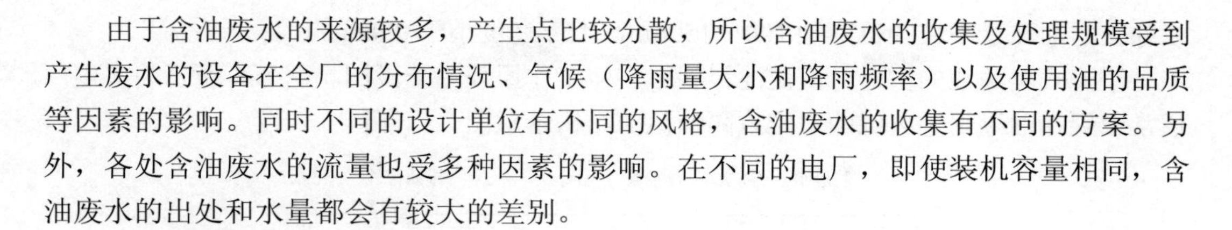

由于含油废水的来源较多，产生点比较分散，所以含油废水的收集及处理规模受到产生废水的设备在全厂的分布情况、气候（降雨量大小和降雨频率）以及使用油的品质等因素的影响。同时不同的设计单位有不同的风格，含油废水的收集有不同的方案。另外，各处含油废水的流量也受多种因素的影响。在不同的电厂，即使装机容量相同，含油废水的出处和水量都会有较大的差别。

三、含油废水的收集

含油废水的量比较小，一般都通过分散收集，然后送入含油废水处理装置处理。

对于油库冲洗水，油库区一般与主厂房相隔较远，排出的水含油量很高，所以需要单独收集。水中所含的油，尤其是重油对输送沟道或管道污染比较严重，一般油库附近设有隔油池，使废水在收集的同时就进行处理。在除去大部分浮油后，再将水送入下一级处理系统。也有些电厂在隔油池之后设置就地的移动式油水分离器。处理后的水排入排水沟道，回收的废油混在煤中送往锅炉燃烧。

四、含油废水处理设备

含油废水的处理方式按照原理来划分，有重力分离法、气浮法、吸附法、粗粒化法、膜过滤法、电磁吸附法和生物氧化法。其中，膜过滤法、电磁吸附法和生物氧化法在火电厂不常用，下面重点介绍重力分离、气浮、吸附和粗粒化法除油的原理及工艺。其中，重力分离主要是隔油池。

含油废水的处理工艺通常是采用几种方法联合处理，以除去不同状态的油，达到较好的水质。对于分散油和浮油，一般采用隔油池、气浮就可以除去大部分；而对于乳化油，则要首先破乳化，再用机械方法去除。

常用的处理工艺形式有以下几种：

（1）含油废水→隔油池→油水分离器或活性炭过滤器→排放。

（2）含油废水→隔油池→气浮分离→机械过滤→排放。

（3）含油废水→隔油池→气浮分离→生物转盘或活性炭吸附→排放。

本部分主要讨论各种处理含油废水的设备。

1. 隔油池

（1）原理和形式。隔油池的原理是利用油的密度比水小的特性，在较稳定的流动条件下使油水发生分离。隔油池只能除去浮油和粒径较大的分散油，油粒的粒径越大，越容易去除。对于乳化油和溶解油，隔油池没有去除能力。在火电厂，隔油池主要用于油罐区、燃油加热区等高含油量废水的第一级处理。

隔油池的类型主要有平流式、立式、波纹斜板式。这里主要介绍在火电厂应用较多的平流式隔油池。

（2）平流隔油池的结构和工作过程。电厂常用的主要是平流式隔油池，其特点是占地面积较大，停留时间较长，一般为1.5～2h。设计水平流速为2～5mm/s。其优点是维护方便，操作容易；缺点是处理效果较差，残油量较高。根据运行资料，用这种方法可以除去的油珠最小粒径范围是100～150μm，上浮速度小于0.9mm/s。

平流式隔油池的构造与沉淀池很相似，但工作原理完全不同。图6-8所示为火电厂通常设置在油罐附近区域的平流式隔油池的结构示意图。

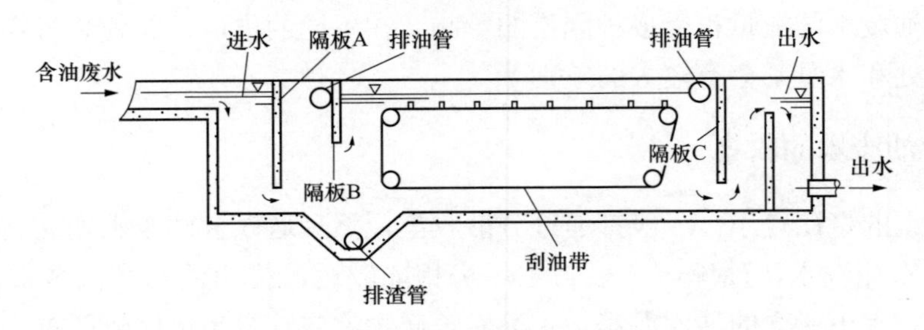

图6-8 平流式隔油池的结构示意图

平流式隔油池的工作过程是含油废水首先流入隔油池的进水室，经隔板A向下折返后，流入分离室。在分离室中，水的流速降低，其中密度小于水的油珠上浮至水面，而密度大于水的渣则沉淀在底部。上浮的油层由隔板拦截，然后由排油管排出。大部分浮油都被刮除，少量的残油随水流进入出水区排出。底部的沉渣则由泥斗中设置的排污管排出。隔油池的表面要求带盖板，以防火、防雨、保温。

水温对油的去除效率有较大的影响，温度升高，油的去除率也升高。因此，北方地区电厂的隔油池还设有蒸汽加热管，以利于冬季运行。

大型隔油池带有由钢丝绳或链条牵引的刮油、刮泥机。刮板的牵引速度应与水的流速相当，尽量减小对水流的扰动。但是火电厂的隔油池比较小，一般不设刮板，浮油采用吸油泵清除。池底有一定的坡度，坡度为0.01～0.02，坡向污泥斗。污泥斗的倾角为45°，排泥管的直径一般为200mm。

出水的含油量与油的状态、含量、水的温度、停留时间等因素有关。某炼油厂使用的平流式隔油池，进水含油量在400～1000mg/L之间，出水的含油量小于150mg/L。电厂油库废水的油多为重油，经隔油池处理后的含油量通常还大于200mg/L，达不到排放标准，因此只能用作含油废水的预处理。

（3）平流隔油池的设计计算。隔油池在设计中，需要计算分离面积、过水断面面积和水深。其设计计算一般有两种方法：

1）按照油粒上浮速度计算。

a．分离面积（A）的计算。当利用静浮试验确定了油粒的上浮速度（v_{oil}）后，隔油池的分离面积（A）可以按照下式计算，即

$$A_s=\eta q/v_{oil} \tag{6-1}$$

式中 A_s——隔油池的分离面积，m^2；

η——系数；

q——废水的流量，m^3/h；

v_{oil}——油粒上浮速度，m/h。

其中，系数η与水流速度（v_w）和油粒上浮速度v_{oil}的比值有关，设计取值见表6-9。

表 6-9　　系数 η 的设计取值

v_w/v_{oil}	20	15	10	6	3
η	1.74	1.64	1.44	1.37	1.28

b．过水断面面积 A_c 的计算。隔油池的过水断面面积可按式（6-2）计算，即

$$A_c=q/v_w \tag{6-2}$$

式中　A_c——隔油池的过水断面面积，m^2；

q——废水的流量，m^3/h；

v_w——废水在分离区的水平流速，m/h（一般取 2～5mm/s）。

c．分离区的有效水深 H。分离区的有效水深 H 一般为 1.5～2.0m。

d．分离区的宽度和长度。分离区的宽度（W）和长度（L）可以根据式（6-3）计算。需要说明的是，为了水力分布均匀，每个隔间的长宽比不宜小于 0.4。

$$W=A_C/H \qquad L=A_S/W \tag{6-3}$$

式中　W——隔油池分离区的宽度，m；

L——隔油池分离区的长度，m。

2）按照废水的停留时间计算。该算法比较简单，首先根据废水流量和停留时间（一般取 1.5～2.0h）计算出分离室的容积，然后根据废水流量和水平流速（一般取 2～5mm/s）求出过水断面面积。再根据有效水深（一般取 1.5～2.0m）即可分别求出分离区的宽度和长度。

（4）其他隔油池

除了平流式外，还有平行板式和倾斜式隔油池。平行板式隔油池实质是平流隔油池的改进型，在分离区加装了一些斜板，增大了分离面积，稳定了水流。其分离效率高于平流式，占地面积大约为平流式的一半，可去除的最小油粒粒径约为 60μm。缺点是斜板需要定期清洗，维护工作量大于平流式。

倾斜式隔油池的断面呈 V 字形，V 字形的两侧布置有分离斜板。向下流动的废水从两侧进入斜板分离区，分离出的油滴浮集在水面排出；向下的水流经过斜板后汇集在池体的中部并上流至出水管。这种隔油池的分离效率比较高，可去除的最小油粒粒径与平行板式相同。停留时间比平流式和平行板式都短，一般不大于 30min，因此占地面积小，仅为平流式的 1/3～1/4。但是斜板需要定期清洗。

当含油废水量很小时，可以使用小型隔油池，其结构比平流式更为简单。池内用几块垂直隔板分割，形成 2～3 级隔油室，当废水在池内进行之字形流动（垂直方向）的过程中，油滴上浮分离。浮油利用撇油器手动清除。

2. 气浮池

气浮除油在电厂应用得较为广泛，其典型的系统为：含油废水→混凝→气浮池→中间水箱→过滤→排放。

采用该工艺处理后，含油量一般可以小于 10mg/L，达到排放标准。对于含油量较大

的油罐排污冲洗废水、排污水等，一般先通过隔油池预处理后，再送入气浮池处理。

火电厂的含油废水流量一般比较小，大多采用小型的气浮装置即可满足要求。

在火电厂设计的气浮除油系统中，为了提高气浮除油的效率，一般需要投加混凝剂。气浮除油工艺包含两个基本过程，一个是破乳化，另一个是气浮分离。

（1）混凝破乳化。水中的乳化油粒极其细小，表面有一层带电荷的液膜，油珠相互排斥，互相不会凝结、长大。因为这些油珠均匀地分散于水分子之中，没有上浮能力，因此不能直接重力分离。要去除这种稳定存在的油粒，首先必须破坏油珠表面的液膜，消除油珠相互接近、凝聚的阻力，使其凝结、长大成具有上浮能力的大粒径油珠，然后浮升于水面与水分离。这个过程称为油的破乳化。

常用的破乳化方法有药剂处理法、高压电场、离心处理等。其中，药剂处理法的原理类似于胶体物质的脱稳。当向水中投加电解质后，带电荷的离子会破坏油珠外层的带电界膜，使油珠相互凝聚、脱稳、长大。可用于破乳化的药剂有混凝剂、无机盐和酸。其中，常用的无机盐包括 $CaCl_2$、$MgCl_2$、NaCl、$CaSO_4$、$MgSO_4$ 等。如果向水中投加硫酸、盐酸、醋酸或环烷酸等，可以使脂肪酸皂变为脂肪酸分离出来。

在火电厂常用混凝破乳方法，使用的混凝剂有聚合铝、聚合铁、三氯化铁等。废水的 pH 值对混凝效果有影响，这一点与混凝除胶体是相同的。

为了提高除油的效果，也有先加入无机盐，使乳化油初步破乳，然后再加混凝剂，使其凝聚分离。这种方法在火电厂一般不使用。

实质上，通过混凝处理，不仅能使油粒破乳化和脱稳，而且脱稳后的油粒可以吸附在混凝形成的絮凝体上，油的去除率会大大提高。

（2）气浮分离。通过混凝破乳后，水中稳定存在的分散油珠就会脱稳并凝结成较大的油粒，这些油粒具有一定的上浮能力，同时又可以被混凝后形成的大尺寸活性絮凝体所吸附。这些絮凝体在微气泡的作用下会迅速上浮而分离。

3. 油水分离器

国内部分电厂使用油水分离器净化含油废水。该装置中装填有亲油疏水的填料，当废水流过填料时，水中的微细油粒会在填料表面集结，逐渐长大并与水分离。这种方法称为粗粒化法（也叫凝结法），适用于处理分散油和乳化油。

该法的优点是设备体积小，效率高；缺点是填料容易堵塞，除油效率容易降低。

粗粒化材料分为有机材料和无机材料两类。聚丙烯、无烟煤、陶粒、石英砂都可以作为粗粒化材料。

火电厂生活污水回用

第一节　火电厂生活污水的特点

一、火电厂生活污水的水质与水量

火电厂的生活污水主要来自餐厅、浴室、办公楼以及生活区的排水，一般有专用的排水系统收集。生活污水的含盐量不高（含盐量比自来水稍高一些），是火电厂比较容易回用的一种废水。相对于火电厂的其他工业废水，生活污水的水质比较特殊，有臭味，含有氨氮，COD、BOD 等生化指标，以及色度、悬浮物、细菌、油、洗涤剂等含量较高。大部分电厂设有生活污水处理装置，处理后达标排放。近年来，也有一些电厂将其深度处理后用于循环水系统、除渣系统或脱硫系统。表 7-1 所示为某电厂生活污水的主要水质指标分析结果。

表 7-1　某电厂生活污水的主要水质指标分析结果

水质指标	单位	数值	水质指标	单位	数值
pH 值	—	7.06	COD	mg/L	80.0
电导率	μS/cm	1336	BOD_5	mg/L	28.0
Ca^{2+}	mmol/L	1.02	氨氮	mg/L	36.81
Mg^{2+}	mmol/L	0.51	总磷	mg/L	0.07
Cl^-	mg/L	340	悬浮物	mg/L	72.0
SO_4^{2-}	mg/L	42.4	全硅	mg/L	5.96
溶解固形物	mg/L	646			

生活污水的水量波动很大，但规律性较强。污水流量通常取决于电厂的人数以及生活区的位置。生产区生活污水的流量很小，一般为 5～10t/h。有些电厂的生活区与厂区共用污水排放系统，生活污水的流量较大，高峰流量可以达到 200～300t/h。

一些电厂的生活污水处理系统设计时间很早，工艺设备老化严重，系统设备检修频繁，设备利用率低，而且原工艺设计是按照当时的排放标准进行设计的，无法满足现阶段回用水水质要求。

二、火电厂生活污水处理的要求

火电厂的生活污水水量一般比较小，一般采用曝气、沉淀、杀菌处理工艺。较早建成的污水处理站大多采用混凝土结构，包括水池、曝气池、杀菌接触池等。在 20 世纪 90 年代，很多电厂采用了地埋式污水处理装置，这是一种集成化的小型污水处理设备，将曝气池、沉淀池、罗茨风机集中布置，采用碳钢或玻璃钢制造。该装置的优点是可以埋入地下，占地面积小，有利于污水处理站的环境美化。但是在实际使用过程中，这种污水处理装置暴露出很多问题。主要的问题是出水水质不稳定，可靠性差。究其原因，主要是为了追求体积小，不合理地减少了污水的停留时间，因此处理效果不能保证。一旦来水水质较差或者废水流量增大，出水就迅速恶化。另外，曝气风机安置在一个相对封闭的环境内，在夏季因环境温度过高，很容易出故障，维修也不方便。许多电厂的地埋式污水处理设备已经废弃，仅仅当作污水池使用。

目前，生活污水根据不同的处理目标，有不同的处理深度和相应的处理工艺。处理深度主要有以下三种：

（1）达标排放。这是污水处理最基本的要求，要求出水质指标达到地方或国家的要求。由于火电厂厂区的生活污水是与其他废水混合排放的，因此达标排放的主要处理对象是生活污水中有可能影响全厂废水排放的 BOD、COD 以及氨氮等几个特殊指标。一般以生物处理为主，主要的工艺是格栅、生物氧化和沉淀。

（2）作为杂用水回用。污水处理后用于厂区绿化、冲洗等杂用是很多电厂已经采取的节水措施，这种情况下要求出水质指标达到城市杂用水的水质标准。杂用水标准根据杂用的具体用途又细分了 5 种用途的水质要求，主要限制指标对悬浮物（浊度）、BOD_5、COD、氨氮、阳离子表面活性剂、铁、锰、含盐量、总大肠菌群、余氯等进行了更加严格的限制。为了满足该标准，一般还要进行过滤、吸附、杀菌等深度处理。

（3）回用于工业系统。这是污水处理的最高标准。大多数火电厂生活污水的含盐量不高，是火电厂回用成本较低的排水。在目前深度节水要求下，火电厂要对各类排水进行细分回用，以得到最高的用水效率和最大的节水减排效益。因此，很多电厂已经将生活污水从杂用水改为工业系统补水，处理要求也更高。与达标排放、杂用相比，污水用于工业系统最重要的不同就是对悬浮物、有机物、胶体、氨氮、磷、含盐量、氯化物等指标的要求更加严格。对于对数情况来说，含盐量、氯化物可以不作特殊处理，但需要尽量稳定；而有机物、胶体、氨氮、悬浮物等指标，一般需要配合曝气生物滤池、混凝澄清、过滤等深度处理工艺才能满足系统要求。有些电厂的生活污水处理系统运行很好，也可以并入其他废水的处理系统合并深度处理。

第二节　火电厂常用的污水处理工艺

一、接触氧化处理

图 7-1 所示为火电厂常用的生活污水处理流程，其处理目标是达标排放。

其中生物处理技术具有净化能力强、费用低廉、运行可靠性好等优点，是生活污水处理的主要方法。该工艺中各设备或设施的作用如下。

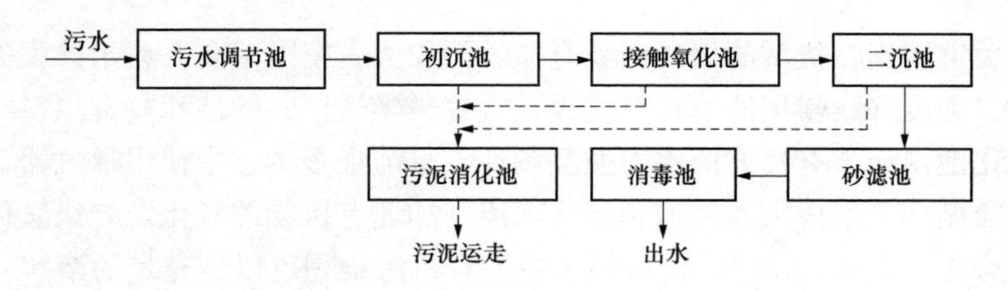

图 7-1　火电厂常用的生活污水处理流程

（1）格栅。机械格栅用来除去污水中的大尺寸悬浮物，如树枝、漂浮物等，以防堵塞设备。格栅安装在污水调节池的进口格栅池中。考虑到防腐蚀的要求，一般采用不锈钢材质。

运行一段时间后，格栅需要进行清污处理。格栅的清污方式有自动和手动两种，相应地有两种类型的格栅，即自动格栅和手动格栅。自动格栅带有自动清污装置，装置上带有与格栅条能够啮合的齿条。清污时，清污电动机驱动链条带动清污齿条沿格栅表面上下移动，将拦截在格栅表面的杂质刮除。

自动格栅的结构比手动格栅复杂得多，维护量较大。大部分火电厂污水的漂浮物较少，所以使用手动清污格栅即可满足要求。

（2）污水调节池。污水首先进入污水调节池。因为污水的水质、水量都不稳定，污水调节池的主要作用是缓冲污水流量的变化，均化污水水质，减小污水处理设备的进水水质和流量的变化幅度。其调节能力取决于污水调节池的容积，一般污水调节池的容积设计为日处理污水总量的 20%～30%。为了加强均化的效果，增加污水的溶氧量，防止杂质在池内沉淀，一般在调节池底设有曝气装置。除了收集生活污水外，污水处理系统产生的工艺废水有时也返回污水池继续处理，如滤池反洗水和消化池返回水等。

（3）初沉池。初沉池的作用是将污水中携带的可直接沉淀的泥砂等杂质除去，减少进入后续设备的悬浮物量和污泥量。初沉池一般为竖流式沉淀池，污水的停留时间为 1.5h 左右，上升流速为 0.2～0.3mm/s。因为在此污水的上升流速缓慢，水中的悬浮物等杂质可沉降在池体的底部。底部泥渣自然浓缩后，由空气提升至污泥池。电厂的生活污水悬浮固体物较少，有时可以不设置初沉池，而将污水直接引进接触氧化池。

（4）接触氧化池。接触氧化池是生活污水处理系统的核心设备。其原理是通过连续曝气，保证接触氧化池好氧段内充足的氧气浓度，使细菌在填料表面生长成膜。填料上的微生物利用污水中的有机物为营养源，对污水中有机物进行吸附、生化降解，将污水中的有机物分解成无机盐类、二氧化碳和水，部分有机物转变成污泥。

在接触氧化池的缺氧段，反硝化微生物利用 NO_3^- 作为最终电子受体进行无氧呼吸，使 NO_3^- 通过反硝化作用转化成 N_2，在接触过程中完成反硝化脱氮反应。两级接触氧化池的出水进入二沉池进行固液分离。

为了尽量降低水中的 BOD，使出水的 $BOD_5 \leqslant 20mg/L$（一级排放标准），大部分污水处理设备采用二级接触氧化。在二级接触氧化池中，污水总的停留时间可以达到 8h，反应时间充足。为了给生物膜的生长提供基体，氧化池内装有填料。填料的性能是影响处理效果的关键因素。优质的填料应具有比表面积大、空隙率高、易于挂膜的性质，而且要耐腐蚀、强度好。常用的填料有直板、直管、半软性、软性和复合填料等。

曝气氧化池内应该有良好的水力循环条件，目前很多工程中使用曝气器，曝气时空气会带动水流循环，形成大量气泡和环形水流，加速有机物的氧化。一级氧化池采用较高的气水混合比（大于 20:1），使得污水中的有机污染物可以与充足的溶解氧接触，为连续地培养活性微生物创造了条件，可以保证较高的有机物去除效率。二级氧化池的气水混合比比一级小，约为 12:1；设计停留时间也比一级短，为 4h 左右。

（5）二沉池。二沉池的名称是相对于初沉池而言的；即使系统中没有设置初沉池，习惯上也将沉淀池称为二沉池。接触氧化池的出水进入二沉池。二沉池一般为竖流式结构，水中携带的脱落生物膜、颗粒物在此沉淀。该池的上升流速较低（0.4mm/s），可以保证曝气后固体污泥的有效分离，满足排放标准对悬浮物的要求（一级标准要求悬浮物小于 20mg/L）。为了提高分离效率，有时在二沉池内还要设置斜管。二沉池污泥进入污泥消化池进行污泥浓缩。

（6）消毒池。杀菌是污水处理工艺中必不可少的环节，常用的杀菌剂有液氯、次氯酸钠、二氧化氯等。杀菌接触池的有效容积是按照有效停留时间大于 35min 来设计的。在火电厂有时为了简化系统，将杀菌剂加入处理系统的清水箱中。消毒池出水通过砂滤器过滤后进入清水池进行回用。

（7）污泥消化池。污泥池收集接触氧化池和二沉池的污泥，目的是通过厌氧消化，使污泥不断地进行浓缩、发酵，进一步降解转化，减少剩余污泥的量。一般污泥池的清理周期为一年以上。污泥池的上清液可以送回污水调节池重新处理。

（8）曝气风机。曝气风机一般采用罗茨风机。

该工艺流程是火电厂生活污水传统的处理工艺，经接触氧化后可以有效降低污水中的 BOD、COD 等污染物含量，一般都可以满足排放标准。设备简单，投资小；电厂运行人员对工艺熟悉，便于管理运行操作。缺点是生物接触氧化池挂膜难，生物膜不耐久，易脱落和老化。脱落和老化的生物膜进入产水，影响后续处理系统的负荷和处理效果。采用地埋式设备时，生物接触氧化池布水布气不易均匀，厌氧和好氧条件不明显，脱氮效率较低，厌氧段会产生臭气，检修困难。如设计或运行不当，滤料容易堵塞。

二、厌氧-缺氧-好氧（A^2/O）工艺

对于处理规模较大的城市污水，一般采用厌氧-缺氧-好氧（A^2/O）工艺。该工艺的主要特点是采用厌氧、缺氧和好氧处理流程。在厌氧阶段，污水与回流污泥混合后在各种发酵细菌自身吸收利用下，容易生物降解的大分子有机物被消化分解、细菌吸收利用或转化为小分子量的挥发性脂肪酸，污水中的 COD、BOD 浓度降低，氨氮也在细胞合成中被消耗掉一部分，浓度下降。在缺氧段，回流的硝态氮在反硝化细菌的作用下，利用有机物作用为碳源和电子供体，将硝态氮还原为氮气完成反硝化过程。在好氧段通过氧化作用和硝化作用，进一步去除有机物和氨氮。

A^2/O 工艺的优点是脱氮除磷集于一体，管理操作简单，工艺效率高。技术方案成熟，

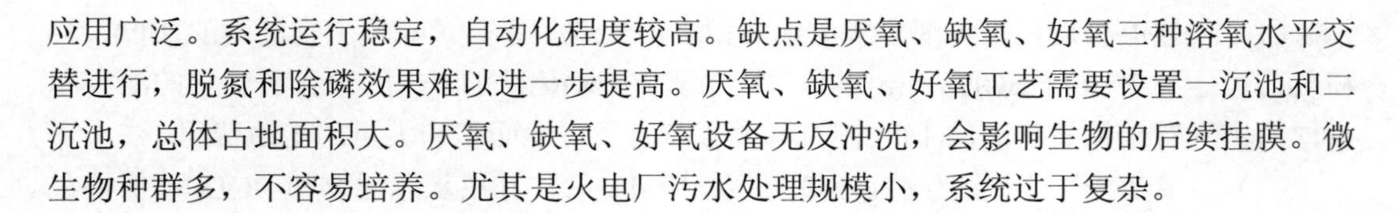

应用广泛。系统运行稳定，自动化程度较高。缺点是厌氧、缺氧、好氧三种溶氧水平交替进行，脱氮和除磷效果难以进一步提高。厌氧、缺氧、好氧工艺需要设置一沉池和二沉池，总体占地面积大。厌氧、缺氧、好氧设备无反冲洗，会影响生物的后续挂膜。微生物种群多，不容易培养。尤其是火电厂污水处理规模小，系统过于复杂。

三、曝气生物流化池工艺

曝气生物流化池工艺流程的特点是以曝气生物流化池作为核心的氧化、硝化和反硝化设备。在曝气生物流化池中，有占曝气池有效容积的 40%～45%的微生物载体，微生物大量附着并固定在载体上。通过在各级曝气生物流化池反应器中培养不同特效优势菌种，提高目标污染物的降解效果。运行过程中每个载体内部都存在着良好的好氧、缺氧、厌氧环境，相当于内部存在多个微型硝化-反硝化反应器，因此在一个反应器中可以同时进行氨氧化、硝化和反硝化联合作用，氨氮的去除效率较高。该工艺的优点是兼顾了活性污泥法、生物膜法和固定化微生物技术的长处，具有较好的处理效果。可在污水处理装置内维持高浓度的生物量，提高处理负荷，减少处理装置容积。缺点是需设置二沉池，停留时间较长，占地面积较大。载体颗粒粒径不均匀，易出现分层现象。运行管理对技术要求较高。

四、曝气生物滤池（BAF）工艺

曝气生物滤池（BAF）工艺的特点是以曝气生物滤池作为核心氧化设备处理污水。曝气生物滤池出水经消毒、过滤后进行回用。图 7-2 所示为曝气生物滤池工艺流程。生活污水经过格栅清污机后进入生活污水调节池，再经提升泵提升后送至预澄清池，通过澄清处理降低水中的悬浮物含量后进入曝气生物滤池。如果污水的悬浮物含量不高也可省去预澄清器。

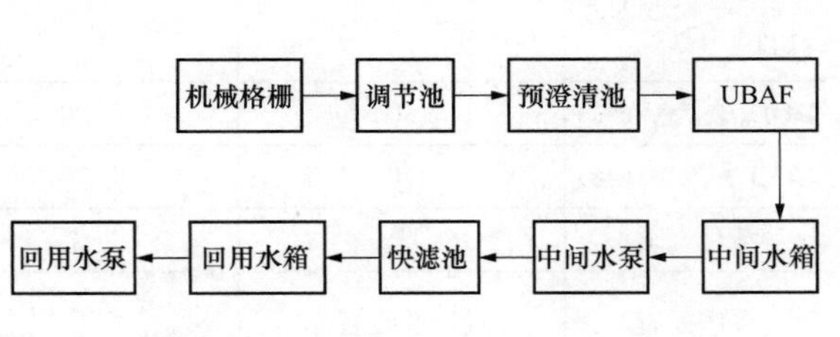

图 7-2　曝气生物滤池工艺流程

曝气生物滤池主要由滤池池体、滤料层、承托层、布水系统、反冲洗系统、出水系统、管道和自控系统组成。其滤料层是生物载体，滤料采用具有大量微孔、比表面积很高的粒状材料，如陶粒等；运行中通过在滤池内曝气可以使其表面生长高活性的生物膜。当污水流经滤层时，滤料表面的生物膜可使污水中的组分快速地氧化降解。因为滤料呈压实状态，滤层具有很好的过滤作用，生物膜还具有生物絮凝作用，因此可以截留污水中的悬浮物，包括脱落的生物膜。运行一定时间后，因水头损失的增加，需对滤池进行反冲洗，松动滤料，冲出截留的各种悬浮物。通过反冲也可以更新生物膜。曝气生物滤池的反冲洗是影响滤池运行效果的关键素之一，需根据出水水质合理地控制反洗强度、反洗时间和反洗周期。需要特别注意的是反洗强度过大易破坏滤料表面生物膜。曝气生物滤池的出水进行杀菌、过滤后即可回用。

曝气生物滤池工艺的优点如下：

（1）工艺流程短，设备池容和占地面积小，处理效率高。曝气生物滤池的 BOD 容积负荷可达到 3～6kg BOD_5/（m^3·d），是常规接触氧化法的 6～12 倍，所以它的池容和占地面积只有接触氧化法的 1/10 左右，大大节省了占地面积和大量的土地费用。

（2）在 BOD 容积负荷为 6kg BOD_5/（m^3·d）时，其出水悬浮物和 BOD_5 可保持在 10mg/L 以下，COD 可保持在 60mg/L 以下，远远低于国家《污水综合排放标准》规定的一级标准。

（3）由于曝气生物滤池对悬浮物的截留作用，使出水中的活性污泥很少，处理流程简化，使占地面积进一步缩小。

（4）抗冲击负荷能力很强，没有污泥膨胀问题，微生物也不会流失，能保持池内较高的微生物浓度，因此日常运行管理简单，处理效果稳定。

（5）由于大量的微生物生长在粒状填料粗糙多空的内部和表面，微生物不会流失，即使长时间不运转也能保持其菌种。如长时间停止不用后再使用，其设施可在几年内恢复正常运行。

（6）构筑物为地上式，检修方便。

该工艺也存在一些缺点：①曝气生物滤池对进水的悬浮物有要求，当污水悬浮物含量高时需要进行预沉淀处理。②需要进行反冲洗。除了增加反冲洗系统设备外，还会产生反洗排水（反洗排水可以返回到处理系统进行处理，不需外排）。

对上述四种处理工艺进行比较，比较结果见表 7-2。

表 7-2　　四种生活污水深度处理工艺的比较

项目 \ 处理工艺	接触氧化处理	A^2/O	曝气生物流化池	BAF
BOD_5 去除率（%）	80	90	75	85
COD 去除率（%）	70	70	70	75
载体介质	无	无	高效生物载体	球型滤料
系统配置	无反冲洗设备	需要设置初沉池和二沉池，无反冲洗设备	需要设置二沉池；无反冲洗设备	无需设置二沉池，有反冲洗设备
污泥处置	容易，定期清理	复杂，需要设置污泥处理装置	容易，定期清理	容易，定期清理
污泥	产泥量大，有污泥膨胀问题	产泥量大，有污泥膨胀问题	产泥量较大，无污泥膨胀问题	产泥量小，无污泥膨胀问题
运行管理	操作运行简单，地埋式不便于检修	操作运行简单	载体老化较快，自动控制，可调节性好	出水水质稳定；检修方便，维护工作量小
构筑物占地面积	较大	大	较大	小

五、膜生物反应器工艺

膜生物反应器（MBR）工艺是将生物处理与膜分离技术相结合的一种高效污水处理新工艺。用分离膜取代传统接触氧化法的二沉池和常规过滤单元，活性污泥浓度大大提高，水力停留时间（HRT）和污泥停留时间（SRT）可以分别独立控制，有利于难降解物质的反应和降解，大大强化了生物反应器的处理效能。图 7-3 所示为 MBR 污水处理流程图。

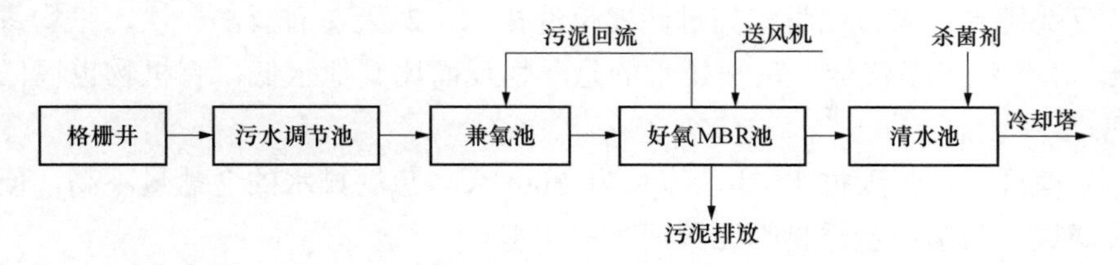

图 7-3　MBR 污水处理流程图

MBR 有以下特点：

（1）悬浮物低，浊度接近于零，水质稳定，可直接回用。

（2）对有机物的去除率高，可以除去一些难降解的有机物。生物处理单元中污泥浓度高、泥龄长，有利于有机物的去除。对游离菌体和一些难降解的大分子颗粒状物质有截留作用。生物反应器内生物相丰富，如代谢时间较长的硝化菌得以富集，原生动物和后生动物也能生长；膜出水不受生物反应器中污泥膨胀等因素的影响。

（3）对于氮、磷污染物有较高的去除率。有毒的微污染物（如杀虫剂、多环芳烃等）几乎全部吸附在污泥上，因此可与悬浮物同时被去除。

除了出水水质好之外，MBR 工艺的污泥产量小，不必设专门的污泥处理装置，自动化程度高。采用膜分离技术的 MBR，大大缩短了工艺流程，生物反应过程的监控简化，自动化程度高。模块化设计，易于根据水量情况进行自由组合，占地面积小。

MBR 工艺主要缺点为：MBR 膜组件需要定期清洗和更换，维护和运行成本高；污水中的毛发等丝状物容易缠绕在膜丝上，因为膜丝长期处于高频率摆动状态，毛发可以割断膜丝。因此，MBR 装置进水预处理中，毛发等纤维杂质的去除十分重要。

第三节　污水回用工程实例

一、电厂污水回用工程一

某热电厂位于水资源日益紧缺的山东省淄博市。为了节水并解决废水排放的问题，2001 年对厂内的生活污水、养鱼塘排水、主厂房排水、反洗排水进行回收利用。这些废水经过深度处理后，替代部分黄河水补入电厂的循环水系统。运行多年来，取得了明显的社会效益和经济效益。

1．废水的组成与水质分析

按照分类处理、分类回用的原则，该工程主要收集了以下四种废水进行处理回用：

（1）生活污水。为热电厂生产区的生活排水，流量约为 50t/h，其中洗浴用水的比例较高。从水质指标来看，含盐量与现用的黄河水相差不大，COD、氨氮、细菌和悬浮物都比黄河水高。

（2）主厂房排水。主要是锅炉排污水、机组排水和其他排入该沟道的废水。其水质特点是有机物较高，含盐量较低；流量大约为 10～30t/h。

（3）反洗排水。来自化学车间过滤器反洗排水，2 天左右反洗一次，平均每天水量约为 50t。由于经过了沉淀，反洗排水的悬浮物反而比其他水低，有机物也很低，比较容易处理。

（4）鱼塘排水。每天排水 3h，流量为 300t/天。鱼塘排水的含盐量不高，但氨氮、有机物、藻类、细菌和悬浮物都比黄河水高得多。

根据各路废水的水量加权计算，上述几股废水混合后，COD 大约为 23.4～40.6mg/L，氨氮为 7.4mg/L，悬浮物小于 20mg/L，Cl^-小于 60mg/L。因为混合废水的氯离子浓度不高，所以没有超过电厂凝汽器铜管的允许范围；其他无机离子的含量也可以满足要求，因此回用处理不考虑脱盐装置。

污水总量每天约为 2000t，合 83t/h。

2. 工艺说明

图 7-4 所示为污水深度处理的工艺流程。

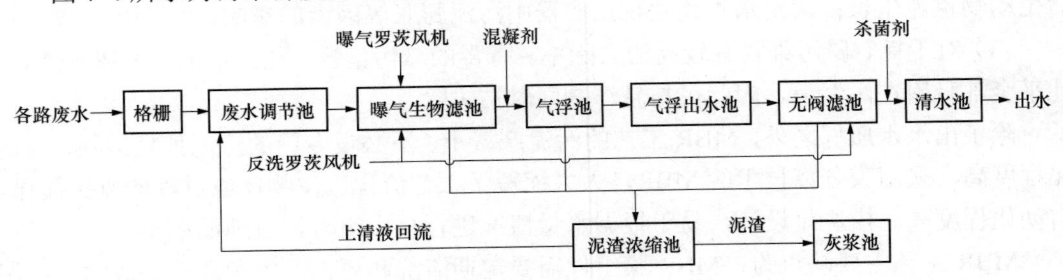

图 7-4 污水深度处理系统流程

考虑到生活污水占有较大的比例，因此生化处理是不可缺少的。为了满足循环水的水质要求，在生化处理之后还要进行气浮、过滤处理。

（1）生物处理。生物处理的关键设备选用曝气生物滤池（BAF），这是针对电厂污水的特点进行设计的。电厂厂区生活污水的 BOD 和 COD 较城市污水低得多，如果采用传统的二级处理方案，设备投资高，占地面积大，系统复杂，而且运行稳定性不好。曝气生物滤池是近年来开发的新技术，其原理是利用池内滤料表面生长的生物膜，在好氧条件下高效降解污水中的有机物，同时进行生物脱氮。该种工艺具有微生物接种挂膜快、生长繁殖迅速的优点。同时，由于气体在滤料孔隙内的滞留时间长，与生物膜接触充分，生物量和生物活性高，氧利用率高，出水水质好。这方面的内容将在下一章中作详细介绍。

（2）气浮、过滤处理。经过曝气生物滤池处理后，水中的有机物、悬浮物都有大幅度降低，因此，后级设备其出水浊度很低。考虑到低浊水的特点，在后续混凝处理系统中没有采用传统的澄清池，而是采用了气浮工艺。

由于循环水系统对补充水的悬浮物要求比较严格，所以气浮池出水还要经过滤池过滤，才能送入循环水池。过滤设备采用重力式滤池；该种滤池不需要设置反洗水泵，反洗操作简单，运行方式与无阀滤池相似。

滤池出水投加次氯酸钠进行杀菌。经约 1h 的接触反应后，水自流进入清水池，最终由清水泵送至循环水水池。

3. 运行结果的分析与讨论

2001 年 12 月 20 日工程完工，又经过 20 天连续调试后正式运行移交生产。在调试运行期间，热电厂对出水水质进行了多次监测。监测结果表明，出水各项指标完全达到了设计要求。现将几个主要设备的运行情况总结如下：

（1）曝气生物滤池。通过调试，曝气生物滤池对悬浮物的去除率大于 50%（用浊度计算），对有机物的去除率大于 45%（用 COD_{Mn} 计算），对氨氮的去除率大于 50%。反洗周期大约为 3 天。

需要说明的是，调试期间混合废水的氨氮浓度比设计值要低得多（小于 2mg/L），但曝气生物滤池仍然有较高的去除率；出水氨氮的最高值仅为 0.55mg/L。

（2）气浮。混凝剂的质量是影响气浮处理效果的一个重要因素。在调试期间，使用了两种混凝剂，一种是聚合硫酸铁，另一种是碱式氯化铝。结果发现由于聚合硫酸铁的质量很差，使得气浮池出水浊度和色度都很高。烧杯试验表明，该种药混凝效果极差，生成的矾花量少，水中铁的溶出量很高。在后面的调试中，使用质量较好的碱式氯化铝，出水水质明显改善，而且很快达到了气浮池的设计水质标准。在以后的运行中，一直使用该种产品，出水水质一直很稳定。

运行结果表明，气浮池的出水浊度很低，而且稳定。在进水浊度较高的情况下，气浮池对浊度的去除率在 80%以上；而进水浊度较低时，其去除率也保持在 70%以上。出水浊度小于 2NTU，而且比较稳定。

（3）重力式滤池。滤池是最后一级处理设备。经过调试，滤池的出水浊度小于 1NTU，杀菌后异养菌的含量小于 10 个/mL。水质完全达到了循环水系统的要求。

滤池的反洗周期为 3 天左右，每次反洗时间为 10～15min。从滤层表面的窥视孔观察，反洗强度完全可以满足要求。表 7-3 所示为系统出水水质分析结果。

表 7-3　　系统出水水质分析结果

项目	单位	进水	出水	项目	单位	进水	出水
外观	—	混浊	清	*余氯	mg/L	0.01	0.47
气味	—	有	无	总硅量	mg/L	—	5.21
*浊度	NTU	15.4	0.6	Cl^-	mg/L	76.4	90.4
沉淀	—	有	无	异养菌	个/mL	—	120
*pH 值	—	8.2	7.7	碱度	mmol/L	—	2.52
$KMnO_4$ 指数	mg/L	4.52	2.19	暂硬	mmol/L	—	2.52
*氨氮	mg/L	1.07	0.50	总硬	mmol/L	—	5.20

注　带“*”项目数据为多日平均值。

4. 运行效果和效益分析

该套系统已经连续运行近 4 年，运行正常。在夏季曾经发现主厂房的排水温度有时会超过 70℃，超过了生物膜所能耐受的温度，对曝气生物滤池的运行十分不利。为此，电厂在该股废水的进水管路上，增加了喷淋降温装置，有效地降低了水温，保证设备的正常运行。

运行证明，该套废水回用处理系统是成功的。系统运行可靠，适用于该电厂的具体条件，取得了经济、社会效益的双丰收。

综合考虑电费、药剂费、设备折旧费、人工费，吨水处理成本为 0.75 元；而该电厂的新鲜水成本高达 5.7 元/t（包括排污费）。废水回用后，每吨水可产生 4.95 元的经济效益。按日回收水量 1800t 计，每年实际运行 360 天，可回收水 64.8 万 t，节约用水成本 320 万元，投资一年即可收回。同时，每年可减少废水排放量 72 万 t，其社会环境效益也十分显著。

二、发电厂污水回用工程二

该电厂位于山东省菏泽市郊，总装机容量为 850MW，分二期建成。其中，一期为 2 台 125MW 机组，二期为 2 台 300MW 机组。水源为地下深井水。由于水资源紧缺，水费逐年上涨。为了缓解用水压力，提高企业的经济、环保和社会效益，电厂对电厂厂区及生活区的污水进行了回收，经过深度处理后的水回用至电厂循环水系统。

1. 生活污水的水质和水量

该电厂污水排放由生活区和厂区两个独立的排水系统组成。根据生活污水排水管沟的分布情况，设置两个生活污水收集点：一处是生活区收集点，位置选在生活区外排经四沟的污水集水池；另一处是厂区污水收集点（包括部分工业杂排水），直接利用一期雨水泵房的集水池收集污水。两股污水通过升压泵用管道送至新建的污水处理站。

以上两股污水混合后的水质指标及处理后水质要求见表 7-4。考虑到电厂以后有可能使用菏泽市的城市污水，该工程的设计出力为 250m^3/h。

表 7-4　　污水处理系统的设计进、出水水质

项目	单位	生活污水	处理后	项目	单位	生活污水	处理后
外观	—	浑浊	清澈	$KMnO_4$ 指数	mg/L	≤15	≤4
气味	—	有臭味	无	氨氮	mg/L	≤10	≤2
浊度	NTU	≤30	≤2	余氯	mg/L	0	≤1.0
pH 值	—	6～8	6～8	异养菌	个/mL	1×10^5	≤1000
电导率	μS/cm	1250～1350	1250～1350				

2. 工艺流程及分析

污水回用处理要去除的主要杂质是污水中的悬浮物、有机物、氨氮和异养菌。污水处理的工艺采用曝气生物滤池、气浮、过滤和杀菌处理工艺。图 7-5 所示为系统流程。

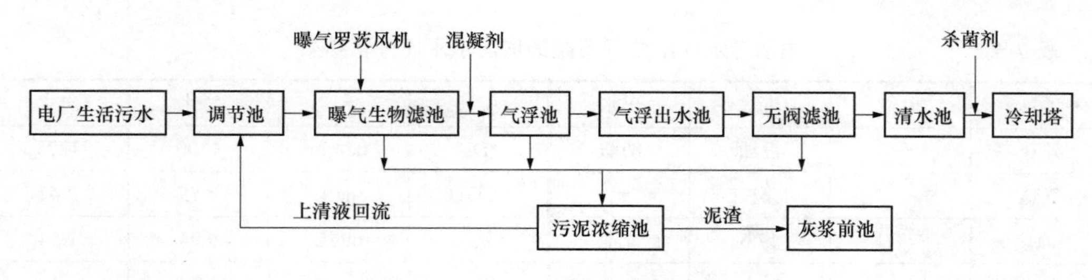

图 7-5 污水回用深度处理系统流程

厂区和生活区的污水通过污水泵送至新建的污水调节池中充分混合后，由污水提升泵送入曝气生物滤池，在此利用生长在陶粒填料表面上的生物膜，将水中的有机物氧化、分解，同时进行生物脱氮。其出水投加混凝剂后，自流进入气浮单元的混凝反应器，尔后进入气浮池。气浮池的出水通过中间升压泵升压后送入无阀滤池过滤，滤池出水经杀菌后进入清水池。清水由清水泵送至循环水系统的补水点。

3. 各设备的处理效果

（1）曝气生物滤池。调试初期向曝气生物滤池内投加了少量的活性污泥（取自厂区外经四沟），同时加入生活污水将滤料淹没，闷曝一段时间后开始小流量进水，然后逐渐加大进水流量直至满负荷运行。当有机物去除率达到 40%～50%时（以 $KMnO_4$ 指数计），即可认为曝气生物滤池的调试结束。挂膜完成后的陶粒表面附着了一层黏滑的生物膜。运行结果表明，经过曝气生物滤池处理后，有机物降低了 55%以上（以 $KMnO_4$ 指数计），浊度降低了 30%左右，对氨氮的去除率大于 70%。

当曝气生物滤池反洗后，出水中有机物和氨氮有所升高。一般经过半天的运行后，出水水质又可以恢复到正常的水平。

（2）气浮池的运行结果。调试前，通过烧杯试验确定了混凝的基础加药量。试验结果表明，聚合铝的剂量大于或等于 40mg/L 时，出水浊度便可降到 2NTU 以下。气浮池为立式、圆形的钢制设备。运行方式为部分回流压力溶气式；溶气压力为 0.3MPa，回流比为 20%～25%，回流水引自清水池。压缩空气由溶气罐的水位自动控制。

气浮池的进出水浊度的分析结果表明，在聚合铝剂量为 40mg/L 时，除浊率在 80%以上，出水浊度小于 2NTU。

（3）过滤、杀菌设备。无阀滤池内部装填石英砂，为生活污水回用处理系统的最后一级处理设备，主要作用是去除水中残留的悬浮颗粒，稳定出水水质。该种滤池滤层压差到达一定值后就自动进行反洗，不需要设置反洗水泵，运行可靠。每次反洗需 10min 左右。

杀菌剂采用二氧化氯。与次氯酸钠相比，二氧化氯具有安全可靠、杀菌效率高、广谱、适应的 pH 值范围广、残留的 Cl^- 量低等优点。二氧化氯加在无阀滤池的出水管道上，进入清水池后有足够的反应时间。

在调试期间，对系统出水水质进行了多次分析试验，结果见表 7-5。图 7-6 所示为调试期间曝气生物滤池进出水 COD 的变化曲线，图 7-7 所示为曝气生物滤池进出水氨氮浓度的变化曲线水质分析结果表明。从测试结果来看，系统出水水质完全达到了设计要求。

表 7-5　　生活污水回用处理系统的进出水水质分析结果

项目	单位	进水	出水	项目	单位	进水	出水
外观	—	混浊	清澈	*DD	μS/cm	1300	1275
气味	—	有臭味	无	*COD	mg/L	7.15	2.42
*浊度	NTU	17.6	1.4	*氨氮	mg/L	9.94	1.54
pH 值	—	7.5～8.5	7.5～8.5	余氯	mg/L	0	≤1.2

注　带"*"项目数据为多日平均值。

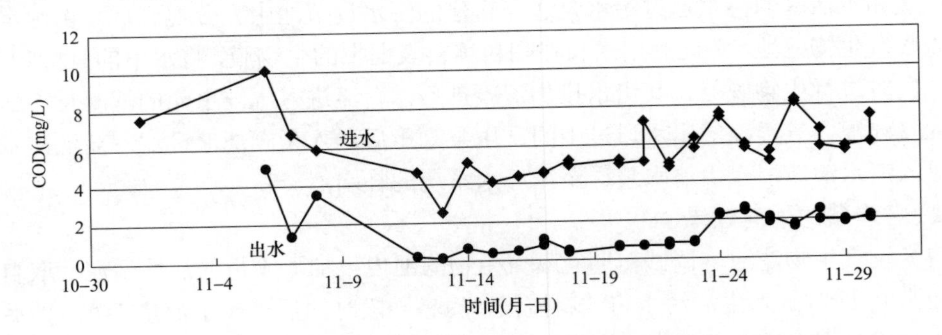

图 7-6　曝气生物滤池进出水 COD 的变化曲线

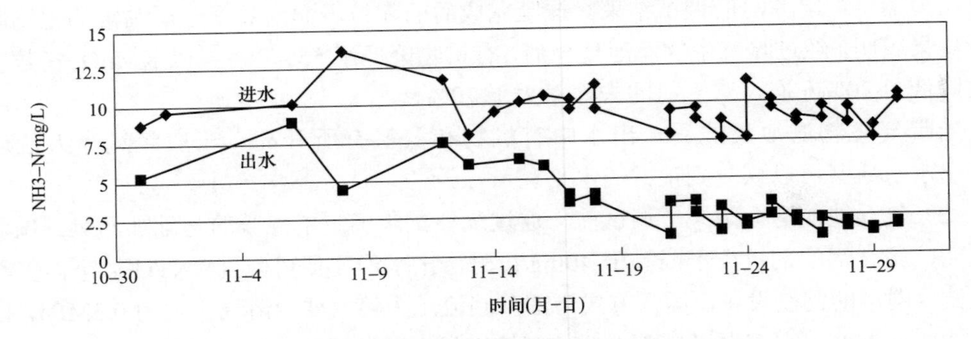

图 7-7　曝气生物滤池进出水氨氮浓度的变化曲线

4. 工程总结

（1）将曝气生物滤池-气浮-砂滤工艺应用于该电厂生活污水回用处理是成功的。生活污水浊度平均由 17.6NTU 下降到 1.4NTU，降低了 92.0%；有机物（$KMnO_4$ 指数）平均由 7.15mg/L 降低到 2.42mg/L，降低了 66.2%；氨氮由 9.94mg/L 降低到 1.54mg/L，平均去除率为 84.5%。曝气生物滤池集过滤、生物吸附和生物代谢于一身，具有有机物和氨氮去除率高、抗冲击负荷能力强、能耗低、运行维护方便等优点。

（2）气浮池及溶气设备运行稳定，在聚合氯化铝投加量为 40mg/L 的情况下，除浊率始终大于 80%。

（3）运行两年后，凝汽器系统在大修期间没有发现因使用再生水引起的腐蚀和结垢现象。

循环水排污水处理回用

循环水排污水是最典型的、水量最大的浓缩型高盐排水，也是火电厂回用难度最大的废水之一。如果从排放的角度来看，除了总磷的含量有时超标外，大部分情况下循环水系统的排水水质可以满足现行国家综合污水排放标准。但是这股废水的回用难度很大。回用难度大的主要原因一方面是杂质成分复杂，杂质含量高，水质安定性差、易结垢；另一方面是水量大，处理成本高。其回用途径有两个：一种是作为补充水用于输煤、除灰渣和湿法脱硫系统；另一种是通过反渗透处理，对水进行进一步脱盐和浓缩，脱盐产生的淡水可以代替新鲜水返回到全厂用水链的上游，浓排水用于脱硫等下游用水系统。这种用法比较复杂，成本较高。第一种是循环水排水目前最主要的用法，回用成本低，属于典型的废水梯级利用，但使用前要经过严格的水质评估；另外这部分用水量有限，剩余的大部分排污水需要外排。当有废水零排放要求时，剩余的排污水就必须采用第二种方法，通过反渗透脱盐处理后回用。本章重点讨论采用反渗透脱盐处理循环水排污水的问题。

第一节　循环水排污水处理的难点和主要杂质

一、循环水排污水处理的难点

总体来说，由于循环水已被高度浓缩，排污水的水质条件极为复杂，为了保证反渗透膜不污染、不结垢，预处理的难度很大。循环水排水除盐处理的难度主要有以下几个方面：

（1）水质安定性差，容易产生结垢和沉淀，需要复杂的软化预处理。循环水排水中所含的浓缩性高浓度钙离子、碱度、硫酸根、硅酸盐等致垢成分容易产生碳酸钙、硫酸钙、硅酸盐等沉淀。在循环水系统中，因为加入了水质稳定剂，水质可以保持稳定；但排污水进入反渗透处理系统后还要进一步浓缩，有可能在反渗透设备内部（甚至在反渗透之前的管道、滤料层中）析出沉淀。尽管反渗透进水中会投加阻垢剂，但多倍的浓缩使得难溶盐的过饱和度太高，单靠反渗透阻垢剂已不能阻止沉淀的发生。因此，在进入反渗透系统前，要进行化学沉淀或酸化预处理，降低其过饱和度，增加水的稳定性。

（2）对反渗透膜有污染的组分种类多、含量高。几乎水中可能存在的污染组分在循环水中都能找到，如有机物、悬浮物、细菌、硅酸化合物，以及在循环水处理过程中加入的各种化学品。除了随原水带入的杂质之外，水在循环过程中还滋生了很多的藻类、微生物膜等杂质，对膜处理设备的污染性较强。

（3）循环水的水温随发电负荷变化大，不利于沉淀预处理系统的运行。水温对碳酸钙的溶解度影响较大，水温波动会影响石灰处理水的残留碱度和硬度，使出水水质不稳定。另外，水温的波动还有可能使澄清器发生“翻池”，也会影响反渗透的透水量以及脱盐率等。

（4）需要处理的水量大。循环水的排污水量与浓缩倍率有关。对于一座4×300MW的电厂，如果浓缩倍率维持在6左右，排污水总量一般为200～300t/h。如果浓缩倍率为4～5，则排污水总量大多在400～600t/h之间，要对这样大流量的废水进行脱盐处理，建设规模和投资都比较大。

因此，循环水系统排污水的处理难度极大，既要努力地降低水的过饱和度，防止在继续浓缩分离阶段结垢，又要尽量地减少各种有机杂质和胶体杂质，使污染指数（SDI）满足反渗透的要求，减轻对反渗透膜的污染。因此，循环水回用处理系统往往很复杂，建设费用、运行费用都很高，占地面积很大，这对于很多电厂（尤其是老电厂）在实施过程中会带来较大的困难。

减小处理水量对于降低处理成本有很大的影响，因此在对循环水排污水进行脱盐处理前，首先要通过提高浓缩倍率，减少排污水量，这是实现回用的前提。

二、循环水排污水处理中重点去除的杂质

在反渗透脱盐装置运行中，膜的防垢和防污染是最关键的问题。膜污染是指在反渗透脱盐过程中，因反渗透膜的微孔被杂质堵塞引起透水能力降低的现象。能够堵塞膜微孔的杂质有悬浮微粒、胶体粒子、有机大分子和难溶盐形成的沉淀。堵塞的主要形式是杂质在膜的表面吸附、沉积。在循环水排水中，几乎污染膜的各种杂质都有可能存在，因此反渗透膜的污染更为复杂，胶体污堵、微生物污染和结垢等三种膜污染形式都有可能发生。除此之外，在预处理阶段混凝剂、助凝剂使用不当，也会进入膜元件发生污染。

（一）胶体污堵物

这一类物质主要包括大分子有机物、残余的高分絮凝剂、原有的胶体杂质，以及容易形成胶体的无机离子。胶体、有机物是主要的反渗透膜污染物，其污染机理和表现相似。这类物质对反渗透膜污染的表现是：①污染物在膜表面上的吸附沉积会引起膜通量的下降；严重时会造成不可逆的膜通量损失，影响膜的使用寿命。②有机物为微生物的滋生提供了物质基础；有机杂质与微生物的代谢产物混杂在一起，对膜有更强的污染。

1. 大分子有机物

对膜污染物的有关分析结果表明，有机物质是膜污垢的主要组成部分。其中，生物

体和有机聚合物占大部分。生物体主要来自微生物及其分泌物和死亡的微生物尸体，聚合物则来自水处理过程中投加的药剂，如混凝剂、阻垢剂等有机聚合物。在膜表面的沉积物中，也包含与有机分子结合在一起的铁、铝、钙等金属离子和硅铝酸盐，这些物质形成的污垢附着力强，去除难度大。

表 8-1 所示为文献中列出的对 22 例污垢进行有机物含量分析的结果。其分析方法是用反渗透出水将污垢从膜表面冲洗下来，在 120～130℃烘干；然后分析残留物中的 C、H、N 元素的质量含量；最后进行灼烧试验（400～450℃），定量检测残渣中的无机物百分含量。灼烧试验中挥发性的和易燃烧的元素（C、H、N、O）来自有机物，其含量的高低可以表征有机物的比例。

表 8-1　　反渗透膜污染物中的有机物质的比例

有机物质的重量百分比范围	污染物样品数量（个）	污染物样品的百分比	有机物质的重量百分比范围	污染物样品的数量（个）	污染物样品的百分比
10%以下	0	0	50%～60%	3	13.7%
10%～20%	3	13.7%	60%～70%	3	13.7%
20%～30%	2	9.1%	70%～80%	4	18.1%
30%～40%	0	0	80%～90%	5	22.7%
40%～50%	1	4.5%	90%～100%	1	4.5%

从表 8-1 可见，所有污垢中都含有有机物（至少 10%），其中 73%的样品中有机物的含量达到了 50%～100%。污染物中没有发现碳酸钙、硫酸钙及铁、铝的氢氧化物等，说明这些物质在正常的化学清洗过程中即可去除，同时也说明有机污染物在正常清洗中不能全部除去。

需要说明的是对于地表水，通过预处理可以降低水中胶体和有机物的含量，满足反渗透进水的要求。但对于循环水排水这类浓缩性废水，要根据具体情况，在模拟试验的基础上确定预处理的工艺方案。另外，在去除有机物方面，超滤与混凝澄清工艺大致相当，在确定工艺流程时，不能认为使用超滤就可以解决有机物的问题。

2. 高分子水处理药剂

在反渗透预处理系统中，需要添加混凝剂和助凝剂；在反渗透的进水中，需要投加阻垢剂，这类药品都是聚合物，如果使用不当也会污染反渗透膜。例如聚丙烯酰胺助凝剂很容易与水中的胶体微粒凝聚成复杂的化合物，对膜有强烈的污染性。反渗透进水中加的阻垢剂也大多是低分子量的聚合物，在低流速的情况下，聚合物会沉积在膜的表面。当投加的阻垢剂过量时，有可能与絮凝剂等聚合物混杂一起，在膜表面沉积形成污垢。这种污物与生物膜污染有些类似，滑腻、发黏，甚至有时无法直接区分是微生物污染还是聚合物污染。要想准确地区分出污染物类型，可以使用傅立叶红外分析法，将试样的光谱与可能的聚合物标准谱线对比进行正确的鉴别。实质上，通常两种情况可能会并存。

如果没有微生物污染的特征，只有无色至褐色的胶冻状物质存在，则通常是合成聚合物污染。这类污染物形成透水性很差的薄膜，反渗透的透水流量会大大降低。与混凝剂、助凝剂相比，阻垢剂引起的膜污染发生的机率较高。水中的铁、铝等高价金属阳离子对阴离子型聚合物会有交联作用，可以使阻垢剂等小分子聚合物发生凝聚反应而沉积。这类沉积物的附着力很强，在正常的维护性清洗过程中是不能将其彻底清除的。如果这类沉积物长时间附着在膜的表面，还可能会像离子交换树脂一样富集高价金属阳离子。

表 8-2 所示为两种污垢的分析结果。在丙烯酸铁污垢的样品中，碳的含量为 23.67%、氢含量为 3.73%，与聚丙烯酸中碳的理论含量 26.4%、氢的理论含量 2.9%、氧的理论含量 23.4%是一致的，由此可以断定污物主要是聚丙烯酸类物质。其中，氮应该来源于凝聚的含氮有机物或微生物。

表 8-2　两种污垢的元素组成分析

组分	占试样质量的百分比（%）		组分	占试样质量的百分比（%）	
	丙烯酸铁污垢	硅酸盐污垢		丙烯酸铁污垢	硅酸盐污垢
碳	23.67	1.15	氮	3.26	0.02
氢	3.73	0.67	灰分（无机物）	48.08	92.46

表 8-3 所示为该污垢的 X 射线能谱分析（SEM-EDX）结果。结果表明，该垢样中的主要无机阳离子是铁（相对含量为 44%），然后是钙、铝、铬和镁。阴离子有磷酸根、硅酸根和硫酸根。

表 8-3　使用 SEM-EDX 对试样的分析结果

元素	含量（%）	元素	含量（%）
铁	44.0	铝	8.8
钙	15.0	硫	4.2
磷	13.0	氯	1.8
硅	9.9	镁	1.7

3. 胶体硅

胶体硅是循环水排污水中的主要杂质，也是反渗透膜主要的污染物之一。胶体硅对膜的污染性很强。对膜组件污垢的分析结果表明，除了有机物质之外，铁、铝、钙的硅酸盐也是构成膜沉积物的主要部分。在判断水对反渗透膜污染性的大小时，胶体硅和有机聚合物都是重点的考虑因素。水中存在的单分子溶解性硅，在有铝、铁等高价金属离子存在的情况下，会聚合形成对膜有强烈污染的胶体，这是反渗透膜容易受硅胶体污染的关键之一。胶体硅、黏土能与多种物质发生凝聚；除了偶尔发现单独的胶体硅沉积物外，多数情况下硅胶体常与有机物质同时出现在浓水通道中。

表 8-4 所示为某胶体硅污垢样品的元素组成分析，其中硅元素的含量高达 90%。水中硅的形态可以随浓度变化，这是硅组分的一个特点，也是其污染防治困难的一个重要原因。

表 8-4　　胶体硅污垢的元素组成

元素	含量（%）	元素	含量（%）
硅	90.0	钙	0.8
铁	3.6	镁	0.6
铝	2.7	硫	0.5
钾	1.3	氯	0.3
钠	0.8		

表 8-5 所示为某黏土样品的元素分析结果。在很多地表水中含有大量以胶体状态存在的黏土微粒，其主要成分是硅铝酸盐。黏土主要来源于被风化的岩石。岩石经过长期的风化、侵蚀变成不同大小的颗粒物质，分别形成砂（2～50μm）、泥（5～10μm）和黏土（小于 5μm）。可见，黏土是岩石风化产物中粒径最小的一类。化学分析表明，大多黏土的成分与地球外壳相近。

表 8-5　　黏土的元素分析结果

元素	氧	硅	铝	铁	钙	钠	镁	其他
含量（%）	49.9	26	7.3	4.1	3.2	2.3	2.1	5.1

在混凝澄清预处理系统中，极细的黏土微粒很难被彻底除去，这是有些地表水的反渗透脱盐系统的膜被频繁污染的重要原因。黏土微粒之所以难去除，是因为在通常的混凝条件下不容易脱稳，所以在混凝澄清系统的去除率很低。在宁夏、甘肃、内蒙古等黄土区黄河流域，每年有一段时间黄河水水质很特殊，保安过滤器和反渗透膜的污染速度极快，沿岸使用黄河水的电厂深受其害，主要原因就是水中存在这种污染物。某些地下水也有类似的情况，陕西某电厂采用渭河岸边的浅层地下水作为水源，其反渗透膜的污染物就含有极细的黏土微粒。

4. 铁

$Fe(OH)_3$ 是水体中常见的一种胶体，能与腐殖酸、富维酸结合成稳定的聚合体而存在于水中，这是水通常带有颜色的重要原因。铁通常通过离子交换和螯合作用与有机物结合。水处理剂聚丙烯酸和丙烯酸的共聚物在加入 Fe^{3+} 后就会出现沉淀。在对反渗透进行的污染物分析中，硅酸铁是出现频率很高的一种污染物。

硅酸铁是氢氧化铁和硅酸分子脱水聚合后形成的，其聚合反应的比例是无限的。铁和硅酸都能与有机聚合物反应，这正是各种合成的阻垢剂能够对硅、铁产生分散作用的基础。在地表中存在的大量硅和有机物中，铁也是常见的组分。铁、硅和有机物之间有着密切的物理和化学联系。当三者都存在于水中时，就会相互反应出现沉淀。浓度不同，铁、硅和有机物的存在状态也不同，通常会以溶解或半溶解态的胶体状态存在。

5. 磷

磷酸盐对膜的污染主要有两种形式：一种是以黏土和胶体的形态进入反渗透系统，包括磷酸钙、磷酸铁和磷酸铝。另一种是磷酸盐垢，磷酸盐中除钠、钾和铵盐外都是难溶于水的。在通常的 pH 值条件下，磷酸钙的溶解度很低；除了酸性条件外，只要水中含有磷酸盐，就有可能在水质浓缩的过程中形成磷酸盐垢。有人用 SEM-EDX 法分析了多个取自反渗透膜的污垢样品，发现在无机物中，磷元素的相对含量范围是 0～58%，平均含量是 14.6%。在以前使用六偏磷酸钠（SHMP）作为反渗透的阻垢剂时，由于SHMP溶液很不稳定，水解后产生磷酸根离子，容易形成磷酸盐垢，所以磷垢的发生比例是较高的。

电厂水中的磷酸盐来源主要是水处理药剂和生物物质本身含有的磷。过去火电厂在很多场合使用磷酸盐，如炉水处理（使用磷酸三钠）、循环水处理（使用三聚磷酸三钠）和反渗透阻垢（六偏磷酸三钠）。目前火电厂磷酸盐的使用逐渐减少。直流锅炉不用磷酸盐处理，汽包炉采用低磷酸盐处理，循环水使用含磷量较低甚至无磷的复合水质稳定剂，反渗透基本都使用低分子有机聚合物。但是随着对循环水浓缩倍率要求的不断提高，水质稳定剂的使用量越来越大。目前无磷药剂的阻垢性能还不如含磷药剂，因此火电厂排水中磷元素的超标风险依然很大。生物物质通常含有大量的磷酸盐，自然水体中的海藻约含有 1%的磷元素。对于使用中水的电厂，生物物质带入的磷有可能引起外排水磷的超标。

使用磷酸钠或三聚磷酸钠对膜元件进行化学清洗时，残留的清洗液可能会与残留的沉积物凝聚，生成难溶的磷酸盐。

（二）微生物

在处理循环水排污水时，膜元件的生物污染是普遍存在的难题。反渗透在运行过程中，浓水侧微生物的滋生速度很快。因为微生物能够迅速地适应营养环境、水动力条件等的变化，所以生物膜污染比胶体污染和无机盐结垢更为普遍和严重。发生生物污染后，微生物的分泌液与膜表面截留的污染物一起形成黏性的污堵层，使膜的透水率大幅度降低，反渗透组件间的压差迅速增加。微生物污染往往与其他类型的污染共同作用。关于微生物的问题参见循环水处理章节。

（三）碳酸盐、硫酸盐和硅酸盐

在常规反渗透中，水一般要浓缩 4 倍以上（75%回收率）。在反渗透膜元件内，水的浓缩是沿程逐渐加大的；浓水流程的末端浓缩程度最高，最容易发生沉淀析出。析出的沉淀附着在膜的表面或者浓水通道中，阻碍水的渗透和流动。因为没有温度的变化，所以沉淀物的附着力不强，一般不会形成硬垢。在处理循环水时，反渗透析出的沉淀物除了前面讲到的硅酸盐、磷酸盐之外，最常见的结垢物质有 Ca^{2+}与HCO_3^-、SO_4^{2-} 结合形成的$CaCO_3$和$CaSO_4$沉淀，浓缩硅酸化合物会与Ca^{2+}、Mg^{2+}、有机物等形成胶体状的硅酸盐，Ba^{2+}、Sr^{2+}与SO_4^{2-} 结合形成$BaSO_4$和$SrSO_4$。

循环水已经高倍率浓缩，其中的硅酸盐浓度较高，在进入反渗透进一步浓缩后，产生硅酸盐污染的可能性很大。与$CaCO_3$和$CaSO_4$等沉淀物质不同，硅酸盐沉淀物的形成过程比较复杂，其形态随硅酸盐浓度的变化而改变。当硅酸盐浓度增大时，硅酸分子首先形成具有黏性的胶体，继而聚合形成不溶性沉积物附着在膜表面。结垢初期，该组件的进出水压差会增大，尤其是浓缩程度最高的二段或三段最为明显。由于反渗透膜浓

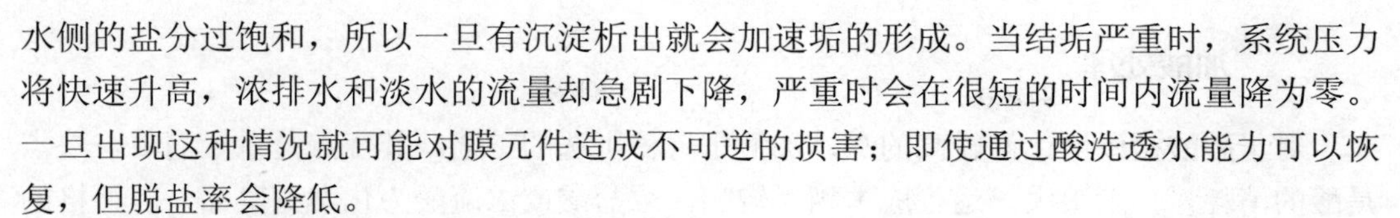

水侧的盐分过饱和，所以一旦有沉淀析出就会加速垢的形成。当结垢严重时，系统压力将快速升高，浓排水和淡水的流量却急剧下降，严重时会在很短的时间内流量降为零。一旦出现这种情况就可能对膜元件造成不可逆的损害；即使通过酸洗透水能力可以恢复，但脱盐率会降低。

综上所述，循环水排污水处理的关键是反渗透的预处理。通过混凝澄清预处理，可去除大部分污染膜的胶体、有机污染、高分子絮凝剂和促进污染的微生物，减轻对反渗透膜的污堵；通过软化处理降低碳酸钙、碳酸镁、硅酸盐等难溶盐的过饱和度，为反渗透进一步浓缩留出处理空间。为了尽量降低进入反渗透的悬浮物，混凝澄清、沉淀软化处理之后还需要进行过滤或超滤处理。无论是混凝澄清还是沉淀软化，都会受到循环水中残留的水质稳定剂的干扰。后面分节讨论上述各处理环节可能遇到的一些关键问题。

第二节　混凝、沉淀软化、过滤预处理工艺

一、循环水混凝、沉淀软化处理的特殊问题

混凝澄清、软化处理工艺的原理及方式在前面的章节中已经讨论过，在此不再赘述。但是当用于循环水系统排污水处理时存在一些特殊的问题，主要有以下方面：

（1）循环水中存在多种干扰凝聚反应、沉淀结晶的杂质。混凝是一个胶体在混凝剂的作用下脱稳、凝聚的过程，循环水处理过程中加入的水质稳定剂（分散剂）会干扰凝聚过程。化学沉淀是一个难溶盐的结晶过程，在晶粒长大的过程中，水中的各种形式的有机物、循环水处理过程中加入水中的分散剂等，都会干扰结晶过程。

（2）循环水处理过程中，通过加酸或软化，水中暂时硬度占总硬度的比例要比天然水低，这一点不利于化学沉淀软化处理，有时需要配合碳酸钠处理（即石灰-苏打处理）。

（3）化学沉淀、澄清处理水的残留颗粒物较多，SDI 较高且不容易稳定。在循环水排水回收系统中，要求处理后的 SDI 指数必须满足反渗透的要求。但在化学沉淀处理阶段形成的许多细微的过饱和颗粒，或混凝澄清后残留于水中的有机物、藻类、胶体等，容易穿透过滤层进入反渗透系统，造成保安过滤器的滤芯和反渗透膜的污堵。从已有的此类工程取得的运行经验来看，反渗透进水的 SDI 波动较大。

鉴于上述水质特点，在化学沉淀处理系统的设计过程中要注意以下问题：

（1）在对循环水进行水质分析的基础上，根据碳酸盐硬度的比例，选择软化处理工艺和沉淀剂的种类，例如是否需要碳酸钠处理等。

（2）进行必要的模拟试验，考察处理后的水质，尤其是 SDI 指数的大小和波动范围。

（3）要充分考虑循环水水温的波动对澄清设备的影响。

（4）作为反渗透的预处理，除了要求澄清软化处理设备有较高的运行水平外，还要求较高的过滤精度。一般需要设置两级过滤，还要采用直流凝聚处理工艺。

二、加酸处理

对于碳酸盐硬度比例较高的水，加酸是一种可选的工艺。其优点是系统简单，缺点是酸的消耗量一般很大，运行成本相对较高。浓盐酸或浓硫酸为化学危险品，有严格的运输限制，运输难度和成本较高。加酸的同时，水中的强酸阴离子含量相应增加，这些离子的后续处理难度较大，尤其是要实现废水零排放的电厂。加酸处理只能降低水的碱度，只能防止碳酸钙结垢，而排污水中的其他杂质，包括悬浮物、有机物、胶体，以及藻类、微生物等，则要通过混凝澄清等工艺去除。

某电厂地处严重缺水的京津地区，电厂的总装机容量为2×350MW，两台机组分别于1998年12月及1999年9月投运，锅炉为德国产液态排渣炉。该厂采用干除灰，锅炉设有飞灰复燃系统，灰的产量很少。为了提高废水回用率，减少废水排放，电厂对循环水排水进行了脱盐处理回用。

循环水系统补充水量占全厂总耗水量的90%以上，补充水为子牙河水、部分辅机冷却回收水和除盐水（循环冷却排污水脱盐水）。凝汽器管材为HAl77-2A及B30（空抽区），其他冷却器的材质为B10。补充水采用水质稳定剂处理，浓缩倍率控制在2.54。根据计算，循环冷却排污水量在冬季为200m^3/h左右，夏季为360m^3/h左右。

图8-1所示为该电厂的循环水排污水脱盐处理系统流程。在反渗透之前没有使用化学沉淀软化工艺，而是采用了混凝澄清、加酸软化预处理工艺。一部分排污水经反渗透脱盐处理，淡水回用至循环水系统。没有处理的排污水用于刮板捞渣机的冷却水、排渣粒化水池的补充水、输煤喷、淋浇花草及冲厕用水等，剩余少量的排污水自雨水管外排。

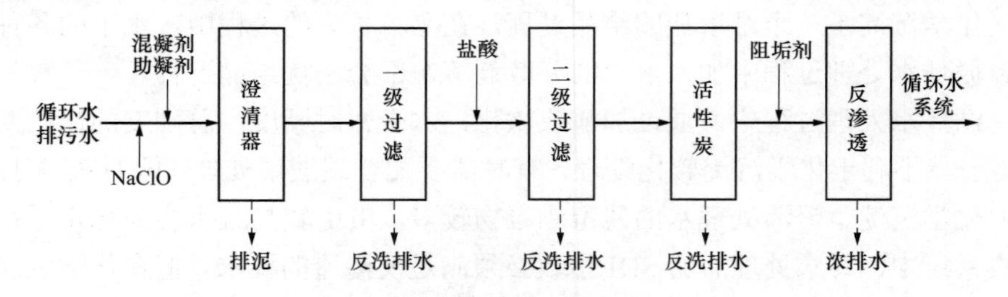

图8-1　循环水排污水脱盐处理系统流程

原有的热网水处理系统只在冬季运行，利用率不高。现将该系统中的澄清器、过滤器等设备用作回收处理系统的预处理设备，同时增加了二级过滤设备和三套反渗透装置及其配套的加药、加酸、膜清洗装置。另外，通过对原锅炉补给水系统进行挖潜改造，余出了一套出力为50m^3/h的反渗透装置用于排污水的处理。因此，设计总处理水量达到340m^3/h。

该水处理系统产生的废水量为60m^3/h左右，包括澄清池的排泥水、滤池的反洗排水及反渗透浓排水。这些废水用作除渣系统的粒化水。

预处理系统的核心设备是澄清器，该设备原来是用来处理子牙河水的，采用碳钢制造。钢制设备的优点是内部装置制造比较精细，各部件的偏差小，水流均匀性好。该设备还配有按照泥渣浓度控制的自动排泥装置。

一级过滤设备为重力式滤池，滤料为单层石英砂，采用空气擦洗。在处理低浊、高有机物的子牙河水时，滤后水的浊度可以小于 1.0NTU。

加酸点（加浓盐酸）设在二级过滤入口。二级过滤后有活性炭吸附系统，以进一步除去混凝后残余的小分子有机物。

采用上述预处理系统后，反渗透的运行状况良好。反渗透的设计系统脱盐率为 97%，回收率为 75%，出水补充至循环水系统。循环水排污水处理系统运行以来，运行正常，没有发生膜结垢现象。图 8-2 所示为处理系统中的反渗透装置。存在的问题如下：

图 8-2　回收系统的反渗透装置

（1）保安过滤器滤芯容易污堵，运行周期比处理子牙河水时间短。

（2）膜元件容易污堵，需要定期对反渗透膜进行化学清洗。

（3）受机组负荷的影响，运行水温容易波动，对反渗透的透水量影响很大。

三、沉淀软化处理

西柏坡电厂位于河北省平山县，电厂一期工程的装机容量为 4×300MW。为了保护石家庄市的水源不受污染，河北省环保局规定，在西柏坡电厂 3 号机组投产以后，该厂不得有任何废水排入水源地内的水系。为此，西柏坡电厂的所有外排废水只能排入灰场。为了维持灰场的水平衡，必须大幅度减少排入灰场的废水量。

要实现上述目标，首先要最大限度地将各种废水综合利用。在进行工程设计之前，数家科研、设计和生产单位组成的项目组对全厂的水平衡进行了分析研究，最终以循环水系统节水为核心，提出下列两条关键的技术路线：

（1）将原来用于冲灰的循环水排污水进行除盐处理，提高废水回用的层次，减少排入灰系统的废水量。

（2）将 4 台机组循环水总的浓缩倍率提高至 6～7，大幅度减少冷却塔排污水量，控制排污水除盐系统的规模，降低建设投资和运行费用。将 4 台机组的循环水系统分为两个独立的部分，构成串联用水的两级系统。前两台机组组成第一级用水系统，使用新鲜水，称为一级循环水系统；后两台机组使用第一级循环水系统的排水，称为二级循环水系统。一级循环水系统维持 1.6 左右的低浓缩倍率，其排水经过过滤、弱酸离子交换处理后补入二级循环水系统。由于经过软化处理，水中的碳酸盐硬度大部分被除去，所以二级循环水系统可以维持较高的浓缩倍率。按照模拟试验的结果，二级循环水系统的浓缩倍率可以达到 3.7。

二级循环水系统的排污水要处理回用，处理工艺包括软化、酸化、过滤和反渗透。处理后产生的淡水回用至锅炉补给水处理系统，而浓盐水则用来冲灰。

1. 处理水量

为了充分利用电厂的各种废水，在循环水排污水处理系统中，除了收集二级循环水系统的排污水之外，还将一级、二级排污水处理系统产生的工艺废水一并收集处理。双流弱酸阳床再生废液的含盐量很高，直接排入冲灰系统冲灰。根据水平衡方案和模拟试验的结果计算，该系统的处理水总流量为306m³/h。

2. 二级循环水系统排水的水质特征

表8-6所示为根据现场动态模拟试验得出的二级循环水系统的排水水质。

表8-6　　二级循环水系统排污水的水质（平均值）

分析项目	单位	含量	分析项目	单位	含量
Ca^{2+}	mmol/L	11.67	Cl^-	mg/L	238.3
Mg^{2+}	mmol/L	10.54	CO_3^{2-}	mmol/L	0.18
Na^+	mg/L	275	HCO_3^-	mmol/L	1.9
K^+	mg/L	13	SO_4^{2-}	mg/L	1150
全硅（SiO_2）	mg/L	70	NO_3^-	mg/L	250.7
$KMnO_4$指数	mg/L	7.94	NO_2^-	mg/L	50
电导率	μS/cm	3610	悬浮物	mg/L	50.6

由表8-6可见，由于二级循环水系统处于高浓缩倍率运行，排水中的全硬度、钙硬度、SiO_2、有机物等指标都很高。根据计算，水中的碳酸钙、硫酸钙等难溶盐都处于过饱和状态，水质安定性很差。另外，水中的有机物和很高的二氧化硅也会对反渗透膜产生严重的污染。因此，在水进入反渗透装置前须先进行化学沉淀预处理，既降低了难溶盐的过饱和度，减少难溶盐沉淀析出的风险，又去除了有机物、胶体等杂质。

3. 各处理单元说明

（1）软化澄清单元。考虑到排水中的碳酸盐硬度比例很小，而永久硬度的比例很高，必须采用Na_2CO_3软化沉淀工艺来处理。碳酸钠沉淀处理需要在碱性条件下进行，过去大部分电厂使用石灰做pH值调整剂，但电厂考虑到石灰的工作环境较差，消化系统复杂，最终选择氢氧化钠与碳酸钠联合处理工艺。

在对排污水处理系统进行工程设计前进行了模拟试验。试验结果表明，经Na_2CO_3-NaOH沉淀处理后，二级循环水排水中的Ca^{2+}浓度可降低至2mmol/L以下。同时，水中其他可能污染反渗透膜元件的杂质如硅、铁、悬浮物、有机物等也能被大幅度地除去。其中，二氧化硅降至20mg/L，铁降至0.1mg/L以下，有机物被除去40%左右。

软化沉淀设备选用1台公称出力为320m³/h的机械搅拌澄清池。运行中需要向水中加入Na_2CO_3、NaOH、聚合硫酸铁等药剂。Na_2CO_3工作液的浓度为10%，聚合硫酸铁的浓度为5%，而NaOH则直接投加浓碱液。系统中配套有相应的加药装置。

经过澄清器处理后，水质可以达到表8-7的标准。

表 8-7　　Na_2CO_3-NaOH 处理后的预期水质

水质分析项目	正常运行	短时间	水质分析项目	正常运行	短时间
Ca^{2+}（mmol/L）	≤2.0	≤2.5	$KMnO_4$ 指数（mg/L）	≤4.0	≤4.5
SiO_2（mmol/L）	≤15	≤20	浊度 NTU	≤10	≤15

（2）泥渣浓缩器。澄清池排出的泥渣含水率在 98%以上。为了实现“零排放”条件下的全厂水平衡，需要进一步提高泥渣浓度，同时回收部分排泥水。设计的泥渣浓缩设备为重力式泥渣浓缩器。

运行方式方面，澄清池定时排出的泥渣批量自流进入浓缩器，在此静止沉降，实现渣水的分层。通过一定时间的沉降（设计沉降时间为 5h），下部泥渣的浓度逐渐增大、浓缩。浓缩后的泥渣从浓缩器底部排至冲灰系统，清水从上部溢流至回用水调节池。间歇式重力浓缩池的处理泥渣量为 $27m^3/h$，清水产生量为 $7.6m^3/h$。

泥渣中所含的水分主要包含游离水、毛细水和结晶水。泥渣浓缩时只能将部分游离水分离出来。实质上，重力沉降式泥渣浓缩器对泥渣的性质和负荷比较敏感。如果泥渣的重力沉降性能较差，则单靠重力沉降是无法达到预期的浓缩目标。从调试结果来看，该系统的泥渣浓缩器的运行效果并不理想。

（3）过滤。澄清池的出水中残留了部分悬浮物（其性状与处理前是不同的），需要通过过滤来去除。碳酸钠软化处理出水的悬浮物大多数是碳酸钙微粒、氢氧化镁和氢氧化铁絮体，以及从泥渣层中漏出的其他混凝产物。如果这些悬浮杂质不滤除，会消耗后续调整 pH 值所加的盐酸，并且重新溶解已经析出的碳酸钙、氢氧化镁，增加水的残余硬度。

设计的过滤水量为 $273m^3/h$，设备选用无阀滤池。滤池内装填 0.6～1.2mm 的石英砂，滤层高度为 700mm。设计过滤速度为 7.2m/h，设计出水浊度为正常运行时浊度小于 3NTU，短时间内小于 5NTU。

（4）pH 值调整单元。经过碳酸钠、氢氧化钠的沉淀、过滤，水中难溶盐的过饱和度大大降低。但是因为化学沉淀平衡的制约，这些盐类还是饱和的，因此还有产生沉淀的危险。通过加酸调低水的 pH 值，使碳酸盐沉淀平衡向沉淀溶解的方向移动，避免产生沉淀。

盐酸的加入点设在无阀滤池出水母管的管道混合器前。使用组合式加酸装置，直接加浓盐酸。需要说明的是，加酸不能降低硫酸钙的过饱和度。为了避免增大水中硫酸根的浓度，采用成本较高的盐酸调 pH 值。硫酸尽管相对便宜，但会增加水中硫酸根离子的含量，加大硫酸钙的过饱和度。

（5）二级过滤（直流凝聚过滤）。这是在无阀滤池之后设置的第二级过滤，采用了直流凝聚工艺。采用直流凝聚处理的目的是进一步降低水中残余的悬浮物、有机物和胶体，保证出水的污染指数（SDI）符合反渗透装置的要求。当水质有波动时，直流凝聚可以比较灵活地调整过滤器出水的 SDI 指数。

在系统中选用了 6 台 ϕ3000 的双层滤料机械过滤器（滤料为无烟煤/石英砂）。其中 5

台运行，1 台备用。滤层结构为：

无烟煤：粒径为 0.6～1.2mm；层高为 400mm；

石英砂：粒径为 0.3～0.6mm；层高为 800mm。

设计过滤速度为 7.6m/h，凝聚剂（助滤剂）为碱式氯化铝，采用水、气合洗。

（6）活性炭吸附。试验结果表明，二级循环水排水中的有机物含量为 7～8mg/L（$KMnO_4$ 指数）。在沉淀软化处理的高 pH 值条件下，对有机物的去除率只有 30%左右，因此出水的有机物含量仍然比较高。理论上来讲，沉淀处理只能除去非溶解性的大分子有机物。活性炭吸附可以进一步除去水中的有机物，减少进入反渗透装置的有机物量。而且活性炭对小分子的有机物去除率较高，因此在去除有机物方面，与前级的沉淀处理互为补充。

在系统中选用了 6 台 ϕ3000 的活性炭过滤器，5 台运行，1 台备运。炭层高 1200mm，设计过滤速度为 7.3m/h，采用水反洗。另外还设计了定期碱洗方案，可以洗脱出一小部分吸附物。处理后的水质要求为：SDI＜5.0；$KMnO_4$ 指数小于或等于 1.5mg/L。

在活性炭过滤器运行过程中，有时会发现出水中带有炭末，这一般是由于活性炭颗粒破碎引起的。主要原因是进水的氧化剂含量较高，加快了炭粒的破坏；有机物的长期积累引起细菌的滋生，在细菌的作用下炭粒会产生一定程度的破坏。

预处理的最后一级是杀菌，这是废水处理不可缺少的一环。杀菌剂采用工业 NaOCl，工作液浓度为 5%～10%（有效氯）。杀菌剂加药点设在清水箱的进水管上（即滤池的出水母管），加完药的水进入清水箱中，在此有足够的反应时间。为了避免过量的氧化剂进入活性炭过滤器，在活性炭过滤器的进水母管设有还原剂加药点。还原剂为 Na_2SO_3，使用浓度为 5%～8%。实际使用的还原剂剂量大于理论值，以确保彻底消除活性炭过滤器进水中的余氯。杀菌处理条件为：pH 值为 7.5～8.0，控制余氯量为 0.3～0.5mg/L。

表 8-8　　反渗透系统的水质计算

分析项目	单位	反渗透进水	反渗透出水	反渗透浓排水
Ca^{2+}	mg/L	34.1	0.3	135.5
Mg^{2+}	mg/L	17.0	0.2	67.5
Na^{+}	mg/L	730.0	31.1	2824.1
K^{+}	mg/L	30.0	1.6	115.1
Cl^{-}	mg/L	350.0	14.5	1355.3
CO_3^{2-}	mg/L	0.0	0.0	0.0
HCO_3^{-}	mg/L	61.0	4.5	230.2
SO_4^{2-}	mg/L	1200.0	12.6	4761.2
NO_3^{-}	mg/L	210.0	42.0	710.6
SiO_2	mg/L	12.5	0.24	49.3
TDS	mg/L	2644.7	106.8	10 258

通过上面的预处理，反渗透进水的水质基本可以满足设计要求。反渗透采用抗污染

膜元件，该种膜适用于地表水及废水处理，要求的进水污染指数为SDI≤5，比常规反渗透对进水SDI的要求宽松（要求SDI≤4）。为了提高反渗透膜的抗污染能力，在反渗透膜制造中采取两种工艺措施：一种是减小膜表面所带的正电荷甚至消除电荷，以减小水中带负电荷的胶体颗粒的静电吸附；另一种是改善膜表面的光滑状况和网格结构，使污染物不易附着。

反渗透的设计处理水量为242m^3/h。反渗透装置设3列，单列出水量为60m^3/h，回收率为75%。根据计算，反渗透进水的溶解固体物超过2600mg/L。其中，主要的阳离子是钠离子，含量为730mg/L以上；其次是钙离子、镁离子、钾离子。主要的阴离子是氯离子和硫酸根，含量分别为300mg/L和1200mg/L；其次是NO_3^-、HCO_3^-。计算结果见表8-8。经过4倍的浓缩之后，浓排水中的碳酸钙处于过饱和状态，Langlier饱和指数为0.8，表明$CaCO_3$处于过饱和状态，有碳酸钙析出的倾向。但硅酸盐和硫酸钙都未达到饱和，SiO_2的饱和度为35%，$CaSO_4$为31%。尽管如此，考虑到水质的波动，进水还是需要加阻垢剂。

第三节 混凝、超滤预处理工艺

近年来超滤工艺在火电厂水处理的应用快速增长，在循环水排污水处理系统中的工程实例越来越多。但是膜过滤对废水的水质有一定的针对性，并不能适用于所有的水质。如果水质条件不好或者系统设计错误，超滤设备就有可能出现过滤周期太短、反洗过于频繁、透过水量衰减过快等现象，导致处理系统无法正常运行。例如北方某电厂使用微滤设备处理循环水排污水，投运还不到一年，就因为微滤膜污堵过快、化学清洗过于频繁、运行稳定性很差等原因而无法继续使用。

在系统设计中，超滤和微滤工艺相似，二者没有原则性的区别。目前在循环水排水处理系统中，多数选用超滤膜，因此本节只讨论超滤膜处理的问题。现在对超滤膜的污堵规律还在摸索和积累中，还不能根据水质分析结果直接判断膜过滤的适用性，因此膜的选用和工艺参数的确定还只能通过模拟试验来进行。通过模拟试验，得出以下工业系统设计所需的关键参数：

（1）膜过滤工艺的适用性，即能否使用超滤工艺。

（2）膜的选型和过滤方式的选择（死端过滤还是错流过滤）。

（3）膜滤后的出水水质，主要是出水SDI的范围。

（4）确定合理的过滤通量。

（5）确定合理的反洗工艺和化学清洗工艺。

本节对超滤工艺在使用中的技术条件进行分析讨论。

一、超滤膜的选择

在处理循环水排水时，超滤膜的选择应该从超滤膜的材料、超滤的出水水质、超滤膜的污堵等几个方面考虑。

1. 超滤膜材料的性质

要满足循环水排水等复杂废水处理的要求，超滤膜材料要具备有效的过滤分离能力、极好的亲水性和很强的抗污染能力。单从材料性质上来说，水在膜表面的接触角越小越有利于水分子透过，这样的膜才具有低能耗、大通量、抗污染的性能。制造超滤膜的材料有多种聚合物，火电厂常用的中空纤维超滤膜，主要材料有聚砜（PS）、聚丙烯腈（PAN）、聚醚砜（PES）、聚偏氟乙烯等（PVDF）等。聚芳砜、聚酰胺等由于制备工艺与膜材料价格原因，目前还没有商业应用，醋酸纤维素则因耐酸碱性能差很少被使用。除了材料性能外，超滤膜的微孔大小以及是否均匀也是影响处理效果的重要因素。有些拉伸致孔的聚丙烯微孔滤膜，制造成本很低，尽管标称孔径很小，与一般超滤膜相近，但其微孔为长形网状孔，实际尺寸较超滤膜大 1～2 个数量级，细菌、微生物漏过率可达 50%以上，对胶体及微粒截留效果也较差。

在各种材料中，聚砜的化学稳定性、抗氧化性、耐热性能都比较好，而且 pH 值适用范围宽（1～13）。但是聚砜属疏水性膜，透水性能较差，对某些物质吸附性强，在废水处理中有较大的局限性。聚丙烯腈膜具有优良的耐溶剂溶解性、耐热性和耐老化性，尤其是其良好的成膜性对制备孔径均一的超滤膜极为有利，在国外超滤膜领域中占有较大的比例，我国近年来在纯水制备的大规模使用中已成功应用。表 8-9 所示为几种膜材料的性能对比，从中可看出，对于不同材料的膜，差异最大的指标是通水量。

表 8-9　几种膜材料的性能对比

膜材料	聚醚砜 PES	改性聚氯乙烯 PVC	聚丙烯腈 PAN	聚砜 PS	PVDF
亲水性	很好	很好	很好	差	较好
抗污染性	很好	很好	较好	好	很好
过滤形式	内压式	内压式	内压/外压式	内压式	外压式
过滤方式	错流/死端	错流/死端	错流/死端	错流/死端	错流/死端
水通量 [L/（m^2·h）]	150～200	100～160	100～170	80～100	40～160
耐温度（℃）	≤40	≤40	≤40	≤50	≤40
适用 pH 值范围	2～13	2～11	2～10	1～14	2～11

2. 膜过滤装置的出水水质

作为反渗透的前处理设备，超滤系统要控制的出水水质指标有 SDI、浊度、COD、细菌等。其中，SDI 值是超滤出水指标中最重要的一项，也是在处理废水时最不稳定的一项。超滤系统出水的 SDI 很多可以达到 1～3 的水平，一般都可以满足反渗透要求的值，即 SDI＜4。

超滤膜的孔径小于 0.2μm，而测定 SDI 的滤膜为 0.45μm，之所以经过超滤分离之后还会有污染物堵塞 0.45μm 的滤膜，是因为所有膜的实际孔径并不是大小相同或均匀的，而是存在一定的孔径分布范围。超滤膜中也会有少量超过 0.2μm 的大孔，而 0.45μm 的滤膜也会有少量孔径小于 0.2μm 的微孔，这样超滤膜和 SDI 膜的孔径会有一定程度的重叠。从超滤膜大孔中漏出的杂质可能会被 0.45μm 滤膜的微孔所截留。另外，水中颗粒杂质的外形并不是规则的球形，滤膜的微孔也不是规则的圆形。因此，杂质穿透滤膜时的方向不同，也有不同的截留效果。如果超滤前进行了混凝处理，则有可能发生“后沉淀”，在超滤出水中继续发生絮凝形成的产物被 0.45μm 滤膜截留。

出水浊度是评价超滤出水水质的另一项指标。超滤的出水浊度一般都很低，大部分可以小于 0.5NTU，较好的情况下出水浊度可以达到小于 0.2NTU 的水平。

细菌是超滤要去除的另一类杂质。细菌的尺寸大小在 0.1～20μm 之间，范围很宽，覆盖了有机大分子、微颗粒和大颗粒的区间。病毒的尺寸范围是 0.01～0.08μm，而超滤膜的孔径在 0.001～0.2μm 之间，因此即使是单纯的机械截留，超滤也几乎可以去除全部细菌和大部分的病毒。在处理循环水排水时，如果先进行混凝处理，水中的许多细菌会附着在混凝形成的絮凝体上，更有利于细菌和病毒的去除。

超滤对有机物的去除率并不高，大部分水质条件下的去除率仅为 10%～20%。如果配合混凝处理，去除率可大大提高，但与常规的混凝澄清处理相当。

3. 超滤膜的污堵

污堵是所有膜处理都会遇到的问题。对于超滤膜来说，实际上其工作过程就是滤除各种能够堵膜的杂质，因此水中杂质在超滤膜上因过滤作用而产生的堵塞、吸附是不可避免的。对于超滤膜，最重要的是如何有效减缓超滤膜的污堵造成的压力损失的增长速度，以及如何最大限度地消除不可逆的污堵，这方面的问题会在后面的章节专门讨论。

二、超滤过滤方式

超滤有死端过滤和错流过滤两种方式。死端过滤具有水回收率高、能量消耗小的优点，但膜容易被污染，水中滤除的所有杂质都将截留在膜的表面并逐渐压实，因此运行压差上升很快。一般只能用于一些污堵物较少、相对洁净水的处理。

错流过滤能够及时地排出浓缩的杂质，对膜的污染较轻。如果将部分浓水进行循环，提高浓水侧水的流速，加强对膜表面的沉积物的冲刷作用，则可以进一步减轻膜的污堵。

对于循环水排水来讲，因水质对超滤膜的污染性很强，所以不宜采用死端过滤，很多中间试验结果已经证明了这一点。错流过滤或者错流回流过滤方式可用于原水污染性较强的情况，比较适用于循环水排污水的处理。

三、超滤的前处理

1. 前置预过滤

预过滤的主要作用是缓冲进水悬浮物含量的变化，去除大部分悬浮物，剩余的部分再由超滤去除，这样可以减轻超滤的负担，充分发挥超滤精密过滤的特点。当原水的水质稳定、悬浮物含量不高的情况下，可以不用预过滤，水可以直接进入超滤系统，例如在处理地下水时。但是有些电厂的循环水悬浮物含量很不稳定，一般需要预过滤。

某电厂在对排污水进行超滤、反渗透处理回收之前，进行了模拟试验。图 8-3 所示为该厂循环水浊度在一个月时间的监测曲线，可以看出悬浮物变化幅度很大，浊度在5～100NTU 之间大幅波动。采用双滤料过滤器、加混凝剂预过滤之后，浊度最低可以降至 6NTU 左右，去除 60%～80%的悬浮杂质（用浊度计算）。

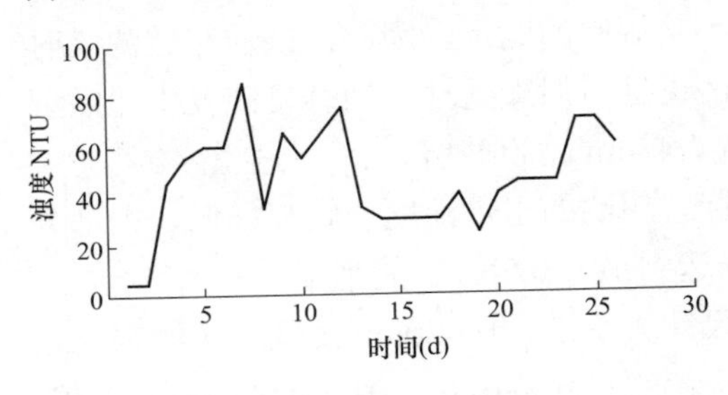

图 8-3 循环水浊度的变化

2. 混凝处理

当处理循环水时，对超滤进水进行混凝处理是很必要的。优点如下：

（1）减缓透水量的衰减速度。混凝处理后，滤层的透水量衰减速度明显降低，这是因为混凝后形成的絮凝体在膜表面堆积成疏松、多孔、有弹性的滤饼，其透水性比较好，类似于过滤器中投加了助滤剂的效果。滤饼的形成可以有效地减慢透膜压差的增长速度，延长制水周期。同时，滤饼可以吸附水中的中性、疏水性的有机分子，避免这类疏水性的杂质直接黏附在膜表面，可以减缓膜的污染速度。这种滤饼层容易被反洗水冲去，反洗效果较好。例如 San Luis Rey 再生水厂就有这样的经历：利用中空纤维超滤膜处理城市二级排水，起初没有使用混凝剂，运行周期很短，大约 3～5 天就要进行一次化学清洗。后来在超滤的进水中加入了 $FeCl_3$ 混凝剂，结果清洗间隔延长到 30 天以上。

（2）提高有机物去除率。混凝处理可以提高超滤对有机物的去除率。在除有机物方面，超滤与传统的混凝澄清过滤相比水平相当，这是因为超滤只能除去颗粒状的非溶解性有机物，而对大部分以分子态存在的溶解性有机物没有去除能力。如果进水不加混凝剂直接过滤，只能滤除水中吸附在悬浮颗粒或胶体微粒上的有机物分子，去除率大约只有 10%～20%（以 COD 来计算）。如果预先进行混凝处理，则去除率可以达到 20%～50%。需要说明的是，在相同的水质条件下，采用混凝、过滤处理也可以达到相同的水平。

（3）改善对胶体硅的去除率。胶体硅是对反渗透膜有强烈污染的组分，应在水进入反渗透之前尽量除去。混凝处理可以提高胶体的去除率，包括胶体硅。对于水中的溶解性硅，已经属于离子范围，超滤没有去除能力。例如山东某电厂，锅炉补给水的水源为地下水，水质情况为总含盐量约 700～900mg/L，总硬度 6.56mmol/L，碱度 7.5mmol/L，全硅为 27mg/L。采用超滤加反渗透除盐系统。其中，超滤对硅的去除率小于 5%，其原因是原水中的胶体硅含量很小，全硅中大部分是活性硅。

3. 加酸处理

加酸的目的是稳定水质，防止结垢。有些循环水系统已经采用了石灰处理或者弱酸离子交换软化，水中的碳酸盐硬度较低，可以不加酸。加酸的剂量要根据水质确定。

以前为了避免在反渗透中形成硫酸钙沉淀，在反渗透之前大部分加盐酸；在当前形势下，对于废水排放限制严格，甚至要求废水零排放的电厂，就要根据废水排放的限制条件统筹考虑，因为伴随盐酸加入水中的氯离子会严重影响排水的后续利用。如果循环水没经过软化处理，加酸量通常会很大，会大幅度增加水中氯离子的含量。例如

某电厂的试验结果是盐酸加入量为300～600mg/L，相当于水中氯离子含量增加了291～582mg/L，这些氯离子最终都会集中于末端废水中。

4. 杀菌处理

循环水中富含多种微生物，进水中必须加杀菌剂。尽管超滤膜可以滤除几乎所有的细菌和大部分病毒，但超滤膜本身很容易受细菌的污染。大量的模拟试验表明，细菌的滋生是超滤水通量快速衰减的重要原因，因此超滤进口要维持一定浓度的杀菌剂。即使超滤前有石灰处理，仍然有细菌污染的问题。石灰处理时水的 pH 值达到10～10.5，很多细菌无法存活，但残留的细菌会在后面的低 pH 值段很快复苏并快速滋生。试验表明，使用次氯酸钠时，当剂量为 2～5mg/L 时，超滤进口的余氯量大约为0.1～0.5mg/L，基本上可以满足运行期间的杀菌要求。

四、超滤膜的污染和堵塞

超滤运行过程中，水中携带的悬浮微粒、胶体，以及大分子有机物在超滤膜的表面和微孔内吸附、沉积，使得膜孔径变小或堵塞，导致超滤膜跨膜压差上升、透水通量下降，形成了滤膜的污堵。

超滤膜的污堵与进水的杂质直接相关。有关研究表明，在各种污堵形式中，因杂质吸附引起的污堵造成的问题最大，不易控制，是超滤膜不能长期稳定运行的主要污染因素。无机物沉淀引起的污堵和生物污染可通过相应的预防措施加以控制或者解决。

当超滤膜受到严重污染，引起膜材质、性状等内部因素发生不可逆转变化时，就会发生滤膜的劣化。如果不及时阻止此种变化，超滤膜的性能很难恢复。超滤膜的劣化有化学性劣化、物理性劣化和生物性劣化等几种情形。其中，化学性劣化是指膜材料由于水解或被氧化等化学因素造成的劣化；物理性劣化是指在高运行压力下导致膜结构致密化，或因干燥发生了不可逆变形等造成的损坏；生物性劣化则是由于微生物造成膜材料的生物降解等劣化。表 8-10 所示为超滤膜各种形式的污堵和劣化汇总。

表 8-10　　超滤膜的污染和劣化的分类

<table>
<tr><td rowspan="7">污堵</td><td rowspan="4">膜面附着层</td><td>滤饼层</td><td>悬浮物、固体颗粒物</td></tr>
<tr><td>结垢层</td><td>难溶性物质</td></tr>
<tr><td>凝胶层</td><td>水溶性大分子、胶体</td></tr>
<tr><td>吸附层</td><td>胶体、有机物、活性物质</td></tr>
<tr><td rowspan="3">膜孔堵塞</td><td>空间位阻</td><td>悬浮物、颗粒物、水溶性大分子</td></tr>
<tr><td>表面吸附</td><td>水溶性大分子、胶体</td></tr>
<tr><td>化合物析出</td><td>难溶性物质、活性物质</td></tr>
<tr><td rowspan="3">劣化</td><td>化学性劣化</td><td colspan="2">膜材质水解、氧化反应</td></tr>
<tr><td>物理性劣化</td><td colspan="2">硬物划伤、高压致密、干燥</td></tr>
<tr><td>生物性劣化</td><td colspan="2">生物降解反应</td></tr>
</table>

在运行中，超滤膜的污堵是逐渐增强的。在超滤膜过滤初期，在水不断透过膜的过程中大分子杂质被拦截在膜的表面。随着杂质在膜表面不断积累，其中难溶性物质(胶体、大分子有机物)在膜表面的浓度持续增大，当超过其溶解度后就有可能在膜表面上析出、凝聚和积累，在膜表面上堆积形成滤饼层和凝胶层。凝胶层的透水能力很差，一旦形成凝胶层，即使增加操作压力透水通量的增加也不明显。

另外，小于膜孔径的杂质在孔道内以吸附或者搭桥形式发生堵塞，略大于孔径的溶质分子在压力作用下进入膜孔内形成堵塞，由此造成膜的孔隙率逐渐下降。此过程主要表现在跨膜压差持续上升、产水通量持续下降。

超滤膜受到污染后，滤膜两侧的压差（跨膜压差）逐渐增大，膜通量下降，产水水质突然下降(浊度升高，出水 SDI 增大)。当用于循环水排水处理时，循环水中的细菌、胶体、大分子有机物是超滤膜最主要的污染物。实质上，任何一种污染形式往往都与细菌的滋生有关。积累在膜表面的污物，如悬浮物、有机物分子与细菌的分泌液一起形成透水性很差的污物层，引起透膜压差的急剧增大，透水量急剧减小。因此，超滤系统的杀菌处理是极其重要的。

图 8-4 所示为用超滤处理循环水排污水后，膜表面沉积层的电镜照片（放大 2000 倍）。图 8-5 所示为沉积物的元素分析结果（只显示无机物的比例，不包括细菌和有机物）。结果表明，沉积物中比例最高的无机物是硅，然后是铝。硅是循环水中的主要胶体成分，而铝则来自超膜前面加入的含铝混凝剂。

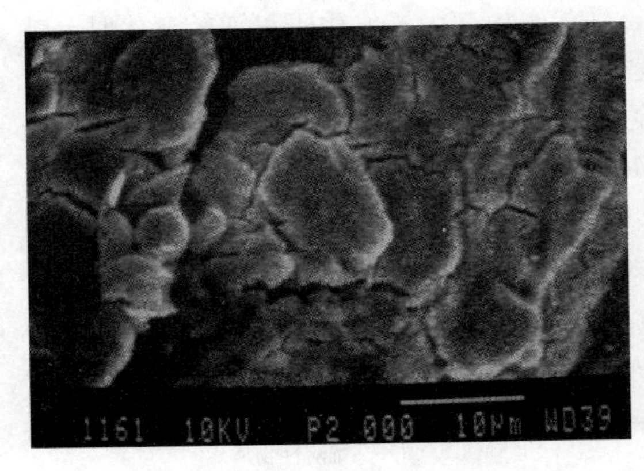

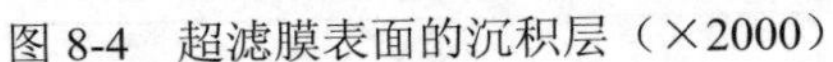
图 8-4 超滤膜表面的沉积层（×2000）

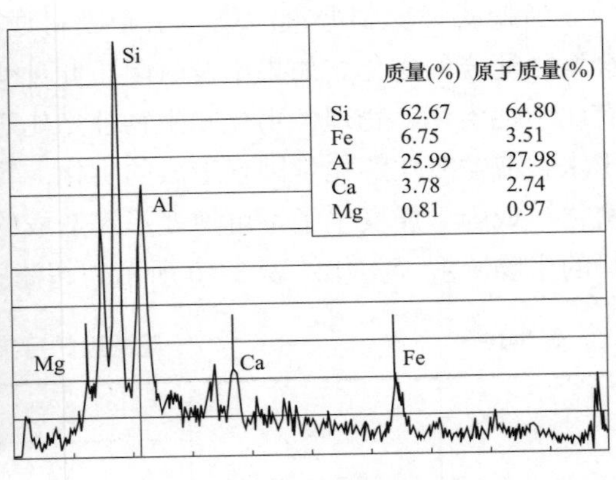

图 8-5 超滤膜表面沉积物的元素分析

在水和废水处理中的聚砜、醋酸纤维树脂、陶瓷和复合膜的表面都带有一定量的负电荷，由此产生的静电力对膜的污染有一定的影响。一些功能团带负电荷的有机聚合电解质，如腐殖酸和富里酸，在静电斥力的作用下对膜的污染较轻。有机物除了吸附在膜上产生直接的污堵外，还可以促进胶体在膜表面的黏附沉积。有人对膜表面污染沉积层中出现的有机污染物进行了分析，结果表明聚酚醛化合物、蛋白质和多糖与水中的胶体杂质黏附在一起沉积到膜上，并且在膜表面形成凝胶层。而且这种沉积层的附着力很强，反洗时不容易除去，需要采用合适的配方进行化学清洗才能清除。

除了水质因素外，膜的污堵还与膜表面的微孔结构有关。根据目前火电厂循环水排水超滤处理的试验情况，在有前置过滤的情况下，大多数滤膜的制水周期为20～40min。图8-6所示为某超滤装置运行时透膜压差（TMP）和水通量的变化。

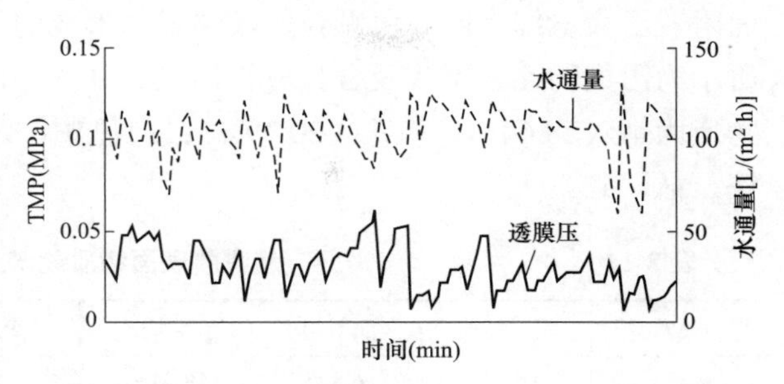

图8-6 在运行过程中超滤设备的压差和水通量的变化

除了微生物、有机物污染外，水中所含的铁、锰等离子出会引起超滤膜的污堵。铁、锰等胶体物质是地表水与地下水中的污染物，其中地下水中含量较高。锰元素在无氧气的水中呈溶解状态，氧化后呈不溶性黑色二氧化锰沉淀。铁是以两种形式存在的污染物，溶于水的形式为二价铁。空气与二价铁接触可将其氧化成不溶性三价铁，以不溶性三价氧化铁或胶体氢氧化铁的形式存在。黑色的氧化锰及氢氧化铁沉淀物会逐渐在过滤器滤网表面和超滤膜表面附着，造成过滤器和超滤膜污堵。

表8-11 自清洗过滤器黏附物XRD分析结果

元素	质量百分比（%）	元素	质量百分比（%）
S	0.243	C	2.41
Na	0.245	Si	3.79
K	0.445	Ca	4.10
P	0.473	Fe	9.56
Ba	0.649	Mn	26.7
Mg	0.913	O	47.1

某化工厂除盐水站水源为地表水和地下水的混合水，脱盐水处理系统由超滤、反渗透及混床三部分组成。2012年6月，超滤系统在运行中膜通量快速下降，跨膜压差迅速增长。经过多次化学清洗，尝试了盐酸、次氯酸钠、氢氧化钠碱洗等各种清洗方法后，产水量依然无法恢复到以前的状态。通过对超滤系统运行数据、膜丝样品进行分析，提取自清洗过滤器滤网表面附着物，提取物为黑色，具有一定的黏稠性，自然风干后呈黑色片状。对提取物进行酸、碱溶解试验的结果表明：提取物在碱性溶液中溶解性差；在草酸溶液中可缓慢溶解，并且有明显的气泡，大颗粒物在草酸的作用下逐渐溶解成细小粉末。

图8-7 超滤膜丝表面电镜图片

对提取物采用X-射线衍射仪（XRD）分析，结果见表8-11。结果表明：自清洗过滤器附着物中含有大量锰，其次为铁，并含有少部分钙和硅。用场发射扫描电镜分析膜丝表面形态，分析结果见图8-7。

从图 8-7 可以看出，膜丝表面大量区域被一层黑色致密的污染物所覆盖，并且在表面附着了大量细小的白色颗粒。膜丝表面形成的污染层结构致密，产水阻力大。表 8-12 所示为污染物元素组成及含量分析结果。由表 8-12 的分析结果可知，黑色区域主要污染物质为锰（28.64%）和铁（20.39%）；白色颗粒区域污染物质主要为碳酸钙和部分胶体铁、锰、硅。

表 8-12　　超滤膜表面物质能谱分析结果

元素	3 号-3	3 号-4	平均	元素	3 号-3	3 号-4	平均
C	19.6%	16.82%	18.21%	Al	1.32%	0.29%	0.80%
O	38.56%	20.59%	29.58%	Na	0.295	0.21%	0.25%
F	1.42%	21.7%	11.56%	Ca	17.26%	1.07%	9.16%
Cl	0.39%	0.31%	0.35%	Mn	2.72%	28.46%	15.59%
Si	2.45%	0.16%	1.31%	Fe	5.99%	20.39%	13.19%

通过对系统设备进行检查后，确认没有因水处理设备本身腐蚀或防腐层脱落等带入铁、锰等颗粒杂质进入系统。检查水质分析资料发现，原水水质在短期内发生了变化，铁、锰等物质含量升高，这是造成过滤器及超滤膜污堵的主要杂质来源。

五、超滤膜的反洗和化学清洗

超滤膜是表面过滤，截污容量很小，需要频繁地反洗和化学清洗。反洗和化学清洗效果的好坏，是超滤能否可靠、长期使用的最关键的因素。超滤膜透水能力恢复的程度是反洗和化学清洗效果最直接的判断依据。

1. 反洗

每个周期都要进行反洗，反洗只能清除滤膜表面新的沉积物，而陈旧性的沉积物则需要化学清洗来完成。反洗时水的流程为：反洗水（超滤出水）从膜的产水侧引入，透过膜后从进水侧排出。

超滤的反洗一般要辅以空气擦洗，反洗方式很多。反洗的频率与水质、膜通量、膜的材质和每次反洗的效率有关。通常的反洗间隔是 20～60min 反洗一次。与常规过滤器已经成熟的反洗工艺不同，超滤的反洗过程和控制参数要根据具体的运行条件通过试验来确定。通过试验确定反洗工艺和反洗频率。反洗工艺包括是否加杀菌剂、是否需要正冲洗，以及反洗水量、辅助压缩空气的压力、用量等。

反洗流量一般选择为产水流量的 2～5 倍，反洗历时一般为每次 30～60s。反洗流量越大，时间越长，反洗效果越好；但是同时耗水量增加，会影响水的回收率，实际运行中应按具体的情况选择合理的反洗参数。

有时在反洗前还要进行正洗：将进水流量提高，用高速水流冲刷膜表面上的沉积物，以达到清洁膜表面、改善反洗效果的目的。正洗时间一般比较短，约 5～10s。有时正洗安排在反洗之后，这是考虑到通过反洗，膜表面的部分污物已松动但未被冲走，施以大流量的水正向冲洗可以将这些污物洗去。

2. 化学反洗

在处理循环水排污水时，基本上都要使用化学反洗。细菌在生长过程中分泌出的黏液是膜的主要污堵物之一，这种黏液在反洗时单纯仅靠水、气反洗不易除去。化学反洗是指在反洗水中投加了杀菌剂（如 NaClO）或酸、碱等化学品，用来杀灭膜表面滋生的细菌，清除细菌膜以改善反洗效果，恢复膜通量。有时在化学反洗时需要加酸或碱，以溶解膜表面的永久沉积物。

化学反洗时设备不中断运行，其频率与超滤进水的水质、运行方式等因素有关，需要通过试验或调试来确定。在某电厂用超滤处理循环水排水时，通过模拟试验后推荐的两种化学反洗工艺如下：

（1）每次反洗加 NaClO，剂量 15mg/L。每天再进行 1～2 次的盐酸化学反洗（实际运行时根据透膜压差的变化情况判断）。盐酸剂量为 300mg/L 左右，盐酸反洗历时 2min。

（2）反洗时单用水，不加杀菌剂或酸。每天进行 1～2 次 NaClO、盐酸化学反洗。NaClO 的剂量为 150mg/L，盐酸剂量为 600mg/L 左右。化学反洗历时为 2min。

3. 化学清洗

有些污染物黏附力极强，即使是进行定期的化学反洗也不能彻底清除，因此污染物会在膜表面不断积累。当污物积累到一定程度后，水量的衰减越来越严重，就需要停机，采用更高浓度、更多种类的清洗剂对膜进行化学清洗，以彻底清除积累的污堵物，恢复膜的通水能力。当然，即使这样有些污物也无法清除，造成不可逆污堵。化学清洗的周期是根据膜运行压差的增长情况来定的；通常当该压差达到 70～100kPa 时，即可考虑化学清洗。

在制定化学清洗方案时，除了合理地选择化学清洗剂外，还要考虑清洗液浓度、清洗时间、清洗温度等参数，这些都应通过模拟试验来确定。通常的化学清洗药剂为次氯酸钠、盐酸、氢氧化钠。一般次氯酸钠是不可缺少的，其浓度一般可达数百毫克/升（如 200mg/L）；而盐酸、氢氧化钠则根据具体的情况进行选择。有些情况下使用盐酸，有时使用氢氧化钠，有时二者交替使用。

当多种清洗剂联合应用时，还要考虑清洗药品之间是否会相互反应，是否会形成对膜有污染的沉淀物。同时，要在更换药剂的中间对膜进行彻底漂洗，以避免不同化学品之间相互作用，产生新的污染物。

六、超滤处理循环水排水案例

1. 项目概况

河北某电厂总容量为 2500MW。一期工程建设 2×350MW 机组，二期工程扩建 2×300MW 机组；三期工程建设 2×600MW 超临界空冷机组，均已投产。现一、二期机组水塔补充水水源为地下深井水。循环水处理方式为水质稳定剂加硫酸，循环水浓缩倍率控制为 3.0，含盐量不超过 1700mg/L。由于 1、2 号炉将水力冲灰改为干排灰，原来用于冲灰的循环水排污水没有去处。

该电厂位于缺水地区，为了充分利用水资源，减少废水外排，通过对该厂进行水平衡优化，对不同机组控制不同的浓缩倍率，实现梯级用水。主要优化方案是将一期2台机组的循环水浓缩倍率由3.0提高至5.0左右，二期2台机组的循环水浓缩倍率维持在3.0左右；在此基础上，对一期约300t/h、二期600t/h的循环水排污水进行反渗透脱盐处理，处理后的淡水与原补充水按比例混合后补入一期两座水塔中。脱盐处理工艺为：循环水排污水→絮凝沉淀→纤维滤料过滤→超滤→反渗透→1、2号循环水冷却水塔。设计反渗透出力为600t/h。

2. 絮凝沉淀系统

设两座反应沉淀池，各自独立运行，每座出力为500m^3/h。反应沉淀池分为絮凝区与沉淀区。反应沉淀池出水自流进入清水池。

反应沉淀池加杀菌剂，根据反应池水质状况定期投加。

3. 纤维过滤设备

纤维过滤器正常运行时的主要参数见表8-13。过滤器运行期间进行了一系列的性能试验。当进水浊度在1～10NTU之间变化时，滤速约为48m/h，出水浊度能够稳定地小于1NTU。图8-8所示为过滤器进出水浊度曲线。

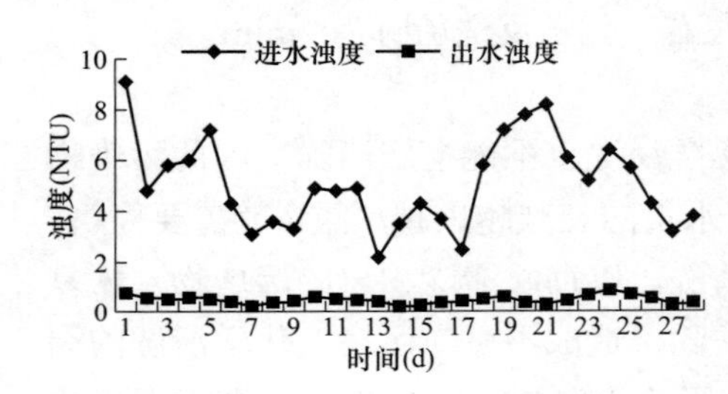

图8-8 过滤器进出水浊度

该过滤器采用纤维滤料。纤维滤料的优点是空隙率高，截污量大，反洗所需的水量小。但纤维长时间运行后容易与截留的悬浮物黏结在一起，不容易清洗干净。为了长期保持截污能力，需要在运行期间进行保养和维护。

(1)定期进行一次彻底的大反洗。大反洗的过程为：先气冲20min，然后气水冲20min，连续进行三次后再用清水水冲10min，大反洗过程结束。如果污物黏结严重，大反洗还无法彻底恢复滤料层截污性能，则需要进行化学清洗。清洗药剂可采用2%草酸溶液，通过浸泡之后再进行彻底清洗。

表8-13 纤维过滤器正常运行时的主要参数

控制项目		单位	控制值
运行控制	进水流量	m^3/h	300
	过滤速度	m/h	42
反洗强度	水	L/（m^2·s）	6.0～8.0
	气	L/（m^2·s）	40.0～60.0
反洗压力	水	MPa	0.1～0.15
	气	kPa	34～70
反洗时间	气	min	3～5
	气-水	min	8～10
	水	min	3～5

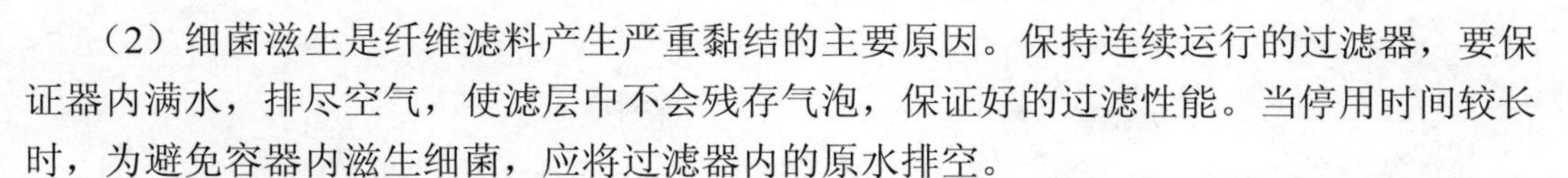

（2）细菌滋生是纤维滤料产生严重黏结的主要原因。保持连续运行的过滤器，要保证器内满水，排尽空气，使滤层中不会残存气泡，保证好的过滤性能。当停用时间较长时，为避免容器内滋生细菌，应将过滤器内的原水排空。

系统自动对高效过滤器的运行时间进行计时，当过滤器运行时间达到设定时间后自动提示运行人员进行反洗。运行人员如就地观察到过滤器进出水压力表压差在 0.1MPa 以上，也需进行反洗。

4. 超滤系统

超滤系统由保安过滤器、超滤水泵、超滤压力容器、超滤膜、超滤反洗及清洗装置、阀门管件、仪表以及必要的附件组成。超滤设备是反渗透系统预处理的关键系统。通过超滤处理，可以除去悬浮物、细菌，出水 SDI_{15}<2。

超滤膜元件采用中空纤维材质。这种材质的优点是具有稳定的化学性能，能耐各种强氧化剂，如次氯酸钠、双氧水、高锰酸钾等。适用的 pH 值范围广，在 pH 值范围为 1～14 的条件下，可用强酸强碱进行化学清洗。表面带负电荷，抗污染能力强。

该超滤系统共有 6 套超滤设备，每套超滤设备包含 48 支超滤膜组件，6 套超滤设备共安装 288 支膜组件。表 8-14 所示为超滤系统正常运行时的运行参数。

表 8-14　　超滤系统运行控制参数

运行控制项目	单位	控制值	运行控制项目	单位	控制值
膜组件有效膜面积	m^2/支	40	过滤水周期	min	40（根据水质调整）
运行温度	℃	0～40	反洗通量	L/（m^2·h）	250
进水流量	m^3/h	145～150	反洗时间	s	30
进水压力	MPa	0.1～0.2	化学清洗药品		HCl：500mg/L；pH=2 NaClO：200mg/L NaOH：500mg/L
运行压差	MPa	0．01～0.1			
反洗压力	MPa	<0.3			
过滤水通量	L/（m^2·h）	75			

6 列超滤设备分为两组，每 3 列为一组，每组设置独立的反洗泵和化学增强反洗加药系统。每列超滤设备设计处理水量为 145m^3/h，反洗水量为 480m^3/h，净出力 135m^3/h。超滤反洗和化学增强反洗使用水源为超滤产水。

运行试验结果表明，超滤出水浊度小于 0.01NTU，SDI 较低，能够满足反渗透进水要求。

图 8-9 所示为超滤出水 SDI 曲线，可以看出在近 2 个月的运行期间，SDI 都小于 2，完全满足反渗透的进水要求。图 8-10 所示为超滤对有机物的去除率，变化幅度较大，运行期间的去除率（以 COD 计算）在 5%～35%之间变化。

试验中跨膜压差的变化可以直接反映膜的污堵情况。图 8-11 所示为运行期间跨膜压差（TMP）的变化，可以看出跨膜压差基本平稳。有升高时，经过化学清洗仍能恢复到以前的水平，说明清洗工艺正确，超滤膜的不可逆污堵程度低。

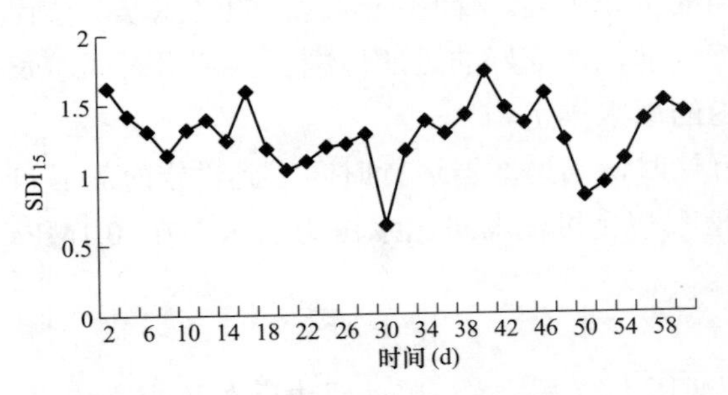

图 8-9 超滤出水 SDI 曲线

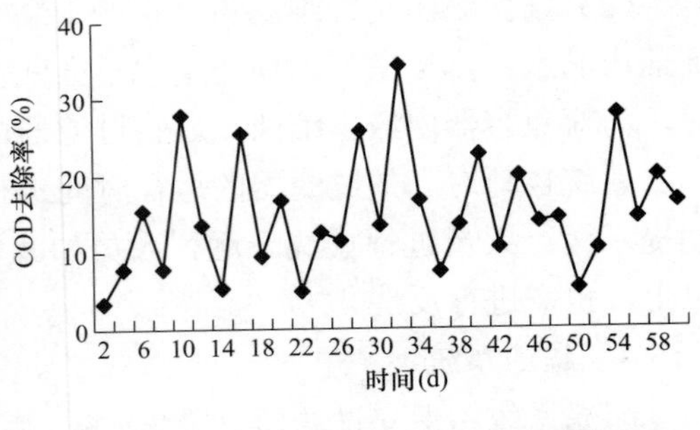

图 8-10 超滤对 COD 的去除率变化

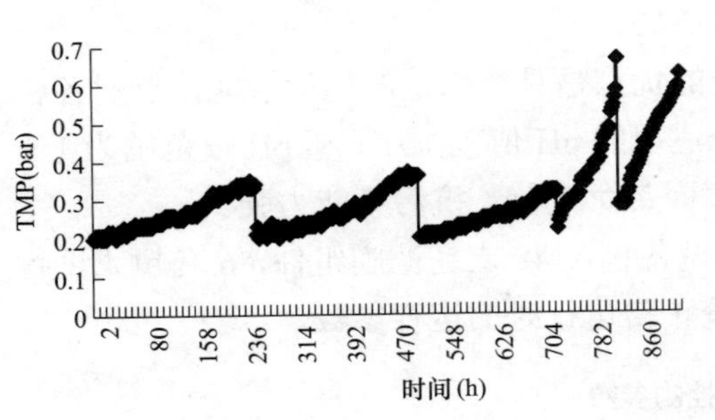

图 8-11 超滤跨膜压差的变化

循环水排污水水质复杂，超滤膜的污堵比处理天然水要严重得多，因此超滤的化学清洗是保证超滤稳定运行的重要一环。化学清洗的周期与循环水的污染组分有关，如果在正常运行条件下跨膜压差增大 0.5MPa 以上，要进行化学清洗。多数情况下每 1～2 月需要进行一次化学清洗。

化学清洗的药剂配方根据污染物的组成通过试验确定。该系统的化学清洗药剂为 1%～2%的柠檬酸加氧化剂，pH 值调至碱性。清洗流量为 140m^3/h，药剂循环时间为 60～90min，药剂浸泡时间为 120～360min；清洗液温度为 30℃。

在长时间停运期间，为了防止超滤元件内部滋生细菌，需要对超滤进行停机保护。除了膜元件必须保持湿润状态、防冻之外，对于短期停运（一般小于 24h），停机前用超滤滤出水进行一次完全的反冲洗。下次开机前，先对超滤系统进行大通量的反冲洗。对于中期关机（1～7 天），先使用超滤滤出水进行大通量反冲洗，再进行次氯酸钠化学增强反洗，保持膜内的有效氯浓度为 200mg/L。下次开机前应先对超滤系统进行大通量反冲洗，直到把超滤内部的残留氯随反洗排水冲干净。如果长期关机（大于 7 天），在进行彻底的化学增强反洗后，要用加入亚硫酸氢钠的反洗水进行反洗（亚硫酸氢钠浓度为 0.5%），要保证亚硫酸氢钠溶液完全充满膜内，替换膜内的水。亚硫酸氢钠溶液每隔 30 天更换一次。下次开机前应先对超滤系统进行大通量反冲洗，然后进行化学清洗并浸泡杀菌。杀菌剂可以使用次氯酸钠或者过氧化氢，浓度为 200mg/L，浸泡 10min；最后再进行不带杀菌剂的反冲洗，直到把膜内残留的杀菌剂冲干净。

需要注意的是中空纤维超滤膜的最大有效氯限值为 250 000mg/（L・h），长期的高浓度加氯浸泡可能影响超滤膜的寿命。因此应尽量减少连续停运的时间。

5. 反渗透

反渗透的浓水侧比原水（地下水）浓缩了 12 倍，为了防止反渗透膜结垢，在超滤出水加入了阻垢剂和盐酸，循环水 pH 值由 8.6 左右降低到 7.0 左右。2008 年 4 月投产后，反渗透脱盐率达 98%，优于设计标准（97%）。超滤出水 SDI＜2（设计标准 SDI＜4），设备额定工况运行各系统正常，符合设计要求。表 8-15 所示为反渗透系统的主要设计参数。

表 8-15　　反渗透系统的设计参数

项　目	单位	数值	项　目	单位	数值
单支膜有效膜面积	m^2	53.4	回收率	—	75%
运行温度	℃	＜45	每列进水流量	m^3/h	133
最高耐受余氯	mg/L	＜0.1	进水压力	MPa	＜1.3
进水 SDI 值	—	＜4	段间压差	MPa	＜0.2

系统共 6 列反渗透设备，每列出力 $100m^3/h$。每组反渗透停运后，由反渗透冲洗泵自动对每套反渗透依次进行低压冲洗再运行。

反渗透监测进水 SDI 值及余氯含量。正常运行时反渗透进水 ORP 值保持在 170～180mV，pH 值保持在 7.0 左右。当反渗透进水 ORP 值大于 250mV 或反渗透进水 pH 值大于 7.6 时系统自动报警，提示运行人员进行处理。运行期间还要监测段间压差及出水电导的变化，反渗透产水母管监测产水的 pH 值及电导率。

与超滤相同，用于循环水排污水处理时，反渗透的化学清洗周期很短。通过长时间运行，确定了当反渗透膜组件压差超过起始压差 15%，或者正常运行工况下淡水出水量降低 10%以上时，需要进行化学清洗。如果脱盐率显著降低（比初始值降低 10%以上），也需要化学清洗。长期停运前，应进行化学清洗后再充保护液。

循环水的成分复杂，膜组件污染物的性质也很复杂，因此化学清洗时要特别注意清洗药剂的筛选与清洗条件的控制，以免因药物相互反应引起更严重的污染。该工程推荐的清洗药剂为柠檬酸溶液。清洗过程中应严格控制 pH 值不能低于膜元件的允许值。三聚磷酸钠和 EDTA 混合液作为碱洗药剂，在碱洗过程中也要控制 pH 值不能高于膜元件的允许值。

6. 运行中发现的问题

循环水排污水中含有大量的水质稳定剂，组成这些水质稳定剂的都是高分子聚合物，在反渗透除盐系统中，因为加酸、加反渗透阻垢剂、加氧化剂等原因，可能会引起复杂组分之间的反应而生成新的膜污堵物。该电厂的循环水排水超滤、反渗透处理系统在运行中，保安过滤器曾出现了严重的污堵问题。取样分析发现，在保安过滤器的滤芯表面附着的污堵物厚度约为 3～4mm，污堵物呈乳白色、黏稠。图 8-12 所示为保安过滤器滤芯污堵情况。该厂循环水采用复配阻垢剂加硫酸处理，循环水 pH 值控制在 8.4～8.8 范围，并采用二氯异氰尿酸钠定期对循环水进行杀菌灭藻。

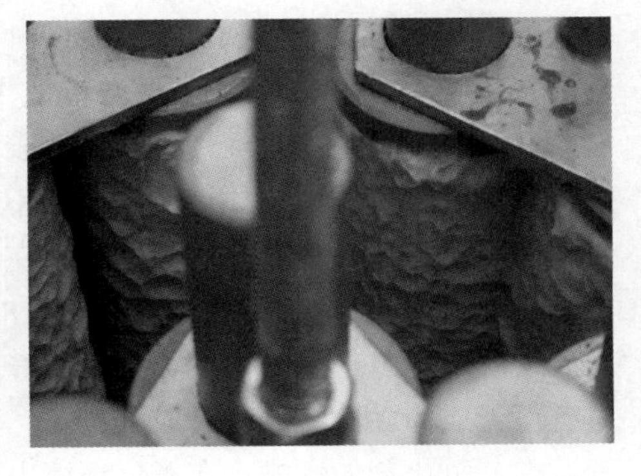

图 8-12　保安过滤器滤芯污堵

为了摸清污堵物发生的原因，通过改变运行条件进行试验。一是分别采用为地下水和循环水排污水两种水源进行比对，二是分别采用两种不同的阻垢剂。试验结果表明，当反渗透进水为地下水时，采用反渗透专用阻垢剂没有污堵物产生，而用循环水阻垢剂则有污堵物产生。用盐酸下调pH值到7.0，采用反渗透专用阻垢剂也有微量污堵物产生。当反渗透进水改为循环水排污水时，将pH值用盐酸调到7.0，污堵物产生量最大。由此证明在低pH值条件下投加的阻垢剂形成沉淀是污堵问题的根源。表8-16所示为循环水常用的各种阻垢剂的化学成分。该厂使用的水质稳定剂组成为30%ATMP、30%PBTC、20%HPMA、10%PAA和1.5%BTA。

表8-16　循环水阻垢剂的组成

单体名称	比例	性　质
ATMP（氨基三亚甲基，有机磷类）	30%	分子量为299，密度为1.3～1.4g/mL，1%溶液pH值2～3，属于有机磷类，其对氯很敏感，易氧化。对沉淀分子结晶起扭曲作用
PBTC（膦羧酸，2-磷酸丁烷-1，2，4-三羧基）	30%	分子量为270，密度为1.27g/mL，1%水溶液pH值为1.5～1.8，既有有机磷性质，又有羧酸类性质，稳定性优于有机磷和羧酸类
HPMA（水解马来酸酐）	20%	最大分子量＜5000，平均分子量为700，密度为1.18～1.22g/mL，1%溶液pH值为2.0～3.0，属有机磷系列，分子量越大阻垢效果越差
PAA（聚丙烯酸）	10%	分子式为（CH_2-CH-COONH）$_n$，平均分子量为2000～5000；密度为1.09g/mL（丙烯酸密度为1.05g/mL）。1%溶液pH＝2～3，属羧酸类
BAT（铜缓蚀剂）	1.5%	密度为1.3g/mL，分子量为119，pH值适宜范围5.5～10，水中以负离子状态存在；当pH值降低时，电离度降低；抗氧化性较强，但BAT价格很高，增加成本
MBT（铜缓蚀剂）	8.5%	分子量为167，密度为1.42g/mL，在酸性溶液里不溶（复配的阻垢剂酸性很强），一般要加入钠形成钠盐。pH值为适宜范围8～11。缺点是水溶性差，容易被氯氧化

经过对污堵物研究认为，析出物为阻垢剂中的有机磷、PAA和MBT。

（1）聚合物的溶解状态发生改变。例如聚丙烯酸（PAA），作为常用的一种聚合物，聚丙烯酸的溶解比较复杂，黏度受多种因素影响。分子量越小，分散效果越好；当聚丙烯酸平均相对分子量为1000时分散效果较好。聚丙烯酸钠能很好地溶于水，呈真溶液。它带有阴离子电荷，可促使带有不同表面电荷离子凝聚。在稀盐酸溶液中，聚合物电离趋势减小。一价的盐类如氯化钠虽然不会使聚丙烯酸钠沉淀，但可以降低其黏度，溶解度也会下降。聚合物分子链卷曲时，在相同浓度下聚合物的黏度降低。当分子处于伸展状态时黏度增大。研究表明，pH值在8.3时聚丙烯酸聚合物分子最为舒展，此时分子链上的羧酸基暴露最充分，阻垢效果最好，但黏度最大。因此，在上述成分中，聚丙烯酸时有可能成为黏性沉淀物的成分之一。

（2）氧化剂的影响。在氧化环境中，抗氧化性差的阻垢剂发生分解是产生污堵物的可能原因。表8-17所示为阻垢剂及单体进行氧化稳定性试验结果。氧化试验表明，复合阻垢剂的氧化稳定性是有较大差异的。其中，反渗透阻垢剂的抗氧化性能最好，72h后才出现沉淀。电厂正在使用的阻垢剂 A 最差，投加氧化剂 2h 就出现反应。阻垢剂 B 在 10h 后出现气泡。

表 8-17　　阻垢剂及单体氧化试验结果

药品	氧化实验现象	药品	氧化实验现象
阻垢剂 A（现场使用）	2h 有白色晶体沉淀和气泡产生	HPMA 单体	2h 有白色晶体沉淀和气泡产生
阻垢剂 B	10h 有白色晶体沉淀和气泡产生	PAA（聚丙烯酸）	无反应
RO 专用阻垢剂	72h 后有白色晶体沉淀产生	BAT（铜缓蚀剂）	无反应
ATMP 单体	2h 有白色晶体沉淀和气泡产生	MBT（铜缓蚀剂）	无反应
PBTC 单体	10h 有白色晶体沉淀和气泡产生		

（3）pH 值对溶解的影响。模拟反渗透系统入水 pH 值的运行条件，对 HPMA、PBTC、HPMA、PAA、BAT、MBT 进行酸碱溶解试验，结果只有铜缓蚀剂 MBT 受酸碱度影响较大。MBT 在 pH 值为 10 以上完全溶解，在 pH 值回调到 7.3 时 MBT 重新析出，这种现象与污堵物部分成分遇碱溶解、遇酸析出反应相似。

综合各种试验和因素分析，该电厂污堵物产生的原因是 pH 值降低导致水中有机胶体变性与阻垢剂单体发生凝聚引起的。

为了解决该问题，将加酸点提前到高效过滤器入口，让析出物提前析出，通过超滤过滤掉。图 8-13 和图 8-14 所示分别为加酸点改造前后保安过滤器的压差变化曲线。对比两图可以看出在加酸点前移之前，保安过滤器运行不到 120h，压差就达到 0.2MPa 以上；而加酸点前移后，运行超过 2000h，压差仍稳定在较低的水平。后续一年多长期运行结果表明，压差一直未有显著增大。除了改变加酸点外，通过控制杀菌剂加入量，优化运行方式；提高循环水阻垢剂质量，确保各种单体质量，铜缓蚀剂不用难溶的 MBT 等综合措施，彻底解决了污堵的问题。

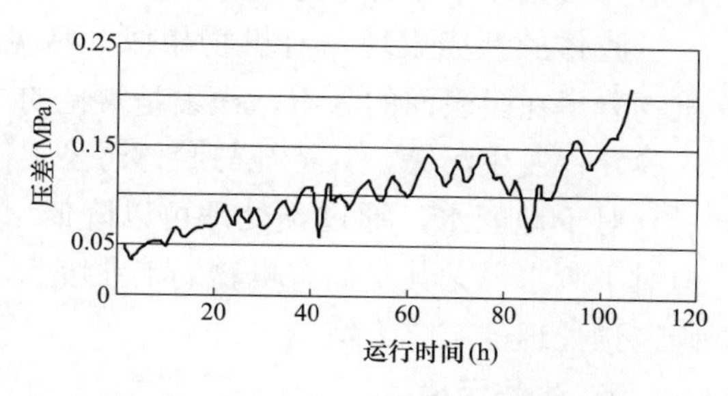

图 8-13　加酸点改造前保安过滤器压差曲线

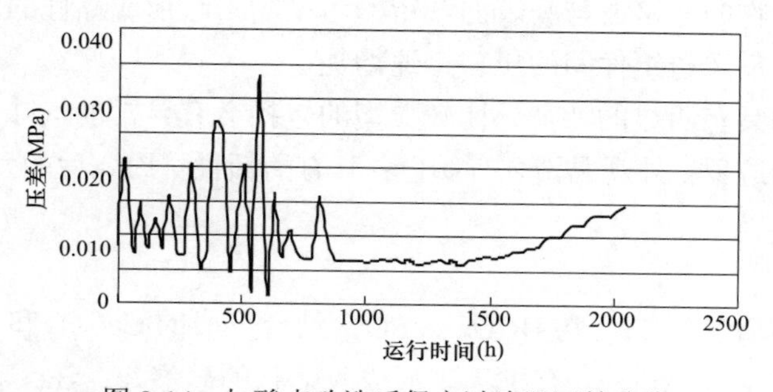

图 8-14　加酸点改造后保安过滤器压差曲线

第四节　反渗透膜的污染及清洗

用于循环水排污水处理时，反渗透膜的清洗频次及清洗难度都远大于处理天然水。本节重点讨论反渗透膜化学清洗的问题。

一、反渗透膜污染的形式和机理

反渗透膜在运行过程中，一部分水会透过膜成为淡水，原来水中携带的污染物便会截留在膜的表面并形成污染。这种污染的程度主要与水渗透量的大小、杂质的性质，以及膜的抗污染性能有关。

反渗透膜的污染有各种不同的类型。微观研究表明，膜表面积累的污染物从结构上看有三个层次：①通常为松散附着的泥砂、颗粒、胶体和松散的碳酸钙垢，以及微生物。②通常为较坚固附着区域，主要沉积的硫酸钙、硫酸钡、硫酸锶、铁及金属氧化物和氢氧化物。③靠近膜表面，这里主要沉积脱水聚合的复杂硅酸盐、结构紧密的结晶沉淀物和部分有机物，这一层结合紧密，通常很难用一般化学方法去除。

1. 胶体、悬浮物、大的有机物和絮凝剂的污染

实质上，运行中的膜元件沿长度方向的通量分布是不均匀的，进水端大，末端小。因此，进水端胶体、悬浮物的沉积量是比较大的。但是进水端的浓水流量大，对沉积物的冲刷清洗作用强，因此附着力不强的沉积物会后移，在膜末端低流速区沉积；而附着力较强、不容易冲走的污染物（如絮凝剂），则留在进水端。

胶体的污染表现与有机物相似，常见的胶体类型是硅化合物、铁等。非溶解性有机物分子在膜表面的吸附、积累是常见的污染形式。混凝剂、助凝剂使用不当，也会进入膜元件发生污染，其特征与胶体污染类似。

对于地表水，通过预处理可以降低水中有机物的含量，满足反渗透进水的要求。但对于废水，尤其是高有机物的工业废水，则需要根据具体情况，在模拟试验的基础上确定预处理的工艺方案。

2. 生物污染

在处理废水，尤其是循环水排污水时，膜元件的生物污染是普遍存在的问题。发生生物污染后，微生物的分泌液与膜表面截留的污染物一起形成黏性的污堵层，使膜的透水率大幅度降低，反渗透组件间的压差迅速增加。

微生物污染物具有明显的特征，比较典型的包括会有异常的气味；在显微镜观察，有大量细菌活动的迹象；外观黏滑，有颜色；具有酶活性；灼烧后的残渣中含有磷酸盐、钠、钾等物质。

3. 结垢

常见的结垢物质包括 Ca^{2+} 与 HCO_3^-、SO_4^{2-} 结合形成的 $CaCO_3$ 和 $CaSO_4$ 沉淀；浓缩硅酸化合物会与 Ca^{2+}、Mg^{2+}、有机物等形成胶体状的硅酸盐；Ba^{2+}、Sr^{2+} 与 SO_4^{2-} 结合形成 $BaSO_4$ 和 $SrSO_4$。其中，碳酸盐稳定性的判断方法在循环水处理部分已经讨论，在

此不再赘述。

硫酸盐主要包括硫酸钙、硫酸钡和硫酸锶。在膜分离过程中，当给水中的钙、钡、锶和硫酸根离子的浓度大于相应的溶度积常数后，就有可能产生沉淀。从对膜的危害性来讲，硫酸盐垢比碳酸钙垢更大，因为硫酸盐沉淀物不溶于酸，很难用一般的清洗剂除去。

在处理循环水排污水时，这三种沉淀物中硫酸钙沉淀的发生机率较大。硫酸钙的结垢倾向可以通过计算浓水侧的离子浓度积（IP_b），并与溶度积常数（K_{sp}）比较来判断。需要说明的是由于含盐量很高，必须考虑离子强度对浓度积的影响。当 $IP_b > K_{sp}$ 时，则有可能生成硫酸钙垢；当 $IP_b < K_{sp}$ 时，没有硫酸钙结垢的倾向。加入阻垢剂可以提高硫酸钙的过饱和度，一般不高于 2 倍的 K_{sp}。在实际运行中，为了安全起见，当 $IP_b = 0.8K_{sp}$ 时，就需要采取措施，防止硫酸钙结垢。

在判断硅酸盐垢时，首先根据进水的浓度和回收率，计算出浓水侧的硅酸盐浓度，再根据浓水侧的 pH 值对 SiO_2 浓度进行校正计算。图 8-15 所示为 pH 值校正曲线。最后对比实际浓水温度下 SiO_2 的溶解度（见图 8-16）进行判断；若经过 pH 值校正计算后的值高于该溶解度，则有 SiO_2 析出的可能。

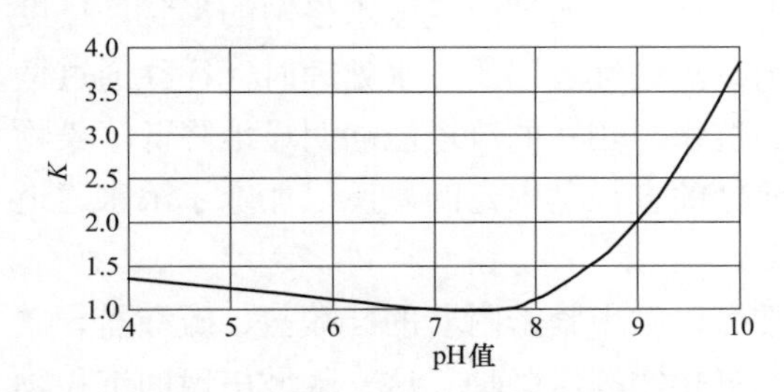

图 8-15　SiO_2 浓度的 pH 值校正曲线

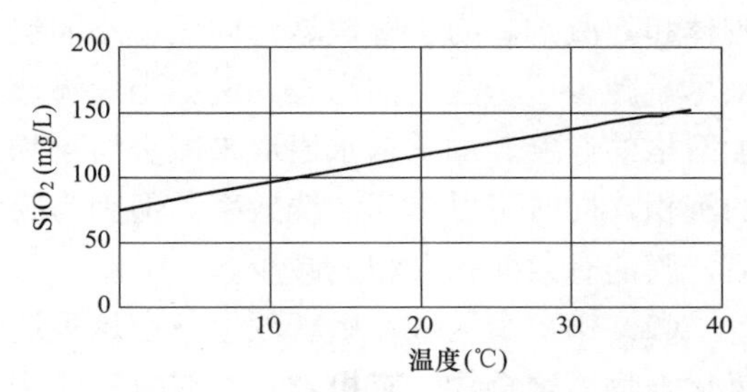

图 8-16　不同温度 SiO_2 的溶解度

因为浓差极化的存在，靠近膜表面的离子浓度要高于测定的平均浓度，所以在计算浓度积时，还要考虑浓度梯度的影响。有些文献在计算中引入了浓度极化因子的概念，即边界层的离子浓度与主体溶液中离子浓度的比值，将此系数用于结垢的判断。

除了难溶盐的结垢会突然出现外，微生物污染、胶体污染和有机分子污染通常是在长时间的运行过程中，持续积累产生的。上述三种污染形式一般是同时发生的，而且相互之间有促进作用，一种形式的污染可能会诱发或促进其他形式的污染。为了防止膜的不可逆污堵，必须对反渗透进水进行正确的预处理。表 8-18 所示为反渗透系统中常见的污染类型汇总。

表 8-18　　反渗透膜污染的类型、特征和现象

污染类型	特　征	污染速度	污染类型	特　征	污染速度
生物污堵	（1）压降升高； （2）产水量降低	症状逐渐出现	胶体污堵	（1）最初脱盐率轻微降低，逐步增大； （2）最后一段压降升高； （3）产水量降低	症状逐渐出现

续表

污染类型	特　征	污染速度	污染类型	特　征	污染速度
混凝剂污染	（1）脱盐率变化很小； （2）压降升高，特别是第一段； （3）产水量降低	症状逐渐出现	化学结垢	（1）脱盐率下降，特别是最后一段； （2）最后一段压降升高； （3）产水量下降	症状很快出现

二、膜发生污染的部位

通过对污染后的膜表面进行检查，发现污染主要发生在两个区域：

（1）第一个区域是浓水通道中夹在两片膜之间的格网，这是浓水通道的支撑材料。网格可以加强浓水侧水流的扰动，改善浓水的流态，使膜表面的水处于紊流状态，有利于膜表面物质的扩散，减少污染和浓差极化的发生。

但是浓水格网中水的流动并不是均匀的。在低流速区，因为有充分的停留时间而发生沉淀、结晶、絮凝等；结晶过程一旦开始就会加速进行，形成大量的固体沉积物。这些物质会限制浓水在地流动，导致系统压力的升高和产水量降低。

这一区域发现的典型污染物包括：碳酸钙晶体、生物膜、沉积的有机分子、微粒、胶体和絮凝剂。为了解决这一问题，不同组件生产厂商通过改变浓水格网的形状、厚度来尽量减少这一区域的污染。例如当反渗透用于污染性较强的废水处理时，往往通过增加网格的厚度、加宽浓水通道来减少污染物的沉积。较宽的流道能够明显地降低污染物的沉积，同时可以提高清洗效率。但因为膜元件的直径是固定的，所以加宽了浓水通道后，膜的有效面积会相应减少。

（2）第二个区域在膜表面上。在这里通常可以发现紧密附着的硅酸盐、硫酸盐、碳氢化合物、聚合物、有机物、金属氢氧化物和氧化物等污染物。这一区域出现的沉积物会导致产水率和脱盐率的下降。

与膜面平行方向流动的浓水对污染物有冲刷作用，对减缓污染物的积累有利。但是随着水向膜末端流动的过程中，水量逐渐减少，流速越来越低，相应的冲刷作用减弱。与此同时，水质浓缩程度越来越高，污染物和盐的浓度越来越大。反渗透装置末端盐的浓度最大，因此结垢一般容易在反渗透末端发生。

三、反渗透膜生物污染的发展与控制

有关研究表明，细菌，真菌和其他微生物组成的生物膜，可通过酶的分解膜材料，造成膜寿命缩短甚至破坏。因为生物膜的黏附力极强，不容易清除，所以膜元件一旦产生生物膜，清洗就非常困难。此外，清洗后残留的生物膜将是微生物再次繁殖的滋生地，细菌的再次繁殖速度将更快。因此微生物的防治也是预处理的最主要任务之一，尤其是对于处理循环水排污水的反渗透系统更是如此。

1. 膜生物污染的发展过程

膜组件内部潮湿阴暗，是一个微生物生长的理想环境。循环水中的微生物种类很多，主要有细菌、藻类、真菌、病毒等。在反渗透运行的过程中，微生物可以与胶体粒子、悬浮物等一起沉积在膜元件中，并以指数级迅速增长。由于膜材料抗化学氧化能力很弱，要求不能有氧化剂进入反渗透，所以反渗透组件内部的水中没有杀菌剂；一旦原水的生物活性水平较高，微生物就会在膜表面滋生、积累，最终形成菌膜黏附在膜的表面，产生明显的污染。在反渗透停运时细菌的滋生繁殖速度更快。当长时间停运时，一定要有合理的保护措施。

膜的生物污染分两个阶段：黏附和生长。水中存在的微生物先是黏附在膜的表面，然后黏附细胞会不断吸取进水中的营养物质成长繁殖，进而形成初级生物膜。初级生物膜又成为其他细胞附着、繁殖的基地。随着生物膜的进一步生长和代谢，老化的生物膜被分解成蛋白质、核酸、多糖酯和其他大分子物质，这些物质强烈地吸附在膜的表面并引起膜表面的改性，使膜更容易吸引其他种类的微生物。大部分微生物通常具有异味，与水接触的的表面黏滑。

2. 膜生物污染的抑制

防止微生物在膜上的滋生方法有：加氯、微滤或超滤处理、臭氧氧化、紫外线杀菌、投加亚硫酸氢钠等。在火电厂常用的方法是加氯杀菌，氯系列杀菌剂能够使许多微生物快速失去活性。杀菌的效率取决于氯的浓度、水的 pH 值和接触时间。在工程应用中，水中余氯一般控制在 0.5～1.0mg/L 范围内，反应时间控制在 20～30min。氯的加药量需要通过调试确定，因为水中的有机物也会消耗氯。采用加氯杀菌，最佳的 pH 值为 4～6。由于复合膜元件的耐氧化性较差，要求反渗透水装置进水的余氯不能超过 0.1mg/L，所以该方法只能用于反渗透的前处理系统，而且要在反渗透进水管加还原剂，将余氯水平控制在反渗透膜允许的范围内。

研究表明，一氯化胺是一种优良的生物膜消除剂，而且对反渗透膜无氧化性损害。在废水中连续投入 3～5mg/L 的一氯化胺，可有效抑制生物膜的生长。

四、反渗透的阻垢

目前采用的反渗透阻垢方法主要有加酸、加阻垢剂两种，这两种方法的防垢机理完全不同。阻垢剂是通过对水中各种致垢离子的分散作用来阻止结垢的，一般可以控制碳酸盐垢、硫酸盐垢、氟化钙垢和硅垢。

加酸只能防止 $CaCO_3$ 沉淀。在以前使用醋酸纤维膜时，加酸既可以防垢，又可以将进水的 pH 值调整至酸性，防止醋酸纤维膜水解，因此加酸防垢很普遍。现在普遍使用复合膜之后，在处理天然水时，为了简化系统，一般单加阻垢剂就可以满足防垢的要求。但是处理循环水排污水时，经常既要加酸（降低难溶盐的过饱和度），又要加阻垢剂。

六偏磷酸钠（SHMP）是早期应用最广泛的一种反渗透阻垢剂，当水中的过饱和盐类刚刚形成微晶体时，SHMP 就可以吸附在正在生长的晶体表面，破坏结晶过程，阻碍微晶体继续生长。六偏磷酸钠的最大缺点是在水中易发生水解，阻垢性能不稳定。另外不容易溶解。由于阻垢效率不高，通常还要与加酸处理配合使用。目前在火电厂的水处理系统中，SHMP 已经很少使用。

有机聚合物阻垢剂是目前在火电厂使用最多的反渗透阻垢剂。与 SHMP 相比，聚合有机阻垢剂具有以下特点：

（1）溶解性和稳定性较好；大部分有机阻垢剂为液体浓缩液，稀释溶解很方便。

（2）在很宽的 pH 值范围内有效，某些产品适用的 pH 值范围为 5～10。

（3）在不加酸的情况下，能够在高 LSI 条件下有效地控制 $CaCO_3$ 结垢。有些产品标称的 LSI 最大允许值可以达到 3.2。

（4）能够在很大的范围内抑制 $CaSO_4$、$BaSO_4$、$SrSO_4$ 等难溶盐的结垢。例如某种反渗透阻垢剂可以做到以下方面：

1）$CaSO_4$ 离子浓度积（IP_b）最大允许值为 10 倍溶度积（K_{sp}）。

2）$BaSO_4$ 离子浓度积（IP_b）最大允许值为 2500 倍溶度积（K_{sp}）。

3）$SrSO_4$ 离子浓度积（IP_b）最大允许值为 1200 倍溶度积（K_{sp}）。

（5）使用的剂量比 SHMP 低得多，因此反渗透浓排水中磷的含量比使用 SHMP 低得多，不会造成环境污染。

阻垢剂的剂量控制有两个要点：一个是配药浓度要稳定；另一个是加药系统一定要可靠，计量准确。如果反渗透的运行流量经常变化，则应随时调整阻垢剂的加药量，以维持稳定的剂量。

使用阻垢剂时一定要注意药品质量和加药剂量的控制。药品质量的重要性是不言而喻的，剂量的控制也十分重要。如果剂量太低，阻垢效果不好；而剂量太高，阻垢剂本身会对反渗透膜造成污染。有些电厂在使用阻垢剂时因剂量控制不好，发现膜的压差增长很快，化学清洗非常频繁。

在实际生产中发现，有些有机阻垢剂在与阳离子聚合电解质（混凝剂）或高价阳离子混合后，会形成胶状的沉淀；这些胶状反应物会加速保安过滤器滤元的污堵，严重时也会造成 RO 膜元件的污染。这些污染物的清洗十分困难，因此使用阻垢剂时，要注意与其他要求的匹配性。

五、反渗透膜的化学清洗

在反渗透系统运行中，尽管已经采取了很多防止膜污染的措施，但所有的措施只能降低污染的程度或者减缓污染的速度，不能杜绝污染。因此，膜元件的污染是不可避免的。随着污染物在膜表面不断地积累，反渗透装置的产水量会逐步下降。当污染物积累到一定程度后，对反渗透的运行产生了明显的影响时，就要考虑化学清洗，以除去黏附在膜表面和浓水通道中的污物，恢复膜内部的清洁状态。

要成功地进行反渗透系统的化学清洗，首先应该充分了解污染的类型和污染物的性质。污染物的性质除了与原水水质、预处理过程有关外，还与使用的阻垢剂种类、剂量、反渗透的运行参数以及维护情况有关。

脱硫废水处理

截至2016年底，统计数据显示我国的发电装机容量已达16.5亿kW。其中，煤电装机9.43亿kW，占全国发电装机总量的57%。燃煤发电机组中90%以上已配备烟气脱硫设施，如考虑具有脱硫作用的循环流化床锅炉，全国煤电机组配备脱硫设施比例接近100%。按所采用的脱硫技术划分，我国煤电机组脱硫工艺类型及占比为：石灰石-石膏湿法占92.87%（含电石渣法），海水法占2.58%，烟气循环流化床占1.80%，氨法占1.81%，其他占0.93%。石灰石-石膏湿法是我国火力发电行业市场占有率最高的烟气脱硫技术。

为了实现节能减排和清洁生产，燃煤电厂近年来广泛开展节水和废水综合治理工作，烟气脱硫系统对补水水质要求相对较低，因而成为电厂梯级用水和废水消纳的末端用水系统。电厂生产过程中由水源带入的污染因子如悬浮物、盐类、有机物、氨氮等均进入了脱硫系统，再加上烟气及脱硫剂带入的污染成分，造成脱硫系统排放的脱硫废水水质极差，没有综合利用的价值，成为全厂主要的末端废水。

对于不同环保要求的电厂，脱硫废水的处置目标和处理方式是不同的。当环保要求允许电厂可以对外排放废水时，脱硫废水可处理达标后排放；当要求电厂实现废水零排放时，脱硫废水则只能干化处理。本章主要讨论脱硫废水达标排放的处理问题，干化处理则在后面的章节中讨论。

第一节　脱硫废水水质及水量特性

一、脱硫废水的来源和排放特点

在石灰石-石膏湿法烟气脱硫过程中，燃煤烟气中的重金属、氟离子、氯离子、颗粒物等转移至脱硫浆液中，补水及石灰石中的各种污染因子和杂质也进入脱硫浆液，随着浆液的循环喷淋，各种污染因子将会富集浓缩，易造成材料和设备的腐蚀、石灰石的溶解性能降低、石膏的含水率增加及其脱水难度增大等一系列问题。因此，脱硫运行过程中通常将氯离子含量控制在一定范围内（多数火电厂规定脱硫浆液中的氯离子含量小于或等于20 000mg/L），同时将浆液密度控制在1075～1150kg/m^{3}之间。为了将氯离子含量和浆液密度维持在合理的范围内，需要定期从吸收塔内排出一部分浆液，经过旋流器分离之后，排放出脱硫废水。

脱硫废水排出方式有三种，即石膏旋流器溢流排放、废水旋流器溢流排放和石膏脱水滤液排放。其中，从废水旋流器溢流排放的方式最为常见。各电厂在运行中，通常将废水排放与石膏脱水过程结合，当浆液密度达到设定值时，投运石膏脱水系统；同时通过废水旋流器溢流排放脱硫废水。因而，脱硫废水排放具有间断、无规律的特点，也相应造成脱硫废水水质的不稳定。

二、脱硫废水的水质特点

1. 脱硫废水水质特征

脱硫废水的水质非常复杂，并且波动较大，具有“高硬度、高盐分、高浊度、强腐蚀性”的特征，表现在以下几个方面：

（1）呈酸性，pH 值在 4.5～6.5 之间。

（2）含盐量高，且浓度变化范围极广，可达到 10 000～130 000mg/L。

（3）硬度（钙镁离子）、硫酸根含量高，结垢风险大。

（4）包含多种重金属，如 Hg、Cr、As、Cd、Pb 和 Cu 等。

（5）悬浮物含量高。废水旋流器往往达不到设计的固液分离效果，溢流液中悬浮物含量可在 2%以上。

此外，随着火电厂中水回用和深度节水工作的逐步推进，越来越多的电厂循环水系统补水改为中水；为了实现梯级用水，将循环水排污水作为脱硫系统补水，造成脱硫系统中有机物浓度有显著增大的趋势。同时，大量电厂已完成烟气超低排放改造，SCR 脱硝系统需喷氨还原 NO_x，喷氨量往往过量较多，大量氨逃逸至脱硫系统被洗涤下来，造成脱硫废水的氨氮含量也显著上升。

表 9-1 所示为国内 39 座燃煤电厂脱硫废水水质分析结果。从表中数据可以看出，脱硫废水的水质很差，杂质成分复杂且波动范围大。其中，汞、镉等重金属含量最大值超标 8～10 倍，COD 最大值超标约 10 倍，氨氮最大值超标约 80 倍。在进行脱硫废水处理工艺研究与设计时，需要现场多次采样分析，确定其水质变化范围。

表 9-1　　部分燃煤电厂脱硫废水水质

项　目	单　位	平均值	波动范围
悬浮物	mg/L	11 483	2980～42 411
TDS	mg/L	22 215	5140～66 830
Ca^{2+}	mg/L	1787	500～3450
Mg^{2+}	mg/L	2887	47～7331
Cl^-	mg/L	12 040	6050～48 149
F^-	mg/L	94	1～515
SO_4^{2-}	mg/L	6042	1120～15 842
Hg	mg/L	0.09	0.01～0.64
Cd	mg/L	0.10	0.01～0.79

续表

项 目	单 位	平均值	波动范围
Cr	mg/L	0.11	0.01～0.27
Pb	mg/L	0.71	0.05～1.46
COD	mg/L	247	16～1540
氨氮	mg/L	189	10～1220

2. 影响脱硫废水水质的主要因素

（1）煤种。煤在锅炉中燃烧之后，大量污染物转化为气态存在于烟气中，被脱硫浆液洗涤，成为脱硫废水中污染物的主要来源。煤种的不同直接影响着脱硫废水水质。燃烧高氯低硫煤会增加烟气中氯元素的含量，维持脱硫浆液中相同氯离子浓度条件下，脱硫浆液循环次数将会降低，浆液中镁离子及硫酸根离子含量相对较低，同时脱硫废水的排放量将增加。另一种条件下，燃烧高硫低氯煤将产生更多的二氧化硫，这会增加脱硫剂的用量，生成更多的石膏，使脱硫废水中镁离子及硫酸根离子含量较高。除此之外，燃煤中的不可燃性固体成分也会影响脱硫浆液中的固体含量。

（2）石灰石品质。石灰石是脱硫废水中污染物的另一个主要来源，石灰石本身包含大量的钙镁元素，同时其黏土杂质含有惰性细微颗粒、铝及硅等物质。另外，石灰石还是脱硫废水中镍和锌的重要来源。与煤种的影响类似，这类物质的富集程度直接影响脱硫废水的水质。

（3）前续除尘设备。根据已有的研究结果，没有数据显示除尘效率的增加能明显地改善脱硫废水的水质。当电除尘器的除尘效率由 99.8%提升至 99.9%时，理论上脱硫废水的总悬浮颗粒物浓度会有略微下降，但是飞灰的细微颗粒可能会增加脱硫废水中挥发性金属的含量，因此除尘效率的增加可能会对脱硫废水中某些金属的含量产生重要影响。

（4）脱硝设备。脱硝设备能增加烟气中 Cr^{3+}转化为 Cr^{6+}的比例，六价铬比三价铬毒性更大、溶解性更强，使得脱硫废水铬的浓度增加。此外，脱硝系统逃逸的氨转移到脱硫系统中，增加脱硫废水中的氨氮浓度。

（5）脱硫系统设计及设备材质。使用更高等级耐腐蚀性材料可提高脱硫系统对浆液中氯离子的腐蚀耐受能力，从而增加脱硫浆液的循环次数，影响脱硫废水水质，降低脱硫废水的排放量。

（6）脱硫水力旋流器的影响。脱硫系统中使用水力旋流器分离石膏晶体和细小颗粒物，水力旋流效率对脱硫废水的固含量影响显著。目前许多电厂的废水旋流器达不到设计固液分离效果，旋流站出水含固率普遍较高（3%以上）。若联合运用石膏旋流器-废水旋流器，且旋流器效率正常，则脱硫废水的固含量可低至 1%以下。

3. 脱硫废水的产生量

脱硫废水的排放量受脱硫塔内氯离子浓度平衡、脱硫塔浆液池液位平衡等因素的控制。受电厂燃用煤种、工艺补充水水质、石灰石品质、脱硫石膏排放周期等因素的影响，不同地区的燃煤电厂脱硫废水水量差别很大。即使同一座电厂，因脱硫运行控制水平的波动，脱硫废水水量波动也很大。水量不稳定对脱硫废水处理系统的稳定运行有一定的影响。

脱硫废水的水量可以根据电厂燃用煤质数据进行理论计算。在补水氯离子浓度较低（小于 200mg/L）、煤中含氯量高于 0.05%的条件下，可近似认为脱硫废水中的氯离子全部来自于烟气，而烟气中的氯全部来自于锅炉中煤的燃烧。有研究显示，我国燃煤中的含氯量一般在 0.01%～0.2%。已知煤质（氯含量）和脱硫浆液氯离子控制浓度的条件下，根据氯元素的平衡，可由锅炉燃煤量计算脱硫废水理论排放量，见图 9-1。

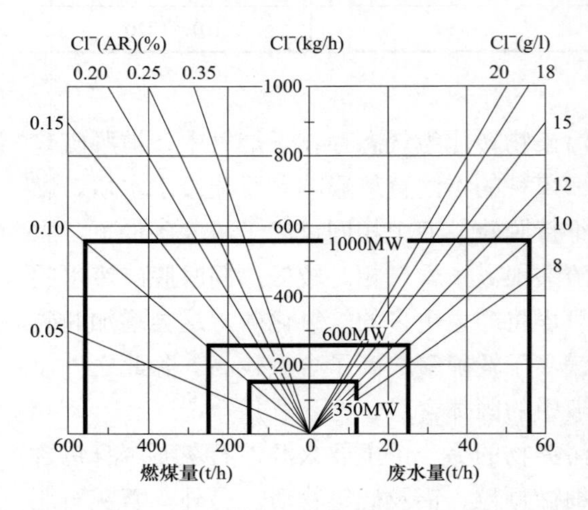

图 9-1 烟气氯含量对脱硫废水量的影响

假设燃煤含氯量为 0.1%，控制脱硫浆液中氯含量为 10 000mg/L，由图 9-1 可查得，600MW 机组满负荷运行排放脱硫废水约 22m³/h，1000MW 机组满负荷运行排放脱硫废水约 52m³/h。上述理论值与实际排放量相比偏高，仅可作为脱硫废水量的参考值。

通过对国内 30 多座燃煤电厂脱硫废水水量进行调研，得到的结果见表 9-2。由表中数据可见，在相同机组容量条件下，各厂脱硫废水量差异很大，不存在统一的脱硫废水排放量，必须具体问题具体分析。

表 9-2　国内部分燃煤电厂脱硫废水产生量（单位：m³/h）

序号	机组容量	最大值	最小值	平均值	标准差	方差
1	2×300MW	14	2.5	7.9	4.27	18.29
2	2×600MW	25	6	15.9	6.7	45
3	2×1000MW	30	25	27.5	3.5	12.5

第二节　脱硫废水排放控制标准

一、欧洲脱硫废水排放标准

1. 欧盟标准

根据 2006 年 7 月欧盟发布的最佳可行性技术在大型燃烧装置（大于 50MW）中的应用性参考文件（Reference Document on Best AvailableTechniques for Large Combustion Plants）的要求，所有现有的和新建的燃烧设施，其湿法脱硫装置产生的废水应设置废水处理站，采用相应的“最佳可行技术”（Best Available Techniques，BAT）进行处理后排放。欧盟议会和理事会 2010 年 11 月 24 日颁布的关于工业污染物排放的指令（Directive

2010/75/EU of the European parliament and of the council on industrial emissions）中明确要求尽可能避免向水环境中排放废气净化装置产生的废水，排放的废水中的污染物浓度应小于表 9-3 所示的限值。该标准适用于燃煤电厂脱硫废水。

表 9-3 欧盟和德国脱硫废水污染物排放限值

污染物	单位	欧盟废气净化废水污染物排放限值	德国烟气净化装置排水水质标准
Hg	mg/L	0.03	0.03
Cd	mg/L	0.05	0.05
Ti	mg/L	0.05	—
As	mg/L	0.15	—
Pb	mg/L	0.2	0.1
Cr	mg/L	0.5	0.5
Cu	mg/L	0.5	0.5
Ni	mg/L	0.5	—
Zn	mg/L	1.5	1.0
二恶英和呋喃	ng/L	0.3	
悬浮物	mg/L	30	30
COD	mg/L	—	150
硫酸盐	mg/L	—	2000
亚硫酸盐	mg/L	—	20
氟化物	mg/L	—	30
硫化物	mg/L	—	0.2
鱼卵毒性	—	—	2
备注		2010年11月24日颁布实施	

2. 德国烟气净化装置排水水质标准

德国废水排放条例（Verordnung über Anforderungen an das Einleiten von Abwasser in Gewässer）于 1997 年 3 月 21 日颁布实施，目前的最新版本是 2017 年 3 月 29 日的修定版。在该条例附录 47（Anhang 47）中规定了烟气净化装置的排水水质，燃煤电厂脱硫废水适用于此规定。污染物限值见表 9-3。该法规中对 Pb 和 Zn 的排放限值要严于欧盟标准。

3. 奥地利标准

奥地利联邦政府法规环保条例（BGBl. II Nr. 271/2003）要求对燃烧烟气净化产生的废水进行处理，发布的污染物排放控制指标见表 9-4。燃煤电厂脱硫废水适用于此规定。在该标准中，区分了排入河流还是排入管网两种情况。

表 9-4　　奥地利烟气净化废水排放标准

项目	单位	排入河流	排入管网	项目	单位	排入河流	排入管网
温度	℃	30	35	铊	mg/L	0.05	0.05
悬浮物	mg/L	30	30	钒	mg/L	0.5	0.5
pH 值	—	6.5～8.5	6.5～9.5	锌	mg/L	1.0	1.0
锑	mg/L	0.2	0.2	锡	mg/L	0.5	0.5
砷	mg/L	0.1	0.1	氟化物	mg/L	20	20
铅	mg/L	0.1	0.1	氨氮	mg/L	10	10
镉	mg/L	0.05	0.05	总氮	mg/L	50	50
铬	mg/L	0.5	0.5	磷	mg/L	2	—
钴	mg/L	0.5	0.5	硫酸盐	mg/L	2500	参照相关管道规定
铜	mg/L	0.5	0.5	亚硫酸盐	mg/L	20	20
锰	mg/L	1.0	1.0	硫化物	mg/L	0.2	0.2
镍	mg/L	0.5	0.5	COD	mg/L	90	—
汞	mg/L	0.01	0.01	二恶英和呋喃	ng/L	0.3	0.3
鱼生物毒性	—	参照 ÖNORM EN ISO 7346	参照 ÖNORM EN ISO 7346				

二、美国脱硫废水排放标准

美国环保局（USEPA）于 2015 年 9 月 30 日正式颁布了最终版的《火电厂点源类污水排放限制指导和标准》，该标准于 2016 年 1 月 4 日正式生效。新标准沿用了废水排放通用的 pH 值控制范围为 6～9。单独针对脱硫废水的污染物控制标准可以分为应用 BPT（Best Practicable Technology）的排放标准和应用 BAT（Best Available Technology）的排放标准两种。

BPT 排放标准主要是指应用重力沉降来处理脱硫废水的方式，所控制的污染物指标只有悬浮物一项，要求日最大排放浓度限值为 100mg/L，连续 30 天日平均浓度限值为 30mg/L。该指标一般用来作为脱硫废水化学处理和生物处理的前置预处理系统出水控制指标。

BAT 排放标准适用于单机容量 50MW 以上的燃煤机组，参见表 9-5。该标准分为基于采用化学沉淀加生物处理的标准和基于采用蒸发技术的标准。前者主要针对的是现有燃煤电厂产生的脱硫废水，这些电厂应在 2018 年 11 月 1 日之前达到砷、汞、硒，以及硝酸盐、亚硝酸盐的控制指标；后者则主要针对的是新建电厂或自愿选择执行这一标准的现有燃煤电厂，这些电厂需在 2023 年 12 月 31 日前达到表 9-5 所示控制指标。

表 9-5　　美国脱硫废水污染物 BAT 排放浓度限值

污染物	单位	在役燃煤电厂		新建或自愿控制的在役燃煤电厂	
		日最大排放值	日平均值（连续 30 天）	日最大排放值	日平均值（连续 30 天）
砷	μg/L	11	8	4	
汞	ng/L	788	356	39	24
硒	μg/L	23	12	5	
硝酸盐/亚硝酸盐	mg/L 以 N 计	17	4.4	—	—
TDS	mg/L	—	—	50	24

三、我国脱硫废水排放标准

1. 我国脱硫废水达标排放执行标准

我国目前脱硫废水达标排放执行的标准是 DL/T 997—2006《火电厂石灰石-石膏湿法脱硫废水水质控制指标》（见表 9-6）和 GB 8978—1996《污染物综合排放标准》。表 9-7 所示为 GB 8978—1996 中部分第二类污染物最高允许排放浓度。

表 9-6　　我国火电厂脱硫废水排放标准

污染物	单位	最高允许排放浓度值	污染物	单位	最高允许排放浓度值
总汞	mg/L	0.05	悬浮物	mg/L	70
总镉	mg/L	0.1	化学需氧量①	mg/L	150
总铬	mg/L	1.5	氟化物	mg/L	30
总砷	mg/L	0.5	硫化物	mg/L	1.0
总铅	mg/L	1.0	pH 值	mg/L	6～9
总镍	mg/L	1.0	硫酸盐②	mg/L	2000
总锌	mg/L	2.0			

① COD 的数值要扣除随工艺水带入系统的部分。
② 厂区排放口监测项目。

表 9-7　　部分第二类污染物最高允许排放浓度

污染物	单位	一级排放标准	二级排放标准
悬浮物	mg/L	70	150
COD	mg/L	100	150
氨氮	mg/L	15	25
氟化物	mg/L	10	10
磷酸盐	mg/L	0.5	1.0

2. 国内外脱硫废水排放标准对比

表 9-8 所示为各国烟气脱硫废水污染物排放控制标准汇总。由表 9-8 可见各国均将

脱硫废水中的重金属作为控制污染物排放的重点，特别是在欧洲，限制13余种重金属的排放。与我国的排放标准相比，欧洲标准对锌、镉、铬、镍等的控制更为严格。而在美国则对脱硫废水中的硒元素（Se）予以特别关注，由于火电厂排放的硒造成环境水体污染危害人体动植物健康的事件屡有发生，美国环保局（USEPA）多年来一直重视这方面的调查研究，这也对我国脱硫废水污染控制发展有所警示。有研究显示，我国燃煤属于高硒煤，脱硫废水中的硒含量也较高，但目前并无控制硒排放的相关法规标准，也没有对脱硫废水硒污染的处理案例。

表 9-8　　国内外脱硫废水污染物排放控制标准对比

项目	单位	国家和地区					
		中国[①]	美国（现有电厂）[②]	美国（新建/自愿电厂）[②]	欧盟	德国[③]	奥地利[④]
温度	℃	—	—	—	—	—	30
鱼生物毒性	—	—	—	—	—	2（鱼卵毒性）	参照ÖNORM EN ISO 7346
TDS	mg/L	—	—	50	—	—	—
TSS	mg/L	70	100	100	30	30	30
pH值	—	6～9	6～9	6～9	—	—	6.5～9.5
锑	mg/L	—	—	—	—	—	0.2
砷	mg/L	0.5	0.011	0.004	0.15	—	0.1
铅	mg/L	1.0	—	—	0.2	0.1	0.1
镉	mg/L	0.1	—	—	0.05	0.05	0.05
铬	mg/L	1.5	—	—	0.5	0.5	0.5
钴	mg/L	—	—	—	—	—	0.5
铜	mg/L	—	—	—	0.5	0.5	0.5
锰	mg/L	—	—	—	—	—	1.0
镍	mg/L	1.0	—	—	0.5	—	0.5
汞	mg/L	0.05	0.000 788	0.000 039	0.03	0.03	0.01
铊	mg/L	—	—	—	0.05	—	0.05
钒	mg/L	—	—	—	—	—	0.5
锌	mg/L	2.0	/	/	1.5	1.0	1.0
锡	mg/L	—	—	—	—	—	0.5
硒	mg/L	—	0.023	0.005	—	—	—
氟化物	mg/L	10	—	—	—	30	20
氨氮	mg/L	15	—	—	—	—	10
总氮	mg/L	—	—	—	—	—	50
磷	mg/L	0.5	—	—	—	—	2
硫酸盐	mg/L	—	—	—	—	2000	2500

续表

项目	单位	国家和地区					
		中国[①]	美国（现有电厂）[②]	美国（新建/自愿电厂）[②]	欧盟	德国[③]	奥地利[④]
亚硫酸盐	mg/L	—	—	—	—	20	20
硝态氮	mg/L	—	17	—	—	—	—
硫化物	mg/L	1.0	—	—	—	0.2	0.2
COD	mg/L	100	—	—	—	150	90
二恶英和呋喃	ng/L	—	—	—	0.3	—	0.3

① 摘自 DL/T 997—2006 和 GB 8978—1996，检测点选择废水处理系统出口，硫酸盐的监测控制点在厂区排放口。
② 日最大排放值。
③ 重金属部分只针对脱硫废水与其他废水混合前应达到的污染物浓度要求。
④ 针对排入河流的废水。

此外，由表 9-8 可见，与脱硫废水零排放紧密相关的含盐量指标仅在美国对于新建电厂的标准里有所涉及（总溶解固形物小于或等于 50mg/L）。其他标准对外排脱硫废水氯离子含量都没有限制。

综合对比国内外相关标准，各国均要求脱硫废水必须处理后达标排放，但无明确要求实现脱硫废水的零排放。美国 2015 年颁布的新污染物控制标准对于新建电厂提出了严格的脱硫废水排放含盐量控制指标，这使得脱硫废水零排放将成为美国新建电厂不可回避的话题。

第三节 脱硫废水达标排放处理工艺

脱硫废水处理工艺的选择取决于要除去的污染物的类型。如果当地环保机构对排放废水中的溶解固形物含量没有规定，那么电厂可能只需要调整废水的 pH 值，除去悬浮物和有排放浓度限制的污染因子。如果向水质好、流量小的河流排放处理后的脱硫废水，地方排放水标准还可能限制排放水中溶解固形物含量，这种情况下，需要对脱硫废水进行深度处理。

按照 DL/T 997—2006 和 GB 8978—1996 的规定，脱硫废水处理后在车间出口需达标的水质指标包括：重金属、悬浮物、COD、氟化物、硫化物、pH 值，在电厂总排口监控的水质指标包括氨氮和硫酸盐等。以下对排放标准控制的主要污染指标进行分析，并介绍常用的处理工艺及处理技术的最新进展。

一、脱硫废水中几种主要污染因子的处理原理

1. 悬浮物的去除

在脱硫系统运行过程中，通过石膏旋流器进行石膏浆液的一级脱水分离，可以减少脱硫石灰石的消耗量，提高商品石膏的纯度，避免真空皮带机堵塞。然而如果由石膏旋流器分离出来的细颗粒不排掉一些，全部返回吸收塔，就会使吸收塔浆液中的飞灰、没

有反应的石灰石和惰性物质等很细的颗粒物在不断积累，最后达到有害的程度。因此，至少应当使一级脱水溢流液中的一部分脱硫浆液循环，不返回吸收塔。为了达到这个目的，通常利用另一套效率更高的废水旋流器分离剩余的细颗粒，将底流液（主要含有石灰石）送回吸收塔，把溢流液（含有很细的飞灰颗粒）送到废水处理系统。

脱硫废水中的悬浮物主要成分是细颗粒石膏、惰性物质和飞灰，上述固体物成分粒径通常在 20μm 以下，自然沉降速率很低，沉淀困难。因此，通常投加絮凝剂、助凝剂等，使废水中的胶体脱稳，通过药剂与颗粒间的吸附、架桥和网捕等多种作用，促使细小的悬浮物、胶体结合生成易于沉淀的大颗粒，在沉淀池中沉淀去除。

常用的混凝剂包括铝盐和铁盐，如硫酸铝、氯化铝、硫酸亚铁、氯化铁、聚合氯化铝（PAC）、聚合硫酸铁（PFS）等；助凝剂包括聚丙烯酰胺（PAM）、聚二甲基二烯丙基氯化铵等。相对来说，铁盐比铝盐适用的 pH 值范围更宽，实践表明，处理脱硫废水时，投加铁盐混凝剂的效果更好。

由于脱硫废水含固率较高，混凝沉淀速率较低，通常设计澄清池停留时间不小于 6h，上升流速控制在 0.2～0.4mm/s 之间。当脱硫废水原水含固率高于 2%～3%时，可在脱硫废水处理系统前设置预沉池，将预沉下来的大颗粒固体物返回脱硫系统。

2. 重金属的去除

脱硫废水中含有多种重金属离子，主要来源于煤的燃烧，重金属种类和含量取决于燃烧的煤种。我国 GB 8978—1996 和 DL/T 997—2006 中，对 7 种重金属排放限值有明确规定。脱硫废水中的多数重金属需要通过化学沉淀法去除。

脱硫废水中的重金属多数都可以氢氧化物或硫化物的形式沉淀下来，可以通过投加石灰或碱使其达到溶解度最小的 pH 值。各种重金属最低溶解度的 pH 值各不相同（见图 9-2）。图 9-2 中实线代表的是与沉淀物相平衡时溶液中的某种金属元素总的浓度。同时，上述重金属化合物中还有几种是两性的（既可接受质子，也可给予质子），其最低溶解度点对应的 pH 值有一定的范围。

当采用单纯投加石灰的处理工艺时，因为每种重金属沉淀适宜的反应 pH 值相差较大，所以很难实现多种重金属离子的同时达标排放。若过量投加碱，在高 pH 值条件下，有些两性金属会再次溶解。同时由于脱硫废水中 Cl^-浓度很高，所以有些重金属离子如 Hg 易形成稳定的可溶性氯配合物，OH^-很难将其解离沉淀下来。

采用硫化物沉淀法处理含络合剂的多种重金属离子共存的废水，由于各种重金属硫化物的溶度积都非常小，重金属的去除效果很好。图 9-3 所示为重金属硫化物沉淀与 pH 的关系，各种沉淀物的残余浓度比氢氧化物低几个数量级。

常用的硫化物分无机硫（硫化钠）与有机硫（STC、DTC 和 TMT）两大类，有关分子结构见图 9-4。

与 TMT 相比，硫化钠、STC 和 DTC 的毒性较大，而 TMT 是一种环境友好型有机硫药剂。TMT 常见的商品形式为 15%的水溶液（TMT-15），是脱硫废水处理过程中最常投加的重金属沉淀剂。实际应用中，残余重金属所能达到的最小浓度还与废水中有机物的性质、浓度以及温度等有关，鉴于此，有关重金属的沉淀条件还需通过实验室试验或中间试验进行确定。

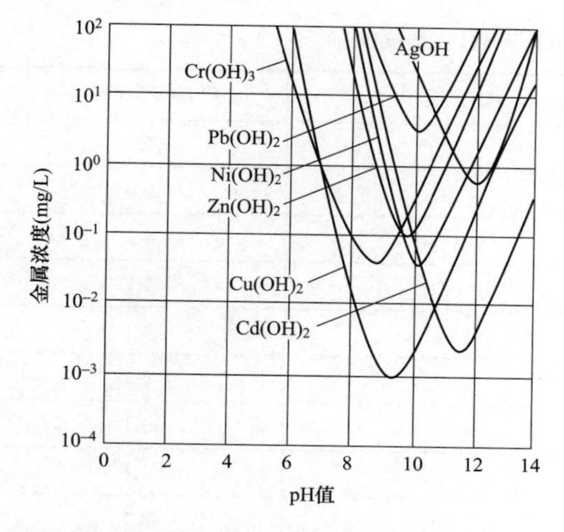

图 9-2 氢氧化物沉淀与 pH 值的关系

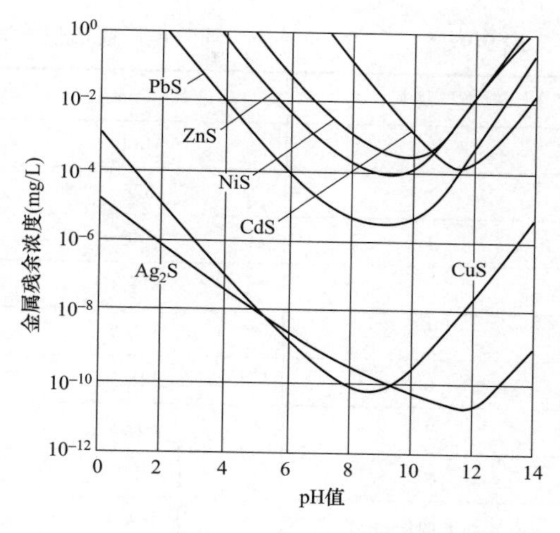

图 9-3 重金属硫化物沉淀与 pH 值的关系

STC DTS TMT

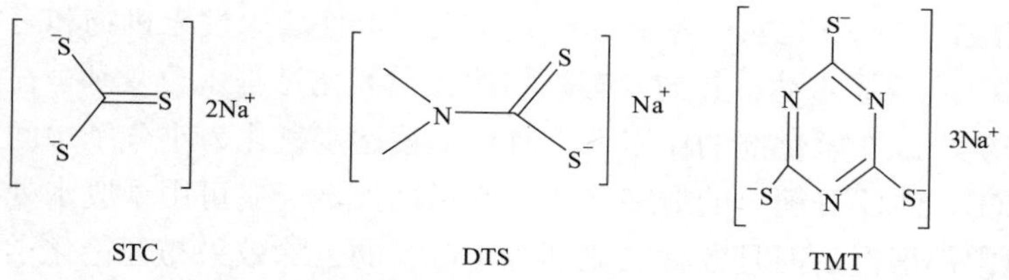

图 9-4 有机硫分子结构示意图

3. 氟化物的去除

国内脱硫废水中的氟化物较高，可达 120～300mg/L，而 GB 8978—1996 中氟化物控制浓度在 10mg/L。若只通过投加石灰乳化学沉淀较难达标，可采用二次除氟方法，其原理是向废水中投加溶解性钙盐使其与 F^- 形成 CaF 沉淀，再投加混凝剂强化沉淀过程，从而达到除氟的目的。

关于药剂的最佳投加比例，不同水质条件下所得结果并不相同。使用氯化钙的除氟效果优于使用石灰，由试验得出最佳 Ca/F 比在 1.3～1.5。同时，通过添加硫酸铝、氯化铁等混凝剂可明显改善沉淀剂的除氟性能，投加适当的 PAM 有助于絮凝体的形成，提高除氟效率。

4. 还原类物质的去除（降低化学需氧量）

在通常情况下，构成脱硫废水 COD 的主要是还原性无机物，包括亚硫酸盐、硫代硫酸盐、连二硫酸盐等。近年来随着电厂中水使用量的增长和使用范围的扩大，中水中含有的有机物等杂质通过各种废水补入脱硫系统，加之部分电厂的脱硫系统投加有机酸添加剂，造成脱硫废水中的有机物含量也呈上升趋势。对脱硫废水中总有机碳（TOC）含量的测定数据表明，脱硫废水中含有一定量的有机物成分。表 9-9 所示为部分电厂脱硫废水 COD 和 TOC 测试值，COD/TOC 的平均值为 4.7，而市政污水的 COD/TOC 通常在2～4之间，说明脱硫废水中还原性无机物仍然有较大的比例。

表 9-9　　部分电厂脱硫废水 COD 与 TOC 测试值

电厂编号	COD（mg/L）	TOC（mg/L）	COD/TOC
1	1060	205	5.2
2	826	137	6.0
3	540	130	4.2
4	411.8	72.3	5.7
5	380.6	121.1	3.1
6	348.6	56.9	6.1
7	305.3	98.2	3.1
8	180	44.4	4.1
平均值	506.5	108.1	4.7

脱硫废水 COD 的处理，主要方法为化学氧化，通过送风曝气、投加氧化剂等。氧化剂包括次氯酸钠、二氧化氯、臭氧、过氧化氢等，使还原性无机物和有机物被氧化分解，降低 COD，实现废水达标排放。有机物的化学氧化过程十分复杂，在总的反应过程中包含了若干阶段。在氧化剂的作用下，有机物被逐步氧化为小分子中间产物，继续氧化后转化为 CO_2、H_2O 等简单的最终产物。概括地说，一般可用于废水处理的化学氧化总反应速率通常都很慢，而且各种氧化剂对 COD 的去除效果与理论化学计量值并不相符，不同水样的处理效果差异较大。因此，即使测定了水中的各种还原性物质的种类和含量，也不可能据此计算出所需的化学药剂的投加量。

在实验室中对不同来源的脱硫废水所进行的氧化试验结果表明，采用次氯酸钠进行氧化时，在药剂投加量控制在有效氯/ΔCOD（质量比）为2～10的条件下，处理后水的 COD 可降至 100mg/L 以下，但投加剂量与理论计算不符。试验表明臭氧氧化处理效果差别很大。例如对 A 厂的脱硫废水按照 O_3/TOC（质量比）等于 3.5 投加 O_3，COD 去除率可达 99.9%；对 B 厂的脱硫废水按照 O_3/TOC（质量比）等于 8.0 投加 O_3，COD 去除率却仅有约 30%。因此，对不同电厂的脱硫废水，必须通过实验室试验或者现场中试，才能确定最适宜的 COD 去除工艺方案。

生物处理是市政污水有机物处理最常用的工艺。然而，脱硫废水极高的含盐量、相对较低的有机物浓度等水质特点，决定了脱硫废水生物处理十分困难。美国北卡罗来纳州某电厂进行了脱硫废水生物处理的试验，采用厌氧生物膜处理技术，进行硒酸盐、硝酸盐、亚硝酸盐的还原，主要用于脱氮和除硒，以符合美国最新版的脱硫废水排放水质标准要求。国内在脱硫废水生物处理领域的研究处于刚起步的阶段，西安热工研究院在实验室内开展了脱硫废水生物处理工艺研究，将有机物的去除与脱氮结合考虑，已取得初步的研究成果。未来，生物处理将是成本低、效果好的脱硫废水处理新技术，具有良好的工业应用前景。

5. 氨氮的去除

脱硫废水中的氨氮主要来源于脱硝系统喷氨过量引起的氨逃逸，也有部分氨氮来源于脱硫工艺水，如回用精处理再生废水带入的氨、中水及循环水排污水中带入的氨等。对多个电厂的水质试验表明，脱硫废水中的氨氮在10～1220mg/L之间，属于中高浓度的氨氮，处理达标比较困难。

目前，含氨废水处理方法主要分为物化法和生物法两类。其中，物化法包括化学沉淀、次氯酸钠氧化、电化学氧化、吹脱与汽提精馏、吸附、脱气膜法等。在前面的章节中，已经对生活污水、城市中水中的氨氮的去除工艺进行了分析讨论，主要是以接触氧化法为主的生物处理工艺。下面重点对各种物化处理方法的基本原理进行简要介绍；对于生物法，本部分只简单分析该法用于脱硫废水处理时的问题。

（1）化学沉淀法。化学沉淀去除氨氮主要为磷酸铵镁（鸟粪石）法，反应机理如式（9-1）所示，即

$$Mg^{2+} + NH_4^+ + PO_4^{3-} \longrightarrow MgNH_4PO_4 \downarrow \tag{9-1}$$

脱硫废水含有丰富的Mg^{2+}和NH_4^+，仅需补充磷酸盐就可以在去除脱硫废水氨氮的同时降低脱硫废水的硬度，生成磷酸铵镁沉淀。磷酸铵镁称为鸟粪石，是一种农业用的缓释肥，具有一定的经济价值。以鸟粪石结晶的形式回收废水中的氮磷，其主要影响因素有pH值、Mg:N摩尔比、P:N摩尔比、反应时间、晶种及回收装置等。西安热工研究院在实验室对某电厂的脱硫废水进行了鸟粪石结晶化学沉淀试验，该废水中的氨氮浓度为1267mg/L。试验结果表明，在pH值为9、P:N为1.4:1、Mg:N为1.4:1时，可以将氨氮去除至最低浓度12.7mg/L。但不同电厂脱硫废水水质差异大，最优工艺条件和加药量也差异较大，进行工程设计前，必须进行实验室或现场试验，以确定工艺参数。

（2）次氯酸钠氧化法。次氯酸钠（NaClO）是一种强碱弱酸盐。次氯酸钠与水的亲和性能很好，能与水任意比溶解。成品次氯酸钠对人、畜毒害的危险程度没有液氯、二氧化氯等药剂大，对周围环境的影响相对较小，运输、储存方便，使用时不需要设置泄漏吸收装置，药剂储存、投加设备投资少。

次氯酸钠对氨氮的氧化过程符合折点加氯原理，能够将废水中的氨氮氧化为氮气和其他一些稳定的化合物，其总反应机理如式（9-2）所示，即

$$2NH_3 + 3NaClO \longrightarrow N_2 \uparrow + 3H_2O + 3NaCl \tag{9-2}$$

在折点处，有效氯与氨氮去除量的理论化学计量质量比为7.6，适宜的pH值为6～7。对脱硫废水进行的次氯酸钠氧化试验结果表明，不同水质条件下，有效氯与氨氮去除量的实际比值在8～10之间。此外，脱硫废水中的有机物、还原性物质也会消耗次氯酸钠氧化剂，二者的氧化相互干扰，氧化剂投加剂量与理论值差异较大，氧化控制条件需通过试验获得。

（3）电化学氧化法。电化学氧化法采用钛基金属氧化物涂层阳极对含氨废水进行电解处理，通过电解反应可以获得较高的氨氮去除率。在废水电解过程中，氨氮的去除有直接电化学氧化和间接电化学氧化等两种途径。直接电化学氧化是氨氮在阳极表面直接被氧化成氮气，或被阳极电化学反应生成的羟基自由基氧化生成氮气；而在间接电化学

氧化中，氨氮被电解过程中生成的有效氯氧化成氮气。研究结果表明，当溶液中含氯离子时，氨氮电化学氧化的主要途径是间接氧化，但阳极表面的羟基自由基直接电化学氧化作用也同时发生，其对氧化效率的贡献程度取决于阳极涂层的催化活性。

脱硫废水中氯离子浓度很高，有利于电解产生活性有效氯，促进氨氮的氧化降解。另一方面，脱硫废水中钙镁离子浓度也很高，电解过程阴极区域呈碱性，易在极板表面结垢。同时，脱硫废水中的重金属离子也会在阴极析出，造成极板失效。脱硫废水中的氟化物浓度较高，氟离子在阳极的氧化产物对阳极涂层有显著的氧化破坏作用，也会造成电解设备损坏。国内某海滨电厂曾进行了电解试验，将脱硫废水与海水按 1:10 的比例混合后，送入电厂原有的海水电解槽电解。试验过程中发现，阴极板结垢严重，同时还有重金属在阴极析出，锰离子对阳极造成损害，电解槽溢出恶臭气体等问题。试验结束后，原电解槽阳极板完全损坏，必须重新更换。因此，对脱硫废水进行电解处理前，必须进行完善的预处理，去除重金属、硬度、氟化物等成分，避免发生电解设备损坏。

此外，采用电化学氧化除氨氮工艺前还需考虑电解过程的能耗，分析处理工艺的经济性。试验数据表明，电解去除每克氨氮的能耗约为 0.08～0.10kWh。不同的阳极材料、水质变化、电解工艺参数等均会对出水水质和能耗造成影响，因此在进行工程设计前，必须进行阳极材料的选择和工艺性能试验，以获得准确的设计参数。

（4）吹脱与汽提精馏法。吹脱法通常用于高浓度氨氮废水的处理，包括蒸汽吹脱法和空气吹脱法。吹脱法的机理是将废水调至碱性，使废水中的氨氮多数以游离氨（pH＝11 时，水中游离氨大致占 90%）的形式存在，然后在吹脱塔中通入空气或蒸汽，经过气液接触将废水中的游离氨吹脱出来。为了避免污染大气，要将吹脱出来的氨气进行处理吸收。吹脱塔吹出的氨气经氨吸收塔吸收后，生成可以直接出售的副产品硫酸铵，能充分回收氨，实现废水资源化。氨吹脱工艺的理论平衡关系式如式（9-3）所示，即

$$NH_4^+ + OH^- \rightleftharpoons NH_3 + H_2O \tag{9-3}$$

蒸汽汽提脱氨的方法是将高氨氮废水通过蒸汽汽提后，再经过精馏段精馏后生产一定浓度的氨水。由于汽提过程中消耗大量的蒸汽，而蒸汽通过精馏段塔顶冷凝器冷凝生产氨水，因此蒸汽消耗比较高。目前国内有双效汽提脱氨、蒸汽循环汽提脱氨、超重力汽提脱氨等降低能耗的研究。采用汽提与精馏复合工艺流程，对氨氮废水进行汽提及精馏得到浓度为 10%～20%的浓氨水或液氨，不仅可以有效降低废水中的氨氮含量（小于 15mg/L），实现废水达标排放，还可实现氨氮的资源化回收利用。然而，该工艺存在能耗高、碱液消耗量大、脱硫废水需软化、尾气 NH_3 吸收不完全、容易形成二次污染等缺点。

（5）吸附法。吸附法通过固体吸附剂上阳离子（Na^+或 H^+）与废水中的 NH_4^+ 进行交换，或通过吸附剂对氨氮的物理吸附作用将水中的铵离子转移到吸附剂上，从而达到去除氨氮的目的。吸附法适用于中低浓度的氨氮废水（小于 500mg/L），对于高浓度的氨氮废水，会因交换剂再生频繁而造成操作困难。

国内外研究的氨吸附剂可分为三大类：一类是天然的吸附剂，如沸石、膨润土、海泡石、凹凸棒石、稀土等；另一类是工业过程中产生的可用废弃物，如粉煤灰、水淬渣、

陶瓷球等；第三类是人工合成的吸附剂，如离子交换树脂、分子筛、活性炭等。沸石对离子有很强选择性，是常用的吸附交换材料。天然沸石因含有杂质，一般吸附容量较低，吸附性能较差，因此需要通过改性来提高吸附量。天然沸石改性方法包括高温焙烧、酸/碱改性、无机盐改性和有机改性；上述方法也可以联合使用。近年来，用有机物对沸石进行改性，尤其是表面活性剂对沸石进行改性后优异的吸附效果，引起人们的广泛关注与应用。

对脱硫废水进行吸附处理时，竞争性阳离子的存在会使其氨吸附容量大大降低，Ca^{2+}、Mg^{2+}和 K^{+}的存在是减少氨吸附容量的主要因素。此外，吸附剂的再生比较困难，再生费用高；再生液为高浓度氨氮废水，不能排放，还需进一步处理。

（6）脱气膜法。脱气膜法的原理为：疏水微孔膜（聚四氟乙烯、聚丙烯、乳状液膜和偏聚氟乙烯等）把氨氮废水和吸收液（一般为 H_2SO_4、H_3PO_4液）分隔于膜的两侧，气体分子可透过膜迁移，而液相水不能。通过调节 pH 值，使废水中离子态的 NH_4^+ 转变为非离子态的挥发性 NH_3，气态的 NH_3 通过膜扩散进入吸收液相，被酸液吸收转变为$(NH_4)_2SO_4$、$(NH_4)_3PO_4$ 等。在膜两侧氨浓度差的推动下，NH_3 分子不断通过膜并使吸收液中 NH_4^+ 得以积累，于是废水中氨氮得以去除。脱气膜法脱氨氮的原理见图 9-5，典型的膜接触器结构简图见图 9-6。

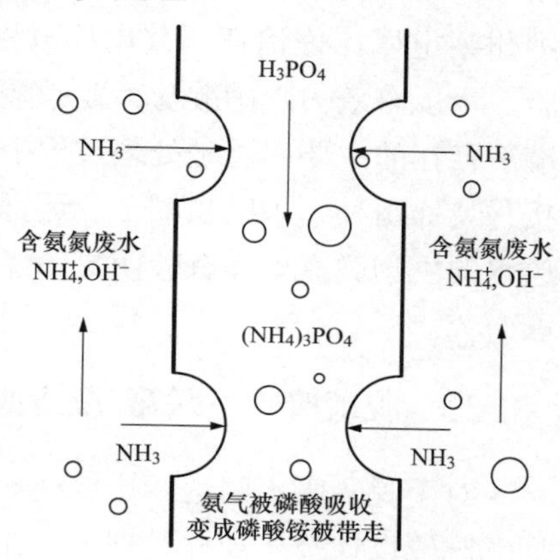

图 9-5 脱气膜原理图

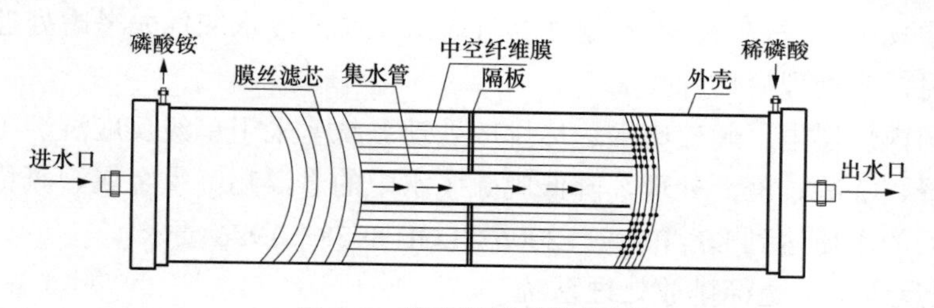

图 9-6 膜接触器结构简图

脱气膜系统主要由膜接触器、浓水输送泵、酸罐、酸液循环泵、NaOH 加药装置及溶液箱和药品储罐等组成。试验结果表明，脱气膜系统对氨氮去除率可达到 98%以上，氨氮的去除效果非常明显，氨氮残留浓度可稳定达到氨氮排放一级标准 15mg/L 以下。鉴于脱硫废水中硬度、硫酸根含量很高，应用脱气膜处理前，需对脱硫废水进行软化预处理，还应选择经济、适宜的吸收液，考虑吸收产物的合理处置途径。

（7）生物法。利用微生物的硝化-反硝化过程脱氮是应用最广泛的废水脱氮工艺，该工艺具有成本低、出水水质好等特点。其原理为：在好氧状态下，硝化细菌利用无机碳为碳源，将 NH_4^+ 化成 NO^{2-}，然后再氧化成 NO^{3-}；在缺氧状态下，反硝化细菌利用有机物为碳源，以 NO^{3-}、NO^{2-}为电子受体，将其转化为 N_2，实现完全的脱氮。A/O 法、A^2/O 法、SBR 法等均为成熟的活性污泥脱氮工艺，将 A/O 等系统中的缺氧池和好氧池改为固定生物膜反应器，即形成生物膜脱氮系统。

生物脱氮工艺在市政污水处理中已十分成熟，但在高盐废水处理中应用较少，主要原因在于：①盐浓度过高时渗透压高，使微生物细胞脱水引起细胞原生质分离。②高含盐情况下因盐析作用而使脱氢酶活性降低。③高氯离子浓度对细菌有毒害作用。④由于水的密度增加，活性污泥容易上浮流失。因此，与脱硫废水生物法除 COD 类似，脱硫废水的生物脱氮也需要解决高盐条件下微生物的培养、驯化、筛选等技术难题，开发适宜的生化反应器和处理工艺，以适应脱硫废水高盐、高氨氮、低有机物浓度的水质特点。

近年来，短程硝化反硝化、同步硝化反硝化、厌氧氨氧化、自养反硝化等生物脱氮新工艺取得较大进展，为脱硫废水生物处理技术研究提供了良好的基础。美国北卡罗来纳州某电厂、佐治亚州某电厂分别进行了脱硫废水生物膜工艺和活性污泥工艺处理试验，可以有效去除硝酸盐、亚硝酸盐，处理后废水排放达到美国最新的脱硫废水排放标准。存在的主要问题是处理过程中会产生硫化氢气体，另外还存在微生物易流失、需要接种特殊菌种、未经长期工业运行验证等。总体而言，与各种物化脱氮技术相比，脱硫废水的生物脱氮处理有较明显的经济优势，但生物处理工艺的研发尚有很多难题需要深入研究。

二、脱硫废水三联箱-澄清池处理工艺

对于脱硫废水的达标排放处理，我国电力行业标准 DL/T 5196—2016《火力发电厂烟气脱硫设计技术规程》规定，在有脱硫废水产生的电厂，应单独设置脱硫废水处理系统，脱硫废水必须经过处理才能进行排放；在电力行业标准 DL 5046《发电厂废水治理设计规范》中规定，“石灰石-石膏湿法烟气脱硫系统的废水应优先考虑处理回用”，“当无回用条件时，应处理后达标排放”。

目前，国内燃煤电厂脱硫废水达标排放处理系统多采用单级反应沉淀工艺，即废水经中和、沉降、混凝、澄清处理，降低脱硫废水中的悬浮物、重金属、氟化物等污染物浓度，处理后的水质达到 DL/T 997—2006 和 GB 8978—1996 要求。

1. 单级反应沉淀达标排放处理系统

对于燃烧高氯煤的锅炉烟气脱硫系统产生的脱硫废水，其镁离子及硫酸根离子含量相对较低，通常采用图 9-7 所示的单级处理系统，也简称为“三联箱工艺”，该工艺在我国燃煤电厂脱硫废水处理中最为常见。

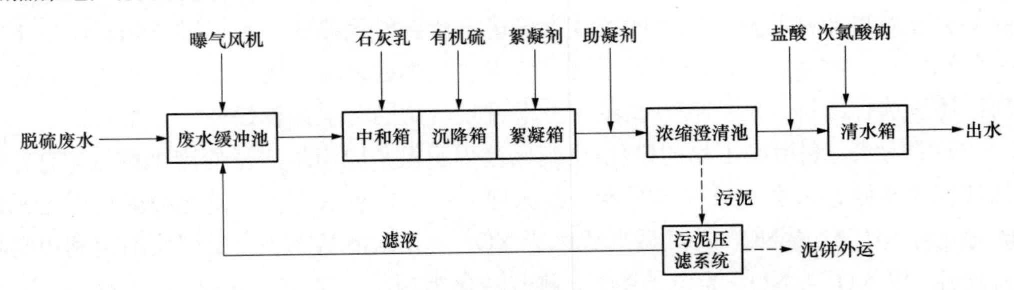

图 9-7 三联箱-澄清池达标排放处理工艺流程图

三联箱工艺是去除脱硫废水中的重金属等污染物非常有效的方法。通过处理，可以将废水中溶解的金属离子转变成难溶的金属氢氧化物、硫化物等沉淀。但是这种废水处理方法不能除去氯化物，在对排放废水的氯离子含量或含盐量有限制的地区，就需要采用高盐废水浓缩、干化处理工艺进行处理。

三联箱工艺主要分成四个过程：氧化、中和与降低石膏饱和度、沉淀重金属离子、分离悬浮物和沉淀物。主要设备包括废水缓冲池、中和箱、沉降箱、絮凝箱、澄清池等。其中，中和箱、沉降箱、絮凝箱合并成为三联箱。

（1）氧化阶段。在处理系统入口设置废水缓冲池，将空气送入废水中，使亚硫酸盐氧化成硫酸盐。在此步骤中，废水在缓冲池内应有足够的停留时间，以使所有的亚硫酸盐氧化。如果FGD采用强制氧化工艺，氧化较彻底，可以不设置曝气设施。但由于电厂脱硫废水COD普遍较高，且排放标准对COD有限制要求，为了降低COD，通常均需设置曝气氧化工序。有的电厂在此氧化过程中，还通过投加次氯酸钠进一步分解废水中的有机物和氧化亚硫酸盐。资料显示，用上述方法不能降低由连二硫酸盐（$S_2O_6^{2-}$）贡献的COD。

（2）中和与降低石膏饱和度。由于脱硫废水通常是石膏的过饱和溶液，为了防止废水处理系统设备中结垢，可以从澄清池底部抽取部分活性泥渣返回中和箱，作为石膏结晶的晶种，降低溶液的硫酸钙饱和度。同时在中和箱中投加石灰乳，使废水pH值达到9.0～9.5。在此pH值范围内生成重金属的氢氧化物沉淀，但不会形成$Mg(OH)_2$沉淀，有利于泥渣在澄清池中沉淀分离，同时降低重金属泥渣生成量。此外，石灰乳中的Ca^{2+}还能与废水中的F^-反应，生成难溶的CaF_2沉淀，有利于出水氟化物含量达标。

（3）重金属沉降。在沉降箱中投加硫化物或有机硫，使在中和箱中未以氢氧化物沉淀析出的重金属离子（主要是镉和汞等）生成硫化物沉淀。同时，由于金属硫化物溶度积通常比其氢氧化物低得多，所以一些金属氢氧化物沉淀将转变成硫化物沉淀，有利于处理系统泥渣的稳定化。由于无机硫化物在使用过程中容易产生硫化氢，有毒性，因此国内电厂采用较多的是有机硫化物TMT-15。

在絮凝箱中投加三氯化铁（也有的投加聚合硫酸铁PFS或聚合氯化铝PAC）凝聚剂，使废水中的胶体脱稳，与细颗粒物碰撞凝聚成大矾花，提高沉降分离效果。在絮凝箱出口投加高分子助凝剂（如聚丙烯酰胺PAM），进一步提高矾花颗粒在后续澄清池中的沉淀效果。

（4）悬浮物沉淀分离。絮凝箱出水在澄清浓缩池中进行固液分离，出水可选择进行砂滤，进一步除去残留的悬浮固体物。澄清池底部的刮板将沉淀分离的固体物汇集、浓缩，通过污泥泵送入污泥缓冲罐，再送至板框压滤机或离心脱水进行压滤和脱水。脱水后的泥渣可送往厂外干灰场或填埋场处置，滤液返回废水缓冲池。

澄清出水投加盐酸调节pH值至6～9之间，进入清水箱。在清水箱中设置pH值监测仪表，如果处理后的清水pH值不满足排放标准，将自动返回废水缓冲池重新处理。在部分电厂，也有向清水箱中投加次氯酸钠的做法，以便进一步降低出水COD。

2. 两级反应沉淀达标排放处理系统

对于燃烧低氯煤的锅炉烟气脱硫系统产生的脱硫废水，往往含有大量的Mg^{2+}和硫酸盐，如果不在pH值10～11的条件下析出氢氧化镁，废水中的硫酸盐含量会非常高，以至超过硫酸盐的排放限值。因此，可采用图9-8所示的两级处理系统。第一级反应需投加较多的石灰使废水的pH值达到10～11，形成细小的氢氧化镁絮体，同时生成硫酸钙沉淀，降低废水中的硫酸盐，再投加絮凝剂絮凝沉淀。在第二级反应中，通过投加盐酸、$FeCl_3$和TMT-15，将pH值回调至9～9.5，进行二次絮凝和重金属沉淀。形成的泥渣一部分回流，一部分进行脱水处理；产生的泥饼送往灰场或填埋处置。两级反应沉淀达标排放处理工艺在我国燃煤电厂脱硫废水处理中较少见。

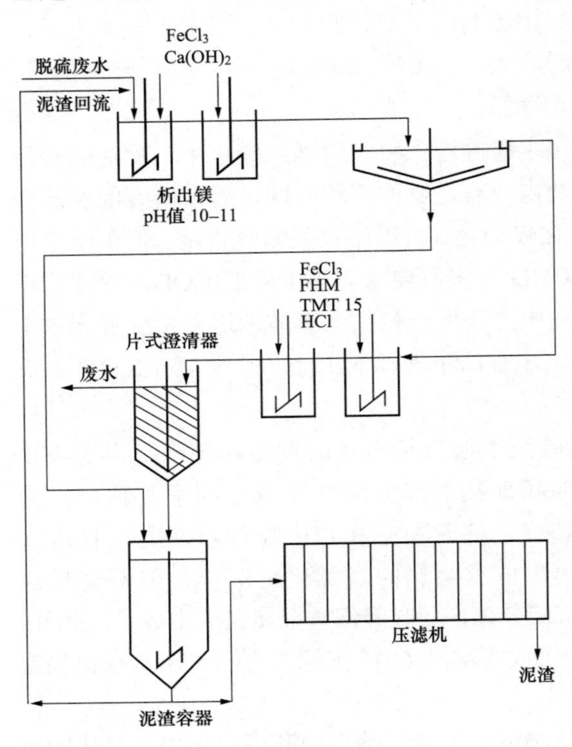

图9-8 两级反应沉淀达标排放处理工艺流程图

3. 反应沉淀处理系统存在的问题

三联箱工艺技术成熟、操作简单、运行费用低，因而应用极为普遍。然而，各电厂在实际运行中，由于各种原因也出现较多问题，如出水中悬浮物和COD不能稳定达标排放。部分电厂易出现石灰乳加药管道堵塞、箱罐堵塞及设备结垢。由于废水旋流器固液分离效果差，致使三联箱系统进水悬浮物偏高，加入石灰乳易在池底积累大量淤泥，造成系统运行效果变差、设备故障率较高等。因此，三联箱工艺系统在设计建设阶段要充分考虑水质变化的因素，合理确定设备工艺参数。运行中还需要加强设备管理，规范操作，从而确保系统出水稳定达标。

三、电絮凝处理工艺

近两年来，电絮凝技术在火电厂废水处理中的应用也逐渐增多，主要用于处理火电厂含煤废水，在脱硫废水处理中也有少量应用。

电絮凝过程中涉及的电化学反应比较复杂。目前电厂采用的电絮凝工艺处理脱硫废水的典型流程见图9-9。

FGD旋流站来的脱硫废水首先进入废水缓冲箱，然后进入中和箱投加NaOH调节pH值至9.5左右，调节pH值后的脱硫废水通过废水输送泵输送至电絮凝器进行絮凝反应。脱硫废水在电絮凝器内反应后，进入离心沉淀反应器，在该反应器内水中颗粒物进一步结合形成大的矾花，并在离心力的作用下实现固液分离。离心沉淀反应器底部沉淀污泥通过污泥泵输送至压滤系统进行压滤，压滤出水返回废水缓冲水池；离心沉淀反应

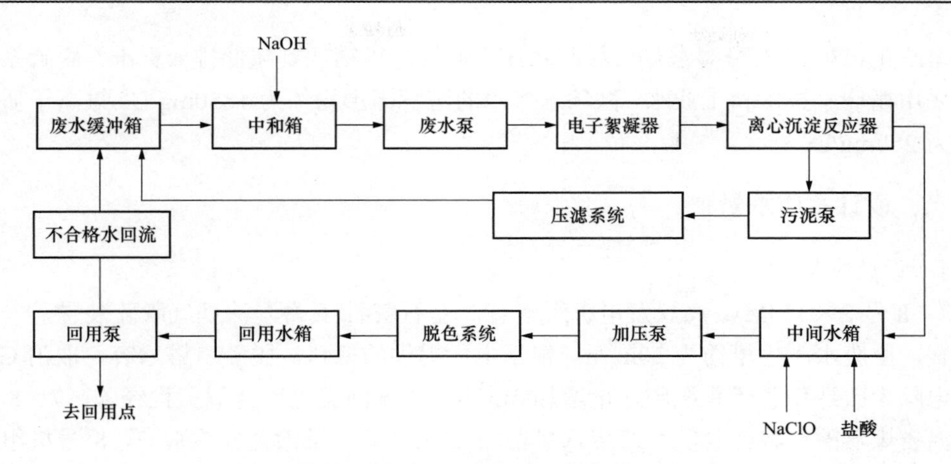

图 9-9 电絮凝处理脱硫废水工艺流程

器上清液进入中间水箱。在中间水箱投加 NaClO 进一步对废水中有机物及还原性无机物进行氧化，降低 COD 含量，同时通过投加盐酸调节废水 pH 值至 7～8。中间水箱出水通过泵输送至脱色系统，即多介质过滤器，对脱硫废水进行过滤脱色，出水进入回用水箱。若处理出水不合格，回收至废水缓冲水箱继续处理。

本质上来讲，电絮凝仅仅是替代了处理工艺的混凝过程，不需要投加混凝剂，整个处理工艺的其他过程，包括氢氧化物沉淀、澄清、过滤等，与其他工艺没有区别。电絮凝装置对脱硫废水的悬浮物、浊度和 COD 具有一定的去除效果，COD 去除率在 10%～30%之间。用于脱硫废水处理时，电絮凝工艺存在的主要问题如下：

（1）电絮凝装置对脱硫废水氨氮、氟化物等几乎没有去除效果。

（2）单独采用电絮凝技术对脱硫废水进行处理，处理后脱硫废水中的氨氮、COD、氟化物、悬浮物及部分重金属离子含量不满足 DL/T 997—2006 和 GB 8978—1996 要求。

（3）电絮凝处理脱硫废水时，易导致内部极板淤泥堵塞，清理难度较大。

（4）电絮凝工艺系统排泥回收至脱硫圆盘脱水机，造成圆盘脱水机严重堵塞，增加圆盘脱水机的清洗次数，增加药剂消耗量，降低脱水机出力。

部分电厂还反映电絮凝系统无法长时间稳定运行，后续过滤系统压力大、反洗周期短、对脱硫废水中氟化物、汞等污染物处理效果较差。

第四节 脱硫废水达标排放处理工程案例

火电厂脱硫废水达标排放处理系统主要采用三联箱-澄清池工艺，本节根据山东地区某电厂脱硫废水改造工程技术资料，介绍该工艺的实际应用情况。

一、电厂概况

山东某大型火力发电厂，装机容量为 4×350MW，超临界热电联产机组，采用干除渣、电除尘加湿电除尘、干除灰工艺。四台机组冷却方式均采用单元制循环供水冷却系统，均设有石灰石-石膏湿法烟气脱硫系统，烟气污染物达到超低排放标准。脱硫系统工艺水采用循环水排水和工业水，循环水排水的溶解固形物约为1850mg/L，氯离子质量浓度约为280mg/L。

二、设计水质水量

1. 设计水量

7、8号2×350MW燃煤发电机组建有2套石灰石/石膏湿法烟气脱硫装置，一炉一塔设置，原废水产生量约为20m³/h。根据电厂提供的资料，脱硫串塔增容、取消GGH、湿式电除尘改造使脱硫系统废水量增加5m³/h；根据同类电厂类似工程经验，7、8号机低低温省煤器改造将使脱硫系统废水量增加15m³/h。全部改造完成后7、8号机组脱硫系统废水量约为40m³/h。根据QDG 1-H002—2008《石灰石-石膏湿法烟气脱硫废水处理设计导则》，考虑一定余量，该工程废水处理量按45m³/h进行设计。

2. 设计水质

该工程设计脱硫废水水质见表9-10，设计出水水质达到DL/T 997—2006和GB 8978—1996中的一级标准。

表9-10　　脱硫废水原水水质（设计值）

水质指标	单位	平均值	水质指标	单位	平均值
pH值	—	5.6	SO_4^{2-}	mg/L	16 291
Ca^{2+}	mg/L	696	溶解固形物	mg/L	49 520
Mg^{2+}	mg/L	6192	悬浮物	mg/L	4780
Cl^{-}	mg/L	12 333	氨氮	mg/L	268
F^{-}	mg/L	134			

三、工艺流程设计

（1）电厂7、8号2×350MW机组脱硫系统汽水分离器来废水进入废水缓冲池，废水缓冲池设置曝气风机进行曝气，起到搅拌混合和降低废水COD的作用，确保后续废水处理系统能够稳定运行。

（2）废水缓冲池中废水经提升泵提升后分别送入并行的两列中和→沉淀→絮凝反应器。废水提升泵设置3台，2运1备，变频控制，泵的启停与废水池液位信号连锁。

（3）中和→沉淀→絮凝反应器进水管路上投加次氯酸钠降低废水中的COD，反应器内通过加入石灰乳、凝聚剂、有机硫、助凝剂，完成pH值调整、饱和硫酸钙结晶析出、混凝反应等，同时从澄清器底部回流部分泥渣至中和→沉淀→絮凝反应器，加快反应沉淀速度。

（4）废水从中和→沉淀→絮凝反应器自流进入澄清器，澄清器设有2台。废水中的絮凝物通过重力作用沉积在澄清器底部，浓缩成泥渣，清水则上升至顶部通过环形三角溢流堰自流至清水池。每台澄清器旁设2台污泥回流泵，一运一备，将浓缩泥渣一部分作为接触泥渣持续返回至中和→沉淀→絮凝反应器，提供沉淀所需要的晶核。每台澄清器旁同时设2台污泥排放泵，当澄清器底部泥渣积累到一定高度时（由泥位计控制），启动污泥排放泵，将污泥排入污泥缓冲罐。

（5）两列澄清器出水通过各自溢流管路自流至中间池，在中间水池进水管上加酸调节pH值至6～9，同时加入次氯酸钠以进一步降低出水COD值。

（6）为保证出水浊度满足达标排放的要求，中间水池的脱硫废水被输送至两台石英砂过滤器中进一步去除水体中的悬浮物。石英砂过滤器的反洗水回至缓冲水池，而产水流入清水池。通过清水泵将系统出水送至电厂总排口。

（7）污泥缓冲罐污泥由污泥给料泵输送至压滤系统进行压滤。泥饼外运，滤液回收至废水缓冲池。污泥系统管路需设置冲洗阀，对设备及管路进行停运冲洗。

该工程设计工艺流程见图9-10。

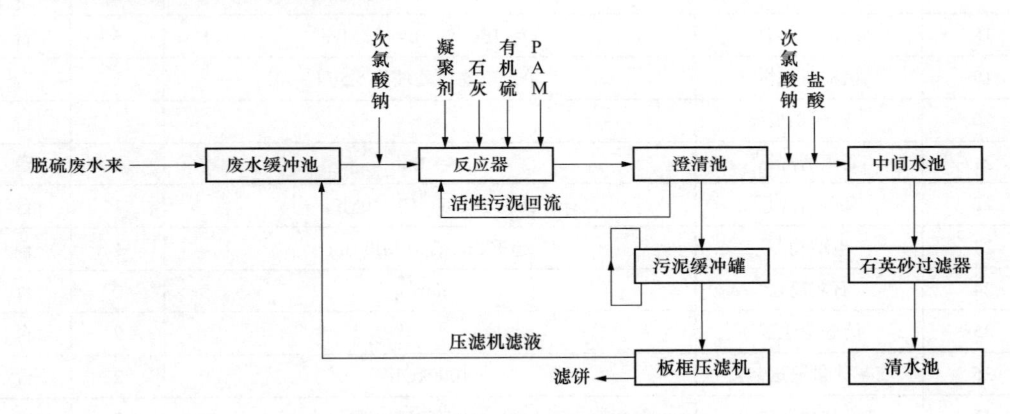

图9-10 脱硫废水处理工艺流程图

四、主要处理单元设计

主要处理单元及设备情况见表9-11。

表9-11　　主要处理单元及设备参数一览表

序号	设备名称	型　号	单位	数量
（一）	工艺设备			
1	废水缓冲池	V=320m^3 钢混凝土、防腐	1	座
2	曝气风机	Q=12m^3/min　p=0.059MPa	2	台
3	废水提升泵	Q=25m^3/h　p=0.30MPa	3	台
4	中和箱	V=20m^3	2	台
5	絮凝箱	V=20m^3	2	台
6	澄清器	V=210m^3 玻璃钢防腐	2	台
7	中间水池	V=80m^3 钢混凝土、防腐	1	座
8	石英砂过滤器	Q=20m^3/h	2	台

续表

序号	设备名称	型　号	单位	数量
9	过滤器给水泵	Q=40m³/h　p=0.30MPa	2	台
10	反洗水泵	Q=130m³/h　p=0.2MPa	1	台
11	反洗风机	Q=4m³/min　p=0.059MPa	1	台
12	清水池	V=80m³ 钢混凝土、防腐	1	座
13	清水泵	Q=60m³/h　p=0.50MPa	2	台
14	剩余污泥泵	Q=10m³/h　p=0.20MPa	3	台
15	污泥回流泵	Q=1～10m³/h　p=0.20MPa	2	台
16	污泥缓冲罐	V=30m³　钢衬胶	1	台
17	污泥循环泵	Q=30m³/h　p=0.20MPa	2	台
18	污泥给料泵	Q=16m³/h　p=1.5MPa	3	台
19	板框压滤机	单台干物质处理量 5.5t/d	2	台
20	污泥挡板		1	台
21	高压清洗箱	V=3m³	1	台
22	高压清洗泵	Q=178L/h　H=10MPa	1	台
23	电动葫芦	起重 2t，提升高度 6m	1	台
24	石灰筒仓	60m³	2	台
25	筒仓除尘器		2	台
26	石灰计量输送装置	1000kg/h	2	台
27	破拱刮片喂料机	DDS400	2	台
27.1	计量输送机	1000kg/h	2	台
27.2	防潮保护投加器	1000kg/h	2	台
27.3	石灰乳溶液箱	V=10m³	2	台
28	石灰乳加药泵	Q=10m³/h　p=0.3MPa	2	台
29	助凝剂加药装置	2 箱 4 泵	1	套
30	有机硫加药装置	1 箱 3 泵	1	套
31	凝聚剂加药装置	1 罐 3 泵	1	套
32	凝聚剂卸药泵	Q=20m³/h　p=0.15MPa	1	套
33	次氯酸钠加药装置	1 罐 3 泵	1	套
34	次氯酸钠卸药泵	Q=20m³/h　p=0.15MPa	1	套
35	盐酸加药装置	1 罐 3 泵	1	套
36	盐酸卸药泵	Q=20m³/h　p=0.15MPa	1	台
37	气动阀门及配件		1	套
38	手动阀门		1	套
39	管道系统		1	套

续表

序号	设备名称	型 号	单位	数量
40	油漆保温及其他		1	套
（二）	电气设备	包括MCC柜、就地控制箱、电缆、桥架、照明等	1	套
（三）	控制设备	包括工控机、显示器、DCS、控制电源柜、监控软件等	1	套
（四）	仪表	—	1	套

五、项目效果

该工程于2017年3月通过验收，出水重金属含量及二类污染物全部达到设计要求。其中，pH值为7.9～9，平均值为8.5；氟化物含量为5.1～10.7mg/L，平均值为7.5mg/L；悬浮物为8～12mg/L，平均值为10mg/L。

根据该改造工程总投资费用数据，年运行时间按5500h计算，固定资产折旧年限按20年考虑，不计残值，该工程的运行成本见表9-12。

表9-12　运行费用合计表

序号	项目	金额（万元）	序号	项目	金额（万元）
1	年药品消耗	69.07	4	设备折旧	113.65
2	年电力消耗	34.65	5	年总运行费用	239.7
3	年维护费	22.34			

注　年处理水量约为25万t。

第十章 高盐废水的浓缩

随着水在火电厂各工艺系统中进行梯级利用和重复回用，水中各种杂质均在逐步浓缩。在生产过程中加入水中的酸、碱和盐类，也使水的含盐量大幅度升高，从而在用排水系统的末端，形成一定量的高盐废水。目前，行业内对高盐废水尚无统一标准定义，通常将含盐量接近 1%或更高含盐量的废水称为高盐废水。火电厂高盐废水主要包括：脱硫废水、精处理系统再生废水、化学除盐系统再生废水、循环排污水膜处理系统浓水等。

以前火电厂的高盐废水通常作为水力冲灰、冲渣、灰渣拌湿、灰场抑尘、煤场喷淋等用水，剩余部分在达标处理后排放。现在水力冲灰、冲渣已基本被干除灰工艺及刮板捞渣工艺所取代，渣水系统也基本实现了闭路循环，除了煤场喷淋、灰渣拌湿、灰场抑尘等能消耗掉少量废水之外，剩余高盐废水已无去处。随着国家及地方政府对电厂排污许可的逐步收紧，部分环保重点地区的电厂必须实现废水零排放。为了降低废水零排放系统的整体投资与运行费用，必须对高盐废水进行浓缩减量处理，最后极少量的末端废水再进行干化处置，从而实现全厂废水零排放。

第一节 高盐废水浓缩处理的技术关键

一、高盐废水浓缩处理的难度

在前面章节已经介绍过，火电厂典型高盐废水水质十分复杂。例如脱硫废水，其水质具有高硬度、高盐分、高浊度、强腐蚀性的特征，经过处理之后，环保指标如重金属、悬浮物、pH 值等得到控制，但氯离子等离子含量基本未发生变化，难溶盐依然过饱和，在进行深度处理和浓缩时，必须考虑工艺设备的防垢、防腐蚀及防生物污染等。精处理再生废水中含有高浓度的氨，在浓缩减量过程中若不有效去除，将对后续零排放干化工艺造成影响；弱酸处理系统再生废水，由于硫酸钙过饱和度高，所以不能用于冲洗脱硫除雾器，继续浓缩也易发生结垢析出。循环排污水反渗透浓水，由于结垢倾向高，生化指标也较高，进一步膜浓缩的结垢、污染风险也较高。因此，总体看来，高盐废水浓缩的技术难度较高，主要表现在废水水质易结垢、颗粒物堵塞及生物污染风险较高、对工艺设备的腐蚀性强、高倍率浓缩的能耗高等，在选择浓缩工艺组合时，必须综合考虑上述因素。

二、高盐废水浓缩处理需考虑的问题

（1）预处理的重要性。考虑到高盐废水的易结垢、易污堵特性，在选择适宜的浓缩处理工艺前，必须根据浓缩工艺对进水的水质要求，对高盐废水进行必要的预处理，如去除悬浮物、软化等，以便提高浓缩工艺运行的稳定性。

（2）浓缩工艺的可行性。针对具体的高盐废水水质，可选的浓缩处理工艺往往不止一种。在选择确定工艺方案时，必须明确各种工艺的适用边界条件，评估工艺技术的可行性，确保用所选技术处理该种废水，能够达到预定的处理目标。

（3）优选技术的成熟度。由于近两年高盐废水浓缩处理技术发展较快，各种新技术不断涌现。有些新技术标称的性能指标优异，与传统技术的比较优势大，但工程实际应用案例较少甚至无应用案例，技术成熟度不高，在确定优选工艺方案时也需将此因素纳入综合研究范围。

（4）投资成本与运行费用。在确保所选工艺方案技术可行也较成熟的前提下，还需进一步考察方案的投资成本和运行费用。例如某些新技术虽然指标先进，但投资费用或运行成本极高，也不宜作为最终优选方案推荐。

（5）与后续零排放干化系统的配合。由于高盐废水的浓缩处理是与后续干化处理系统配套建设的，所以高盐废水浓缩至何种程度取决于后续干化处理系统的预定设计出力，而高盐废水所需的浓缩倍数将影响浓缩工艺的选择，以及浓缩工艺系统的投资和运行费用。因此，高盐废水的浓缩处理往往需要与干化处理同步考虑，寻找最优的工艺组合，降低整体的投资成本与运行费用。

此外，末端废水干化处理系统所产生的固体废弃物的处置方式，也将影响浓缩工艺的选择。例如若要最终生产高品质工业盐，则浓缩处理可考虑采用分盐工艺，其投资成本和运行费用将上升。

三、高盐废水浓缩处理工艺

根据近年来高盐废水浓缩技术发展现状，结合研究试验成果，对该领域的主要处理工艺进行梳理和分类。从总体工艺阶段划分，高盐废水浓缩可分为软化预处理阶段与浓缩减量阶段。高盐废水的软化处理包括石灰碳酸钠软化、硫酸钠软化、离子交换软化、纳滤膜软化等。其中，纳滤膜有卷式纳滤膜和振动膜两种类型。也有利用管式微滤作为软化水的过滤设备。

浓缩减量过程包括膜法浓缩和热法浓缩两类技术。膜法浓缩包括纳滤膜、反渗透膜、电驱动膜、正渗透膜的分离浓缩以及膜蒸馏浓缩。用于分离浓缩的反渗透膜组件包括卷式和碟管式两种类型。HERO 高效反渗透是一种带有复杂前处理、在碱性条件下运行的反渗透浓缩工艺。

盐水的热法浓缩是一种传统的化工工艺过程，包括蒸汽加热蒸发、烟气蒸发、自然蒸发和增湿去湿等方式。其中，蒸汽加热蒸发主要包括降膜蒸发和强制循环蒸发两种工艺，包括 MED、MVR、TVR 晶种法。自然蒸发主要包括蒸发塘和机械喷雾蒸发，增湿去湿主要有自然蒸发除盐（NED）、低温蒸发结晶（LTEC）和载气萃取（CGE）等方式。烟气蒸发是火电厂特有的一种蒸发浓缩方式，主要利用烟气的余热蒸发浓缩。

第二节 软化预处理的各种工艺

一、石灰–碳酸钠软化工艺

石灰碳酸钠联合软化处理工艺为两级化学反应加沉淀澄清，工艺流程见图 10-1。

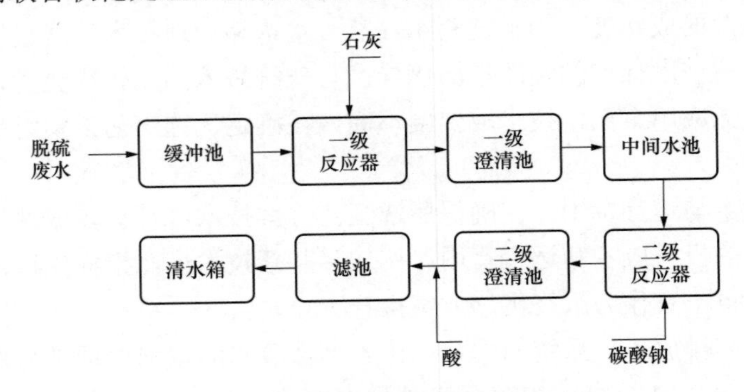

图 10-1 石灰联合碳酸钠软化工艺流程图

一级反应为石灰处理。在第一级沉淀中，投加 Ca（OH）$_2$ 使废水中的 Mg^{2+}形成 Mg（OH）$_2$沉淀，各种重金属离子生成羟基化合物沉淀，氟化物与 Ca^{2+}生成 CaF_2 沉淀。同时废水中过饱和 $CaSO_4$ 在回流泥渣作为晶种的情况下，生成 $CaSO_4 \cdot 2H_2O$ 沉淀。第一级处理主要反应方程式如下：

$$CO_2+Ca(OH)_2 \longrightarrow CaCO_3\downarrow+H_2O$$

$$\frac{1}{2}Ca(HCO_3)_2+\frac{1}{2}Ca(OH)_2 \longrightarrow CaCO_3\downarrow+H_2O$$

$$MgSO_4+Ca(OH)_2 \longrightarrow Mg(OH)_2\downarrow+CaSO_4$$

$$MgCl_2+Ca(OH)_2 \longrightarrow Mg(OH)_2\downarrow+CaCl_2$$

$$\frac{1}{2}CaCl_2+F^- \longrightarrow \frac{1}{2}CaF_2\downarrow+Cl^-$$

$$\frac{1}{2}FeCl_2+\frac{1}{2}Ca(OH)_2 \longrightarrow \frac{1}{2}Fe(OH)_2\downarrow\frac{1}{2}CaCl_2$$

一级反应器内加石灰调节废水的 pH 值至 10 以上，具体控制参数通过试验确定。在该反应器内安装在线 pH 计，自动控制石灰加药量。

二级反应为除钙工艺。在第二级沉淀中，投加 Na_2CO_3 使废水中 Ca^{2+}生成 $CaCO_3$ 沉淀去除，第二级处理主要反应方程式如下：

$$\frac{1}{2}CaCl_2+\frac{1}{2}Na_2CO_3 \longrightarrow \frac{1}{2}CaCO_3\downarrow NaCl$$

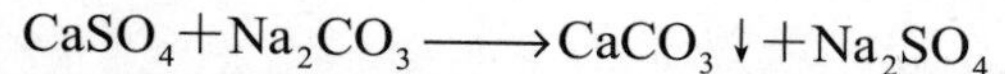

$$CaSO_4 + Na_2CO_3 \longrightarrow CaCO_3 \downarrow + Na_2SO_4$$

二级反应同样对废水中的硅也有较好的去除效果，硅含量的降低主要是由于废水在高 pH 值条件下，生成了具有极大活性表面积的 Mg（OH）$_2$絮体，能够大量吸附溶液中的 SiO_2，出水中硅降至极低的程度。二级澄清池出水投加盐酸，根据后续系统的进水要求，调节 pH 值。

石灰联合碳酸钠软化工艺的主要特点是：向废水中投加石灰后，随着废水 pH 值的升高，废水中 Mg^{2+}含量会逐渐降低，同时投加石灰引入的 Ca^{2+}可以与水中 SO_4^{2-} 和 F^- 分别反应生成 $CaSO_4$ 与 CaF_2 沉淀，从而降低废水中 SO_4^{2-} 和 F^-含量。但是石灰的加入会增加废水中 Ca^{2+}含量，增大后续碳酸钠软化投药量。

二、NaOH–Na_2CO_3软化工艺（双碱法软化）

NaOH-Na_2CO_3 软化工艺原理与石灰联合碳酸钠处理类似，只是用 NaOH 替代 Ca（OH）$_2$作为第一级反应的 pH 值调节药剂。第二级化学反应仍然投加 Na_2CO_3，全套工艺使废水中重金属、Ca^{2+}、Mg^{2+}等沉淀去除。在一级反应中加入氢氧化钠，使脱硫废水中部分重金属离子、Mg^{2+}、硅，以及部分致垢离子在高 pH 值条件下产生沉淀；二级反应投加碳酸钠去除废水中残余的 Ca^{2+}，再通过沉淀澄清池进行固液分离，最终废水水质得到软化。处理中产生的沉淀泥渣单独进行处理。图 10-2 所示为双碱法软化工艺流程。

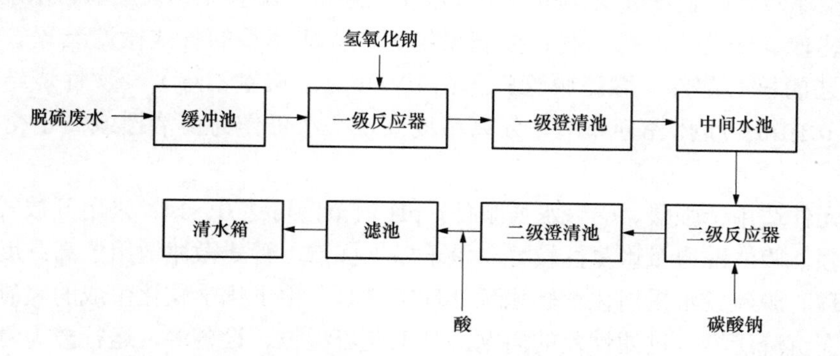

图 10-2 双碱软化处理工艺流程

双碱法软化工艺的主要特点是：一级反应中采用氢氧化钠处理废水，不会在废水中引入更多的钙离子，这会大大降低二级反应中碳酸钠的使用量。有些水质条件下药剂的投加量及产生的污泥量较大，不同水质条件加药量相差较大，加药量需要经过试验确定。

总体来讲，石灰碳酸钠软化工艺、双碱法软化工艺应用于脱硫废水软化处理时，由于废水中 Ca^{2+}、Mg^{2+}等致垢离子浓度往往很高，导致处理脱硫废水的药剂费用较高。同时，脱硫废水水质波动大，工艺控制难度较大；预处理过程中生成污泥量较大，且工艺占地面积也较大。软化预处理工艺的设计参数，需根据具体电厂脱硫废水水质特点，经过试验确定。

三、管式微滤软化工艺

管式微滤软化工艺是一种集化学反应软化和膜过滤技术于一体的软化分离工艺，膜滤可以去除水中亚微米级以上的固体颗粒。在膜前投加石灰乳等化学药剂反应后，通过微滤膜截留反应产物，出水水质可满足反渗透进水要求。该工艺流程简单，可以取得与化学反应→机械加速澄清→变孔隙过滤→盘式过滤→超滤工艺相同的水质，目前在五金电镀行业、半导体行业重金属废水回收等领域已有应用。图 10-3 所示为管式微滤软化工艺流程。

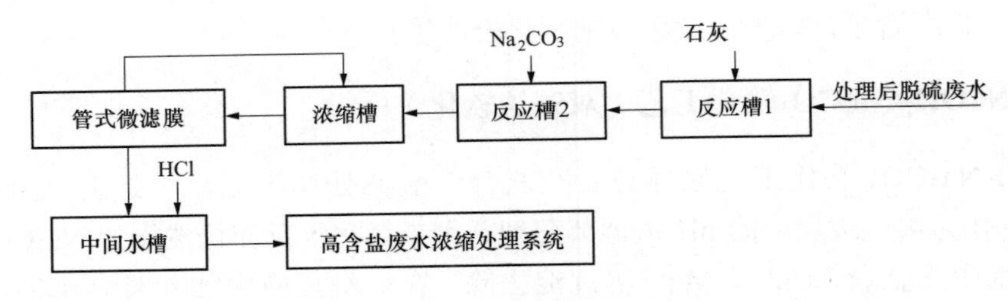

图 10-3　管式微滤软化工艺流程

管式微滤软化工艺采用错流过滤方式，通过浓缩液排放可带走几乎全部的悬浮固体，由此可以减少膜承受的污染负荷。

管式微滤装置的膜管分层排布，由管道相互连接，配套化学反应器、浓缩水箱、水泵、反洗装置、仪表、加药系统、控制系统等，构成完整的管式微滤装置。管式微滤膜是该工艺的核心部件。微滤膜管整体由 PVDF（聚偏氟乙烯）一次性烧结而成，过滤孔径为 0.1μm。膜孔径分布窄，分离精度高，产水可作为反渗透或离子交换设备的进水。

该膜元件适用于强酸、强碱水质条件，pH 值范围可达 0～14；采用开放式流道，抗污染能力强，膜清洗通量恢复性较好。鉴于以上优点，管式微滤适用于高黏度、高固含量水的处理。脱硫废水采用化学软化预处理工艺时，由于化学软化生成的氢氧化镁晶体细小，存在沉降缓慢、过滤性差的问题；且工艺流程长、设备多，运行较为复杂。如果能够采用管式微滤软化工艺，没有反应池、沉淀池、过滤器等处理设施，软化后的水可以直接进入膜过滤系统过滤，缩短了工艺流程，减少了系统占地面积。另外，管式微滤膜软化工艺不需要投加 PAM 等助凝剂，减少了化学药剂的费用。

但是该工艺存在的主要问题是微滤膜运行稳定性受进水水质影响较大。试验表明，部分水质条件下微滤膜水通量快速衰减。图 10-4 所示为两个电厂脱硫废水采用管式微滤软化工艺试验结果。从膜通量衰减趋势可见，不同电厂脱硫废水应用该工艺的性能差异很大，A 厂膜通量能够维持较高且稳定，B 厂膜通量在 0.5h 内几乎衰减至 0。

分析结果表明，B 厂微滤膜表面的污染物，其主要成分是脱硫废水中的有机物。因此，在采用该工艺进行工程设计之前，应进行较长时间的工艺模拟试验，验证其技术可行性和运行可靠性。

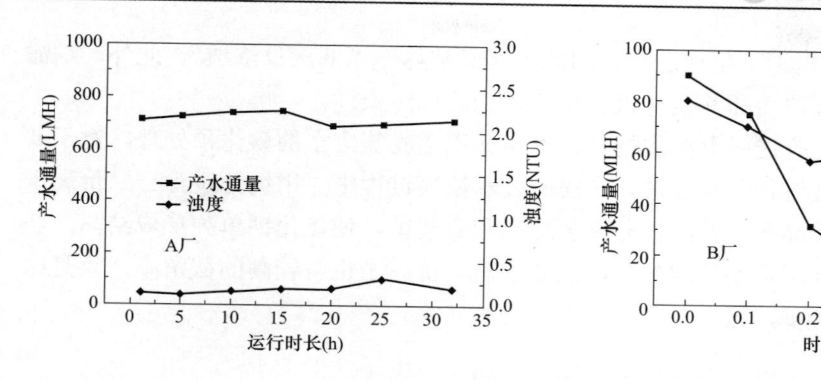

图 10-4 管式微滤软化工艺膜通量性能试验

四、硫酸钠软化工艺

向脱硫废水中加入硫酸钠，利用同离子效应和硫酸钙溶解度较低的特点，进一步增大水中硫酸钙的过饱和度，诱导硫酸钙过饱和溶液自发结晶，能够一定程度降低 Ca^{2+} 含量，达到软化的目的。然而，由于硫酸钙为微溶盐，通过投加硫酸钠软化 Ca^{2+} 的效果有限，并不能达到投加 Na_2CO_3 同等的软化效果，只能作为硫酸钙晶种法蒸发结晶工艺前的预处理工艺使用。

硫酸钠软化工艺在脱硫废水零排放处理中有两种应用方式：第一种是石灰-Na_2SO_4 两级软化，另一种是 Na_2SO_4/NaCl 混合浓浆液循环。

1. 石灰-Na_2SO_4 两级软化工艺

该软化工艺主要分为两步：第一步投加石灰，去除脱硫废水中镁离子；镁离子的去除对于后续的结晶过程十分重要。第二步投加硫酸钠，诱导硫酸钙结晶，降低钙离子含量。石灰-Na_2SO_4 两级软化出水，进入晶种法蒸发器。在结晶浓缩过程中继续投加硫酸钠，诱导生成硫酸钙晶种悬浮于废水中。由于晶种的比表面积较大，很容易吸附废水中产生的钙、镁、硅等析出物，避免在换热管表面结垢。

2. Na_2SO_4/NaCl 混合浓浆液循环

当脱硫废水经过蒸发器浓缩后，产生富含 Na_2SO_4/NaCl 的混合浓浆液，其中的硫酸钠可以作为软化药剂使用。将 Na_2SO_4/NaCl 混合浓浆液回流至软化预处理工段，可以减少一部分预处理药剂用量。

该软化工艺在国内尚无工程化应用，仅有少量中试案例，其工程应用效果和可靠性尚待观察。

五、纳滤软化工艺

纳滤是分离精度介于反渗透和超滤之间的膜分离技术，纳滤膜性能主要体现在其对一、二价离子的选择分离性。对于 1nm 以上的分子，纳滤膜的截留率大于 90%。纳滤膜具有离子选择性，能有效截留二价及高价离子，透过部分一价无机离子。在相同渗透通量下，纳滤膜两侧的渗透压差远低于反渗透，故纳滤系统的运行压力比反渗透低得多；

即使在0.1MPa的超低压力下仍能运行，因此纳滤又被称作“低压反渗透”。此外，纳滤对疏水型胶体、油、蛋白质和其他有机物也有较强的抗污染性。

利用纳滤膜对离子有选择分离的特点，可将其用于脱硫废水的软化预处理。对于要生产工业盐的场合需要进行分盐处理。在脱硫废水浓缩过程中，用纳滤进行一二价离子分盐，后续配合蒸发结晶等工艺，再分离氯化钠和硫酸钠，使氯化钠单独形成结晶，获得纯净的 NaCl 结晶盐。需要注意的是，纳滤膜对一价离子也有较高的截留率，只是比二价离子截留率要低得多，这一点在应用中要特别注意。

1. 卷式膜纳滤

卷式纳滤膜是最常见的纳滤元件，其元件尺寸与卷式反渗透膜元件一致，系列标准化程度高。卷式纳滤膜装置的设计与反渗透装置设计类似，由保安过滤器、高压泵、膜组件、连接管道、控制系统等组成完整的纳滤设备。

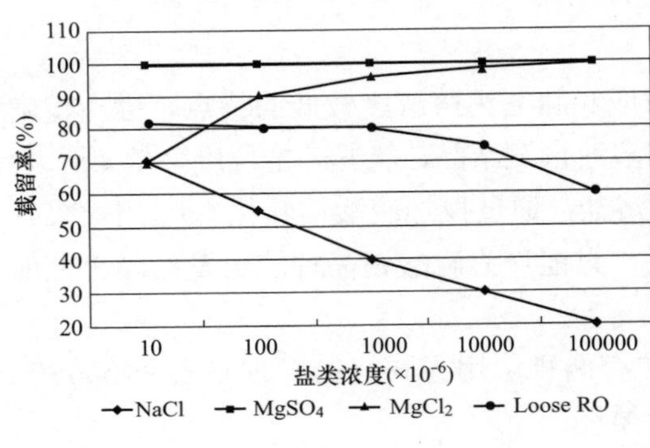

图 10-5　纳滤膜分离效果

纳滤膜对硫酸镁、氯化镁有很高的截留率，但对氯化钠的截留率很低。图10-5所示为纳滤膜对一、二价离子的选择分离效果。此外，纳滤膜的分离特性还与具体水质中离子含量比例密切相关。在脱硫废水的分离处理中，纳滤膜对二价离子的截留率与理论截留率有较大差异，必须通过试验才能获得纳滤膜的实际分离特性。

某沿海电厂脱硫废水，其pH值为6.37，电导率为30.7mS/cm，Ca^{2+}的浓度为54.53mmol/L，Mg^{2+}的浓度为64.87mmol/L，Na^{+}、SO_4^{2-}、Cl^{-}、盐的质量浓度分别为4.840、3.173、10.14g/L和27.47g/L。对该废水进行的纳滤膜分离试验结果见图10-6和图10-7。其中，图10-6所示为对阴离子分离结果，图10-7所示为对阳离子的分离结果。

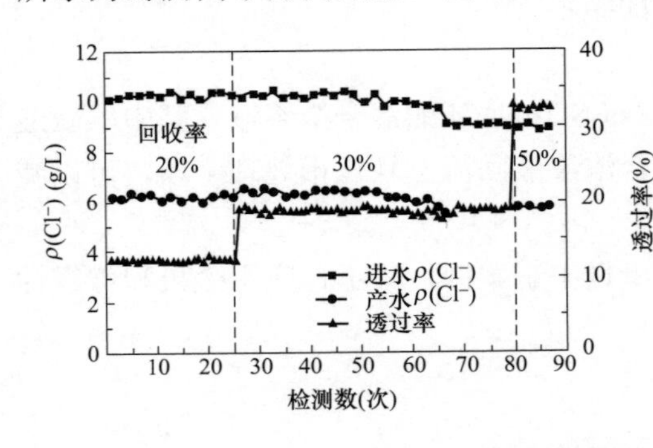

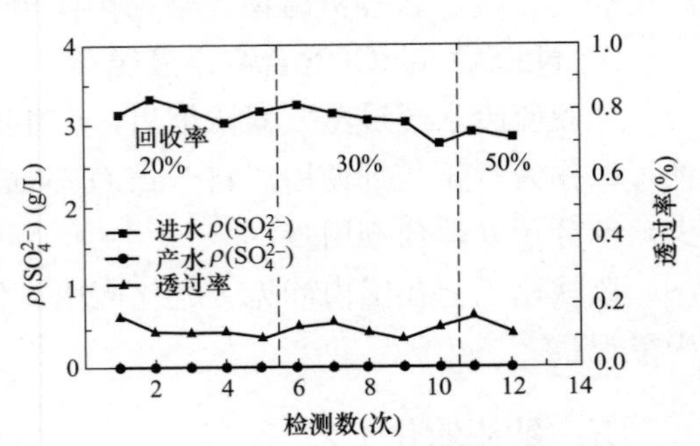

图 10-6　卷式纳滤膜对阴离子的分离效果

由图10-6可见，随着系统回收率提高，Cl^{-}透过率也随之上升。在回收率达到50%时，Cl^{-}透过率达35%左右；而回收率控制在20%时，Cl^{-}透过率仅为13%左右。不同回收率条件下，SO_4^{2-}透过率均小于0.16%，说明纳滤膜对SO_4^{2-}具有良好的截留作用。

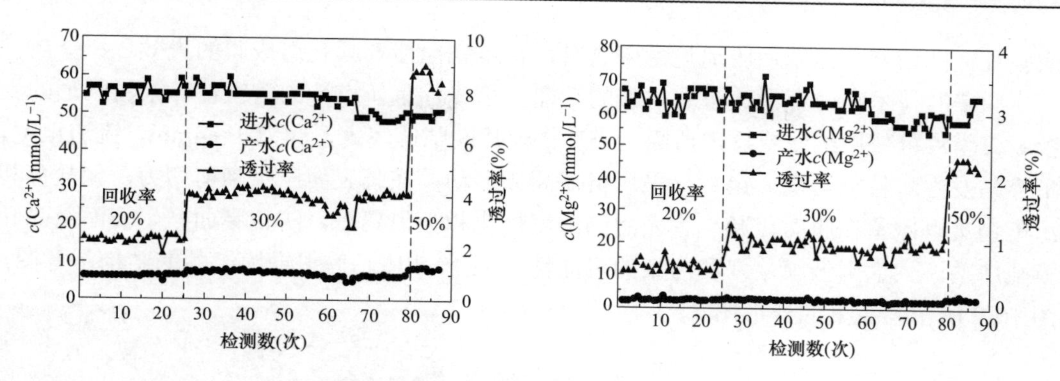

图 10-7　卷式纳滤膜对阳离子的分离效果

由图 10-7 可见，随着纳滤系统回收率的升高，Ca^{2+}、Mg^{2+}的透过率均有所升高。在回收率为 20%和 30%时，透过率相差不大；当回收率升至 50%时，Ca^{2+}和 Mg^{2+}透过率显著升高；Ca^{2+}的透过率由 1.8%升至 8.9%，Mg^{2+}透过率由 0.48%升至 2.28%。在相同回收率条件下，Ca^{2+}透过率显著高于 Mg^{2+}透过率。

除了上述离子外，试验中还研究了纳滤膜对 Na^{+}的分离效果。试验结果表明，Na^{+}透过率明显高于 Ca^{2+}、Mg^{2+}的透过率。随着回收率增大，Na^{+}透过率略有降低，但整体大于 20%。

整个试验结果表明，纳滤膜对 $MgSO_4$ 的截留率非常高，对 Ca^{2+}的截留率在 90%以上，对 NaCl 的截留率相对较低，但也在 70%左右。回收率对 SO_4^{2-} 的截留效果没有明显影响，但对其他试验离子都有影响。总体规律是随着纳滤回收率增高，Cl^{-}、Ca^{2+}、Mg^{2+}透过性均有所升高，Na^{+}透过性略有降低。一价离子透过率在 20%～30%，二价离子 SO_4^{2-}、Mg^{2+}、Ca^{2+}透过率分别为小于 0.2%、小于 2.5%、小于 9%。

因此，纳滤膜对一、二价离子的分离效果，与进水中各离子组成比例、回收率等因素密切相关，工程设计数据不能采用理论计算值，必须根据工艺模拟试验结果确定分离效率。

2. 振动膜纳滤

振动膜是近年来出现的一种新型膜分离工艺，其技术来源于美国 New Logic Research 公司，主要特点是采用振动剪切增强过滤工艺 VSEP（Vibratory Shear Enhanced Filtration process）。运行中膜组件一直处于振动状态中，由此可以解决“静态”膜分离中的膜污染和堵塞问题。在 VSEP 技术基础上发展出 VMAT 振动膜技术。

水处理通用的卷式膜元件的进水流道宽度很窄，通常只有 0.86、0.94mm，为避免颗粒堵塞对进水的颗粒物要求很严格。一般情况下，要求进入膜元件水的 SDI 低于 4.0，尽量不大于 3.0。为了满足该要求，反渗透、纳滤对预处理的要求很高，通常需设置超滤或微滤前处理设备。即便如此，卷式膜表面发生污堵的问题还是很常见的，包括结垢、颗粒物堆积、生物污染等。容易产生污染的一个主要原因是膜元件进料液与膜表面之间的剪切力不足，进水中的微粒、凝胶等容易积聚和吸附于膜表面。同样的原因，膜表面因局部浓缩导致盐类的析出，晶体在膜面向外生长，形成坚固的垢层，覆盖在膜面，造成膜孔径的堵塞。堵塞后膜通量急剧衰减，甚至完全堵塞膜孔造成膜的失效。

VSEP 技术从两方面改进卷式膜的功能。第一，重新设计的膜组件，采用圆形的平板膜，膜片可使用纳滤或反渗透膜。膜片与膜片间隙比较大，约为 3～4mm，流道很宽，不容易发生颗粒物堵塞。第二，采用机械高频振动，在膜表面产生高剪切力，使盐分和污染物难以停留在膜面，减少膜表面的浓度极化和吸附累积，防止膜面产生表面结晶和膜孔堵塞，大大降低膜堵塞和污染的可能性。图 10-8 所示为振动膜组件的结构示意图，图 10-9 所示为装置的外形图。

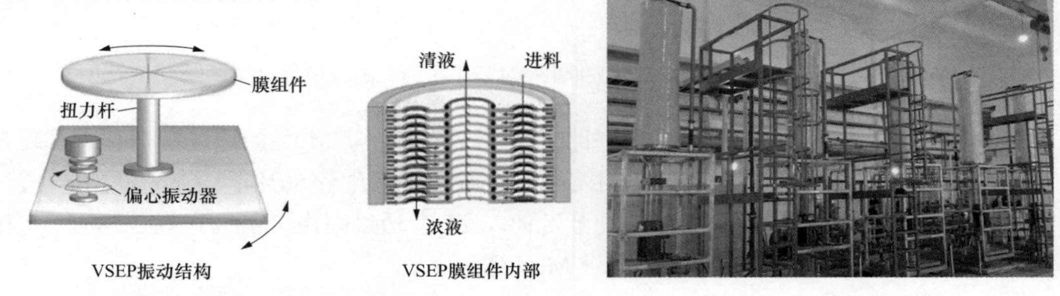

图 10-8　振动膜元件结构示意图　　图 10-9　振动膜装置外形图

振动膜技术具有如下技术特点：

（1）高通量，采用振动剪切增强技术，可以提高膜的透过通量。装置设计紧凑，占地面积较小。

（2）抗污堵，由于剪切振动频率高，使膜表面不易积累污染物；耐进水高含固量，可以适应相当高的浓浆液，因而对预处理要求相对宽松。

对于火电厂以脱硫废水为主的高盐废水膜浓缩，由于废水对膜的污染性普遍较高，脱硫废水的结垢倾向很强，因而在膜法浓缩前对废水进行软化、去除颗粒物及有机物等预处理通常是必不可少的。预处理工艺流程较长，药剂成本较高。根据振动膜的技术原理，其抗污染能力较强，对预处理要求较宽松，如果能缩短沉淀软化处理流程，节省药剂投资费用，将会在此领域有较大的应用价值。

下面是在北方某电厂采用振动膜技术进行的中试试验情况。在该试验中，脱硫废水无软化处理直接利用振动纳滤膜进行处理。试验工艺流程为：脱硫废水重力沉淀后，通过叠片式过滤器过滤，出水投加阻垢剂后进入振动膜纳滤处理。叠式过滤器过滤精度为 120μm。试验期间，平均进水温度为 5℃，进水 SDI_{15} 大于 5（超出测定范围），阻垢剂投加量为 5mg/L，运行平均膜通量为 20.9L/（m^2·h），回收率为 70%。累计运行时间为 80h；化学清洗周期为 20～40h，叠式过滤器的反洗周期为 2～4h。运行中发现，系统内会逐渐累积析出晶状固体物。试验期间，纳滤膜对钙、镁离子的截留率在 99%以上，对硫酸根的截留率在 95%以上，从水质方面来看可以实现软化的目的。

但是中试结果也表明，叠式过滤器污堵过快，纳滤膜的化学清洗周期过短，说明试验采用的叠片过滤还不能满足振动膜工艺对进水水质的要求。要实现工业应用，须提高振动膜前预处理的水平。目前，振动膜纳滤软化工艺在火电厂尚无工业规模的工程化应用案例，其实际效果和可靠性尚待验证。

煤化工废水处理的试验数据表明，当在振动膜前增设超滤之后，振动膜的运行通量和清洗周期均有显著改善。因此，振动膜技术在实际应用中必须采用合理的预处理工艺。工艺的选择还需通过长周期试验来确定。

六、离子交换软化工艺

离子交换软化是非常成熟的软化除盐工艺，在电厂水处理系统中有广泛的应用。该工艺具有出水水质稳定、技术成熟等优点。在常规水处理中，若采用钠离子软化，可将出水硬度降至接近零。对于脱硫废水，由于其硬度很高，若直接使用离子交换软化，树脂会快速失效，需要频繁再生，再生废水量过大，不可能单独用于高盐废水的处理。因此，离子交换软化只能与其他软化工艺联合运用，将其布置在化学药剂软化之后，作为系统软化保障设备，使软化工艺出水水质保持稳定。离子交换再生废水应返回至前段化学软化系统中继续处理，以免产生外排废水。

第三节 膜法浓缩减量处理工艺

膜法浓缩减量处理包括纳滤膜浓缩工艺、海水反渗透膜浓缩、碟管式反渗透浓缩、高效反渗透浓缩、电渗析浓缩、膜蒸馏浓缩，以及正渗透处理等工艺。本节对上述工艺进行简要介绍。正渗透技术近年来开始用于火电厂废水浓缩处理，研究内容较多，该工艺会在后面的章节中单独讨论。

一、纳滤膜浓缩工艺

在前面已经介绍了纳滤膜用于软化处理的工艺，并对纳滤分离原理和特点进行了介绍。在对高盐废水的浓缩减量中，尤其是后面需要进行分盐结晶时，纳滤工艺就是一种比较适用的浓缩工艺。纳滤膜对二价离子的分离效率很高，因此可将氯化钠和硫酸钠混合溶液进行良好的分离。纳滤产水中主要成分为氯化钠，送至结晶系统可生产精制工业盐。废水零排放系统的最终产物包括回收的淡水和结晶盐，结晶盐的品质、处置出路将对零排放系统的长期运行产生较大影响。

对于纳滤工艺的应用在前面已进行了详细的讨论，本节不再赘述。需要强调的是纳滤膜对离子的分离效果与原水中各离子含量比例、回收率、运行压力等工艺参数相关，且无法通过软件计算预测产水与浓水水质，因此在设计纳滤分盐系统前，应进行长周期工艺试验，以获得工业设备设计参数。本节重点介绍纳滤膜用于酸碱再生废水及脱硫废水资源化系统的一个工程案例。

东部沿海某大型火力发电厂，装机容量为 4×1000MW 超超临界燃煤发电机组。凝汽器和闭式水系统冷却采用海水直流循环供水系统，工业、消防、冲洗以及饮用水等所需淡水全部依靠超滤反渗透海水淡化系统制取。除灰方式为灰渣分除，干除灰、湿法除渣。每台机组设一套石灰石-石膏湿法脱硫系统，四台机组共用一套脱硫废水处理系统，烟气污染物达到超低排放标准。脱硫系统工艺水采用海水淡化产水。

该工程主要处理精处理再生酸碱废水和脱硫废水，分为脱硫废水综合利用改造工程、精处理再生高盐废水综合利用改造工程两个部分。脱硫废水综合利用改造工程设计水量为 $40m^3/h$。精处理再生高盐废水综合利用改造首先对精处理再生废水进行分段回收，低盐废水直接回用于工业水系统，高盐废水回收后进行单独处理，设计水量为 $20m^3/h$。

该工程设计脱硫废水水质见表 10-1，精处理再生高盐废水设计水质见表 10-2。工艺流程如下。

表 10-1　　设计脱硫废水水质

项目	单位	进水	项目	单位	进水
pH 值	—	6.9	Cl^-	mg/L	10448
Ca^{2+}	mg/L	1679	SO_4^{2-}	mg/L	11894
Mg^{2+}	mg/L	2510	含盐量	mg/L	33800

表 10-2　　精处理再生高盐废水设计水质

项目	单位	水样 1	水样 2	项目	单位	水样 1	水样 2
电导率	mS/cm	32.80	33.40	总硬	μmol/L	29	36
含盐量	mg/L	18 900	19 400	全铁	mg/L	0.49	0.44
氨	mg/L	2600	2700	SO_4^{2-}	mg/L	24	37
Na^+	mg/L	6400	7500	浊度	NTU	0.46	0.57
Cl^-	mg/L	11 000	11 500				

1. 脱硫废水的浓缩及电解

脱硫废水的主要成分为过饱和的硫酸钙、氯化物及重金属等。改造工艺系统首先采用纳滤分离废水中钙、镁等二价离子，纳滤产水中主要含氯化钠，采用反渗透进一步浓缩。反渗透淡水回用到脱硫系统，反渗透浓水去电厂现有的 3×90kg/h 的电解制次氯酸钠系统，电解制次氯酸钠后回用凝汽器杀菌。该工程设计工艺流程见图 10-10。

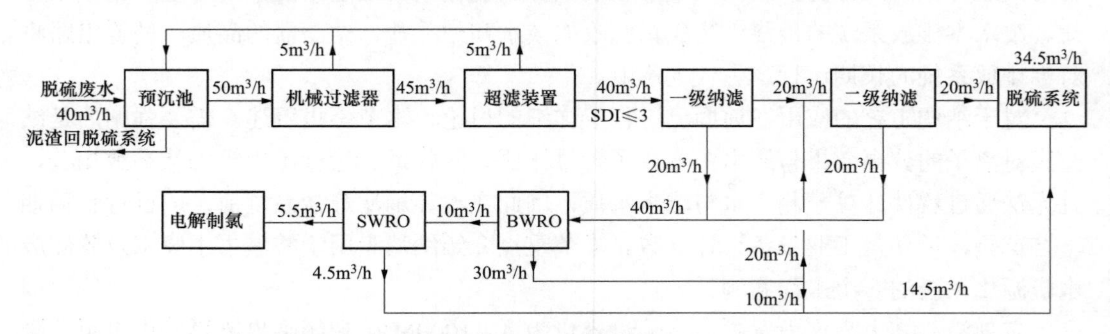

图 10-10　脱硫废水综合利用工艺流程

（1）脱硫废水首先进入预沉池内，进行缓冲及预沉，预沉池为 3 座 $2500m^3$ 的现有水池，沉淀下来的污泥定期清理回脱硫系统，上清液输送到机械过滤器进行过滤。

（2）过滤器的反洗水回预沉池，过滤器的产水通过浸没式超滤进行过滤，以保证后续膜系统运行稳定性。

（3）浸没式超滤产水进入一级纳滤，一级纳滤的浓水与部分苦咸水反渗透产水混合后进入二级纳滤，二级纳滤浓水回用于脱硫系统，一级纳滤、二级纳滤产水进入苦咸水反渗透系统。

（4）苦咸水反渗透产水一部分与一级纳滤浓水混合后继续处理，剩余产水直接回用于脱硫系统，苦咸水反渗透浓水进入海水反渗透系统进一步浓缩脱盐。

（5）苦咸水反渗透浓水经海水反渗透处理后，浓水进入电解制次氯酸钠系统，产水回至脱硫系统回用。

2. 精处理再生高盐废水的浓缩脱氨及电解

精处理再生高盐废水采用加碳固氨→超滤→膜浓缩→脱氨→电解制次氯酸钠工艺，系统产水回用至工业水系统。含氨浓水首先进行脱氨，脱氨过程形成的氨肥用于绿化或脱硝，脱氨后浓盐水用于电解制次氯酸钠杀菌。该工程设计工艺流程见图 10-11。

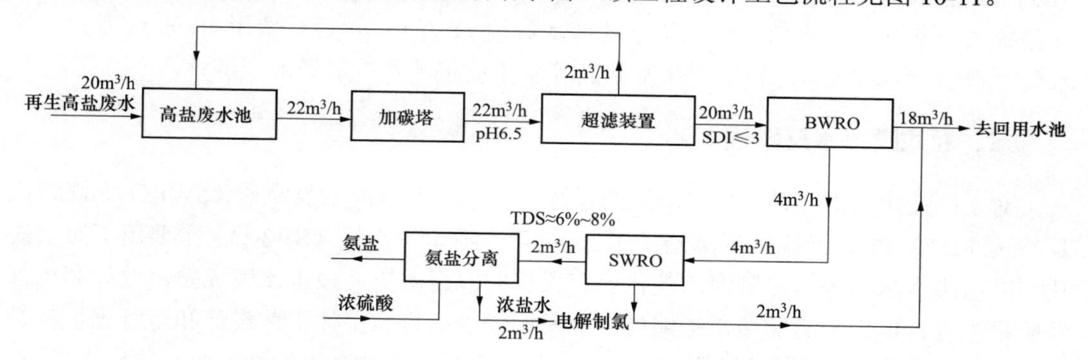

图 10-11 精处理再生高盐废水综合利用工艺流程

（1）精处理再生高盐废水自流到高盐废水池内，进行缓冲储存。

（2）废水通过高含盐废水提升泵进入 CO_2 吸收塔，通过吸收塔循环泵使废水在塔内循环并与 CO_2 气体逆流接触，废水通过吸收 CO_2 使 pH 值降至 6.0～7.0。

（3）固氨后精处理高盐废水进行超滤过滤，过滤后精处理高盐废水 SDI 小于 3。

（4）超滤出水继续送入苦咸水反渗透浓缩，浓水进入海水反渗透，淡水去净水池，进行回收利用。

（5）苦咸水反渗透浓水经海水反渗透浓缩后，产水回收至净水池，含氨浓水进入脱氨装置进行脱氨。

（6）脱氨后浓盐水去电解制次氯酸钠系统制备杀菌剂。

该工程于 2017 年通过性能考核试验。脱硫废水综合利用改造工程实施后，系统产生的淡水水量为 34.5m³/h，回用于脱硫系统，对原脱硫系统用水不产生影响，实现了高盐废水零排放。出水水质以及各项指标均达到设计要求。超滤系统运行稳定，产水流量平均为 20.5m³/h，浊度平均为 0.07NTU。一级纳滤系统运行稳定，产水流量平均为 19.57m³/h，回收率为 49.77%；二级纳滤系统运行稳定，产水流量平均为 20.19m³/h，回收率为 50.61%。苦咸水反渗透系统运行稳定，产水流量平均为 25.64m³/h，系统回收率为 79%，脱盐率为 98.23%。海水反渗透系统运行稳定，产水流量平均为 4.41m^3/h，系统回收率为 66.22%，脱盐率为 99.13%。纳滤产水和经反渗透浓缩后进入电解制氯系统的浓盐水中重金属离子汞、铬、镍、砷、铅等满足 GB 8978—1996 中对各重金属离子的排放要求。该系统年处理水量按 22 万 m^3 计，运行费用为 57.84 万元，吨水处理费用为 2.63 元/m^3，与脱硫废水传统蒸发结晶零排放处理工艺相比具有显著的经济性。

精处理再生高盐废水综合利用改造工程部分也完全达到设计要求。精处理再生高盐废水综合利用改造工程实施后，系统产生的淡水水量为 16m^3/h，全部回收利用，全年可以节约取水量 8.8 万 m^3，可以减少精处理再生高盐废水 11 万 m^3，实现了废水零排放。超滤系统运行稳定，产水流量平均为 20.1m^3/h，浊度小于 0.1NTU。苦咸水反渗透系统运行稳定，产水流量平均为 15.67m^3/h，脱盐率可达 97%，系统回收率为 75.81%。海水反渗透系统运行稳定，产水流量平均为 2.75m^3/h、脱盐率可达 97.74%，系统回收率为 51.31%。膜脱氨系统运行稳定，产水流量为 2m^3/h 时氨氮去除率大于 99%，满足计氨氮去除率大于 95%的要求值。该系统年处理水量按 11 万 t 计，运行费用为 68.03 万元，吨水处理费用为 6.18 元/t，相对于蒸发结晶等零排放工艺具有显著的经济性。

二、卷式膜海水反渗透工艺

对于高盐废水的浓缩，目前应用的反渗透工艺主要有海水反渗透（SWRO）、碟管式反渗透（DTRO）以及高效反渗透（HERO）等。海水反渗透（SWRO）主要用于海水淡化、高盐废水浓缩等。尽管海水淡化已有很长的应用历史，技术比较成熟，设计和运行经验很丰富，但用于高盐废水浓缩处理的案例较少，目前主体工艺设计和运行维护都是参照海水淡化系统进行。高盐废水的特殊之处在于，大部分废水的结垢倾向比海水更高，废水中对反渗透膜有污染的因子也比海水更加复杂。因此，在采用反渗透对废水进行浓缩处理时，必须充分考虑上述因素的影响，不能直接采用海水淡化的工艺系统。例如对于脱硫废水的膜法浓缩系统，必须在反渗透装置前设置软化预处理设备。其预处理系统通常要比海水处理更加复杂，多数情况下还要采用超滤或微滤等膜过滤工艺。完善的系统设计是保证反渗透浓缩系统稳定运行的基础。相对于其他高盐废水浓缩处理工艺，海水反渗透膜废水浓缩工艺主要有以下特点：

（1）对于流量较小的高盐废水，海水膜废水浓缩装置的结构紧凑，体积小，安装简单，清洗维修免拆卸，设备操作简单，反渗透膜使用寿命可达 3～5 年。但是反渗透膜易受重金属离子及有机物污染，对预处理要求很高。

（2）初期投资少、建设期短。与同等规模的蒸馏法相比，投资费用更低，建设周期更短。

（3）系统对进水温度要求不高，在 5～40℃范围内均可运行。

在使用海水反渗透膜进行高盐废水浓缩时，如何有效地降低运行能耗是该技术需要解决的重点问题之一。在反渗透海水淡化系统运行成本中，电耗约占 30%～60%。而主要的电能消耗在装置进水的高压泵，反渗透装置排出的浓水余压高达 5.5～6.5MPa。按照 40%的回收率计算，排放的浓盐水中还蕴含约 60%的进料水压力能量，将这一部分能量回收变成进水能量，即可大幅降低反渗透海水淡化的能耗。因此，SWRO 系统中，能量回收装置非常重要，与反渗透膜、高压泵同属 SWRO 系统的三大核心设备。

反渗透能量回收装置大致分为水力透平式和功交换式两类，图 10-12 所示为这两类能量回收装置的原理示意图。水力透平式能量回收装置利用浓盐水驱动涡轮转动，通过与泵和电动机相连的轴将能量输送至进水侧。这种能量回收过程包含“水压能→机械能→水压能”的转换过程。功交换式能量回收装置通过界面或隔离物，直接把高压浓盐水的压力传递给进料海水，转换过程中能量形式没有改变，是将浓排水的水压能直接传递给进水，能量回收效率很高。由于具有较高的能量回收效率，功交换式能量回收装置在近年来的海水淡化工程项目中得到较广泛的应用。

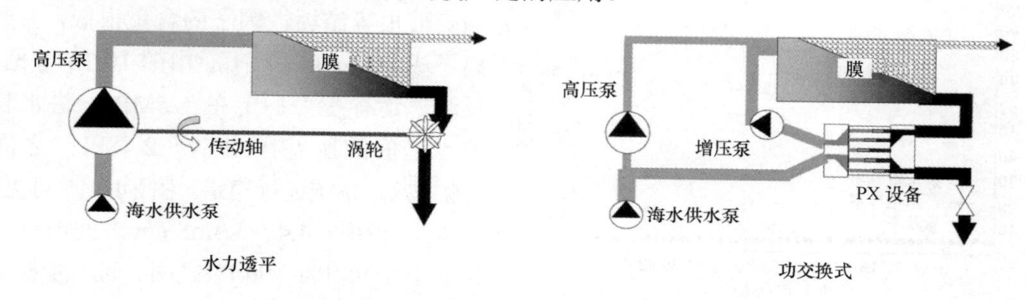

图 10-12　能量回收装置原理示意图

高盐废水的含盐量远高于海水。在利用 SWRO 技术对高盐废水进行浓缩时，需要根据原水含盐量、各离子含量比例和回收率等参数计算运行最大压力，浓盐水最高含盐量不能超过其上限值，以免超过膜元件耐压极限。DOW 公司的 SW30 系列反渗透膜的最大运行压力为 8.3MPa 左右。表 10-3 和图 10-13 所示为极限压力下，SWRO 工艺对高盐废水的浓缩性能试验结果，试验地点在南方某滨海电厂。表 10-3 所示为试验进水水质，图 10-13 所示为试验期间 SWRO 的运行压力和压差的变化曲线，图 10-14 所示为 SWRO 的进出水电导率和脱盐率的变化曲线。

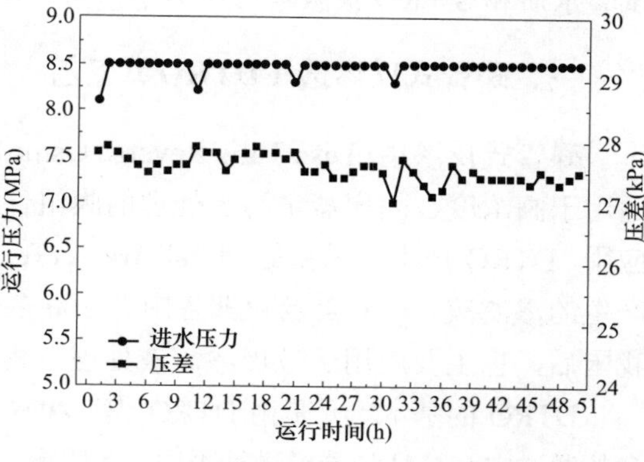

图 10-13　SWRO 压力和压差的变化曲线

表 10-3　　**SWRO 系统浓缩高盐废水进水水质**

项　目	单　位	水样 A	水样 B
电导率	mS/cm	37.2～43.2	32.8～36.3
含盐量	mg/L	19 018～24 300	18 900～20 300
氨	mg/L	2288～3813	2600～3100
Na^+	mg/L	6470～6620	6400～7500

续表

项　目	单　位	水样 A	水样 B
Cl^-	mg/L	12 700～14 580	11 000～12 100
总硬	μmol/L	53～71	29～47
全铁	mg/L	0.57	0.49
SO_4^{2-}	mg/L	21～27	24～32
浊度	NTU	0.43～0.56	0.46～0.54

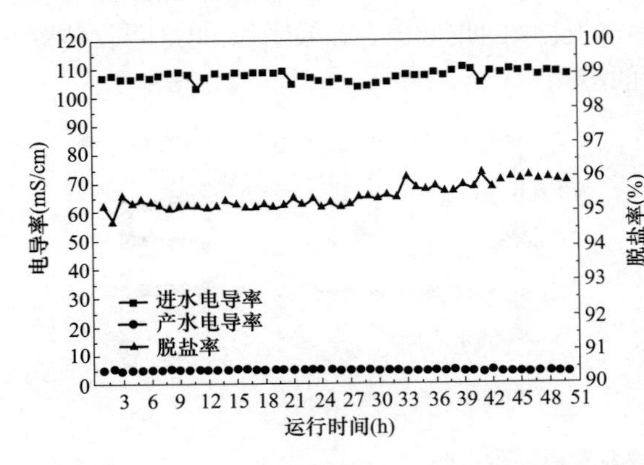

图 10-14　SWRO 进出水电导率和脱盐率曲线

由表 10-3 可见，试验的高盐废水含盐量达到 2%左右，氨含量高，硬度离子和硫酸根等结垢性因子的含量很低，主要离子成分为 Na^+和 Cl^-。由图 10-14 可见，反渗透运行压力稳定在 8.5MPa，进水和浓水之间的压差在 26.9～27.8kPa 之间小幅波动，系统运行稳定。由图 10-15 可见，产水电导率在 4.4～5.3mS/cm 之间波动，脱盐率在 95.1%～96.1%之间。进一步检测各水样的含盐量，原水含盐量在 19 388～21 300mg/L 之间，反渗透浓水含盐量在 79 222～82 414mg/L 之间，产水的含盐量在 1944～2450mg/L 之间。试验结果表明，在试验水质和 SWRO 极限运行压力下，可将高盐废水浓缩至含盐量为 8%左右。

三、碟管式反渗透（DTRO）工艺

碟管式反渗透（Disc Tube Reverse Osmosis）是针对高浓度料液的分离而专门开发的、适用于高浓度、高含盐量污水处理的膜组件，在处理垃圾渗滤液方面已经有多年的工程应用。DTRO 技术最早由德国 Pall WasserTechnik GmbH 公司开发并用于处理垃圾填埋场产生的渗滤液，在欧美及亚洲各国有 200 多套运行的 DTRO 系统业绩。DTRO 技术引进我国后，也主要应用于垃圾渗滤液处理工程。

DTRO 的基本单元是由 DTRO 膜片和水力导流盘叠放在一起组成的膜柱。膜片和导流盘片通过中心拉杆和端板进行固定，然后置入耐压套管中，组成一个膜柱。与卷式膜组件结构不同，DTRO 膜柱的流道设计为开放式。图 10-15 所示为 DTRO 膜片和膜柱的结构示意。

在 DTRO 运行过程中，原水通过膜柱底部下法兰和套筒之间的通道进入导流盘，以很高的流速从夹在导流盘之间膜片的一侧流入到另一侧，然后顺着导流盘进入下一个膜片。从剖面看，水的流程形成一个双“S”形。膜柱末端最后的出水就是浓缩液。淡水透过膜片汇集于中心导管，由上端流出膜柱。DTRO 导流盘的上下表面有不规则的凸点突起，这种独特的构造使得进水容易形成湍流，可以提高透过率，降低膜堵塞和膜表面的浓差极化现象，减轻膜的污染，延长膜片的使用寿命。

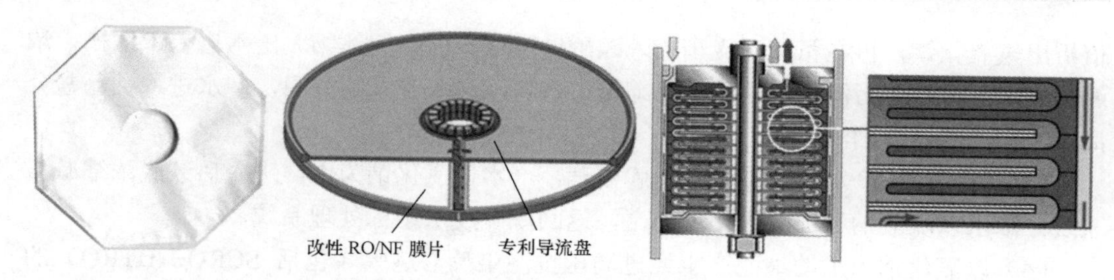

图 10-15　DTRO 膜片、导流盘及膜柱构造

DTRO 膜组件主要有以下特点：

（1）流道较宽。膜片之间的流道为 2～4mm，而卷式膜组件只有 0.1mm 左右。

（2）流程短。液体在膜表面的流程仅为 7cm，而卷式封装的膜组件为 100cm。

（3）湍流强。由于进水压力很高，流速很快，水流受到导流盘上凸点的扰动形成高速湍流，膜表面不易沉降污染物。膜污染轻则寿命长。在卷式膜组件中，网状支架会截留污染物，形成静水区而污染膜片。

（4）对进水的悬浮物和 SDI 要求较为宽松，预处理要求低。

但是与卷式膜组件相比，DTRO 的运行压力很高。DTRO 膜组件操作压力有 7.5、9.0、12、16MPa，目前是压力等级最高的工业应用膜组件。

据资料介绍，我国第一套 DTRO 渗滤液处理装置于 2003 年在重庆某垃圾卫生填埋场启动运行，性能稳定，出水效果良好。2009 年后国内垃圾场引进 DTRO 的项目逐渐增多，处理效果较好。DTRO 在垃圾渗滤液处理中，可接受进水 COD 为 30 000mg/L、BOD_5 为 10 000mg/L、氨氮为 1500mg/L、悬浮物为 1000mg/L，出水中各类污染物的去除率均能达到 99%以上。

尽管 DTRO 在垃圾渗滤液处理中有很多应用业绩，但用于火电厂高盐废水处理时仍有很多新的难题。以脱硫废水为主的等高盐废水有很强的结垢倾向，这一点与垃圾渗滤液性质完全不同。从少量投运的脱硫废水 DTRO 浓缩工程运行效果看，在 DTRO 前仍需进行深度软化及微滤/超滤预处理，DTRO 具有的预处理工艺简单、抗污染能力强的优势并未体现出来，运行过程也存在化学清洗频繁的问题。另外，目前 DTRO 的单位膜面积造价高于卷式膜反渗透，在进行高盐废水膜浓缩工艺选择时，必须综合考虑全系统流程的技术可靠性和经济性，通过长周期工艺性能试验，确定优化的工艺路线。

华中某大型火力发电厂应用 DTRO 对脱硫废水进行浓缩处理。项目大致情况介绍如下：

该厂总装机容量为 3320MW，包括 4 台 330MW 和 2 台 1000MW 机组。全厂废水经梯级利用后，剩余含盐废水排至湿法脱硫系统作为石灰石制浆工艺补充水。环评要求实现废水零排放。

零排放系统设计处理量为 36m^3/h。设计进水为脱硫废水，设计水质见表 10-4。设计工艺流程如下：

（1）脱硫废水进入达标处理系统，通过添加石灰和絮凝剂，部分金属离子、硫酸根离子与所加药剂进行反应，在澄清器进行絮凝沉淀，底部污泥排至污泥压滤系统进行压滤。

（2）达标处理系统出水进入管式超滤装置，在第一反应箱中加入氢氧化钠提高 pH

值析出氢氧化镁，再在第二反应箱加入碳酸钠生成碳酸钙固体物。出水进入浓缩槽，浓缩槽底部污泥排至污泥压滤系统，浓缩槽上部料液送入管式超滤膜，产水进入纳滤盐分离膜，循环料液返回浓缩槽。

（3）管式超滤产水经过纳滤分盐膜处理，产水以氯化钠为主，进入后续膜浓缩减量系统；浓水以硫酸钠和部分氯化钠为主，返回脱硫废水达标处理系统。

（4）以氯化钠为主的纳滤产水经过高压抗污染反渗透膜（包括 SCRO＋DTRO）的浓缩处理后，淡水返回电厂锅炉补给水处理系统，浓缩液去蒸发结晶系统。

（5）浓缩液经过 MVR 蒸发器浓缩、结晶，析出结晶盐，结晶盐经干燥处理后包装外买，实现资源回收利用。

表 10-4　　设计脱硫废水水质

项目	单位	水质数据	项目	单位	水质数据
pH 值	—	7.5	F^-	mg/L	110
Ca^{2+}	mg/L	1618	SO_4^{2-}	mg/L	4250
Mg^{2+}	mg/L	1760	含盐量	mg/L	33 120
Cl^-	mg/L	12 000			

图 10-16 所示为该项目的设计工艺流程。

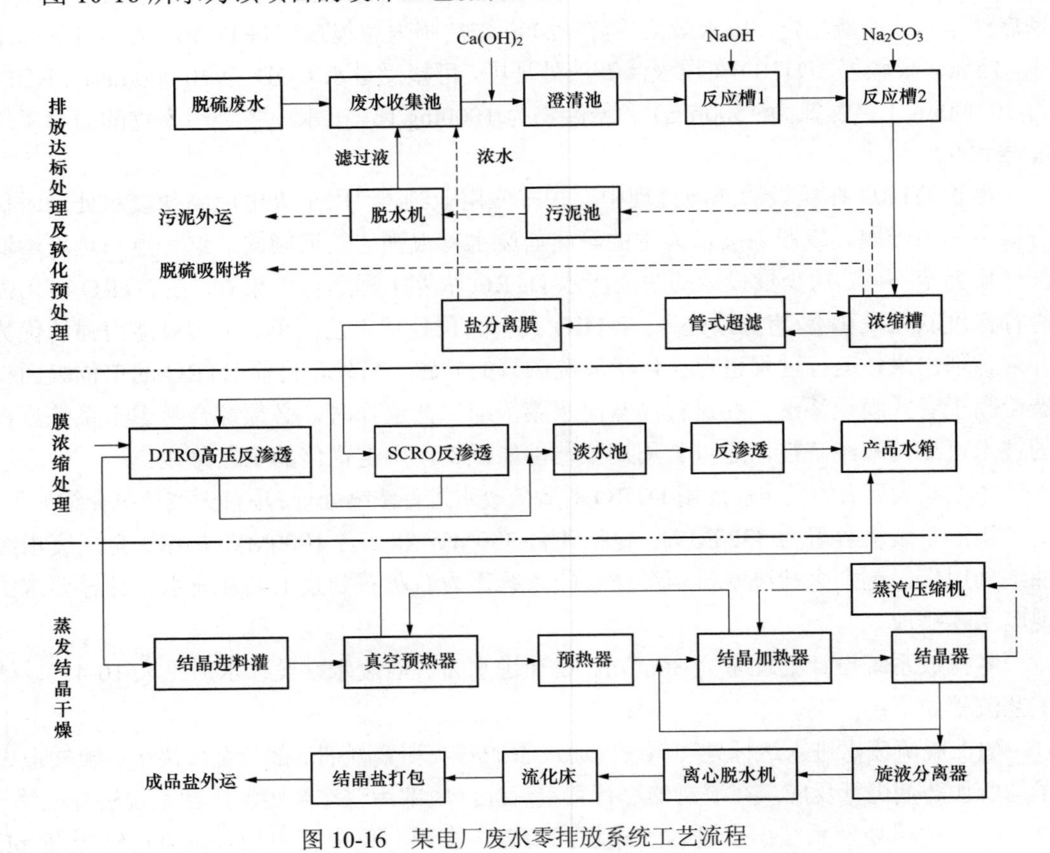

图 10-16　某电厂废水零排放系统工艺流程

脱硫废水零排放处理系统工程总投资8600万元。达标处理系统运行成本为20元/m³，蒸发结晶系统运行成本为36元/m³，合计56元/m³。系统投运之后，预处理软化出水硬度小于50mg/L（$CaCO_3$），淡水电导率达到30～50μS/cm，膜浓缩总回收率大于85。结晶盐氯化钠含量为98.8%。

四、高效反渗透（HERO）工艺

高效反渗透（High Efficiency Reverse Osmosis）是一项专利工艺技术，其特点是反渗透的回收率很高，可以最大限度地减少浓排水的量。同时，在彻底软化预处理和强碱性水质条件下，可以减轻膜结垢和污堵的风险。

HERO工艺的主要原理是利用软化设备（一般是采用弱酸离子交换器或钠离子交换器），将原水的硬度和碳酸盐碱度去除到非常低的水平，之后加碱将水的pH值提高到10.5或更高，使水中硅酸盐、大分子有机物等难于解离的成分离子化。经过上述处理后，在后面的反渗透处理中，可以显著增加反渗透膜对硅的去除率，同时增加浓水侧硅的溶解度。对于多数苦咸进水，可以使反渗透的回收率达到90%以上，同时显著减少化学清洗频率。

图10-17所示为HERO工艺原理流程图。首先去除水中的硬度与悬浮物，之后通过加酸脱除二氧化碳，最大限度降低碳酸盐含量；在进入反渗透前加碱，使反渗透在强碱性条件下运行，可以维持很高的回收率。

图10-17　HERO工艺原理流程图

因为反渗透在非常高的pH值条件下运行，所以必须将原水中的碳酸盐硬度去除到接近于零的程度，因此软化预处理过程十分关键。软化工艺应根据原水水质条件进行选择。HERO常用的工艺为石灰→碳酸钠软化→过滤→弱酸离子交换软化→脱碳器。软化脱碳后的清水加碱，控制反渗透浓水pH值不超过11。反渗透淡水回用，浓水可进一步处置。

与常规反渗透工艺相比，HERO工艺主要有以下特点：

（1）通过彻底的软化预处理，将水中的硬度、碳酸盐碱度降到了最低，大幅度降低了反渗透的结垢风险，为反渗透在高pH值条件下运行创造了水质条件。

（2）在高pH值条件下，硅的溶解度显著提高，HERO工艺浓水中硅的含量可提高到1600～2000mg/L，而常规RO浓水中硅含量最高控制在200mg/L左右；细菌、病毒等被杀死或溶解，膜的生物污染基本杜绝；有机分子被乳化、皂化，不会附着在膜表面，避免膜的有机物污染；由此可以大幅度提高水的回收率。

（3）高pH值条件下，膜表面张力降低，颗粒污染倾向显著降低，可以在较高进水SDI条件下长期运行。

（4）反渗透前完全软化处理后，系统可以不投加阻垢剂运行。

HERO工艺的主要问题在于，反渗透前必须将碳酸盐硬度和碱度完全去除，否则在高pH值条件下膜将快速结垢。因此，系统流程比较复杂，对运行控制水平的要求非常高。当进水水质波动大时，运行控制难度很大。

目前，HERO工艺已应用在半导体行业高纯水制造、苦咸水淡化、电厂循环水排污水处理等工业领域。下述为某燃煤电厂全厂工业废水高回收率反渗透回用工程的实施案例。

内蒙古某火力发电厂，装机容量为4×200MW，空冷发电机组，循环流化床锅炉。由于没有下游用户，所以电厂各种废水难以处置。为减少全厂外排废水量，降低单位发电量取水量，该电厂实施了废水零排放工程，将各种废水经深度处理后进行回用。

该工程设计进水水量为200m³/h，反渗透系统设计进水量为100m³/h。设计进、出水水质见表10-5和表10-6，设计工艺流程见图10-18。工艺流程如下：

表10-5　　设计进水水质

项　目	单位	设计值	项　目	单位	设计值
pH值	—	8.5	溶解硅（以SiO_2计）	mg/L	19.5
溶解固形物	mg/L	2845.1	油	mg/L	1.5
悬浮物	mg/L	37.2	Ca^{2+}	mg/L	90.8
COD	mg/L	12.1	Mg^{2+}	mg/L	84.1
全硅（以SiO_2计）	mg/L	29.8	HCO_3^-	mg/L	996.6

表10-6　　设计出水水质

项　目	单位	设计值	项　目	单位	设计值
浊度	NTU	≤2	游离氯（以Cl_2表示）	mg/L	≤0.1
水温	℃	5～40	铁（以Fe表示）	μg/L	≤300
COD_{Mn}	mg/L	≤2			

（1）除化学车间排污水外的其他全厂工业废水收集到废水缓冲池，经缓冲池提升泵送到气浮装置除油，出水自流到调节池。

（2）在调节池内，气浮出水与化学车间排污水进行充分混合后，经调节池提升泵提升进入机加澄清池进行石灰软化处理，澄清池出水经重力滤池过滤后，自流入清水池。

（3）清水池出水有两路，一路补至辅机冷却水系统，另一路由清水泵提升，送至钠离子交换器。

（4）清水经钠离子交换器、弱酸阳离子交换器软化处理后，送至除碳器。

（5）在除碳器入口加酸，进行酸化脱碳后，清水进入反渗透系统进行脱盐。

（6）在反渗透装置入口加碱调高pH值，反渗透装置采用高回收率运行，反渗透产水送至锅炉补给水系统，浓水送至废水池。

（7）离子交换器再生废水和反渗透浓水汇集，用作灰渣调湿和灰场抑尘。

（8）石灰软化系统的排泥经过浓缩后，用离心机脱水后外运处置。

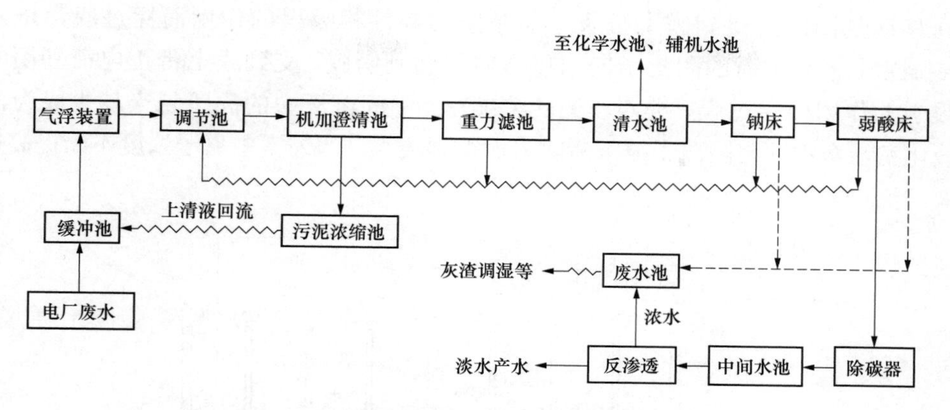

图 10-18　工业废水高回收率反渗透浓缩处理工艺流程图

根据运行统计，该工程的药剂费用包括预处理部分为 1.33 元/t 水，反渗透部分为 1.08 元/t 水；电费包括预处理部分为 0.4 元/t 水，反渗透部分为 0.8 元/t 水。

废水零排放工程于 2011 年通过性能考核试验。预处理系统出力达到 200m^3/h，其中 100m^3/h 的清水输送到辅机冷却水系统，其余 100m^3/h 进入到后续脱盐系统中，预处理系统没有废水外排。滤池平均出水浊度为 0.66NTU，离子交换软化处理设备的出水平均硬度为 0.055mmol/L；反渗透进水 pH 值为 8.5～9.5，反渗透浓水与进水含盐量的平均比值为 21.8；反渗透系统平均回收率为 92.53%，反渗透平均脱盐率为 95.19%。

脱盐系统平均有 5.5m^3/h 的废水外排，按此计算废水零排放系统回收率为 97.3%，自耗水率为 2.75%，脱盐系统回收率为 94.5%。

五、电渗析工艺

电渗析（ED）是膜分离技术的一种，它是在外加直流电场作用下，利用离子交换膜的选择透过性，实现对溶液的浓缩和分离的目的。在反渗透技术大范围推广之前，电渗析是最主要的海水淡化和苦咸水脱盐技术，而且随着电渗析理论研究不断深入和离子交换膜制备技术的发展，该技术曾被广泛用于各种天然水淡化、锅炉给水的初级软化脱盐、废水处理、工业制纯水，以及食品、医药行业等诸多领域。在以后的技术发展中，反渗透脱盐以优良的脱盐性能、更低的运行成本、更高的可靠性，在大部分水处理领域完全代替了电渗析技术。但是对于含盐量极高的高盐废水的浓缩处理，因为过高的渗透压超出了反渗透的处理极限，电渗析技术又回到了人们的视野。

电渗析（ED）的工作原理是在由成对的阳离子交换膜（阳膜）和阴离子交换膜（阴膜）形成的通道中施加直流电场，在电场作用下水中的离子发生迁移。阳膜只允许阳离子通过，阴膜只允许阴离子通过，利用离子交换膜的选择透过性从而实现对水的浓缩、淡化等目的。

图 10-19 所示为以 NaCl 溶液为例，展示了阴阳离子在电渗析膜堆内部的迁移情况。在两个电极板之间，阴阳离子交换膜交替排列。在水室中通入 NaCl 溶液，在电场的作用下，溶液中的 Cl^-、Na^+分别往阳极和阴极作定向迁移。溶液中带正电荷的阳离子向阴

极方向移动到阳膜，受到膜上带负电荷基团的异性相吸引的作用而穿过膜，进入右侧的浓缩室。带负电荷的阴离子向阳极方向移动到阴膜，受到膜上带正电荷基团的异性相吸引的作用而穿过膜，进入左侧的浓缩室。中间溶液中的离子越来越少成为淡化室。淡化室盐水中的阴阳离子被不断除去而得到淡水，浓缩室中离子浓度不断提高得到浓缩液。

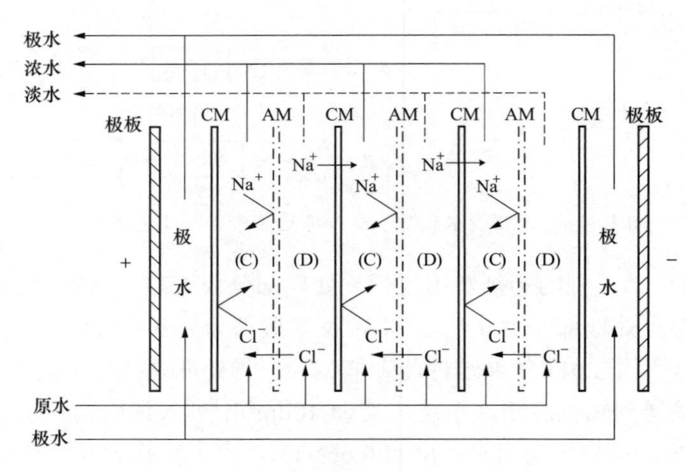

图 10-19　电渗析工作原理示意图

电渗析主要有以下特点：

（1）与反渗透相比，电渗析对废水的浓缩程度高。电渗析可将溶液浓缩至含盐量15%以上，甚至达到 20%，并能长时间稳定运行；而反渗透仅能将溶液浓缩至含盐量为5%～8%。例如利用电渗析处理某煤化工企业的高盐废水，废水经预处理、混凝沉淀、超滤、反渗透将含盐量提升至 18 000mg/L 后，经电渗析系统脱盐浓缩，最终浓水含盐量浓缩至 12%以上，淡水出水含盐量低于 3000mg/L，可回收利用。

（2）能量消耗低。电渗析除盐过程中，电能只作用于电解质离子进行迁移，其电耗与溶液含盐量基本呈正相关。与蒸馏法相比水不发生相变，是能耗相对较低的废水浓缩处理技术。

（3）药耗量少，环境污染小。电渗析离子交换膜比反渗透膜抗污染能力强，对进水水质要求低，运行过程中基本无需添加其他化学药剂，清洗时仅需少量的酸碱，药剂消耗少，对环境污染小。

（4）对原水含盐量变化适应性强。电渗析运行中可根据来水水质变化适当调节电压电流参数，同时根据出水水质要求采用不同的操作模式（直流式、部分循环式和循环式），还可通过调整电渗析器的段数、串联台数等来适应水质的变化。

（5）操作相对简单，易于自动控制。电渗析基本都控制在恒定电流或电压模式下运行，只需调整浓水、淡水、极水的流量和压力，因此自动化控制相对容易实现。

西安热工研究院采用中试规模电渗析系统，在某电厂对软化预处理后的脱硫废水进行了电渗析工艺性能试验。试验结果表明，在部分循环式操作模式下可实现脱硫废水的连续处理，将含盐量为 5%的脱硫废水浓缩至 20%。试验中，控制循环流量为 $10m^3/h$，此时隔室内膜表面流速适当，离子传质速率高；电流密度最佳值为 $160A/m^2$，此时电渗析浓水 TDS 可达 198.13g/L；脱盐能耗最低为 $8.78kWh/m^3$，水迁移速率达到最小值 17.33mL/（min・m^2）。

电渗析技术也存在一些问题，如电渗析运行时只迁移水中的离子，而对于水溶液中呈电中性的胶体或有机物无法去除。若溶液中存在 Fe、Mn 等金属离子，会污染离子交换膜，使离子交换膜“中毒”而失去离子选择性，降低电渗析系统的除盐效率。另外与反渗透技术相比，电渗析虽然可实现高倍率浓缩，但其脱盐率相对较低。图 10-20 所示为电渗析膜堆组成的浓缩装置。

图 10-20 电渗析膜堆组成的浓缩装置

六、膜蒸馏工艺（MD）

膜蒸馏（Membrane Distillation）是膜分离与蒸馏过程相结合的分离过程。分离膜的一侧与热的待处理水溶液直接接触（称为热侧），另一侧直接或间接地与冷的水溶液接触（称为冷侧）。热侧溶液中易挥发的组分在膜面处汽化并透过膜，进入冷侧后被冷凝成液相；不挥发组分则被膜（疏水性）阻挡在热侧，从而将混合物进行分离或提纯。

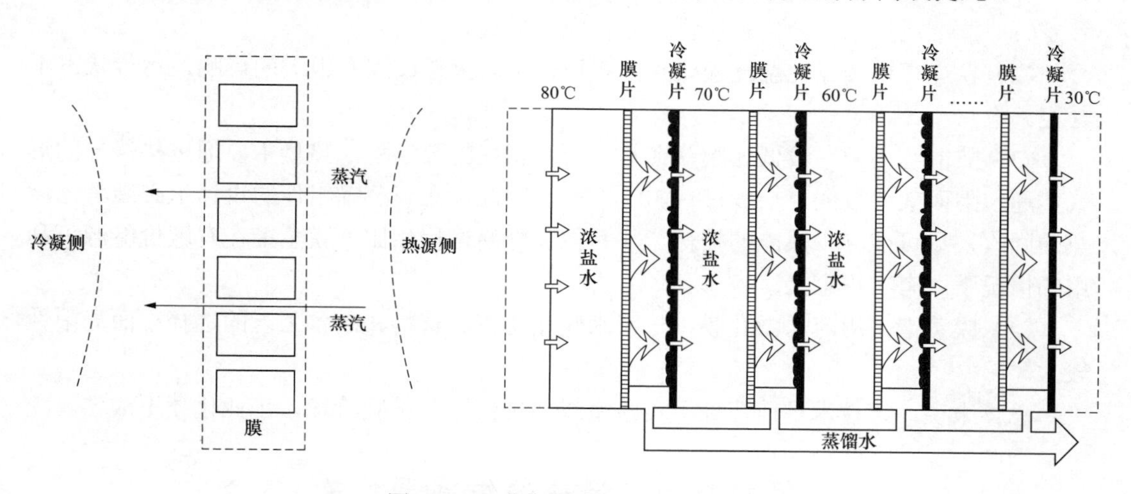

图 10-21 膜蒸馏工作原理示意图

膜蒸馏过程中所采用的膜为疏水性微孔膜，该膜只允许水蒸气透过而不被料液润湿。膜蒸馏传质的推动力主要为疏水膜两侧透过组分的蒸汽分压压差。例如当不同温度的水溶液被疏水微孔膜分隔开时，由于膜的疏水性，两侧的水溶液均不能透过膜孔进入另一侧，但由于暖侧水溶液与膜界面的水蒸气压高于冷侧，水蒸气就会透过膜孔从暖侧进入冷侧而冷凝，这与常规蒸馏中的蒸发、传质、冷凝过程十分相似，所以称其为膜蒸馏过程。在对水溶液进行蒸馏时，由于只有水蒸气能透过膜孔，所以纯水回收率高且水质高于反渗透的产水水质；膜蒸馏可处理极高浓度的盐水，理论上产水率可达到100%。

膜蒸馏有多种工艺类型，包括直接接触膜蒸馏（DCMD）、空气隙膜蒸馏（AGMD）、气扫膜蒸馏（SGMD）、减压膜蒸馏（VMD）、吸收膜蒸馏（AMD）。近年来新出现的膜蒸馏工艺主要有超滤膜蒸馏（UFMD）、鼓泡膜蒸馏（BMD）、曝气膜蒸馏（ABMD）、多效膜蒸馏（MEMD）、耦合热泵减压多效膜蒸馏（HP-VMEMD）。

膜蒸馏工艺主要有以下优点：

（1）操作条件温度和压力较低。待处理水温通常在60℃以下，可利用低品位热源和废热。操作压力仅为0.1MPa，而海水反渗透压力通常为5～6MPa。

（2）浓缩程度高，可将待处理物料浓缩到接近饱和程度，水回收率高。对水中的离子、大分子和胶体等非挥发性溶质截留率达到100%，产水水质优于反渗透。

（3）膜及膜组件为全塑料结构，不存在腐蚀问题，处理装置无需使用贵金属。

（4）能耗比常用的热法蒸馏工艺低。若利用电厂余热资源，可达到与反渗透工艺相近的能耗。

膜蒸馏过程用于废水处理已有很多研究，如采用直接接触式膜蒸馏过程处理浓度为500mg/L的乳化油废水，该过程中废水中溶质的脱除率高达90%以上；采用多效膜蒸馏过程处理炼油厂反渗透浓水，该过程中将浓水浓缩至19倍以上，淡水回收率大于95%，淡水水质较好（电导率低于10μS/cm），简单处理后可以作为锅炉用水。

研究发现膜蒸馏技术存在以下缺点：

（1）蒸馏通量小，分离膜昂贵，运行成本很高。

（2）在运行中会发生温度极化和浓差极化，对渗透过程有很大的影响，运行状态不稳定。

（3）热能利用效率较低。膜蒸馏是一个有相变的膜过程，热量主要通过热传导的形式传递，因而效率较低，一般只有30%左右。因此，在膜蒸馏组件的设计上必须考虑潜热的回收，尽可能减少热能的损耗。与其他膜分离过程相比，膜蒸馏在有廉价能源可利用的情况下才有实用意义。

（4）膜蒸馏采用疏水微孔膜，与亲水膜相比在膜材料和制备工艺的选择方面局限性较大。

总体来说，该技术目前还处于实验室或小规模工厂试验阶段，工业化还不成熟。

第四节　正渗透浓缩减量工艺

正渗透是一个利用溶液间的渗透压差为推动力、自发性渗透驱动的新型膜分离过程，不需要施加压力，因而在水处理领域具有独特的优势，是一种极有前景的废水处理技术。本节主要分析正渗透技术用于火电厂高盐废水浓缩处理的问题。

一、正渗透的原理和特点

正渗透是利用致密性半渗透膜将两种具有不同渗透压或化学势的溶液分隔开来，

并以溶液间的渗透压差为推动力，使水从低渗透压侧渗透至高渗透压侧的膜分离过程。其中，渗透压较低一侧的溶液称为给水（Feed Solution，FS），渗透压较高一侧的溶液称为汲取液或驱动液（Draw Solution，DS）。其基本的传质方程可用式（10-1）描述，即

$$J_W=A(\sigma\Delta\pi-\Delta p) \tag{10-1}$$

式中 J_W ——水通量，L/（m^2·h）；

A ——正渗透膜的水渗透系数，L/（m^2·h·kPa）；

σ ——膜对溶质的反射系数，通常 $\sigma<1$；

$\Delta\pi$ ——膜两侧的渗透压差，kPa；

Δp ——外加压力，kPa（对于正渗透过程，Δp 为零）。

该方程假定 FO 膜是完全致密的，能截留全部离子而仅允许水透过。由式（10-1）知，理论上 FO 膜水通量与膜两侧的渗透压差成正比。

由于正渗透是一个自发性渗透驱动过程，不需要施加压力，因而具有下列特点：

（1）不受反渗透膜的操作压力限制，通过采用渗透压很高的汲取液可对高含盐量废水进行减量化处理。

（2）更轻的膜污染，对水质预处理要求低，膜清洗较为简单。

（3）不需要高压操作条件，对膜材料强度要求稍低，相应的正渗透设备也更为简单。

（4）正渗透膜平均孔半径名义上与反渗透相当，对水中的溶解性盐类和其他污染物具有较高的截留率。

基于上述原因，正渗透系统在水处理相关领域的试验研究和应用已经成为一个热点，目前的研究集中在海水淡化、市政污水处理、垃圾渗滤液、页岩气返排液、采油污水等高含盐量废水等各种复杂水质的处理中。针对高含盐量废水，如反渗透浓水的处理，正渗透（FO）技术已从试验室研究初步走向工程应用，展示出较好的应用前景。

正渗透技术存在一个技术瓶颈，就是汲取液的分离与回收。在一些商业资料中所强调的正渗透具有节能优势，这是有条件的。例如，如果将稀释后的汲取液直接使用（饮料或用作肥料），则整个正渗透系统几乎不耗能。但是在火电厂的水处理中，汲取液的循环使用是必不可少的，因此，正渗透系统包括正渗透膜处理和汲取液回收循环两大系统，且回收汲取液所需的能量占整个系统耗能的绝大部分。在目前的技术条件下，如果用来处理常规水源，正渗透的能量效率实质上还不如反渗透，耗能更多。因此，在火电厂的各种水处理中，目前正渗透有潜力的应用主要在那些已超出反渗透经济处理范围的水处理，或者反渗透已不能处理的极高含盐量废水。目前这类废水一般采用多效蒸馏（MED）、多级闪蒸（MSF）和机械蒸汽压缩（MVC）等热力学脱盐工艺，成本很高。

二、NH_4HCO_3正渗透系统

汲取液的分离回收一直是正渗透技术应用于高含盐量废水处理的一个主要障碍。直至 2005 年 McCutcheon 和 Elimelech 课题组提出以碳酸氢铵（NH_4HCO_3）溶液作为汲取

液，正渗透技术才展现出应用于高含盐量废水脱盐或浓缩减量的实际应用价值。目前，在正渗透中试和实际应用中，以 NH_4HCO_3 和 NH_4HCO_3-NH_4OH 混合溶液作为汲取液的 NH_3/CO_2 体系正渗透系统相关研究最多。

图 10-22 所示为 NH_3/CO_2 体系正渗透系统的工艺原理图。NH_4HCO_3 易溶于水，高浓度的 NH_4HCO_3 溶液具有较高的渗透压，以 NH_4HCO_3 溶液作为汲取液可以从高浓度的盐水或海水中汲取水分，而且可以获得较高的水通量和回收率。为了进一步提高 NH_4HCO_3 的溶解度以产生更高的渗透压，目前的实践是将 NH_4HCO_3 和 NH_4OH 以适当的比例混合溶解，以形成溶解度极高的氨基甲酸铵（NH_2COONH_4）。研究表明，汲取液中 NH_3 与 CO_2 的摩尔比越大，反应形成 NH_2COONH_4 的比例就越高，配制的汲取液浓度就越高。通过该方法，McCutcheon 得到渗透压最高达 25MPa 的碳铵汲取液，在模拟试验中海水脱盐系统的回收率达到了 75%以上。在该试验中海水被高度浓缩，显示出这种汲取液应用于高含盐量废水浓缩处理的巨大潜力。此外，McCutcheon 还对该系统浓差极化和盐截留率等方面的内容做了研究。稀释后的汲取液通过温和加热（60℃），分解成 NH_3 和 CO_2 实现再生并获得产水。

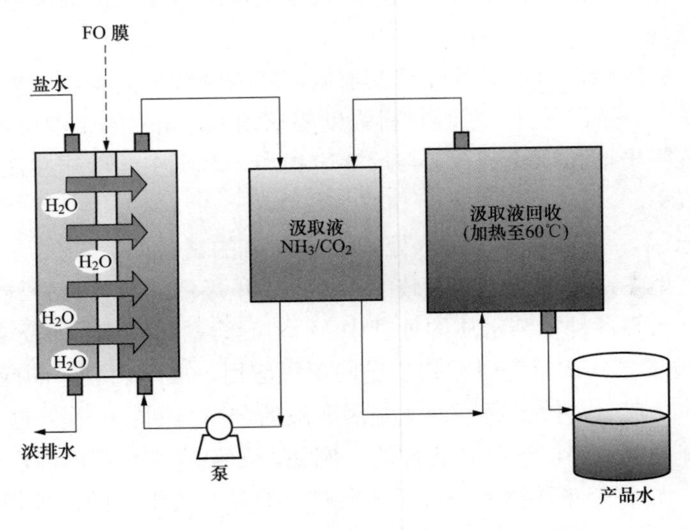

图 10-22　NH_4HCO_3 正渗透系统流程示意图

NH_3/CO_2 体系正渗透系统一经提出即受到很大重视，相关研究进展很快，目前已有一些中试及工程装置投入使用。某公司开发的基于 NH_3/CO_2 汲取液的正渗透盐水浓缩器，该浓缩器采用 TFC FO 膜，可将经预处理后的油气废水浓缩至总溶固含量超过 200 000mg/L，系统产水回收率可达 60%以上。某 NH_3/CO_2 正渗透盐水浓缩中试装置，用于 TDS 高达 6000～8000mg/L、硬度（以 $CaCO_3$ 计）高达 14 000～20 000mg/L 的油气开采废液的处理。运行结果表明，该系统平均膜通量可以达到 2.6L/（m^2・h）左右，水回收率可达 64%左右，浓缩后水的含盐量高达 160 000～20 000mg/L 的范围。国内某电厂也采用了正渗透膜浓缩器对脱硫废水进行高度浓缩。经反渗透预浓缩得到的浓水含盐量＞60 000mg/L，再进入 FO 浓缩器进一步浓缩至含盐量大于 200 000mg/L。

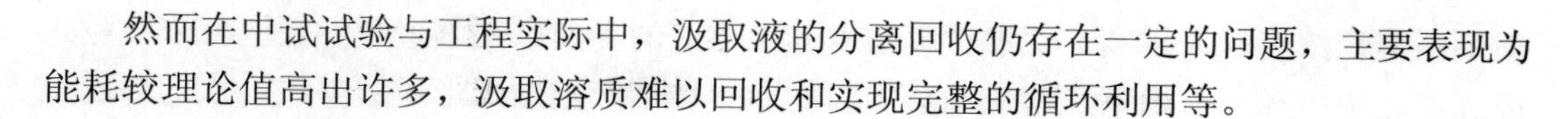

然而在中试试验与工程实际中，汲取液的分离回收仍存在一定的问题，主要表现为能耗较理论值高出许多，汲取溶质难以回收和实现完整的循环利用等。

三、正渗透工艺的特点

正渗透系统是由两个流程构成的。一个是废水浓缩流程，废水通过预处理进入正渗透装置，一部分水分子在渗透压驱动下进入膜的另一侧，废水被浓缩并排出正渗透装置；另一个流程是汲取液流程，这个流程是由汲取液稀释（被渗透水稀释）、汲取质分离与再浓缩形成的循环流程。从目前已有的研究结果来看，这两个流程都存在较大的技术难题尚待解决。主要的问题是浓差极化、膜污染和反向溶质扩散的问题，正渗透膜的工艺性能还不能完全满足水处理的要求，汲取液的筛选、分离与再循环工艺也存在很大的技术问题。本部分就上述问题进行初步的分析和讨论。

1. 正渗透膜的性能要求比反渗透膜更高

目前正渗透膜按制备方法分为相转化法纤维素类膜、超薄层复合膜及改性膜三类。膜材料主要是三乙酸纤维素（CTA）、聚苯并咪唑（PBI）和聚砜（PSF）和聚醚砜（PES），开始商业化应用的主要是 CTA 膜和聚酰胺 TFC 膜。正渗透膜的性能指标要求与反渗透膜是相似的，主要是渗透膜具有较高的脱盐率、较好的化学稳定性和强度。但也存在一定的区别，主要的区别在于以下两点：

（1）正渗透离子渗透的驱动力远小于反渗透。正渗透的驱动力来自膜两侧渗透压的差值，该压差远低于反渗透系统高压泵所提供的运行压差，因此正渗透膜本身的透水阻力必须尽量小才能维持水中离子的渗透迁移。为了降低膜本身的阻力，正渗透膜的活性层比反渗透膜要更薄更致密，支撑层要薄，这样才能有较大的透水通量。此外，为了尽量降低水分子渗透过程的阻力，减少内浓差极化（Internal Concentration Polarization，ICP），正渗透膜材料要有更好的亲水性。

（2）在火电厂正渗透将主要用于废水处理领域，因此膜的抗污染能力要强。使用中需要频繁进行化学清洗，因此正渗透膜必须具有很强的耐酸、耐碱性和优良的抗氧化性。

除了分离膜本身的性能要求外，在膜元件的设计中，通过优化结构也可以降低能耗，减少浓差极化和膜污染。例如增大单位体积组件的膜面积，加强水的错流和紊流可以减轻杂质颗粒的堆积。现在的 FO 膜组件形式主要有螺旋卷式、板框式、管式（含中空纤维式）等。对螺旋卷式和平板式正渗透膜开展的试验研究较多；平板膜因结构相对简单，能够实现较高的错流速率，污染后相对容易反洗和清洗。

2. 浓差极化问题比反渗透更加复杂

浓差极化就是因为分离膜表面与水本体之间存在浓度梯度，导致膜分离的有效推动力降低（小于理论值）的现象。因为浓差极化作用的影响，正渗透膜两侧的有效渗透压差远小于理论值，这是影响正渗透水通量的一个重要因素，因此如何减小浓差极化是一个重要的研究内容。

浓差极化是各种膜分离过程中存在的共同现象，无论是利用外压或渗透压驱动，浓差极化都是不可避免的。在分离过程中，随着水分子持续透过渗透膜，原水侧截留的杂质不断累积浓度越来越高。在渗透膜与本体水溶液的界面以及临近膜界面区域浓度越来越高；在浓度梯度作用下，溶质又会由膜面向本体溶液扩散，形成边界层，水的渗透阻力增大，局部渗透压增加，使得水分子透过量下降。浓差极化是膜法水处理一个大的问题。与反渗透一侧是"溶液"一侧是淡水不同，在正渗透膜两侧都是"溶液"，因此正渗透的浓差极化过程更为复杂。

正渗透的浓差极化可分为内浓差极化（ICP）和外浓差极化（ECP），而且与渗透膜的朝向有关，这是与反渗透很大的不同。正渗透膜是由致密活性层和多孔支撑层组成的非对称结构膜，根据膜朝向的不同，浓差极化的表现形式也不同。当活性层朝向进水（原水）侧时，水分子透过致密活性层进入膜支撑层和汲取液主体中，使得支撑层孔隙内和支撑层外的表层汲取液均被稀释，分别形成稀释型内浓差极化和稀释性外浓差极化；而在活性层与原水的交界处，由于溶质难以透过致密活性层而逐渐在活性层外表面聚集，从而形成浓缩型外浓差极化。当活性层朝向汲取液时，支撑层内及支撑层外表面处因原水中的溶质被截留而浓度升高，形成浓缩型内浓差极化和浓缩型外浓差极化。

对于外浓差极化，通常可采用提高流体流速、增强流体的湍动、设计合理的流道等流体力学手段来减轻甚至消除。而内浓差极化无法通过上述措施来消除，这是由于内浓差极化产生于膜的多孔支撑层内，相应的传质过程以分子扩散为主，基本不受膜支撑层外部的水力条件影响。因此，通过如何优化支撑层结构、改善膜性能以减少内浓差极化成为膜制造研究的一个重要方面。

3. 膜污染的问题

膜污染是导致膜通量降低的重要原因之一。膜污染是所有膜分离过程中不可避免的问题，尤其是在废水处理中。当进水中的有机物、无机物，以及胶体颗粒和微生物沉积、吸附到膜表面并堵塞膜孔，就造成了膜污染。与压力驱动的反渗透过程相比，因为正渗透膜的驱动压差较低，所以认为其膜污染程度比反渗透轻。但用于废水处理，水中对污染膜的组分种类复杂而且含量较高，因此膜污染也是影响正渗透正常运行的一个大问题，膜污染的研究与防治仍然十分重要。

在正渗透膜分离过程中，因膜朝向的不同，可以发生不同类型的污染。当活性层朝向原水侧时，原水中的污染物逐渐在活性层表面吸附、沉积，并随后形成滤饼层，称为外部污染，这与反渗透膜污染类似。当活性层朝向汲取液、支撑层朝向原水侧时，原水中携带的小颗粒污染物会进入支撑层内部并在活性层内表面积累，从而引起膜孔堵塞，称为内部污染。这是正渗透与反渗透不同的一个现象。与消除浓差极化的原理类似，外部污染可以通过增加水流湍动、增强水力剪切而减轻或消除，而支撑层内部发生的污染则需要通过渗透反洗等措施才能消除。

膜的污染物有胶体、有机物、细菌分泌物和无机物沉淀等。研究表明，当用于处理生活污水时，正渗透膜表面的沉积物中可检测到多糖、蛋白质，以及 Ca、Mg、Fe、P 等无机物。其中，胶体杂质与大分子有机物形成污染的过程相似，都是通过在膜表面不断聚集并逐渐形成滤饼层。生物污染是由于进水中的微生物在膜表面附着、繁殖并分泌黏液造成的，其特点是污染积累速度慢，膜压差逐渐升高。胶体污染、有机污染往往与生物污染并存。

无机污染主要是水中的难溶盐浓缩过程中在膜表面结晶或沉淀形成的，常见的难溶盐包括 $CaSO_4$、$CaCO_3$、SiO_2 等。理论上来说，无机污染与膜表面发生的浓缩状况以及水的流动状态有关，其表现应该与反渗透相似。进水中添加阻垢剂是主要的防垢措施。一般来说，只要控制好水的浓缩倍数、采取正确的防垢工艺就有可能避免无机污染的发生。当用于高盐废水处理时结垢的风险很大，防垢是工艺设计的关键之一。

需要特别注意的是浓差极化对无机盐结垢有很大的影响。在计算难溶盐的饱和度时，一般离子浓度是根据主体溶液的离子平均含量计算的。当浓差极化发生后，因为膜表面实际的离子浓度远高于主体溶液的离子含量，按照进水离子含量所计算的结果偏差就很大，容易引起误判。

在正渗透中，因为有高渗透压的汲取液，反向溶质扩散也有可能引起结垢，或与进水侧的有机物混合作用增加膜的污染。例如采用 NH_4HCO_3 汲取液的正渗透进行海水淡化、页岩气采出水处理时，均出现膜结垢的现象；通过研究发现其原因是汲取液侧的 CO_3^{2-} 反向渗透至进水侧，并与进水侧的 Ca^{2+} 反应生成沉淀所致。采用 EDTA 化学清洗法虽可有效恢复初始通量，但后续运行过程中通量下降很快。逆向渗透大小是选择汲取液的一个重要因素。例如在对脱盐率要求高的场合，会选择反向渗透通量低的多价离子汲取液。

对膜材料的研究中，已发现不同膜材料污染物的积累情况是不同的。如聚酰胺 TFC 膜极易在膜表面形成污染物堆积，而 CTA 膜则不明显。因此，在膜制造中可以通过膜表面改性来减轻污染。

正渗透膜污染的影响因素非常复杂，尤其是用于废水处理时，往往是多种污染形式并存。系统中采用合理的预处理工艺、合理的膜处理设计，选择合理的控制参数，是对膜污染进行有效控制的关键。错流清洗、渗透反洗和化学清洗等是较为有效的清洗手段。

4. 汲取液溶质的反向渗透

由于浓度差的作用，正渗透汲取液中的溶质反向扩散到原水中是不可避免的。反向渗透除了可能引起膜的污染外，还有其他不利影响：一方面是持续的反向渗透会造成汲取液浓度下降，降低膜两侧的渗透压驱动力；另一方面是汲取液渗透至进水侧，还有可能污染进水，增加后续处理的难度。

实质上，浓差极化、膜污染、反向溶质渗透是相互影响的。反向溶质渗透与膜污染、浓差极化的协同作用对正渗透膜通量影响的相关研究，一直是个热点。这些问题又与膜材料的选择、汲取液的成分、进水水质和运行条件等密切相关。

四、正渗透的预处理与进水水质要求

一般认为与反渗透相比，正渗透对进水预处理的要求较低，这实际是对悬浮物、胶体有机物污染而言的。对于无机难溶盐结垢，则要求应该是相同的。表 10-7 所示为处理不同水时，正渗透的预处理工艺。

表 10-7　　正渗透水质预处理措施

水样类型	汲取液类型	主要预处理工艺
页岩气压裂返排液	NH_3/CO_2	NaClO 氧化→$FeCl_3$ 混凝→NaOH-$NaCO_3$ 软化→过滤→锰砂过滤→活性炭吸附→保安过滤器
油气田采出水	NaCl	除油→2μm 保安过滤→粉末活性炭吸附→0.45μm 微滤
橄榄油厂废水	$MgCl_2$	35μm 和 15μm 不锈钢丝网预过滤→0.4μm 亲水性聚乙烯微滤膜→0.4μm 微滤膜生物反应器
电厂脱硫废水	NH_3/CO_2	两级混凝澄清→两级过滤→弱酸树脂软化

在火电厂用于脱硫废水等高含盐量废水处理时，Ca^{2+}、Mg^{2+}、硅等结垢性物质含量较高，必须采用软化措施降低其硬度和结垢倾向。表 10-8 所示为针对某电厂的脱硫废水，试验研究中测定的正渗透进水主要水质指标。对应的预处理工艺是 NaOH/ Na_2CO_3 沉淀软化和超滤联合预处理。从表 10-8 可以看出，在该试验条件下，正渗透对 Ca^{2+}、Mg^{2+} 和 SiO_2 含量的要求是很严格的。

表 10-8　　正渗透进水主要水质指标

水质指标	单位	进水	水质指标	单位	进水
pH 值	—	7.12	Cl^-	mg/L	18 500
电导率	μS/cm	70 300	溶固	mg/L	61 320
Ca^{2+}	mg/L	12.5	TOC	mg/L	93.5
Mg^{2+}	mg/L	10.8	氨氮（以 NH_3 计）	mg/L	434
SO_4^{2-}	mg/L	24 884	全硅（以 SiO_2 计）	mg/L	1.9

五、正渗透的工艺性能

膜通量、反向渗透量、离子截留率是正渗透的主要性能参数。影响正渗透性能的因素有很多，错流速率、进水 pH 值、温度和汲取液浓度是关键的因素。

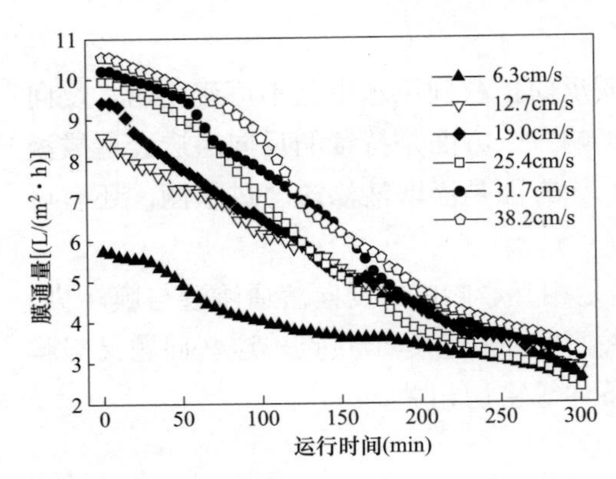

图 10-23　错流速率对膜通量的影响

1. 影响膜通量的因素

对于正渗透来说，浓差极化对膜通量有很大的影响，错流是有效减轻外浓差极化效应的重要措施。一般来说，错流速率越大越有利于消除外浓差极化的影响。通过提高错流速率，可大幅降低外浓差极化作用，使得膜两侧的有效渗透压差升高，驱动力增大；但过大错流又会导致回收率（产水率）降低，能耗过高。因此需要选择合理的错流速率范围。图 10-23 所示为在实验室采用同一水质条件，在不同错流速率下正渗透装置膜通量的变化曲线。

从图 10-23 可以看出，膜通量随错流速率的提高而逐步增大。但是到一定范围后进一步增大错流速率，对膜通量的增加影响越来越小。分析其原因，主要是膜表面错流速率较低时，外浓差极化作用占主导；随着错流速率的不断提高，外浓差极化逐渐减弱，内浓差极化的作用越来越显著，逐渐占据主导作用。提高错流流速对支撑层内的内浓差极化作用不大。

另外，图 10-23 中的膜通量随运行时间而逐步下降；而且初始通量越大，膜通量下降速度越快；无论初始通量多高，最终膜通量基本趋于接近。通过综合分析，膜通量下降的主要原因并不是膜污染，而是浓差极化持续加重。渗透膜两侧的渗透压差衰减率与膜通量衰减率变化趋势相同，变化幅度相近，可见膜通量衰减主要是浓差极化引起的。

水中的有机物、胶体物质大多带负电荷。pH 值对进水有机分子携带的电荷有一定的影响，也会影响膜表面的电荷特性，从而影响污染物在膜表面的附着和沉积。当水的 pH 值调节至酸性范围后，在氢离子的影响下，有机分子的电荷会由负向中性转变，在膜表面附着能力会减弱。另一方面，pH 值越低，活性层侧膜表面的 H^+浓度越高，有利于抑制膜表面 $CaCO_3$ 等的结垢。研究结果表明，当进水 pH 值在 6～9 之间时对膜通量的影响不大。需要注意的是正渗透运行过程中，汲取液中的汲取质离子会反向渗透至进水侧，从而影响进水侧的 pH 值。例如试验中发现 NH_4HCO_3 汲取液中的 NH_4^+ 、HCO_3^- 会反向渗透至进水侧，达到平衡后进水侧的 pH 值会稳定在 7.8～8.0 之间。关于汲取液离子的反向渗透在后面进行详细分析。

进水温度对膜通量的影响较为显著，这一点与反渗透相同。图 10-24 所示为不同进水温度下测定的膜通量。试验结果表明，温度越高，膜初始通量和平均通量越大。温度每升高 10℃，膜通量大致提升 7%～8%。

根据溶液热力学理论，理想溶液的渗透压与温度成正比。但对于高含盐量的复杂水质，温度的小幅波动（5～20℃）对渗透压的影响不大。因此，温度升高引起通量增大主要是内浓差极化减弱和传质系数增强的缘故。图 10-24 所示的试验中，正渗透膜的支撑层朝向汲取液，水温升高，汲取液黏度下降，溶质扩散系数增加，因此可以减轻支撑层内的浓差极化；此外，温度升高，膜的纯水渗透系数也会增大，有利于通量的提高。

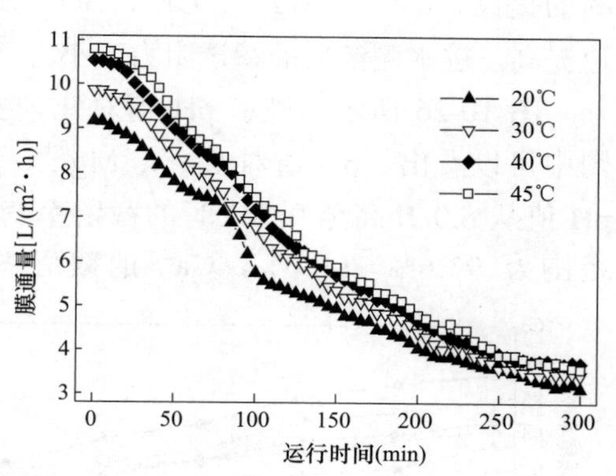

图 10-24 温度对 FO 膜通量的影响

2. 汲取液溶质的反向渗透

前面提到，在正渗透运行过程中，汲取质离子会反向渗透至进水侧，从而影响进水侧的水质。整体来看，这种反向渗透对正渗透过程是不利的；除了影响水质外，还有其他不利影响。例如 NH_4HCO_3 正渗透在运行过程中，随着 NH_4HCO_3 的反向渗透，汲取液浓度会降低，NH_4^+ 渗透导致进水中含氨，使得正渗透的浓排水中有了氨，增加了排水处理的复杂性。因此，在运行中应该尽量降低汲取质反向渗透的量。在实验室进行的试验中，通过测定进水侧浓水的氨氮含量，可以大致计算出反向渗透至进水侧 NH_4HCO_3 的量。当进水 pH 值控制在 6～9 之间，进水侧水的氨氮含量可以达到 7500～8000mg/L 的水平，相应的 NH_4HCO_3 反向渗透通量为 3.5～3.7mol/（m^2·h）。因为反向渗透是连续的过程，因此正渗透进水侧的氨氮含量会随原水的浓缩程度增大而升高；浓度较大时甚至可以闻到进水侧排水中明显的氨味。

研究结果表明，调整错流速率和进水 pH 值对反向 NH_4HCO_3 渗透通量无显著的影响，温度的影响较为显著。水温升高，反向 NH_4HCO_3 渗透通量相应会增大。试验结果表明，水温从 20℃增加至时 45℃时，反向 NH_4HCO_3 渗透通量约提高 18.2%。这与温度对传质过程的影响有关。前面已提到，温度升高会使得溶质扩散系数增大，流体黏度下降，共同促使反向溶质渗透通量变大。此外，随着温度升高，汲取液中的 NH_4^+ 和 HCO_3^- 更容易转化为 NH_3 和 CO_2，由于 NH_3 和 CO_2 渗透能力远高于 NH_4^+ 和 HCO_3^-，更容易导致反向 NH_4HCO_3 渗透通量增大。

3. 离子截留率

在用于脱硫废水等高含盐量废水处理时，正渗透对 Ca^{2+}、Mg^{2+}、Cl^-、SO_4^{2-} 等离子的去除效果是工艺的关键。试验室研究结果表明，NH_4HCO_3 汲取液正渗透对 SO_4^{2-} 等二价离子的截留率高于 Cl^-等一价离子，这一点与反渗透相同。主要原因是二价离子的半径大于一价离子，膜孔扩散阻力大而容易被截留。SO_4^{2-} 的截留率最高，约为 92.2%～97.3%，平均接近 95%；TOC、Ca^{2+}、Mg^{2+}的平均截留率分别为 92.8%、93.8%和 92.9%；对 Cl^-的截留率为 87.8%～93.4%，平均约为 90.9%。

图 10-25 所示为错流速率对水中杂质截留率的影响。从图中可以看出，随着错流速率的提高，Ca^{2+}、Mg^{2+}、Cl^-、SO_4^{2-} 及 TOC 的截留率降低。分析其原因，错流流速提高，进水侧溶质的渗透阻力变小。

图 10-26 所示为进水 pH 值对几种主要离子和有机物截留率的影响试验结果。从图中可以看出，pH 值对 Ca^{2+}、Mg^{2+}、Cl^-、SO_4^{2-} 及 TOC 的截留率影响不明显。当 pH 值从 6.0 升高至 9.0，Cl^-的截留率变化范围为 89.8%～92.4%，SO_4^{2-} 的截留率变化范围为 93.6%～96.0%，Ca^{2+}的截留率变化范围为 93.5%～95.9%，Mg^{2+}的截留率

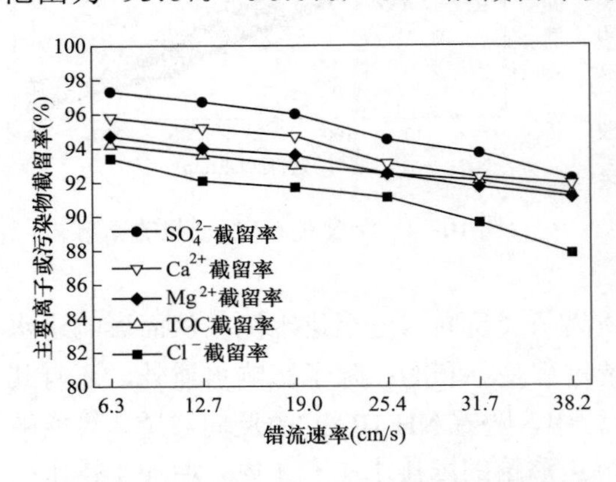

图 10-25 错流速率对水中杂质截留率的影响

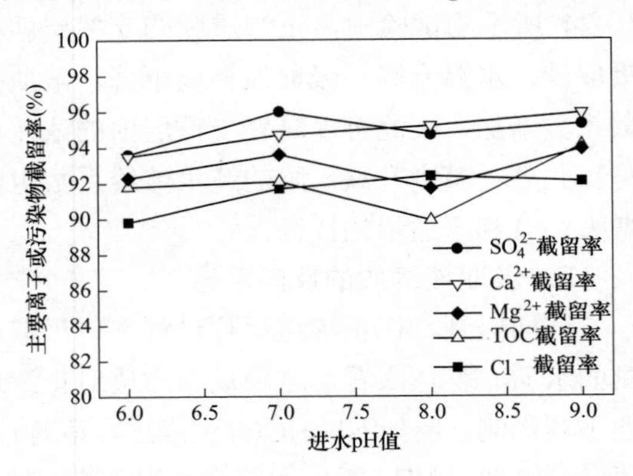

图 10-26 进水 pH 值对水中杂质截留率的影响

变化范围为91.7%～93.9%，TOC的截留率变化范围为89.9%～94.1%，截留率的变化不大。但是综合考虑长期运行中可能发生结垢等原因，正渗透进水的pH值宜维持在6.0～8.0。

图10-27所示为进水温度对Ca^{2+}、Mg^{2+}、Cl^-、SO_4^{2-}和TOC等杂质截留率的影响试验结果。从图10-27可以看出，进水温度升高，正渗透膜对几种杂质的截留率都有下降的趋势。按照TDS计算，随着温度升高，TDS的截留率从20℃时的95.9%下降至45℃时的91.8%。

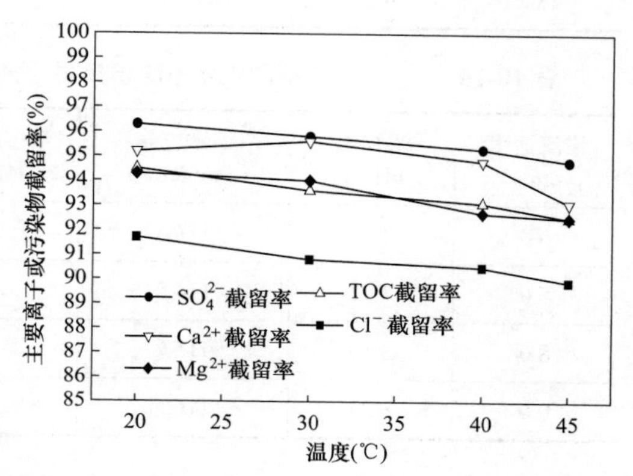

图10-27 进水温度对水中杂质截留率的影响

水温对正渗透的影响比较复杂。一方面，水温的影响与反渗透相同，温度升高，水的黏度降低，膜通量会增加，但同时离子的透过率也同时增大，截留率随之降低。另一方面，因为存在汲取液的反向溶质渗透，所以水温对正渗透的影响比反渗透复杂。温度升高，汲取液的反向溶质渗透也会增大。另外，NH_4HCO_3汲取液的溶解度也与温度有关，在20、30℃和40℃时NH_4HCO_3的溶解度分别为21.7、28.4g和36.6g，受温度影响较大。较高的水温有利于提高汲取液的浓度，以形成更大的渗透驱动力；同时，膜的化学稳定性也是需要考虑的重要因素。综合各种因素，NH_4HCO_3正渗透适宜的运行温度为35～40℃。

4. 水质的浓缩程度

目前正渗透在火电厂主要的潜在用途是FGD等高盐废水的浓缩处理。随着浓缩程度的提高，膜两侧的渗透压差逐渐减少，渗透驱动力越来越小，因此浓缩过程存在一个极限。表10-9和表10-10所示为利用NH_4HCO_3正渗透装置对某电厂FGD废水进行的浓缩试验结果。其中，表10-9为不同错流速率条件下的浓缩实验结果，表10-10为不同进水pH值条件下的浓缩试验结果。试验结果表明：提高错流速率，可以提高浓缩倍数和水回收率，但TDS截留率会略有降低。pH值对浓缩没有明显的影响。当控制水回收率为46.3%时，浓缩运行时间为5h，原水中的可溶性固体含量从61 320mg/L浓缩至102 250mg/L，浓缩了1.86倍，相应的总溶解性固体截留率为89.6%～96.3%。

表10-9 不同错流速率条件下对FGD废水的浓缩实验结果

错流速率（cm/s）	浓缩水pH值	浓缩水电导率（mS/cm）	浓缩水总溶解性固体（mg/L）	水回收率（%）	浓缩倍率	TDS截留率（%）
6.3	7.80	98.3	80 670	26.8	1.37	96.3
12.7	8.00	109.7	93 500	37.6	1.60	95.1
19.0	7.97	115.2	94 695	38.5	1.63	94.9
25.4	7.97	116.5	93 840	39.7	1.66	92.3

续表

错流速率（cm/s）	浓缩水 pH 值	浓缩水电导率（mS/cm）	浓缩水总溶解性固体（mg/L）	水回收率（%）	浓缩倍率	TDS 截留率（%）
31.7	8.03	120.4	99 280	43.9	1.78	90.9
38.2	8.11	122.5	102 250	46.3	1.86	89.6

表 10-10　　不同进水 pH 值条件下对 FGD 废水的浓缩试验结果

错流速率（cm/s）	浓缩水 pH 值	浓缩水电导率（mS/cm）	浓缩水总溶解性固体（mg/L）	水回收率（%）	浓缩倍率	TDS 截留率（%）
6.0	7.96	113.5	94 810	39.3	1.65	93.8
7.0	7.97	114.8	94 890	38.5	1.63	95.1
8.0	8.10	115.2	92 920	37.4	1.60	94.9
9.0	8.23	116.5	92 670	36.9	1.59	95.3

需要注意的是，由于存在 NH_4^+ 等汲取液溶质离子的反向渗透，不能用原水侧电导率的变化计算正渗透的浓缩程度。

六、汲取溶液

汲取液循环系统是正渗透的一个关键系统。正渗透过程的驱动力来源于汲取液和进水的渗透压差，汲取液的渗透压直接影响着正渗透的水通量，因此汲取液的选择是正渗透的一个关键。

1．对汲取质的要求

溶液浓度越高，渗透压越大，汲取液也是如此。要获得高的渗透压，需要尽可能提高汲取液的浓度，因此要求汲取质要具有良好的水溶性。此外，为了满足正渗透对水中杂质分离、浓缩的要求，汲取质的反向扩散通量要小。为了实现汲取液有效的循环，汲取质还要易于分离再生（易于回收）。要同时满足上述要求，汲取质的分子质量不能太大，其溶液黏度也不能过高。

正渗透的用途很广，不同应用场合有相应合适的汲取质。大致来分，汲取质有挥发性和非挥发性两类。挥发性汲取质主要是一些挥发性或热不稳定物质，目前研究较多的大多是 SO_2、NH_3 等酸性或碱性的高水溶性气体。非挥发性按物理化学特性的不同，可分为无机、有机和高分子聚合物等几类。无机汲取质主要有 NaCl、KCl、$MgCl_2$ 和 $MgSO_4$ 等，其特征是分子量小、溶解度大而易获得高渗透压，且来源广泛，应用潜力大，目前是水处理领域的重点研究对象。有机汲取质包括小分子有机物和大分子有机物；小分子有机物主要是蔗糖、葡萄糖、果糖等糖类物质，这类物质也是营养性物质，目前主要用于野外条件下制取饮用水。大分子有机物主要包括牛血清蛋白（BSA）、聚合电解质、2-甲基咪唑类化学物、乙二胺四乙酸、有机离子盐溶液等。新型高分子聚合物或合成材料类汲取质主要包括磁性纳米颗粒（MNPs）、环境刺激性智能凝胶等，这类材料是目前的一个研究热点。

尽管新型高分子聚合物汲取质的研究是一个热点，但现在简单可溶性无机小分子和热分解盐类还是应用条件相对成熟的一类汲取质。在目前条件下，有可能用于火电厂的水处理的是 NH_3 以及 NaCl、KCl、$MgCl_2$ 和 $MgSO_4$ 等无机汲取质。

2. 汲取质的回收

汲取液在工作过程中，分为工作液和稀释液两个部分。汲取液通过正渗透膜之前浓度较高，为汲取工作液；待通过正渗透膜之后，汲取液被渗透水所稀释，浓度降低，称为稀释汲取液。在水处理中，正渗透汲取液必须实现稳定的循环才能维持水处理过程经济、稳定的运转。实现汲取液稳定循环的前提首先是要将汲取质从稀释汲取液中高效率地分离出来，其次是汲取质要能全部回收并能溶回水中配制成新的汲取液。因此，在选择汲取质时，除了能提供较高的渗透压之外，汲取质能否高效率、相对简便地回收，是选择汲取质需要重点考虑的因素。

在水处理领域，目前能够进行工业应用的汲取质回收方式有两种：一种是热法分离后再回收，另一种是膜分离后再回收。热分离法主要应用于挥发性化合物汲取质的分离，通过加热使汲取质从稀释汲取液中挥发，通过收集系统和反应、溶解系统，使汲取质重新溶于水中形成新的汲取液，实现汲取液的循环。NH_4HCO_3 汲取液就是采用热法工艺、通过汽提塔或精馏塔分离回收。因为 NH_4HCO_3 在受热后分解为 NH_3 和 CO_2，回收的 NH_3 和 CO_2 气体必须通过合成反应重新生成 NH_4HCO_3 再溶解，反应过程比较复杂，所以目前在电厂水处理应用中工艺过程还在研究和探索，还没有成熟的案例。膜分离回收工艺包括反渗透、超滤、纳滤、膜蒸馏和电渗析，可根据汲取溶质的分子大小及电荷特性加以选择，可用于大多数汲取液的分离。此外，基于汲取液的特定性质而专门开发的分离工艺还有磁分离法、化学沉淀法及相应的刺激响应（如光、热等刺激）分离方法。

七、正渗透膜的污染及其控制

1. 结垢

在火电厂正渗透最可能的用途是对 FGD 废水等高盐废水进行干化处置前的浓缩减量处理。由于 FGD 废水等高盐废水的水质极为复杂，所以含有多种对渗透膜有很强污染性的高浓度杂质。尽管已经通过预处理，但因为废水的成分复杂，水质波动幅度大，在长期运行中正渗透膜仍然有可能遭受各种类型的污染。最常见的问题是结垢和污堵。因此，膜的污染控制以及清洗是保证正渗透正常运行的关键。

在高盐废水处理中，废水中 Ca^{2+}、Mg^{2+}、CO_3^{2-}、SO_4^{2-} 等离子在膜表面结垢是最主要的污染形式。由于常温下 $CaCO_3$ 的溶度积常数（$K_{sp}=3.36\times10^{-9}$）远小于 $MgCO_3$（$K_{sp}=6.82\times10^{-6}$）和 $CaSO_4$，$CaCO_3$ 是防垢处理的重点。在这方面，正渗透的防垢与反渗透是相同的，在进水中添加阻垢剂是一种常用的防垢方法。阻垢剂可通过螯合增溶、晶格畸变、分散作用和溶限效应等作用，使 Ca^{2+}、Mg^{2+}、CO_3^{2-} 等离子在远高于其饱和溶解度的条件下仍稳定地存在于水中。图 10-28 所示为在实验室用正渗透对 FGD 废水进行的浓缩试验结果。FGD 废水已经过预处理，含盐量为 60 000mg/L。分别进行了加阻垢剂与不加阻垢剂两种条件下的浓缩试验。

试验用的废水经过预处理，进水中的 Ca^{2+} 含量比原废水降低很多，因此在浓缩初期看不出投加阻垢剂的效果。随着废水浓缩程度越来越高，没有投加阻垢剂的渗透通量逐渐低于投加阻垢剂的，说明随着废水的浓缩，水中结垢性物质的过饱和程度增大并开始在膜表面结垢，使用阻垢剂对这类结垢的有一定的抑制作用，因而通量下降相对较慢。

图 10-29 所示为控制不同的进水 Ca^{2+} 浓度进行的浓缩试验结果。试验表明，进水的 Ca^{2+} 浓度增大，通量衰减得就快。控制 Ca^{2+} 浓度分别为 50、100、150mg/L，浓缩 5h 后，膜通量比初始通量分别衰减了 4.95%、18.61%和 31.8%。

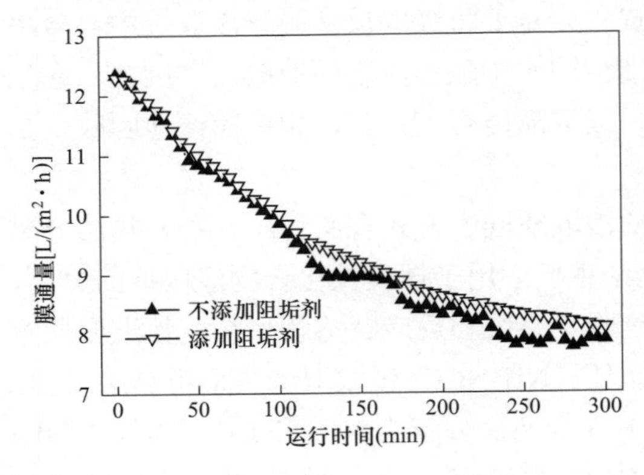

图 10-28　添加阻垢剂对膜通量的影响

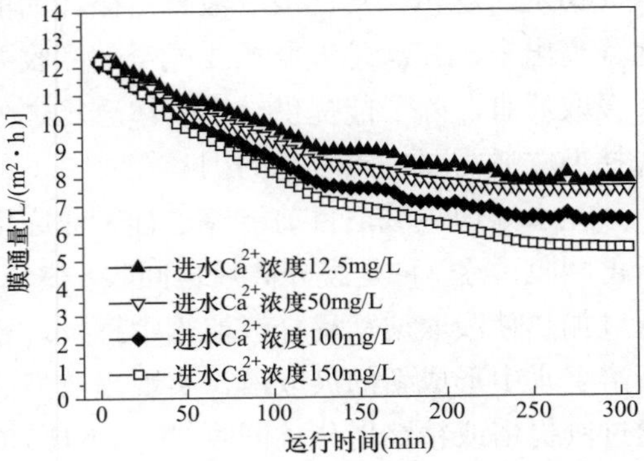

图 10-29　不同进水 Ca^{2+} 浓度对膜通量的影响

对于高盐废水，其含盐量大多超过 10 000mg/L，此时已经不能采用朗格利尔指数来判断 $CaCO_3$ 的结垢倾向。在深度节水和废水减排的要求下，火电厂经过反复回用后形成的末端废水含盐量可达数万毫克升，含有各种复杂的成分，在此条件下碳酸钙的结晶反应会受到多种复杂因素的影响，会有新的表现。在离子配对效应作用下，正渗透运行过程中发生的汲取质反向渗透，使得正渗透进水侧的水质更加复杂，成垢物质种类很多，影响结垢的因素更多。对于 NH_4HCO_3 正渗透，由于汲取液侧的 NH_4^+ 和 HCO_3^- 会反向渗透至进水侧，进水侧膜表面局部可能会聚集较高浓度的 NH_4^+ 和 HCO_3^-；其中 HCO_3^- 会与进水中的 Ca^{2+} 反应形成 $CaCO_3$ 晶体，附着在膜活性层表面。

附着在活性层表面的 $CaCO_3$ 晶体，会在渗透作用下进一步贴紧活性层从而引起膜孔堵塞。此外，由于 $CaCO_3$ 结垢会使得活性层表面的 HCO_3^- 浓度下降，从而膜两侧 HCO_3^- 浓度梯度增大进一步增强反向溶质的渗透。这与反渗透过程 $CaCO_3$ 结晶析出完全是因为水质浓缩的结垢机理有所不同。

与反渗透只在进水侧（浓水侧）结垢不同，理论上 NH_4HCO_3 正渗透在膜的两侧均有可能发生 $CaCO_3$ 结垢。只是由于膜活性层对 Ca^{2+} 有较高的截留率，通过正渗透进入汲取侧的 Ca^{2+} 非常少，因此 $CaCO_3$ 结垢主要发生在渗透膜的活性层表面。当有微量的 Ca^{2+} 透过膜进入汲取液侧的支承层，因支承层内不容易扩散 Ca^{2+} 浓度会逐渐升高，有可能与汲取液中的 HCO_3^- 反应生成 $CaCO_3$。$CaCO_3$ 晶体一旦形成就很难通过一般的错流清洗清除掉。

关于正渗透的进水水质要求，目前还没有统一、完整的指标要求。表 10-11 所示为对某电厂的 FGD 废水进行浓缩试验后，在充分研究了 Ca^{2+}浓度对膜通量影响的基础上，为该电厂的 FGD 废水浓缩提出的 NH_4HCO_3 正渗透的进水控制指标。

表 10-11 正渗透进水预处理目标

控制指标	单位	控制值	说明
pH 值		6～8	—
进水浊度	NTU	＜0.5	降低对膜的污堵速度，避免颗粒物可能形成的机械损伤
膜污染指数	SDI	＜3	降低膜的污堵风险
Ca^{2+}	mg/L	＜50	防止 $CaCO_3$、$CaSO_4$ 等结垢
Mg^{2+}	mg/L	＜30	防止 $MgCO_3$、硅酸镁等结垢

2. 正渗透膜的清洗

由于无外压作用，膜两侧的压差较反渗透系统小得多，一般认为正渗透比反渗透的污堵层疏松，通过错流的流体剪切力即可将沉积在膜表面的大部分疏松的污染物带走，因此错流清洗对膜通量恢复率较高。然而，对于垢、凝胶以及微生物污染物的混合物等附着力较强的污染层，错流清洗的效果相对较差，需要采用渗透反洗。渗透反洗是利用水的反向渗透削弱凝胶层与膜表面的黏附力，转化为疏松的凝胶层被水流的切向剪切带走。研究表明，通过渗透反洗可使膜通量恢复 90%以上。对于嵌入到支撑层膜孔中的污染物，上述两种方法都难以清除，此时需要采用化学药剂清洗。化学清洗需要专门配制的清洗液，通过化学试剂与膜表面结垢物的反应，使沉淀溶解、凝胶及微生物污染物剥离脱落从而去除污染物。化学清洗液的主要组分一般是酸或碱及杀菌剂等，需要根据污染物的组成配制。基本要求是化学药剂不能与膜材料起化学反应，不能影响膜的性能。

清洗后膜通量的恢复率是评价清洗效果的一个重要指标。在对某电厂的废水浓缩试验过程中，分别试验了上述三种方式清洗后正渗透的膜通量的恢复率，结果是渗透反洗的膜通量恢复率最高，达 95.6%；其次是化学清洗，通量恢复率为 88.2%；错流清洗的通量恢复率为 77.8%。但要特别注意的是无论采用何种方式，清洗效率都与污染的类型有关。一般来讲，渗透反洗、错流清洗可作为正常运行过程中的维护措施，以减少污染物的积累和压实。化学清洗则是发生结垢、严重的胶体及有机物污堵、采用渗透反洗、错流清洗效果不显著时采用。尽量避免使用化学清洗。

清洗可能会影响膜活性层的分离性能。化学清洗药剂的选择，一定要考虑膜材料的性质。如果清洗不当，嵌入膜孔内部的晶体或颗粒有可能损伤致密活性层，会引起膜的分离选择性下降。对于反渗透来讲，膜损伤主要影响脱盐率指标；但对于正渗透，由于存在汲取质的反向渗透问题，影响更加复杂。有报告提出可以用特性反向 NaCl 通量作为清洗对膜性能影响程度的评估指标。特性反向 NaCl 通量是指反向 NaCl 渗透通量和膜通量的比值，通过测定清洗前后正渗透膜的反向 NaCl 渗透通量，来比较各种清洗方式对膜分离性能的影响。一般特性反向 NaCl 通量越低，表明膜的选择分离性越好。

八、汲取液循环系统（NH_4HCO_3汲取液）

前面重点分析了正渗透分离和浓缩的一些关键过程和影响因素，本部分主要讨论汲取液对正渗透运行的影响。

（一）汲取液浓度对正渗透工艺的影响

汲取液浓度对膜通量有很大的影响。图 10-30 所示为不同汲取液浓度下膜水通量随时间的变化情况。结果表明，汲取液浓度越高，膜通量越大。膜通量均随时间逐步下降，但汲取液浓度越高，下降幅度越小。这主要是由于高汲取液浓度条件下，汲取液侧的渗透压很大，进水侧水的动态浓缩效应已经不是影响膜两侧有效渗透压差的主要控制因素，因此膜两侧有效渗透压差变化幅度较小。实验表明，当 NH_4HCO_3 浓度为 2.5mol/L 时，膜初始通量和平均通量分别为 10.53L/（m^2·h）和 6.24L/（m^2·h）；当 NH_4HCO_3 浓度增大至 4.5mol/L 时，初始通量达到 12.34L/（m^2·h），增幅 17.2%，平均通量达到 9.30L/（m^2·h），增幅 49.0%。采用 NH_4HCO_3-NH_4OH 混合溶液，膜初始通量和平均通量相应增加至 14.59L/（m^2·h）和 12.28L/（m^2·h）。

汲取液浓度对汲取质反向渗透通量也有明显的影响。试验结果表明，反向 NH_4HCO_3 渗透通量随着汲取液浓度升高而增大。当 NH_4HCO_3 汲取液浓度为 2.5mol/L 时，反向 NH_4HCO_3 渗透通量为 4.50mol/L；升高至浓度 3.5mol/L 和 4.5mol/L 时，反向 NH_4HCO_3 渗透通量分别为 4.78mol/（m^2·h）和 5.87mol/（m^2·h），增幅为 6.2%和 30.4%。采用 NH_4OH-NH_4HCO_3 混合汲取液时，反向溶质渗透通量大幅增加至 8.70mol/（m^2·h），这与混合汲取液中 NH_3 和 CO_2 所占比例大幅度提高有关。

汲取液浓度对离子截留率的影响不大。图 10-31 所示为不同汲取液浓度条件下，正渗透膜对 Ca^{2+}、Mg^{2+}、Cl^-以及有机物的截留率。当采用 NH_4OH-NH_4HCO_3 混合溶液做汲取液时，Ca^{2+}、Mg^{2+}、Cl^-、SO_4^{2-} 和 TOC 的截留率分别为 92.6%、91.5%、88.9%、93.9%和 91.6%。

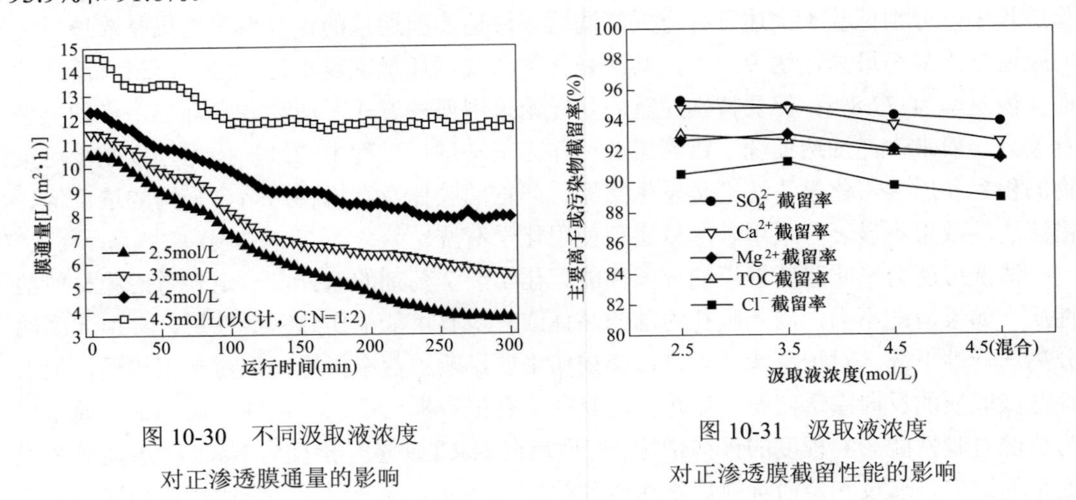

图 10-30　不同汲取液浓度对正渗透膜通量的影响

图 10-31　汲取液浓度对正渗透膜截留性能的影响

表 10-12 所示为不同汲取液浓度下，正渗透系统对原水的浓缩程度。可以看出，运

行 5h，水回收率最高可达 57.2%，浓水溶固高达 133 064mg/L，截留率为 92.8%。

表 10-12　　不同汲取液浓度下正渗透系统浓缩效果

汲取液浓度（mol/L）	浓缩水质			浓缩效果		
	pH 值	电导率（mS/cm）	总溶解性固体（mg/L）	水回收率（%）	浓缩倍数	TDS 截留率（%）
2.5	7.93	95.7	82 950	29.1	1.41	95.9
3.5	8.07	104.5	89 690	35.4	1.55	94.5
4.5	8.10	135.6	101 310	43.3	1.77	93.6
4.5（混合）	8.13	155.4	13 3060	57.2	2.34	92.8

从上述分析可见，尽管汲取液浓度对水中离子及有机物等组分的截留率没有显著的影响，但对膜通量及汲取质的反向渗透通量影响很大。提高汲取液浓度，膜通量会增加，但同时汲取质的反向渗透通量也会增大。因此，在正渗透的工程应用中，需要从膜通量和反向溶质渗透通量两个方面来确定合适的汲取液浓度。至于汲取质的选择，也要从这两个方面综合考虑。例如与 NH_4HCO_3 相比，尽管 NH_4OH-NH_4HCO_3 混合溶液渗透压更高，相同条件下膜通量更高，但反向 NH_4HCO_3 渗透通量也急剧增大。因此，具体选择哪种汲取质要结合应用条件，综合考虑各种影响因素来确定。

（二）NH_4OH-NH_4HCO_3 回收

要实现完整的正渗透水处理过程稳定地获得产水，除了要完成膜分离过程，还要完成汲取质的高效分离及回收，这样才能保证循环过程中汲取液浓度的稳定。汲取质的分离与回收工艺与汲取质的性质密切相关。对于碳铵体系汲取液，热法分离是一种可行的工艺，目前已有部分中试和工程装置投入应用。从目前已有的研究和工程应用情况来看，碳铵汲取液的回收循环仍存在一些问题。这些问题包括以下几类：

（1）NH_4HCO_3 加热分离出 NH_3 和 CO_2 后面临着 CO_2 难以回溶的问题。

（2）所得产水中 NH_3 分离不够彻底，影响产水的后续使用。

（3）碳铵体系汲取液实际分离能耗仍远高于理论值，其分离工艺也应进一步探索和优化。这些问题制约着正渗透技术的大规模应用，且相关研究还处于起步阶段。

1. 碳铵体系汲取液分离原理

在石油化工行业，NH_3-CO_2-H_2O 体系较为常见。碳酸氢铵和尿素的生产、工艺冷凝液的回收、含氨含碳酸废水的达标排放等都与该体系有关。在水溶液中，NH_3 和 CO_2 均为弱电解质，可发生离解反应和酸碱反应。反应式如下：

$$NH_3+H_2O \longrightarrow NH_4^+ +OH^-$$

$$CO_2+H_2O \longrightarrow HCO_3^- +H^+$$

$$HCO_3^- \longrightarrow CO_3^{2-} +H^+$$

$$H_2O \longrightarrow OH^- +H^+$$

$$NH_2COO^- +H_2O \longrightarrow HCO_3^- +NH_3$$

因此，碳铵体系溶液/汲取液中含有 NH_4^+、HCO_3^-、NH_2COO^-、NH_3 和 CO_2 等多种

成分，是一个复杂的多电解质体系。当加热至60℃以上时，碳铵体系汲取液开始分解出 NH_3 和 CO_2 并逃离水溶液。NH_4HCO_3 溶液分解的方程式如下：

$$2NH_4HCO_3 \longrightarrow (NH_4)_2CO_3 + CO_2\uparrow + H_2O$$

$$(NH_4)_2CO_3 \longrightarrow 2NH_3\uparrow + CO_2\uparrow + H_2O$$

或者为

$$2\,NH_4^+ + 2\,HCO_3^- \longrightarrow 2\,NH_4^+ + CO_3^{2-} + CO_2\uparrow + H_2O$$

$$2\,NH_4^+ + CO_3^{2-} \longrightarrow 2NH_3\uparrow + CO_2\uparrow + H_2O$$

在大气压下，水溶液中 NH_4HCO_3 和（NH_4）$_2CO_3$ 的分解动力学方程分别为

$$r_1 = 3.5\times10^6 \exp\left(-\frac{7700}{T}\right)C_A^2$$

$$r_2 = 1.3\times10^{11} \exp\left(-\frac{11900}{T}\right)C_A^2$$

式中 r_1——NH_4HCO_3 反应速率常数，kmol/（m^3 · s）；

r_2——（NH_4）$_2CO_3$ 反应速率常数，kmol/（m^3 · s）；

T——绝对温度，K；

C_A——NH_4HCO_3 或（NH_4）$_2CO_3$ 摩尔浓度，kmol/m^3。

碳铵体系汲取液经加热分离出 NH_3 与 CO_2 后，选择恰当的再生吸收剂重新吸收汲取质对于汲取液的连续循环使用非常关键。通过对 NH_4HCO_3 汲取液分离回收系统持续进行的研究，有研究者提出了一种相对可行的分离回收工艺。该工艺过程是汲取液在正渗透组件内被渗透水稀释后分为两路：一路经换热器加热后进入提馏塔，在此将汲取质从水中分离出来并得到产品水；另一路稀释汲取液不进入提馏塔，而是通过旁路进入混合箱，在此与从提馏塔中分离出来的汲取质（NH_3 与 CO_2）混合，重新形成浓的汲取溶液循环工作。

在上述工艺中，分离出的 NH_3 与 CO_2 并不能完全转变成 NH_4HCO_3 溶回水中。研究表明，影响汲取液回收的系统参数主要是碳氮比（C:N）、稀释汲取液旁路比和操作温度。

（1）碳氮比（C:N）。由于汲取液再生实质上是 NH_3 和 CO_2 的重新回溶。对于 NH_3 来讲，因其极易溶于水，所以 NH_3 的回溶不是问题；但对于溶解度不高的 CO_2，其回溶的效果受到多种因素影响。在纯碱、合成氨和氮肥等行业中，通常采用分步吸收的方法来分别吸收 NH_3 和 CO_2，即先将 NH_3 溶于水形成碱液再吸收 CO_2，这个方法可以用于 NH_3 和 CO_2 的回溶。但需要调节碳氮比。碳氮比对汲取液的配制、反向溶质渗透、汲取液的分离回收等均有着很大影响。碳铵体系汲取液通常由 NH_4HCO_3 或 NH_4HCO_3-NH_4OH 混合溶液组成，一般碳氮比的变化范围为0.4～1。碳氮比越低，氮的相对含量越高，越容易配制高浓度、高渗透压的汲取液；同时控制低碳氮比有利于汲取液的再回收。但是碳氮比越低，汲取质的反向渗透也越大，同时汲取液分离所需的操作温度越高，需要更高的能耗。因此，控制合理的碳氮比区间，对于碳铵体系正渗透的运行十分重要。

近年来对于同时吸收 NH_3 和 CO_2 的工艺研究也很多，如利用旋转填充床产生超重力

使得水溶液可同时吸收 NH_3 和 CO_2，但相关的工艺都还处于试验研究阶段，没有达到工业应用的水平。

（2）旁路比。通过旁路流过的汲取液流量与总的汲取液流量的比值称为旁路比，旁路比的大小对正渗透的运行也有很显著的影响。旁路比过大，进入提馏塔的流量过小，产品水的产量，或者正渗透系统的实际处理水量能力会下降；如果旁流比过小，不利于 NH_3 和 CO_2 气体的重新吸收。

（3）分离操作温度。分馏塔的分离操作温度是影响 NH_3 和 CO_2 分离效率的关键因素，也对产品水的纯度有重要的影响。随着操作温度的提高，汲取质分离速度加快，分离得更加彻底，在提高汲取质回收率的同时，也降低了产品水中杂质的残留，有利于提高水的纯度。但是提高操作温度会使分馏过程的能耗增加。

操作压力直接影响操作温度；系统压力升高，汲取液分离操作温度也会随之升高。当达到 60℃时，碳铵体系汲取液开始分解出 NH_3 和 CO_2，但为了提高分离速度和分离效果，一般需要控制更高的操作温度。研究表明，适当的操作温度大致在 70～110℃的范围。

2. 汲取液分离回收的能耗

能耗的高低是正渗透工艺能否应用于火电厂水处理的一个关键考量因素之一。在正渗透系统消耗的能量中，汲取液的分离回收耗能占绝大部分。目前由于工业应用的工程案例不多，对该工艺的实际能耗还没有统一的结论，理论分析与试验研究结果差别很大。例如有人通过理论计算认为，碳铵体系中分离 NH_3 和 CO_2 等挥发性气体所消耗的能量远低于从高含盐量废水中分离水分的能量。计算结果表明，采用单级或多级精馏塔，汲取液分离回收的能耗可低于 1kWh/m^3，比传统的盐水淡化技术如 RO、MED、MSF 节能72%～85%。但有人在中试试验后发现，正渗透系统的能耗远高于理论计算值。例如以2mol/L NH_4HCO_3 溶液作为汲取液、0.55mol/L NaCl 溶液作为进水进行正渗透中试试验，系统的单位产水能耗（按热量计）是理论分析的数百倍，甚至高于传统的海水淡化工艺的能耗。因此，关于能耗分析和控制，还需要对汲取液分离回收方面做大量的工作。

精馏塔是常用的气液分离设备，在化工行业的应用已有很长的历史。影响精馏塔精馏性能的因素主要有操作压力、回流比、塔板数、塔板开孔率、溢流堰高度和液气比等。对于具体的碳铵体系汲取液，需要按实际要求进行优化。但精馏本身也是一个耗能较高的过程，且精馏分离效果越好（产水水质越好），需要的塔板级数越多，相应的塔身很高，造价也越高。此外，也可将汲取液分离过程与膜蒸馏、机械蒸汽压缩等技术结合来降低能耗。

九、正渗透技术应用案例

华东地区某大型燃煤电厂，装机容量为 2×660MW，超超临界燃煤机组，采用干除渣、电除尘、干除灰工艺。循环水采用带自然通风冷却塔的循环供水系统，均设有石灰石-石膏湿法烟气脱硫系统，烟气污染物达到超低排放标准。脱硫系统工艺水采用工业水，氯离子质量浓度约为 88mg/L。该厂脱硫废水零排放系统采用了正渗透膜浓缩工艺。

需要进行处置的末端废水主要由18t/h的脱硫废水和4t/h的混床再生排水组成。出水为膜处理系统淡水和蒸发结晶器产出的蒸馏水，设计水质见表10-13。

表10-13　　设计进、出水水质

项　目	单位	进水	淡水及蒸馏水	项　目	单位	进水	淡水及蒸馏水
pH值	—	9.19	6.5～7.5	F^-	mg/L	10.84	—
Ca^{2+}	mg/L	1643	<5	SO_4^{2-}	mg/L	950	—
Mg^{2+}	mg/L	395	<5	电导率（25℃）	μS/cm	18 520	30
Cl^-	mg/L	5928	<5				

工艺流程设计如下：

（1）预处理单元。脱硫废水处理系统出水与混床再生排水等在原水池混合后作为零排放系统的原废水。原废水用进水输送泵送到澄清器；在澄清器内投加一定浓度的碳酸钠溶液和碱液维持一定pH值，使水中Ca^{2+}、Mg^{2+}分别形成$CaCO_3$沉淀和$Mg(OH)_2$沉淀；沉淀产生的污泥用污泥压缩机浓缩。澄清器上清液自流进入澄清水箱作为后续过滤单元的进水，经软化水输送泵提升至过滤器进行过滤处理。

（2）RO单元。过滤器产水进入一级RO进水箱，由低压进水输送泵提升并经高压泵后，进入一级反渗透系统脱除水中的盐分。一级RO产水进入一级RO产水箱，经二级RO高压泵提升进入二级RO装置进行精制，二级RO产水进入回用水箱供用户使用。二级RO浓水回流到一级RO装置进水箱进一步处理回收利用；一级RO浓水进入FO进水箱，经FO进水泵提升进入MBC装置。

（3）MBC单元。正渗透是通过半渗透膜在两侧渗透压差的驱动下，将水分子有选择性地从高盐水侧扩散进入专利提取液侧。专利提取液是由特定摩尔比的氨和二氧化碳气体溶解在水中形成。其氨和二氧化碳混合气体在水中具有很高的溶解度，形成的提取液可以产生巨大的渗透压驱动力（相当于350bar的物理压力）使得水分子透过半渗透膜，即使进水中的总溶解固体（TDS）高达150 000mg/L也能透过；稀释后的提取液可以通过加热蒸发分离而循环利用。

正渗透系统汲取液回收采用“双塔精馏”的方式，双塔即产水精馏塔和浓水精馏塔。一方面能够保证汲取液能够全部回收并循环利用，降低运行成本；另一方面也保证了出水水质达到指标要求。

（4）结晶单元。正渗透产水回到一级反渗透原水箱，其浓水进入蒸发结晶系统处理，最终形成结晶盐。结晶器满足80%～120%的设计负荷。结晶干燥选择蒸汽热法，采用进口热力蒸汽压缩强制循环结晶器，在淡盐水蒸发过程使之结晶。选择真空蒸发结晶工艺，采用MESSO强制循环结晶器（德国GEA公司）来实现所需蒸发量并获得高品质冷凝液。装置产生的二次蒸汽通过1台热力蒸汽压缩机（TVC）来压缩，TVC的使用有效地降低了汽耗量。

图10-32所示为该工程的设计工艺流程。

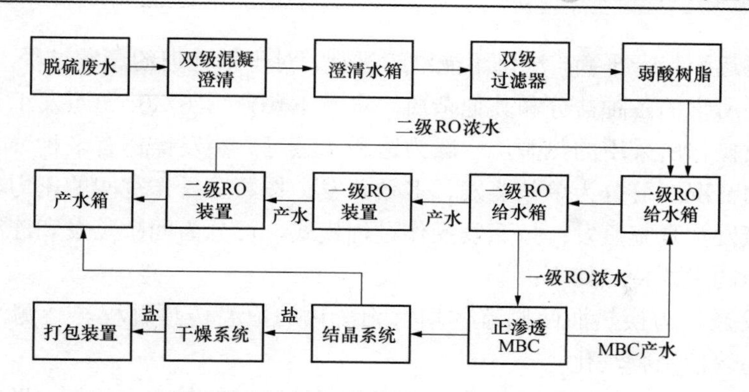

图 10-32　废水零排放系统工艺流程图

运行期间，脱硫废水处理量可以达到 19.6m^3/h。运行过程中耗电量约为 10.4kWh/m^3 水（耗电费用为 5.2 元/m^3 水），蒸汽量约为 203kg/m^3 废水（蒸汽费用为 23.95 元/m^3 水）；运行过程中所需药剂为碳酸钠、氢氧化钠（预处理）、石灰、浓盐酸、还原剂和阻垢剂，药剂费用约为 14.5 元/m^3 水，合计运行成本为 43.7 元/m^3 水。

表 10-14 所示为部分水质测试指标。

表 10-14　　废水零排放处理系统运行期间水质

项目	单位	进水水质	预处理出水	二级反渗透出水	蒸发结晶系统出水
pH 值	—	9.19	9.5		6.8～7.8
电导率（25℃）		18 520	＞15 430		≤25
TOC	mg/L		5～8.5	未检出	≤2
Ca^{2+}	mg/L	1643	未检出		≤0.15
Mg^{2+}	mg/L	395	未检出		≤0.06
Al^{3+}	mg/L		未检出		
Fe^{3+}	mg/L		未检出		
Cl^-	mg/L	5928		＜4.3	≤6
F^-	mg/L	10.84			≤0.01
SO_4^{2-}	mg/L	950		＜3.2	≤0.6
浊度	NTU		＜0.59	未检出	

第五节　热法浓缩减量处理工艺

一、蒸汽热源蒸发浓缩工艺

蒸发操作广泛用于化工、轻工、制药、食品等多种工业生产中。蒸发是将含有不挥发溶质的溶液加热沸腾，使溶剂部分汽化从而达到将溶液浓缩的目的。蒸发既是一个传热过程，又是一个溶剂汽化、产生大量蒸汽的传质过程。因此，要保障蒸发的连续进行，首先要不断地向溶液提供热能，以维持溶剂的汽化；其次是及时移走产生的蒸汽，否则蒸汽与溶液将逐渐趋于平衡，汽化不能继续进行。对于水处理的蒸发过程，溶剂就是水，溶质就是水中所含的各种盐分和其他杂质。本节主要介绍蒸汽热源蒸发工艺。

水的蒸发操作所采用的热源，一般为饱和水蒸气。蒸发操作有多种分类方法。按二次蒸汽的利用情况，可分为单效蒸发、多效蒸发；按蒸发操作空间的压力，可分为常压蒸发、加压蒸发和真空蒸发；按蒸发操作过程模式，可分为间歇蒸发和连续蒸发。

蒸发操作的主要特点如下：

（1）蒸发操作为换热面两侧流体均有相变化的恒温传热过程。一侧为加热蒸汽冷凝，另一侧为溶液沸腾汽化。

（2）由于含有不挥发溶质，水溶液的蒸汽压较同温度下纯水的低；即在相同的压强下，溶液的沸点高于纯水的沸点。因此当加热蒸汽相同时，蒸发溶液的传热温差要小于蒸发纯水的温差，两者之差称为温差损失。溶液浓度越高，温差损失越大。

（3）溶液的某些性质在蒸发过程中会发生变化。例如溶液在浓缩过程中可能析出结晶、结垢或产生泡沫；有些热敏性物料在达到一定温度时发生分解或变质；随着浓度的增大，溶液的黏度增大等。因此，在选择蒸发方式和蒸发设备时，必须考虑物料的这些工艺特性。

（4）二次蒸汽中常挟带大量泡沫，冷凝前必须设法除去；否则既损失物料，又污染冷凝设备。

（5）由于蒸发浓缩过程水的相变需消耗大量热量，因而成本通常较高。蒸发时产生大量二次蒸汽，含大量潜热，应合理利用这部分潜热。

二、蒸发器的结构和分类

蒸发器的结构主要包括：加热室、蒸发室、除雾器、冷凝器、真空装置、疏水器等。根据加热室结构的不同，蒸发器可分为循环型蒸发器和膜式蒸发器，其中在废水蒸发过程中最常用的是降膜蒸发器和强制循环蒸发器。

膜式蒸发器的优点是传热效率高，蒸发速度快，溶液受热时间短，特别适用于热敏性物料的蒸发；对黏度大和容易起泡的溶液也较适用，是目前被广泛使用的高效蒸发设备。缺点是当液体分配不均时，在蒸发管内壁极易形成“干壁”现象，增大结垢风险。降膜蒸发器通常用作废水的蒸发浓缩设备。

强制循环型蒸发器的优点是传热系数大，对于黏度大、易结晶和结垢的溶液，适应性好；缺点是需要消耗动力和增加循环泵。强制循环型蒸发器通常用作废水的结晶设备。

三、蒸发器的能效与节能技术

1. 多效蒸发（MED）

多效蒸发的主要工作原理是利用前一级蒸发器产生的二次蒸汽作为后一级蒸发器的热源来实现蒸汽热能的多次利用，这种设计可以有效提高热能的利用率。要处理的废水依次通过各效蒸发器逐渐浓缩。废水首先进入一效蒸发器被动力蒸汽（一次蒸汽）加热，一部分水蒸发形成蒸汽作为二效蒸发器的热源（二次蒸汽），未蒸发的废水被浓缩并进入二效蒸发器；在二效蒸发器内一部分水又被蒸发形成蒸汽并作为三效蒸发器的热源，未蒸发部分进一步浓缩并进入下一效蒸发器继续蒸发和浓缩。以此类推，最终末效蒸发器形成的蒸汽进入凝汽器冷凝成水，即为脱盐后的蒸馏水。蒸馏水的水质很好，可作为冷却塔补水。末效的浓盐水就是最终形成的高度浓缩废水，可作为后续浓缩结晶系统的进水。动力蒸汽（一次蒸汽）对一效蒸发器进行加热后冷凝回用。

根据二次蒸汽和废水的流向，把 MED 的流程分为并流、平流、逆流和错流操作，在实际应用中，根据生产要求和各种物料的理化性质的不同选择不同的流程。图 10-33 所示为多效蒸发（MED）的原理图。

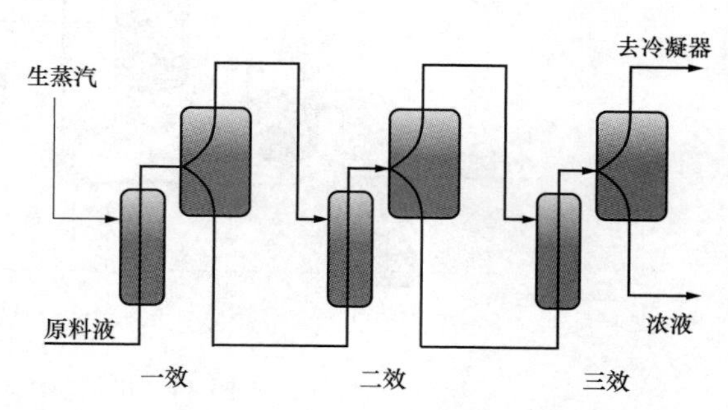

图 10-33 多效蒸发原理示意图

多效蒸发的能量利用效率随着蒸发装置效数的增多而增大，但并非效数越多越好。①五效以后继续增加效数，节能效果增加不明显。②随着效数的增加，多效蒸发系统的设备投资费用也会增大，而每效的传热温差损失也会增加，使得有效传热温差减小，设备的产水强度降低。③原则上，多效蒸发效数应根据设备费用与操作费用之和为最小来确定。通常从节约成本和降低能耗两方面综合考虑，多效蒸发的效数一般为 3～4 级。此外，将相变换热效率较高的水平管降膜蒸发器与竖管降膜蒸发器联用，水平管降膜蒸发器采用负压蒸发，以及将竖管降膜蒸发器末效的二次蒸汽用于废水预热，可实现热能分级利用，一次蒸汽用量可减少 30%以上，能耗显著降低。

2. 机械蒸汽再压缩（MVR）

虽然 MED 在一定程度上节省了生蒸汽，但第一效仍然需要源源不断地提供大量生蒸汽，并且末效产生的二次蒸汽还需要冷凝水冷凝，整个蒸发系统也比较复杂。为进一步减小蒸汽耗量，可以采用机械蒸汽再压缩（MVR）技术。

MVR 的原理是将蒸发器排出的低品位二次蒸汽通过蒸汽压缩机再次压缩到较高温度和压力，重新得到热品位较高的蒸汽，并取代新鲜蒸汽作为热源。压缩后的蒸汽送入蒸发器的加热室冷凝释放热量，而料液吸收热量后沸腾汽化再产生二次蒸汽经分离后进入压缩机。上述过程循环往复，蒸汽得到充分利用。因此，机械蒸汽再压缩只要在蒸发启动时需要少量的一次蒸汽使系统产生二次蒸汽，然后便不再使用外来汽源而使蒸发连续进行。图 10-34 所示为机械蒸汽再压缩（MVR）的原理示意图。

MVR 技术在回收了二次蒸汽潜热的同时提高了热效率，是现有蒸发工艺中能量效率最高的工艺，成本是传统三效蒸发技术的 20%～30%左右。另外，因为省去了二次蒸汽处理过程，可以节约大量的冷却水和动力消耗。因此，与 MED 技术相比，MVR 不仅在能耗上占有显著的优势，同时还具有占地面积小、运行成本较低、效率高、工艺简单、灵活性高和物料停留时间短等诸多优点，对于废水处理过程中常见的起沫、结垢、腐蚀等问题也可以有效避免。但若物料沸点上升超过蒸汽压缩机设计要求，MVR 便不适用于该物料，须选用 MED 工艺或二者联用。

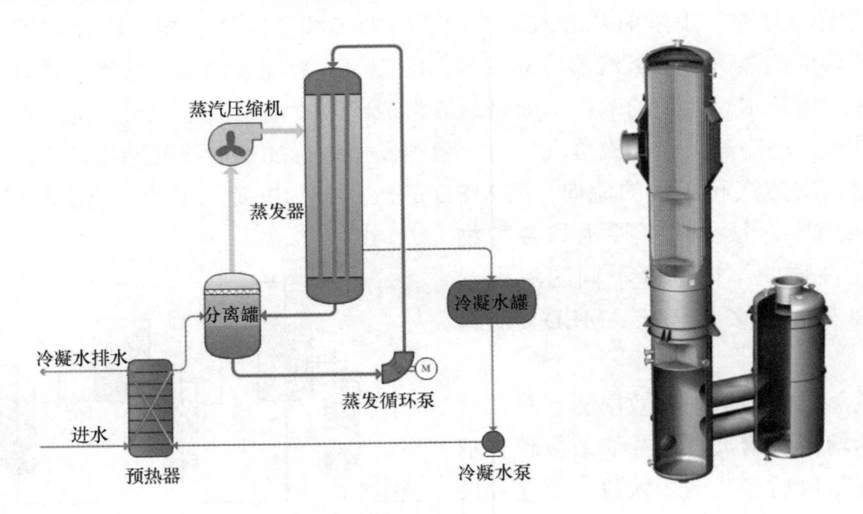

图 10-34　机械蒸汽再压缩原理示意图

3. 热力蒸汽再压缩（TVR）

热力蒸汽再压缩技术（TVR）与机械蒸汽再压缩（MVR）技术原理基本相同，均是通过压缩蒸发产生的二次蒸汽，将二次蒸汽的热量和温度提高后作为蒸发器的热源。与MVR 不同之处在于 TVR 使用蒸汽喷射泵压缩二次蒸汽，而不是机械压缩机。TVR 在工作过程中以少量高压蒸汽为动力，将部分二次蒸汽压缩并混合后一起进入加热室作为蒸汽加热的热源。蒸汽动力压缩式蒸发系统只能利用大部分二次蒸汽（70%左右），其余的二次蒸汽送往冷凝器冷凝，因此在能量利用性上不及机械压缩式蒸发系统。但其本身结构简单，费用低廉，消耗蒸汽而不耗电，可以在投资较少的前提下取得较大的节能效果和经济效益。总体上，TVR 技术的应用比 MVR 技术少。图 10-35 所示为热力蒸汽再压缩技术（TVR）的原理示意图。

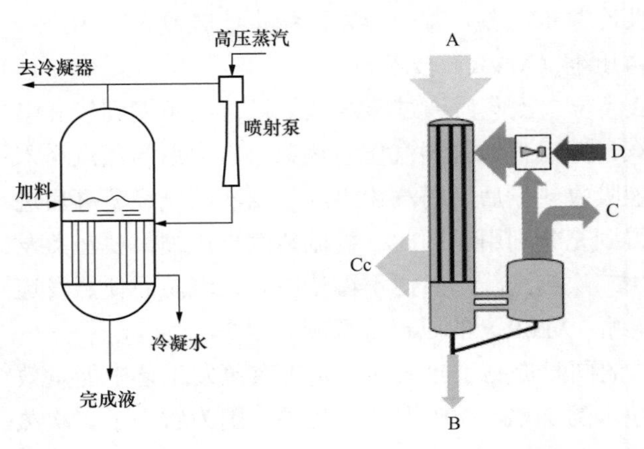

图 10-35　热力蒸汽再压缩工艺原理示意图

4. 晶种法蒸发浓缩技术

由于电厂高盐废水的结垢成分含量通常较高，在废水降膜蒸发浓缩过程中，废水里析出的盐类很容易附着在换热管的表面而结垢，影响换热器的效率，严重时会堵塞换热管。为了避免在蒸发浓缩时结垢，通常需要对蒸发器进水进行软化处理。药剂软化的运行成本很高，尤其是高镁脱硫废水的软化费用，有时每吨水的软化成本高达几十元，经济性很差。

图 10-36 所示为“晶种法”降膜蒸发原理示意图。该工艺是为了简化蒸发浓缩处理的软化流程，降低处理成本而提出的。“晶种法”最早由美国 GE 公司提出并实施，后续 HPD、GEA 等公司均有采用晶种法运行的案例。近年来也有部分项目采用国内生产的蒸发设备。该工艺的核心是在蒸发料液中添加硫酸钙“结晶种子”，以提供硫酸钙析出结晶生长的晶核。蒸发浓缩器开始运行前，如果废水中含有的钙离子和硫酸根含量不足，需要人工添加硫酸钙晶种。蒸发浓缩器运行后，水中结晶产生的硫酸钙晶粒含量达到一定水平后，新析出的硫酸钙晶体就附着在这些晶种上，并保持悬浮在水中而不会附着在换执管表面形成硬垢，该过程称为“选择性结晶”。新生晶核的比表面积较大，很容易吸附废水中析出的钙、镁、硅等固体物，也能提高防垢效果。

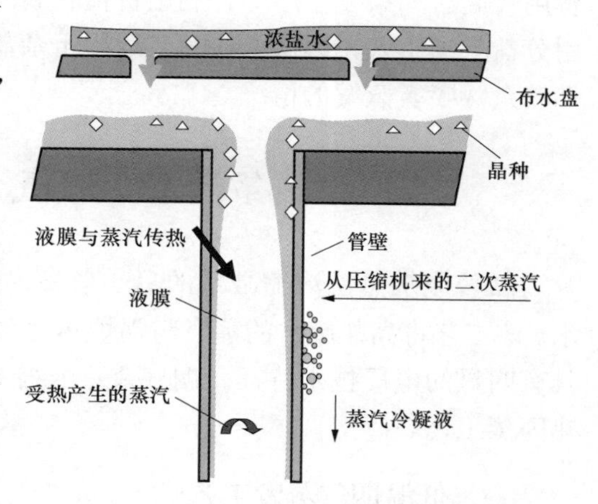

图 10-36 “晶种法”降膜蒸发原理图

该工艺在国内已有应用案例。西北地区某企业自备电厂需要对脱硫废水进行浓缩处理，处理水量为 1000m^3/d。系统设计水回收率为 70%，剩余 30%浓水由业主自行处置。脱硫废水水质为：TDS 约为 4.3%，钙离子浓度为 8000mg/L，氯离子浓度为 19 000mg/L。由于脱硫废水软化药剂处理费用超过 40 元/m^3，因而采用了晶种法强制循环蒸发浓缩工艺。由于当地蒸汽和电费均较低，为了降低投资费用，采用了两效蒸发器配置，逆流进料，最终浓缩液 TDS 约为 14.3%。在第一效设计有晶种投加装置，在系统开车运行时投加晶种，第一效设计有旋流器，可回收浓缩液中大部分的晶种，回流至第二效，用于保持系统中晶种浓度维持在设计要求值。为避免在换热面结垢，采用高流速强制循环工艺，环速度可达 1.0～3.5m/s。采用蒸发器的加热室与蒸发室分离的设备配置，在加热器中料液只是被加热，不发生浓缩，在分离室中闪蒸后浓度才会升高，盐分析出后在晶种上生长，避免换热面结垢。根据资料，该系统运行后，系统水回收率大于 70%，吨水电耗为 9kWh 左右，吨水蒸汽消耗在 0.38t 左右，产水电导在 30μS/cm 左右。

尽管国内已有这种浓缩处理工艺的运行案例，但运行时间不长，缺乏长期运行的考验。国内投入商业运行的脱硫废水零排放项目，大多采用软化预处理-蒸发结晶或软化预处理-膜浓缩-蒸发结晶工艺。对于高钙、镁、硫酸根水质的脱硫废水处理，这种工艺的性能还需进一步验证。

晶种法蒸发浓缩在国外有用于脱硫废水处理工程案例，但一般与软化工艺配套采用，有化学软化前处理工艺。采用晶种的目的仅仅是因为软化去除硬度不彻底，所以在蒸发浓缩器工段采用晶种运行模式，以避免换热面结垢。

采用晶种法蒸发浓缩，一般最终生产出的是混盐，包含硫酸钙、硫酸镁、氯化钙、氯化镁、硫酸钠、氯化钠等多种成分，综合利用价值很小，只能作为固体废弃物处置，费用较高。如果要生产综合利用价值较高的纯盐，则要在蒸发前和后续结晶工段中，采用分盐处理工艺。因此，该工艺适用于杂盐结晶，或者浓缩液进蒸发塘，灰场喷洒或者烟气余热喷雾蒸发的情况。

第六节　烟气余热浓缩工艺

高盐废水热法浓缩减量的另一条技术路线，是采用电厂锅炉尾部烟气余热蒸发废水。该工艺将高盐废水的蒸发与锅炉热力系统耦合在一起，相比蒸汽热源蒸发浓缩技术，具有明显的电厂技术特征。烟气余热浓缩工艺路线主要包括低温烟气蒸发工艺和烟气余热闪蒸工艺。

一、低温烟气蒸发工艺

该工艺在电除尘器与脱硫塔之间设置脱硫废水浓缩塔，抽取电除尘之后、脱硫塔之前的烟气，由下部送入脱硫废水浓缩塔；将脱硫石膏旋流器排出的脱硫废水，也送入脱硫废水浓缩塔。脱硫废水浓缩塔设置循环泵，通过循环泵将塔底废水送至塔顶的废水喷淋装置进行喷雾，热烟气与雾状脱硫废水在塔内直接接触换热，使脱硫废水蒸发浓缩，其中盐类逐步结晶析出。蒸发脱硫废水后的烟气，在塔顶经过除雾器后，返回脱硫塔入口。

脱硫废水浓缩塔底部排出的浓浆液，送至反应罐投加石灰调质，再送至压滤机压滤，固体物外运，滤液返回浓缩塔。该工艺的原理流程见图10-37。

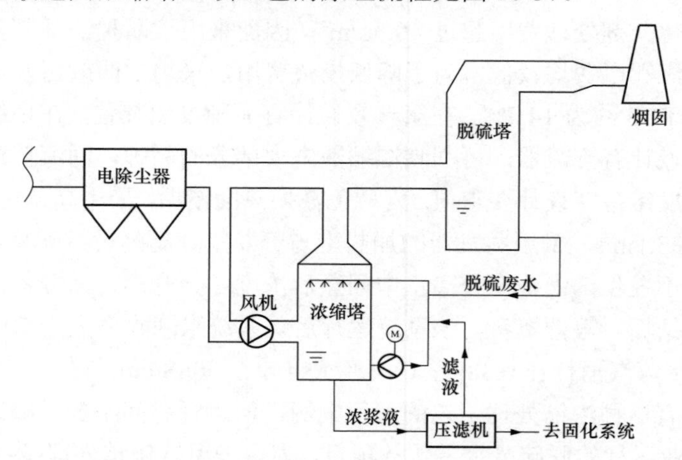

图10-37　低温烟气蒸发浓缩工艺原理图

低温烟气蒸发工艺主要有以下优点：

（1）脱硫废水由旋流器直接引入浓缩系统，前端无软化预处理，工艺流程得到简化，节省了软化药剂费用。

（2）利用除尘器后烟气余热蒸发高盐废水（如脱硫废水），不需要消耗其他热源，成本低，对热力系统影响较小。

（3）脱硫入口的烟气温度降低，脱硫塔内水的蒸发损失相应减少，从而可以降低脱硫系统的补水量。

（4）废水浓缩系统相对简单，工艺设备数量较少。

但是目前低温烟气蒸发工艺还存在如下问题：

（1）以低温烟气作为热源，抽取的烟气量较大。为满足送入浓缩塔的烟气量，需要新增引风机，系统比较复杂，同时电耗较大。浓缩塔的工艺设计参数与脱硫吸收塔类似，设备直径和占地面积较大。

（2）除尘器之后烟气温度较低，对于已进行低低温省煤器改造的电厂，烟气温度更低，蒸发废水所需的烟气量更大，相应引风机电耗更高。

（3）废水在浓缩塔内喷淋过程中，会吸收烟气中的 SO_2、SO_3、HCl、HF 等酸性气体杂质，使循环浆液的 pH 值降至 1.0 以下。同时，浓浆液中的 Cl^- 含量很高，可能会达到 100 000mg/L 以上。在这种情况下，废水浓缩系统的腐蚀性极强，所有塔体、管道和转动机械等都需要严格的防腐，设备运行故障率较高。

（4）由于废水浓缩后，浆液含固率很高，容易堵塞喷头和管路，运行维护工作量较大。

（5）浓缩后的塔底浓浆液，需要调节 pH 值之后用压滤机压滤，制成固体物处置。但是滤饼中仍然带有 40%以上的水分，其中带有可溶盐，存在渗滤污染的风险。此外，如果没有对脱硫废水进行达标处理，其中的重金属污染物未稳定化，因而滤饼的处置存在一定风险。若鉴定为危险固体废弃物，处置成本将很高。

低温烟气蒸发工艺在南方某电厂完成了现场中试，该厂装机容量为 2×600MW，试验装置抽取脱硫塔入口烟气约 5 万 m^3/h，烟气温度为 130℃，烟气含水率为 5.8%。试验期间，蒸发脱硫废水量约为 $1.5m^3/h$，浓缩塔出口烟气温度为 51.2℃，烟气含水率为 9.1%。资料显示，试验期间，系统运行费用约为 20 元/m^3 水，电耗约为 $54.8kWh/m^3$ 水。此外，根据某电厂技术方案热力模拟计算结果，当原烟气温度为 93.7℃时，蒸发浓缩废水量为 $5.66m^3/h$，浓缩塔出口烟气温度为 58.1℃，需要抽取约 35.8 万 m^3/h 的烟气，约占该机组全烟气量的 30%，新增引风机出力较大。

总体来看，低温烟气蒸发工艺还存在一些需解决的技术关键点，同时工程项目投产后还需要进行长期运行的考验和评估。

二、烟气余热闪蒸工艺

该工艺利用电厂锅炉尾部除尘器出口的烟气余热蒸发废水，采用多效强制循环蒸发器，按“晶种法”工艺操作运行。脱硫废水直接进入蒸发器，经过多效蒸发浓缩。冷凝水回收，尾部浓浆液送至干化处理工序。在该工艺中，尾部烟气不与脱硫废水直接接触，热烟气通过表面换热器加热脱硫废水。换热器设置在尾部烟道中，加热水媒介形成蒸汽后，送至多效强制循环蒸发器冷凝放热加热脱硫废水；换热后形成的冷凝液继续返回烟道换热器吸热，形成循环回路。该工艺的原理流程见图 10-38。

烟气余热闪蒸工艺主要有以下优点：

（1）脱硫废水无软化预处理，直接送入蒸发器蒸发，节省软化药剂费用。

（2）蒸发热源利用除尘器后烟气余热，不需要消耗其他热能，成本低，对热力系统影响较小。此外，采用多效蒸发工艺，热能利用率高。

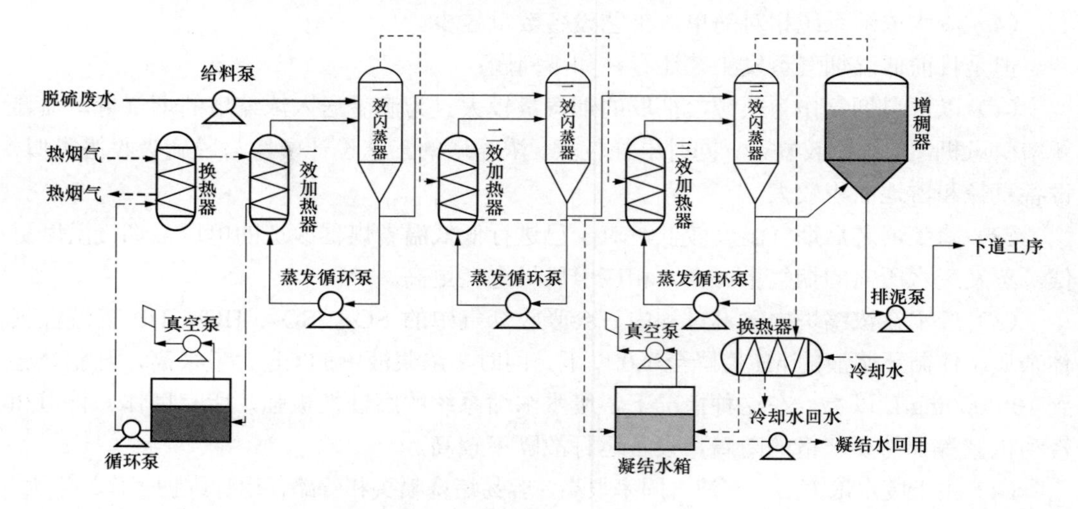

图 10-38　烟气余热闪蒸工艺原理图

（3）采用强制循环蒸发器，加热室与蒸发室分离，在加热器中料液被加热但不蒸发，不发生浓缩，在分离室中闪蒸后浓度才会升高，盐分析出后在晶种上生长，避免换热面结垢。

（4）可回收蒸馏水，冷凝水品质较高。

烟气余热闪蒸工艺目前存在的一些问题如下：

（1）在烟道内布置换热器，需考虑对主烟气系统的影响。对于已安装低低温省煤器的电厂，取烟气热量对低低温省煤器运行及回热系统的影响需评估。

（2）蒸发器采用晶种法方式运行，脱硫废水不软化直接蒸发，类似的工程运行案例很少，长期运行数据不足，其可靠性还需进一步验证。

（3）系统浓缩产物为包含各种盐类的浓浆液，后续结晶工段只能生产杂盐，没有综合利用价值，作为固体废弃物处置的费用较高。

北方某电厂的脱硫废水浓缩处理工程采用烟气余热闪蒸工艺，将脱硫废水浓缩 10 倍左右。设计边界条件为脱硫废水量：30m^3/h；废水中固体颗粒物浓度：2.60%（质量比）；废水中氯离子浓度：10 000～15 000mg/L；FGD 入口烟气温度：120℃。系统性能参数为蒸发凝结水量：大于 28.2m^3/h；各效真空度：－0.042～－0.08MPa；装机总功率：720kW；出料温度：小于或等于 55℃。系统运行费用（仅考虑蒸汽、电耗费用）约为 7.1 元/m^3 水，蒸发冷凝水电导率约为 230μS/cm。该系统的长期运行性能还有待评估。

第七节　其他蒸发技术和工艺

除了前面章节讨论的各种工艺外，还有其他多种蒸发工艺。这些工艺的应用领域和应用条件与火电厂的实际差距较大，应用较少，在此只作一般性介绍。

一、自然蒸发浓缩工艺

自然蒸发是指在自然环境条件下，利用环境温度、湿度、风速等自然条件，促使高盐废水蒸发的过程。工程实践中应用最多的自然蒸发是蒸发塘工艺。同时，为了强化自然蒸发过程，在蒸发塘基础上，又发展了辅助风加速蒸发、机械喷雾蒸发等技术，提高了自然蒸发效率。

1. 蒸发塘工艺

蒸发塘工艺是从制盐行业中的日晒盐田演变过来的。在实践中将废水引入蒸发塘，利用太阳能促使废液蒸发，水分及具有挥发性的有机物转为气相，使蒸发塘中废水浓缩，最终得到盐渣。蒸发塘工艺具有能耗低、操作简单、使用寿命长等优点，在干旱地区有所应用。

蒸发塘设计时，首先要考虑当地自然环境条件，由于自然蒸发受温度、湿度、风速等气象因素影响严重，因此蒸发塘工艺只适用于年降雨量少、年蒸发量大的地区，且风速越大越有利于自然蒸发。此外，由于自然蒸发速率较低，蒸发塘占地面积普遍较大，因而该工艺一般适用于土地价格低的半干旱或干旱地区使用。

蒸发塘的选址也需慎重，不在城市工农业发展规划区、农业保护区、自然保护区、风景名胜区、文物（考古）保护区、生活饮用水源保护区、供水远景规划区、矿产资源储备区和其他需要特别保护的区域内；距离飞机场、军事基地的距离在3000m以上；该场址周边800m范围内无居民，且处于主导风向的下风向，对附近居民大气环境不产生影响。此外，蒸发塘必须做严格的防渗处理，杜绝渗漏现象。蒸发塘工程建设前，应取得环境影响评价专题报告，并获得环保监管部门的批文认可。

蒸发塘日常运行时，需对地下水进行安全监测，对大气进行安全监测，在蒸发塘周围设置水质、粉尘及大气监测点，对坝体、排洪设施、道路等建（构）筑物进行安全监测。监测结果应定期报送当地环保部门，并接受当地环保部门的监督检查。

北方某自备电厂建设的蒸发塘见图 10-39。该蒸发塘仅在机组启动或事故情况下启用，正常运行工况下不接收废水。运行期间定期检测地下水水质，未发现水质变化，但蒸发塘周围空气有一定的异味。

图 10-39　北方某电厂的蒸发塘

图 10-40　某电厂机械雾化蒸发塘

从近年来蒸发塘工艺实际应用的情况看，由于蒸发塘缺少系统的设计规范和综合管理标准，工程项目中出现废水的蒸发速率达不到设计要求、蒸发塘容积过小、废水处置能力不足等问题，且废水蒸发过程中存在有机物的挥发和重金属离子的富集问题，可能对周围环境造成一定程度的二次污染。少数项目出现塘体渗漏，污染周边地下水的环境风险事件，因此虽然蒸发塘的建设投资成本较低，但是由于其适用条件较苛刻，运行时存在一定环境风险，选择该工艺时必须要综合考虑环境影响与技术经济性。

2. 机械雾化蒸发工艺

为了提高自然蒸发的效率，提出了机械雾化蒸发工艺，采用机械雾化装置将蒸发塘中的废水雾化成微米级的小液滴，再由风机向空中喷射，加快液滴的蒸发速度。该方法设备简单，维护工作量小，提高了蒸发塘处理效率。但是机械喷雾也增加了运行电耗，喷雾设备存在结垢、腐蚀问题，喷雾液滴随风扩散，存在二次污染等问题。

资料显示，风速、温度、湿度、太阳辐射是影响自然蒸发及机械雾化蒸发效率的主要因素，蒸发速率与风速、温度、太阳辐射呈正相关，与湿度呈负相关，与废水水质基本无关。环境因素中风速是影响蒸发速率的主要因素；温度低于 15℃时，温度是蒸发速率提高的限制因素。相对湿度为 90%～100%时，湿度是限制蒸发速率的主要因素。雾化粒径越小，蒸发速率越快。风吹损失对机械雾化蒸发过程有显著影响，在试验风速范围内，有 20%以上的机械雾化蒸发是风吹损失造成的，极端情况下有 98%的液滴被风携带损失。后续工程应用中，应进一步研究风吹引起的液滴扩散的影响范围，降低飞散的液滴对周边环境的影响。

我国某大型火力发电厂采用了机械雾化蒸发塘处理脱硫废水。该电厂装机容量为 4×600MW 超临界燃煤发电机组＋2×1000MW 超超临界燃煤发电机组，采用电除尘、为干除灰工艺。六台机组冷却方式均采用单元制循环供水冷却系统，均设有石灰石-石膏湿法烟气脱硫系统，烟气污染物达到超低排放标准。脱硫系统工艺水采用循环水排水。图 10-40 所示为在灰场中建设的蒸发塘。

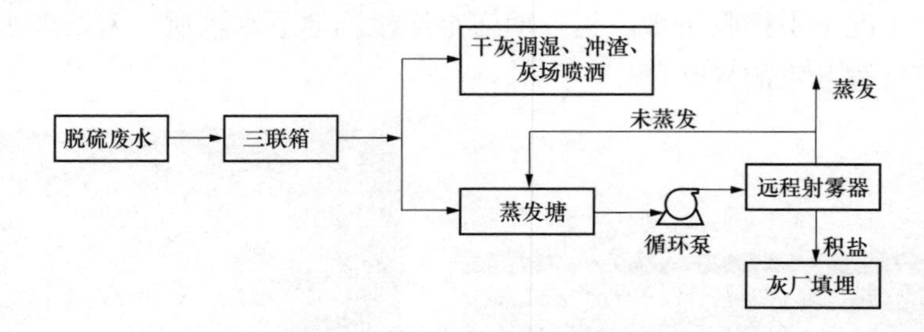

图 10-41　脱硫废水机械雾化蒸发工艺流程图

全厂脱硫废水水量大，处置难度大，一～三期脱硫废水处理系统排水量平均约为 1122m^3/d。该工程为机械雾化蒸发处理燃煤电厂高浓度含盐水试点项目，通过工程试验得出实际能处理的脱硫废水量。设计脱硫废水水质见表 10-15。

机械雾化蒸发器设置在两个具有防渗功能的蒸发塘坝顶（总面积为 5000m^2），对蒸发塘采取双层人工防渗衬层，按 GB 18598—2001《危险废物填埋污染控制标准》的要求进行防渗处理。脱硫废水经达标处理后送至蒸发塘进行雾化蒸发处置。

表 10-15　设计脱硫废水水质

项目	单位	进水	项目	单位	进水
pH 值	—	6.9	Cl^-	mg/L	4254
Ca^{2+}	mg/L	341	SO_4^{2-}	mg/L	7908
Mg^{2+}	mg/L	2055	含盐量	mg/L	30 557

该工艺最大的特点是采用一种工业化的机械雾化蒸发器，该装置将水雾化喷入空气，增加雾化水滴在空气中的比表面积和“悬浮时间”，加速水的蒸发效果。机械雾化蒸发器利用高速旋转的叶轮和高压喷嘴将水变成小液滴，粒径小于 150μm，大大增加水滴与空气接触的比表面积，加速水分蒸发，盐分、液滴等颗粒回落至蒸发塘，便于结晶盐等固体颗粒的收集与采掘。工艺无需设置严格预处理和蒸发结晶等干化处置系统，工艺流程简单，设备投资低。

图 10-41 所示为该工程的设计工艺流程。处理系统的主要流程为：废水经过“三联箱”工艺处理后，经管道在地下储蓄池中暂存，之后送至蒸发塘进行机械喷雾蒸发，利用自然蒸发作用使脱硫废水蒸发，留下的固体废物由电厂依规做填埋处理。

图 10-42　机械雾化蒸发设备

主要处理设备包括 4 台高效机械雾化装置，4 台输水泵。图 10-42 所示为机械雾化蒸发设备。机械雾化系统设有循环泵 2 台，实际运行中 1 台工作，循环泵额定功率为 45kW，实际运行中，单台风炮日蒸发处理能力为 24～150m^3/d。该工程总投资费用为 280 万元，包括新建的 1 座 5000m^3 的蒸发塘。吨水运行成本约为 3.0～18.8 元/m^3。

（1）运行中进入机械雾化设备的脱硫废水原水中硬度、悬浮物超过设计进水条件，同时由于雾化时脱硫废水跑、冒、滴、漏等原因，导致机械雾化蒸发设备的管壁及喷头处发生结垢现象，主要结垢物质成分为 $CaSO_4 \cdot 2H_2O$。

（2）机械雾化蒸发工艺的性能受气候条件影响显著。其中，环境因素中风速是影响蒸发速率的主因，而且风吹损失比例较高；下雨天湿度较大，蒸发效率很低，一般会停机；春夏蒸发量是秋冬蒸发量的 3 倍。

（3）该工艺将高盐废水进行喷雾蒸发，可能造成雾滴飘散至其他场所，影响周围环境，造成二次污染。因而，该工艺大规模应用对环境的影响有待进一步评估。

（4）运行期间，机械雾化蒸发器腐蚀、结垢问题严重，在机械雾化蒸发设备的管壁及喷头处有难以清除的垢。垢的产生会导致喷嘴污堵，降低蒸发效率并影响设备长期稳定运行，因此结垢的问题需要进一步研究解决。

二、增湿去湿浓缩工艺

增湿-去湿废水浓缩技术是由海水淡化技术发展而来的，整个处理系统主要包括：加热器、蒸发室、冷凝室。其基本工艺原理是：原水在加热器中被加热后，喷入蒸发室中与载气（一般为空气）接触。由于原水温度高，液滴与载气直接接触后传热、传质，液滴蒸发使载气的湿度增加；温热潮湿的载气进入冷凝室中与冷原水进行间壁换热，湿载气中的水分发生凝结，释放出的热量将冷原水预热。预热后的原水送至加热器，凝结水收集回用。在此循环过程中，原水被蒸发浓缩且回收得到蒸馏水。目前，采用该原理的蒸发技术包括NED工艺、LTEC工艺、CGE工艺等。

1. NED工艺

NED（natural evaporation desalination）工艺在一密闭环境内完成空气增湿-去湿过程。当空气在设备内循环时，气流在蒸发室内加热并吸收水分，然后在冷凝室内凝结成纯水，产生类似自然降雨的现象。NED工艺流程原理见图10-43。

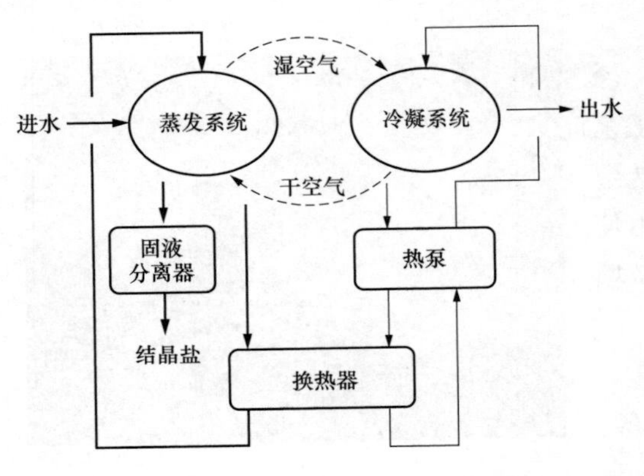

图10-43　NED工艺流程原理

废水首先经过换热器被加热至一定温度（40～80℃），然后进入蒸发室，从蒸发室顶部喷洒而下，液滴表面的水分被蒸发形成水蒸气，被空气携带至冷凝系统。含有饱和水蒸气的热空气与冷凝系统内从顶部喷洒下来的冷水相遇，并重新凝结成水滴，产生净水送至系统外。经蒸发后废水浓度不断升高，并达到饱和，盐从溶液中析出形成固体颗粒，并通过固液分离器实现最终分离。采用热泵压缩机组在制备冷凝系统所需冷水的同时，将水中的热量转移用来加热原废水，实现了系统内部能量的循环利用。

NED设备不需要将水加热至沸腾，避免在换热器内结垢；也不需要加压室、真空室，能耗较低。该工艺生成的蒸馏水品质高。然而浓缩废水在蒸发室底部储存需考虑防垢，浓缩后浆液还需进一步干化处理，由于换热效率较低，设备占地面积大。

2. LTEC工艺

LTEC（低温蒸发结晶）工艺利用工厂废热（热循环水或蒸汽）加热废水，升温后的废水进入柔性填料冷却塔，塔内悬挂大量柔性填料，增大传热面积。热废水从填料表面流动过程中，与空气接触传热传质，水分蒸发，浓缩后的废水继续循环加热喷淋过程，增湿升温后的热空气与冷原水换热冷凝，凝结水收集回用，除湿后的空气排出系统。LTEC工艺流程原理及设备见图10-44。

该工艺与NED工艺原理类似，但在蒸发室装填了柔性填料，可以增加蒸发面积，但也增大了结垢堵塞风险。虽然柔性填料可以振动防污，但运行效果尚不明确。因此，若采用此种工艺，高盐废水应做软化预处理，浓缩后浆液也需进一步干化处理。

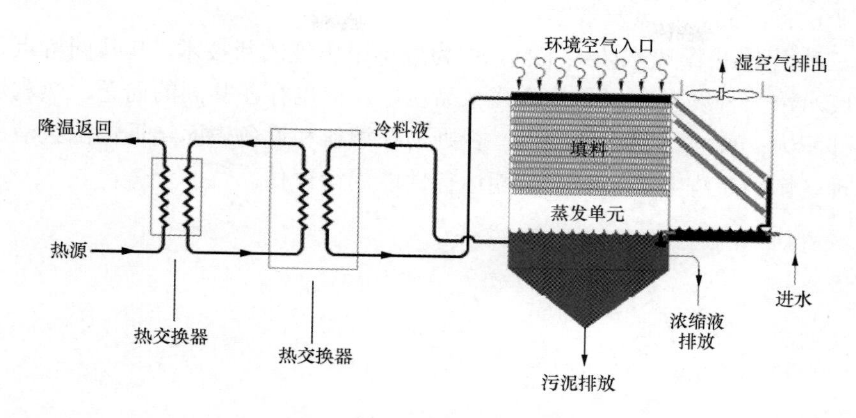

图 10-44 LTEC 工艺流程原理

3. CGE 工艺

CGE（载气萃取工艺，carrier gas extraction），通过空气的增湿去湿过程实现废水的浓缩减量。废水加热后在增湿塔中与空气直接接触，废水蒸发出水蒸气进入空气，废水同时被浓缩减量，升温增湿的空气在去湿塔中与冷却水直接接触，空气降温去湿后得到淡水。增湿塔是一台填料塔，去湿塔是一台多级鼓泡塔，增湿塔进水温度需在 85℃以上，热源可采用电厂废热或蒸汽。CGE 工艺流程原理及设备见图 10-45。

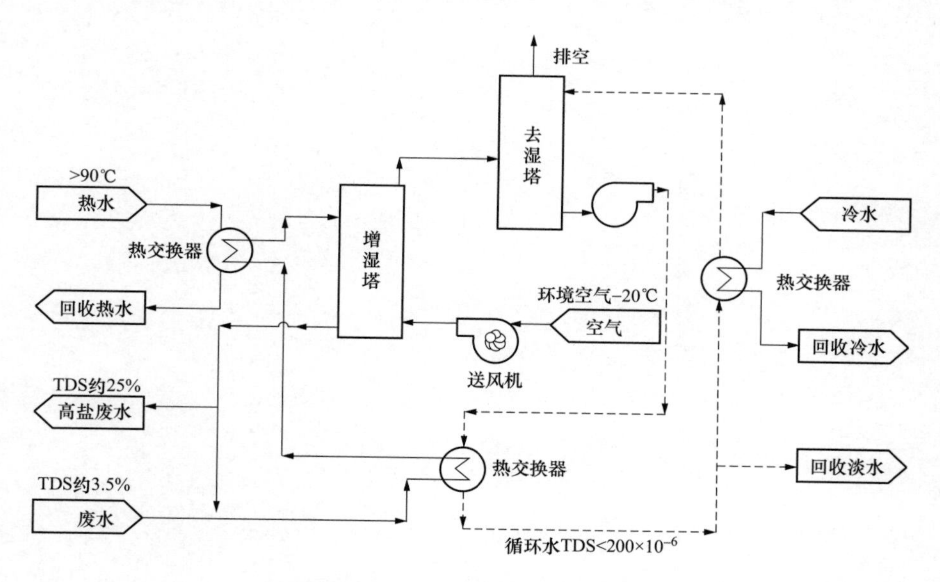

图 10-45 CGE 工艺原理示意图

CGE 工艺系统主要设备包括：增湿塔、去湿塔、物料水加热器、产品水冷却器、增湿塔进水泵、淡水输送泵、送风机等，能够将经过软化预处理后的废水浓缩至接近饱和状态。CGE 工艺的几个技术特点包括：核心设备采用非金属材料制造，耐腐蚀性好；可以将废水浓缩到饱和状态，降低了后续蒸发结晶投资和运行成本；采用填料塔、鼓泡塔等高效传质设备，提高了蒸发效率。

上述三种增湿-去湿废水浓缩工艺，均为近年来出现的新技术，其共同特点是能耗相对较低，废水浓缩程度较高，回收蒸馏水品质好。但也存在共同的问题，热利用效率较低，设备体积大；废水需软化预处理，否则易在填料和设备表面结垢；浓浆液还需进一步干化处理。国内工程业绩很少，长期运行性能尚待评估。

末端废水的干化处理

在废水零排放电厂中，用排水系统末端的高盐废水经过浓缩减量处理后，剩余少量极高含盐量的浓浆液，必须进行干化处置，才能最终实现全厂废水零排放。废水浓缩减量的程度，需综合考虑高盐废水原水含盐量、浓缩减量工艺、干化处置工艺、固体产物处置方式等因素，经过技术经济比选后确定。典型案例中，高盐废水经过浓缩减量，含盐量达到15%以上，甚至达到20%左右，再进行干化处置。末端废水的干化处理，均需使用外加热能，将废水中剩余水分蒸发，产出固体盐分。根据末端废水蒸发干化处置技术的特点，结合新技术研发的进展，按蒸发热源的不同，可将末端废水蒸发干化技术首先分为蒸汽热源和烟气余热两大类。本章将分节讨论这两种技术的原理和工艺。

第一节　蒸汽热源蒸发结晶

蒸汽热源蒸发结晶技术采用蒸汽为热源，利用蒸发结晶器，将末端废水进一步蒸发浓缩，析出固体并分离，经干燥处理后打包封装为固体盐。根据预处理及浓缩阶段工艺选择的不同，最终产物固体盐可能为杂盐、混盐或工业盐。结晶盐的品质将决定最终处置的途径和费用，杂盐只能作为固体废弃物交由有资质的厂商处置，某些情况下甚至可能被定性为危险固体废弃物，则处置成本更高；氯化钠与硫酸钠的混盐可作为印染厂助剂，但回用的途径有限；工业盐可以考虑对外销售，如作为氯碱化工、两碱工业的原料，但受政府监管和市场价格的影响较大。

蒸汽热源蒸发结晶工艺的主要设备是蒸发结晶器，蒸发操作的原理在高盐废水浓缩章节中已有介绍。在结晶阶段主要考虑工艺设备需满足结晶操作的需求，避免结晶设备和管道结垢、积盐和堵塞，如选用强制循环蒸发结晶器等；同时尽量降低操作过程的能耗，如采用MVR、MED、TVR等工艺。蒸汽热源蒸发结晶的主要工艺包括：强制循环蒸发结晶、OSLO蒸发结晶、DTB蒸发结晶。以下将对各主要处理技术进行详细分析。

一、工业结晶原理

固体物质以晶体状态从溶液、熔融混合物或蒸气中析出的过程称为结晶，结晶是获得纯净固态物质的重要方法之一。蒸发结晶是化工单元操作中传质分离的方法之一，其理论基础是结晶学。工业结晶研究大批量晶体的同时形成和成长过程，既要运用理论进行过程计算分析，也要利用经验、通过试验进行工程设计与运行，是一项综合性很强的技术。工业结晶的设计首先需要掌握溶液的基础物性参数，再结合结晶过程热力学、动力学进行粒数衡算、热量衡算和物料衡算，选择结晶类型，确定过程控制方式，进行设备选型。

1. 基础物性参数

溶液的基础物性参数包括密度、黏度、比热、混合热、溶解热、结晶热、沸点升高等，物性参数是进行粒数衡算、热量衡算、物料衡算的基础，可以通过查化学手册获得，也可通过试验得到。

2. 结晶热力学

结晶过程热力学研究溶液的相平衡、溶解度、超溶解度、过饱和度、介稳区等。当溶液中固体的溶解与析出的速率相等，则固体与溶液达到了相平衡，可以用固体在溶剂中的溶解度来表示。溶解度主要随温度变化，随压力的变化可忽略不计。饱和溶液降温或者蒸发溶剂，在一定范围内并不会有晶体析出，此时为过饱和溶液。过饱和溶液与相同温度下饱和溶液的浓度之差称为过饱和度。

溶液的过饱和度是推动结晶过程的原动力。溶液过饱和度的大小直接影响晶体成核与成长过程的快慢，进而影响晶体产品的粒度分布，对结晶过程非常重要。

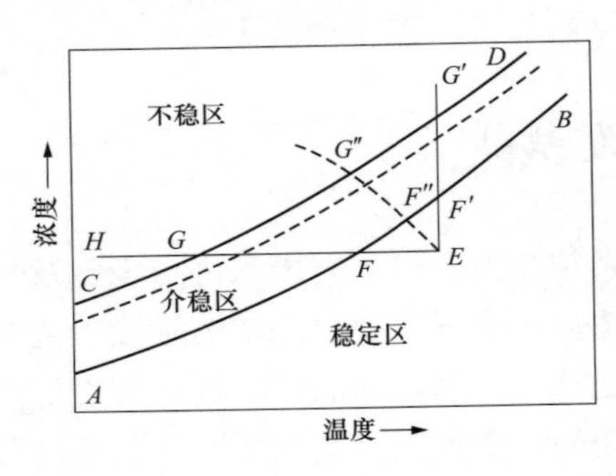

图 11-1　溶液过饱和度与结晶的关系

图 11-1 所示为溶液过饱和度与结晶的关系。其中，*AB* 线是饱和溶解度曲线；*CD* 线是过饱和且能自发产生结晶的浓度线，称为超溶解度曲线。超溶解度曲线受外部操作条件影响，如有无搅拌、搅拌强度、有无晶种、晶种大小与数量、温度变化速率等，因而操作条件对结晶过程有显著影响。*AB* 线以下是稳定区，*CD* 线以上是不稳区，两线之间是介稳区。稳定区尚未饱和，不会发生结晶；不稳区能自发产生晶核，发生结晶；而介稳区不会自发产生晶核，但若加入晶种，则晶种会长大。

由图中 *E* 点，可以有不同路径实现结晶，*EFGH* 线为降温结晶。在 *FG* 区间若无外部晶种，则不会结晶；超过 *G* 点进入不稳区后，才能自发产生晶核。此外，还可以利用在恒温下蒸发溶剂的方法，使溶液达到过饱和，如图中 *EF′G′*线所示。或者利用冷却与蒸发相结合的方法，如图中 *EF″G″*所示，都可以完成溶液的结晶过程。过饱和度与介稳区对工业结晶操作有重要意义。控制溶液的过饱和度较低，且在介稳区之内，则自发成核数量很少，通过加入晶种，可以得到粒度大而均匀的结晶产品。反之，若系统运行在不稳区，则将有大量晶核自发产生，所得产品晶粒将很小。

此外，在热力学部分，水盐体系相图对结晶过程的设计也有重要的指导意义。相图用于表示在一定的外界条件下，一种或多种盐在溶液中的溶解度及变化规律，把不同压力、温度下的平衡体系中的各个相、相组成及相之间的相互关系反映出来，是溶解度数据的图形化。应用相图可以预知体系中各种盐的析出顺序及变化规律，用于指导将某种盐从溶液中析出，将其分离。

3. 结晶动力学

结晶过程动力学主要研究晶核形成、晶体成长过程的机理和速率问题，包括成核动力学、生长动力学。

成核动力学主要研究初级成核、二级成核过程和机理。初级成核是在没有晶种存在的过饱和溶液中自发产生晶核的过程。在不稳区均相过饱和溶液中自发产生晶核的过程称为均相初级成核；若过饱和溶液中还有固体杂质颗粒，在此条件下的自发产生晶核的过程称为非均相初级成核。二级成核是在有晶种存在的过饱和溶液中发生的，其机理包括接触成核和流体剪切成核。

初级成核速率比二级成核速率大得多，且对过饱和度很敏感，不易控制，形成的晶核非常细小。因而，一般工业结晶过程通常要尽量避免发生初级成核，而主要依靠二级成核。图 11-2 所示为结晶成核过程与溶解度曲线分区，将初级成核、二级成核与溶解度曲线综合，在不稳区才能发生初级成核，在介稳区中有晶种存在时，能够发生二级成核。

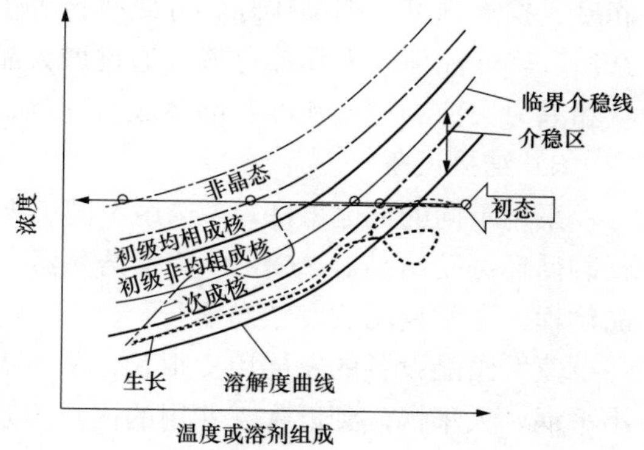

图 11-2 结晶成核过程与溶解度曲线分区

生长动力学主要研究溶质质点在过饱和度推动力作用下，向晶核表面运动并层层有序排列，使晶核或晶种不断长大的过程。晶体生长过程包括扩散、表面反应、传热过程。影响晶体成长速率的因素包括晶粒大小、结晶温度、杂质等。溶液中杂质的存在，通常会对晶核的形成有抑制作用，对晶体的形状也会造成影响，但目前尚没有普遍公认的规律。

总体来说，结晶过程分为以下三个阶段：

（1）过饱和溶液形成阶段，过饱和度是结晶过程的推动力。

（2）成核阶段，由过饱和度推动溶质分子开始聚集，形成可以作为结晶中心的晶核。

（3）成长阶段，紧接在成核之后，由被称为生长基元的粒子扩散到已出现的晶核的表面并嵌入到晶格的结构中。

工业结晶的产品是晶体，而晶体性能主要体现在晶体结构和粒度分布。溶液结晶的成核和成长对晶体性能起决定性的作用，因而结晶热力学和动力学的知识对控制结晶产品品质很重要。然而，目前基础理论还不能完全描述工业运行条件下晶体的成核和成长过程，因而工业结晶过程的设计往往更多是基于实践经验。

4. 结晶方法的分类

按照结晶过程中过饱和度形成的方式，可将结晶分为移除部分溶剂的结晶和不移除溶剂的结晶两类。

不移除溶剂的结晶为冷却结晶法，通过冷却获得过饱和度，适用于溶解度随温度降低而下降显著的物系。

移除部分溶剂的结晶包括蒸发结晶法和真空冷却结晶法，蒸发结晶使部分溶剂汽化而获得过饱和度，适用于溶解度随温度变化不大的物系。真空冷却结晶使部分溶剂汽化的同时，溶液亦被冷却，具备蒸发结晶和冷却结晶共同的特点，适用于中等溶解度物系。

5. 结晶过程控制关键技术

工业结晶过程控制关键技术包括：晶体结构和形态控制、晶体粒度和粒度分布控制、晶体纯度控制、过程工业化技术。晶体结构和形态可以通过改变操作条件来调节，如控制结晶过程过饱和度、结晶器内不同混合强度、不同结晶温度等，还可以通过投加溶剂添加剂、溶质添加剂来改变晶体特性。晶体粒度和粒度分布可以通过控制结晶过程过饱和度、搅拌强度、细晶排除、分级排料等手段调节。晶体纯度控制主要是减少晶体包裹杂质、降低晶体表面粘接母液，通过增大晶体粒径、减小粒径分布宽度、控制晶体的形状和晶习、控制过饱和度和晶体成长速度、控制成核速率等手段实现。

6. 结晶设备

采用不同的结晶方法，需选用不同类型的结晶器，如冷却结晶器、真空冷却结晶器、强制循环蒸发结晶器、OSLO 蒸发结晶器、DTB 蒸发结晶器等。对火电厂末端废水的结晶过程，通常使用蒸发结晶器。

蒸发结晶设备的发展历史很长，从古老的作坊式手工操作的圆锅、小方锅、镶锅、小平锅、大平锅，到近代工业用的内热式强制循环蒸发结晶器，再到现代工业用的外热式强制正循环蒸发结晶器（分为切向进料和轴向进料两种）、外热式强制逆循环蒸发结晶器（分为径向出料和轴向出料两种）。国内制盐企业应用最多的是外热式强制循环蒸发结晶器。

若为了获得粒径更大的结晶盐，可在上述蒸发结晶器的基础上，增设育晶器，成为OSLO（奥斯陆）蒸发结晶器、DTB 蒸发结晶器，可获得粒径在 1mm 至数毫米的结晶产品。

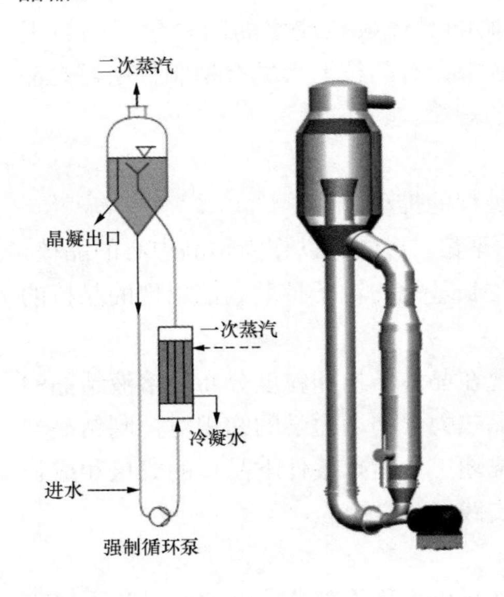

图 11-3　外热式强制正循环蒸发结晶器

二、强制循环蒸发结晶器

1. 强制循环蒸发结晶器的原理与特点

强制循环（Forced Circulation，简称 FC）型蒸发结晶器，由结晶室、循环管、循环泵、加热器等组成。图 11-3 所示为外热式强制正循环蒸发结晶器原理示意图。

强制循环蒸发结晶器将结晶室和换热器分离，结晶室有锥形底，料液从锥底排出后，经循环管由循环泵推动料液循环至加热器内被加热，再返回结晶室。料液循环速度的大小可通过调节循环泵的流量来控制，其循环速度可达 2.5m/s 以上。晶浆排出口位于接近结晶室锥底处，而进料口则在排料口之下的较低位置上。

强制循环蒸发器的优点是传热系数大，对于黏度大、易结晶和结垢的溶液，适应性好。在这类蒸发器中，盐水被循环泵以高流速强制输送通过加热器管，对管子有高速冲刷作用，在管内加热过程中料液不发生相变沸腾，无浓缩作用，可防止在换热器管子表面结垢。强制循环蒸发器的主要缺点是需要消耗动力和增加循环泵。

为了提高热能利用效率，可以考虑回收结晶室产生的二次蒸汽中的热能，采用 MVR、TVR 技术，或者采用两效或多效蒸发结晶方案。具体工艺方案，可根据末端废水的水质水量，经技术经济比选后确定。

2. 末端废水强制循环蒸发结晶过程

电厂末端废水中钙、镁、硫酸根、氯离子含量很高，在预处理与浓缩阶段，若未去除钙镁硬度，则在结晶阶段蒸发器运行工况将与制盐行业卤水蒸发结晶有显著差异。下面对这两种情况进行讨论。

若高盐废水经过软化预处理，则末端废水中主要含氯化钠和硫酸钠，则蒸发结晶过程与制盐工艺类似。在这种情况下浓缩料液的沸点升高较小，可以采用 MVR-强制循环蒸发结晶技术，最终产品为氯化钠和硫酸钠的混盐。若需生产工业盐，则可在浓缩阶段使用纳滤技术分离硫酸钠和氯化钠，再分别结晶产盐和芒硝。也可以参考制盐行业盐硝联产技术，利用硫酸钠和氯化钠的溶解度随温度变化的差异，在不同温度下分别制取盐和芒硝。

若高盐废水未软化预处理，则末端废水中主要含硫酸钙、硫酸镁、硫酸钠、氯化钙、氯化镁和氯化钠，还可能含有两种盐分组成的复盐，成分繁杂。蒸发过程可能在结晶器内产生泡沫，同时具有极强的腐蚀性，与这些盐水接触的任何结晶器设备，必须采用非常昂贵的合金金属来制造。此外，由于氯化钙、氯化镁的饱和溶解度很高，造成料液沸点升高过大，无法采用 MVR 技术，必须采用高温蒸汽热源。在此条件下，结晶的最终产物为多种盐混合的杂盐，无综合利用价值。

另有一种带盐腿的强制循环蒸发结晶器设计，如图 11-4 所示。未软化的末端废水进入结晶器内蒸发结晶，结晶析出的晶浆进入盐腿，盐腿内带重力分离和淘洗系统，利用密度、粒度的差别将盐中的 Ca_2SO_4、CaF_2、Mg（OH）$_2$ 等分离出来，提高产盐的品质。然而该工艺在国内火电厂无运行案例，其制盐效果和工艺性能尚待验证。

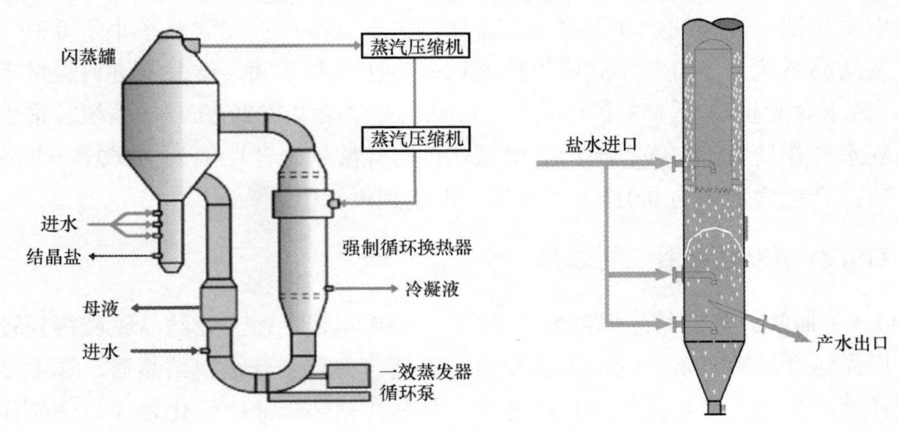

图 11-4　带盐腿的强制循环蒸发结晶器

强制循环蒸发结晶器运行主要流程如下。末端废水原水由泵送至循环管，与正在循环中的盐水混合，由循环泵送入壳管式换热器管内，用蒸汽加热，温升6～8℃左右，盐水在加压状态下不会沸腾并抑止管内结垢。被加热的盐水以特定角度进入结晶室，产生涡旋并发生闪蒸，部分水分被蒸发，盐水浓缩并析出晶体。浓缩后的盐水继续循环、加热、闪蒸过程，结晶室顶部二次蒸汽冷凝为蒸馏水，热量回收或二次利用。

强制循环蒸发结晶器的不足之处是结晶粒度较细碎，约在0.1～0.84mm的范围，且粒度分布不均匀。

3. 强制循环蒸发结晶工艺应用

华东某大型火电厂，装机容量为2×660MW，其末端废水主要为脱硫废水和精处理再生废水，经过软化、浓缩处理后，进入结晶系统产盐。结晶系统采用进口强制循环蒸发结晶器，并用TVR技术回收二次蒸汽热能。结晶系统主要设备包括：结晶器、循环泵、加热器、进料泵、进水预热器、冷凝水系统、母液罐、晶浆泵、旋流分离器、离心机、流化床干燥器等。

主要工艺流程如下：

（1）进料液通过预热器后进入强制循环结晶器，在结晶器的循环管路上设有一台轴流循环泵，控制装置始终在盐结晶的介稳区内操作，避免发生一次成核，提高结晶颗粒质量。

（2）在循环管路中安装一台加热器，用蒸汽加热循环料液，蒸汽冷凝水收集，返回进水预热器加热进料液，降温后的冷凝水回用。

（3）加热后的循环料液进入结晶器，在其中发生闪蒸，产生的二次蒸汽通过热力蒸汽喷射泵压缩后，送至循环管路加热器用于加热循环料液，可有效降低一次蒸汽耗量。

（4）结晶器中析出的晶浆，首先被泵送至旋流分离器提高晶浆浓度，再进入离心机脱水。脱水后的晶体盐经干燥器干燥后打包装袋，离心机的滤液返回到结晶系统中再处理。

主要工艺参数为：结晶器设计进料流量为5m^3/h；循环流量为900m^3/h；一次蒸汽压力为0.45MPa，温度为157℃；二次蒸汽温度为68～70℃；设计产盐量为15.8～28.2kg/t水；产盐中氯化钠与硫酸钠合计占总结晶盐比例大于95%；产盐含水率小于0.3%。

该蒸发结晶系统于2017年完成了性能试验。在试验期间，结晶器进料流量平均为1.64m^3/h，进水含盐量约为153 270mg/L，折算产盐量为252.2kg/h。按系统总进水流量折算后，吨水产盐量为11.3kg。但产盐中氯化钠与硫酸钠合计比例为99.62%～99.83%，超过设计值；产盐含水率为0.01%～0.02%，也达到设计值。

三、OSLO蒸发结晶器

OSLO（奥斯陆）蒸发结晶器创始于20世纪30年代，在工业结晶领域得到较广泛的应用，操作运行经验丰富。OSLO蒸发结晶器是一种粒度分级型结晶器，其主要特点是将过饱和度产生的区域与晶体生长区分离，晶体在循环母液中流化悬浮，使晶体能够生长为大而均匀的优质晶粒。图11-5所示为OSLO蒸发结晶器的原理示意图。

OSLO蒸发结晶器由闪蒸室和结晶室组成，闪蒸室在高处，结晶室在闪蒸室下方，闪蒸室通过中央降液管与结晶室相连。循环料液由循环泵输送，经过加热器加热，进入高位闪蒸室，在其中闪蒸、汽化蒸发，料液浓缩产生过饱和度，然后通过中央降液管进入结晶室底部，再向上翻转流动。随着上升流速的逐渐下降，晶体悬浮在料液中成为粒度分级的流化床，颗粒大的晶体集中在结晶室底部，与降液管流出的高过饱和度料液接触，可以进一步长大。结晶室中，越往上部的过饱和度越低，到结晶室顶部出料位置，已基本不含晶体，澄清的母液溢流进入循环管路继续循环。进料管位于循环泵的吸入管路上，与循环母液混合后，进入下一轮加热-闪蒸-结晶析出的循环。

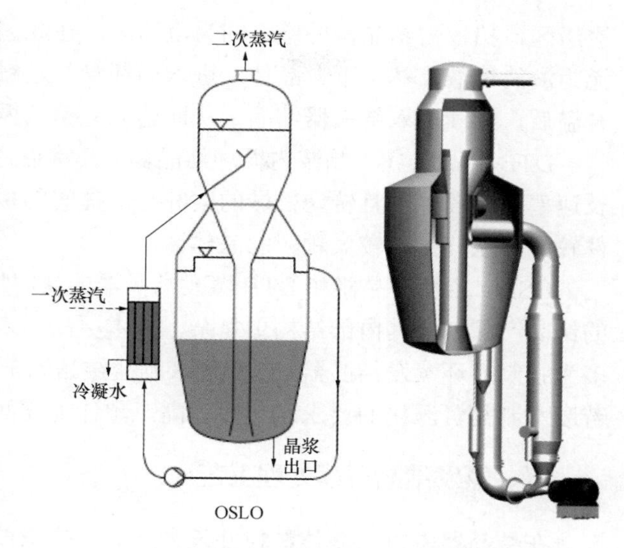

图 11-5　OSLO 蒸发结晶器示意图

OSLO蒸发结晶器的最大优点是可生产出粒度大而均匀的晶体，其缺点是生产能力受限，必须将结晶室中的流速控制在适当范围，使晶体得以良好沉降，防止母液中夹带晶体。

四、DTB 蒸发结晶器

DTB（Draft Tube Baffle）蒸发结晶器是20世纪50年代出现的一种高效结晶器，在化工、食品、制药等工业部门广泛采用。DTB蒸发结晶器是具有导流筒和挡板的结晶器的简称，其性能优良，能生产粒度达600～1200μm的大颗粒晶体，生产强度较高，器内不易结晶疤，已成为连续结晶器的主要形式之一。图11-6所示为DTB蒸发结晶器的原理示意图。

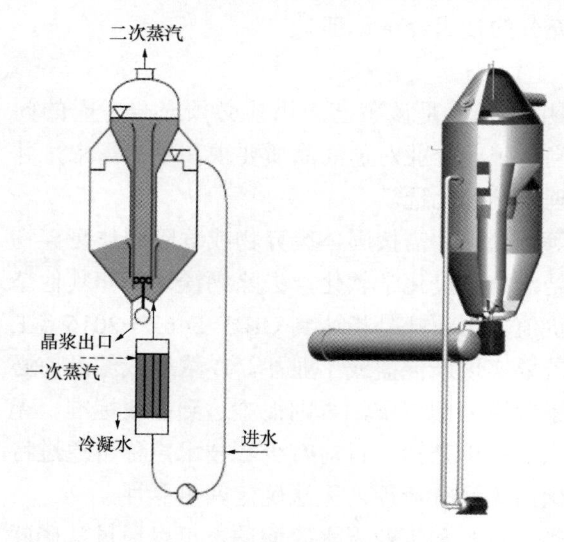

图 11-6　DTB 蒸发结晶器示意图

DTB结晶器内有一圆筒形挡板，其中心还有一个导流筒。在导流筒内接近下端处有搅拌提升叶轮，以较低的转速旋转。结晶器内料液在提升叶轮的推动下，在导流筒内上升至结晶器顶部闪蒸室的液体表层，然后转向下方，沿导流筒与挡板之间的环形通道流至结晶器底，又再次被吸入导流筒继续循环，形成良好的混合条件。圆筒形挡板将结晶器分为晶体成长区和澄清区，挡板与结晶器外壁之间为澄清区，在此区域内晶体可以实现良好沉降，顶部溢流为澄清母液，基本不含晶体，进入循环管与进料混合后，经循环泵提升，进入加热器升温后，继续进入结晶器结晶，从而建立完整的循环结晶过程。

DTB结晶器属于晶浆内循环结晶器，其特点是结晶器内料液过饱和度较低，晶体成长速率控制较好，且转动机械的桨叶与晶体间的接触成核速率也较低，使得晶体成长条件较好，能够生产较大颗粒的晶体。

OSLO蒸发结晶器和DTB蒸发结晶器的共同特点是能够生产粒度分布均匀、粒径大的结晶产品，但其内部结构更复杂，成本更高。末端废水蒸发结晶项目中，目前采用的多为强制循环蒸发结晶器，这与废水制盐结晶尚未对产品质量提出较高要求有关。今后，若废水制盐资源化的要求进一步提高，预计上述两种结晶器的应用将逐步增多。

五、蒸发结晶后续处理工艺

在结晶器中析出晶体颗粒并长大之后，排出的晶浆需进行固液分离和干燥处理，才能制得成品盐。固液分离和干燥均为通用的化工单元操作，有较成熟的经验。已投产的电厂废水零排放项目多选用离心机进行固液分离，滤液返回结晶系统继续处理，固体送入流化床干燥器，用高温热风干燥后，再用全自动包装系统打包，统一外运处置。

六、蒸发结晶回收盐的利用

废水零排放系统产生的结晶盐，可按品质分为杂盐、混盐和工业盐。从目前国内盐业市场情况看，回收盐受法规、标准、技术等制约，难以实现良好的资源化和市场化。回收盐的定性也存在不确定性，若被判定为固体废弃物甚至危险废弃物，处理成本太高，影响主业可持续发展。此外，回收盐若作为产品销售，还需得到盐业及环保部门的许可。因此，在确定最终结晶盐品质时，需进行充分的技术经济论证。

1. 技术可行性分析

蒸发结晶工艺最终产物盐的处置和利用途径，是该工艺应用前必须充分考虑的问题。在工程设计建设前，应充分论证电厂当地工业企业对盐的品质要求和量的需求，并与用户达成综合利用意向协议，再进行处理工艺的比选。

杂盐无利用价值，结晶前未经过软化等预处理，需按固体废弃物或危险固体废弃物处置。混盐指氯化钠和硫酸钠的混合物，结晶前经过化学软化，去除钙镁硬度和其他杂质，可用作印染厂助染剂，有一定的利用价值。工业盐是指达到GB/T 5462—2015《工业盐》标准的盐，有对外销售的可能性。若要实现产混盐或工业盐，在浓缩或结晶前必须对末端废水进行软化预处理，将钙镁离子置换为钠离子，否则很难达到盐质标准。无软化预处理，直接浓缩结晶的工艺，通常只能产出杂盐。目前有少数技术声称可通过特殊设计的结晶器达到纯化分盐的目的，但国内无运行业绩，无法确定其可靠性。

为了将氯化钠、硫酸钠混盐分开，生产工业盐和工业无水硫酸钠，可以通过盐硝联产制盐与硝，也可以通过纳滤分盐后单独分别结晶制盐与硝。盐硝联产是利用氯化钠、硫酸钠溶解度随温度变化趋势的差异，在不同温度下结晶分离出盐与硝，在制盐行业有较丰富的运行经验。但该工艺能耗较高，同时要求结晶料液杂质含量要低，否则会偏离相图设计区域，影响产品氯化钠与硫酸钠的纯度。纳滤分盐技术相对能耗较低，占地面积小，分离效果好，且能保证产品纯度，缺点是预处理要求较高，操作维护技术水平要求高。

2. 蒸发结晶回收盐利用前景分析

（1）国内盐业概况。我国主要有三大制盐板块，分别为西北湖盐区、中东西南井盐区和北方四大海盐区。2015 年全国总产盐量 8876 万 t，原盐产能严重过剩。2015 年原盐下游消费中，工业用盐、食用盐和出口盐比重分别占 88.57%、10.03%及 1.4%，其中食用盐包括小工业用盐。近年来，随着原盐产能过剩、两碱行业的低迷以及大量进口盐冲击等因素影响，我国原盐价格一路下跌，大多数井盐企业限产，小海盐场已经无法生存。2015～2016 年，国内工业盐价格已由 210 元/t 左右，下跌至 160 元/t 左右。

（2）国内盐业相关政策法规与标准。工业盐和食盐具有同源性。为保证食盐加碘的推广，国务院在 1990 年颁布了《盐业管理条例》，后续出台了《食盐专营管理办法》等一系列旨在加强食盐专营的条例和法规，其中将两碱工业盐也纳入监管范围。

2017 年，国务院发布修订后的《食盐专营办法》，《盐业管理条例》废止。上述新的行政法规，删除了对工业盐实行计划管理的条文，两碱工业盐已经不属于监管范围，取消各地自行设立的两碱工业盐备案制和准运证制度，取消对小工业盐及盐产品进入市场的各类限制，放开小工业盐及盐产品市场和价格。上述法规政策的修订，对废水回收盐的综合利用将有一定的促进作用。目前相关国家标准主要有 GB/T 5462—2015、GB/T 5461—2016《食用盐》、GB 2721—2015《国家食品安全标准食用盐》；相关行业标准主要为 QB/T 4890—2015《印染用盐》、GB/T 23851—2009《道路除冰融雪剂》、《离子膜烧碱用盐》（制订中）、GB/T 21513—2008《畜牧用盐》、QB 2019—2005《低钠盐》、NY/T 1040—2006《绿色食品食用盐》、QB/T 2020—2016《调味盐》、QB/T 2606—2003《肠衣盐》、QB/T 2744—2005《浴盐》。

（3）蒸发结晶回收盐用途与产品质量标准分析。末端废水回收盐的成分杂、品相差，经过分盐和精制后，氯化钠含量虽然可以达到 99.1%以上，但仍然可能含有极微量有害物质，如重金属、COD（TOC）等；白度、粒度等指标相对偏低；部分企业依然排出杂盐、混盐。单座电厂废水结晶回收盐量仅几千吨/年，规模较小，与盐化产业未形成集群。相对来说，废水结晶回收工业盐最大的优势是避免结晶产物按照固体废弃物处置，甚至按危险废弃物处置，以避免过高的处置成本。

氯化钠的主要用途包括：两碱、食用、畜牧、道路、日化、印染、建筑、冶金、皮革、药用、保健等几十种。其中两碱用盐量最大，占消费量的 80%；其余用盐量中，食盐加小工业盐占比 15%（小工业盐包括腌渍盐、肠衣盐、融雪盐、印染盐、皮革鞣制盐以及各种添加剂用盐等）。结合最新的盐业政策和废水结晶回收盐品质等因素综合考虑，废水结晶回收盐宜首先考虑两碱用盐，再考虑用于小工业盐。

随着电力行业废水零排放的电厂逐步增多，预计废水回收盐量也将逐年上升。但很多回收盐由于法规、标准、技术等制约无法实现资源化和市场化，甚至可能会被判定为固体废弃物或危险废弃物，处置成本太高，影响主业可持续发展。此外，废水结晶回收盐作为产品销售，还受到法规政策的影响，虽然国家盐业政策已发生转变，但短期内的效应尚不明确。

另一方面，盐行业产能总体处于严重过剩状态，精制工业盐主含量几乎都在 99.3% 以上，粒度分布均匀，白度在 85 以上；价格已经跌破成本线，去产能、去杠杆、去库存压力大。精制工业盐纯度低于 98%，工业无水硫酸钠低于Ⅱ类合格品时，几乎无市场。因此，具体工程的废水结晶回收盐的产品指标确定，需要综合考虑技术和市场两方面的因素。

为了实现废水结晶回收盐的综合利用，应使产品达到相关的质量标准，避免市场销售障碍，建议以无害化-达标化-资源化为结晶盐的处置路线。“无害化”是指废水结晶回收盐首先对照《国家危险废物名录》（2016 版），按照 GB 5085—2007《危险废物鉴别标准》进行鉴别，使有害物质含量低于鉴别标准。“达标化”是指按照 GB/T 5462—2015，使产品达到相关指标。表 11-1 所示为工业盐理化指标要求。“资源化”是指在达标化基础上，建议参照 GB/T 5461—2016 标准，增加白度和粒度指标来制订该企业内控指标，参见表 11-2，提高产品质量，同时还应达到用户企业的行业及企业标准。

表 11-1　　工业盐理化指标

项目	指标								
	精制工业盐						日晒工业盐		
	工业干盐			工业湿盐					
	优级	一级	二级	优级	一级	二级	优级	一级	二级
氯化钠（g/100g）≥	99.1	98.5	97.5	96.0	95.0	93.3	96.2	94.8	92.0
水分（g/100g）≤	0.30	0.50	0.80	3.00	3.50	4.00	2.60	3.80	6.00
水不溶物（g/100g）≤	0.05	0.10	0.20	0.05	0.10	0.20	0.20	0.30	0.40
钙镁离子总量（g/100g）≤	0.25	0.40	0.60	0.30	0.50	0.70	0.30	0.40	0.50
硫酸根离子（g/100g）≤	0.30	0.50	0.90	0.50	0.70	1.00	0.50	0.70	1.00

表 11-2　　食用盐粒度与白度指标

指标		精制盐			粉碎洗涤盐		日晒盐	
		优级	一级	二级	一级	二级	一级	二级
物理指标	白度/度≥	80	75	67	55		55	45
	粒度	在下列某一范围内，应不少于 75g/100g						
		大粒：2～4mm 中粒：0.3～2.8mm 小粒：0.15～0.85mm						

七、脱硫废水蒸发结晶零排放工程实例

南方某火力发电厂，装机容量为 2×600MW，循环冷却型机组，石灰石-石膏湿法烟

气脱硫、干除渣、电除尘、干除灰。由于当地环境条件敏感，根据环评要求，必须实现全厂废水零排放。

经过循环水排污水减量、用水流程优化及废水综合利用后，最终的末端废水为脱硫废水和少量精处理再生废水，电厂将其混合后一并处理。该工程设计进水水量为 $22m^3/h$，其中脱硫废水为 $18m^3/h$，精处理再生废水为 $4m^3/h$。设计进水水质见表 11-3 和表 11-4，设计工艺流程见图 11-7。

表 11-3　　脱 硫 废 水 水 质

项目	单位	数值	项目	单位	数值
pH 值	—	5.7～6	Mg^{2+}	mmol /L	42～313
溶解固形物	mg/L	24 500～60 000	SO_4^{2-}	mg/L	1322～25 000
悬浮物	mg/L	10 000～15 000	Cl^-	mg/L	7000～20 000
Ca^{2+}	mmol/L	75～225			

表 11-4　　精处理系统再生废水水质

项目	单位	数值	项目	单位	数值
溶解固形物	mg/L	30 000～50 000	溶解固形物	mg/L	30 000～50 000
Na^+	mg/L	16 000	NH_4^+	mg/L	65～500
铁	mg/L	15～30	Cl^-	mg/L	24 500

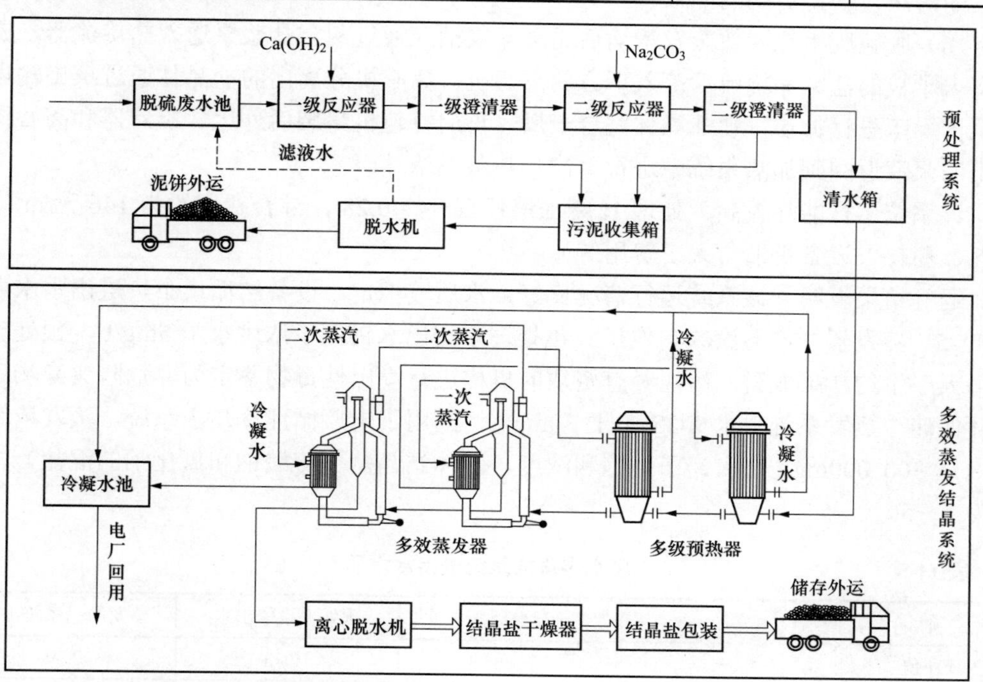

图 11-7　脱硫废水蒸发结晶处理系统工艺流程

（1）废水首先进入预处理系统，分为两级化学反应软化澄清。一级反应器分为中和箱和絮凝箱两个部分，在中和箱内添加 $Ca(OH)_2$ 将废水 pH 值调整到 10～11，进行搅拌反应生成 $CaCO_3$ 和 $Mg(OH)_2$ 沉淀，重金属离子生成氢氧化物沉淀从废水中析出。中和箱出水自流进入絮凝箱，絮凝箱投加凝聚剂 $FeCl_3$ 和助凝剂 PAM 加速反应产物的絮凝析出。废水从絮凝箱自流进入一级澄清器，澄清器泥渣送至污泥缓冲罐，清水流至中间水池储存。

（2）中间水池设有中间水泵将清水送至二级反应器。二级反应器分为沉淀箱和絮凝箱两个部分，在沉淀箱内投加 Na_2CO_3，在絮凝箱中投加凝聚剂 $FeCl_3$ 和助凝剂 PAM。二级反应器出水自流进入二级澄清器，澄清器泥渣送至污泥缓冲罐，清水流至清水箱储存。

（3）清水池出水设有干灰加湿泵以及自用水泵。根据运行需要通过干灰加湿泵将清水送至干灰加湿装置或脱硫废水蒸发结晶系统。污泥缓冲罐出口设有污泥进料泵，将污泥送至压滤机系统，压滤机滤液返回脱硫废水缓冲池，滤饼落入泥斗后用汽车外运填埋。

（4）脱硫废水预处理清水箱中的废水经预热器加热后，进入蒸发结晶系统。蒸发结晶系统主要分为四个部分：热输入部分、热回收部分、结晶转运部分、附属系统部分。

（5）蒸发结晶系统采用四效强制循环蒸发结晶工艺。从室外蒸汽管网接入生蒸汽，经减温减压器后成为一次蒸汽，送给第一效换热器，加热废水。经热交换后的冷凝水进入冷凝水桶储存回用。在换热器内，低压蒸汽与在热交换管内流动的循环盐水进行热交换，将循环盐水加热，再进入蒸发室闪蒸蒸发，蒸发出的二次蒸汽作为下一效换热器的热交换工质，与换热管内的浓盐水进行热交换，并冷凝下来。通过四效蒸发来回收二次蒸汽的潜热，获得更高的能效。

（6）脱硫废水经四效蒸发浓缩后送至盐浆桶，通过两台盐浆泵送入盐旋流器，旋流器将大颗粒的盐结晶旋流后落入下方的离心机。离心机分离出的盐晶体通过螺旋输送机送至干燥床进行加热，使盐晶体完全干燥，再用打包机封装后外运。旋流器和离心机分离出的浆液返回到加热系统中进行再次加热蒸发浓缩。

该系统运行能耗较高，处理 1t 废水消耗蒸汽约 0.28t，综合费用约为 146 元/m^3（含能耗、药耗、设备折旧与人工费用等）。

运行结果表明，该系统运行情况良好，水质较稳定，设备结垢量小，进出水水质见表 11-5。蒸发器一次蒸汽来自电厂。预处理系统出水钙离子浓度小于 5mg/L，预处理系统每天产生约 18t 泥饼。污泥经有资质的机构进行浸出性毒物鉴定为非危险废弃物后制成环保砖。蒸发系统出水 TDS 小于 30mg/L，回用于电厂循环冷却水系统。蒸发浓缩液 TDS 达 300 000mg/L，氯离子达饱和浓度，固体结晶盐（硫酸钠和氯化钠的混盐）产量约为 3～5t/天。

表 11-5　　废水零排放系统进出水水质

项目	单位	混合原水	预处理系统出水	蒸发结晶系统出水
pH 值	—	5.7～6.93	10.73	7.79
悬浮物	mg/L	20 000	5	0.58

续表

项目	单位	混合原水	预处理系统出水	蒸发结晶系统出水
Mg^{2+}	mg/L	4608	0.8	0.026
Ca^{2+}	mg/L	1600	4.32	2.65
全铁	mg/L	0.056	0.042	0.027
Cl^{-}	mg/L	12 480	11 600	2.28
SO_4^{2-}	mg/L	3652	2001	1.72
SiO_2	mg/L	112	0.44	0.30
COD	mg/L	261	<5	<5
TDS	mg/L	25 000～40 000	—	24.6

第二节 烟气余热蒸发干化

烟气余热蒸发干化技术的工艺路线主要利用电厂锅炉尾部烟气热量，将烟气与末端废水直接接触换热，使末端废水中的水分快速蒸发；析出的固体盐与烟气飞灰混合后收集处置。采用烟气蒸发末端废水，由于工艺路线与锅炉尾部烟气系统及相关环保设备密切关联，因而需要分析废水加入烟气后对烟道、除尘器、脱硫及烟气排放指标的影响，避免对电厂正常生产造成负面影响。由于末端废水中氯离子含量通常很高，因而采用烟气蒸发产出的固体物将导致粉煤灰氯元素含量上升，还需研究该工艺对电厂粉煤灰综合利用的影响。本节分别讨论烟道喷雾蒸发和旁路烟气蒸发这两种废水烟气蒸发干化的主要工艺。

一、烟气余热蒸发基本原理

锅炉尾部烟气中还含有较高的低品位热能，利用其中部分热能蒸发末端废水，使盐类析出成固体后与烟气分离并收集，是一种符合火电厂实际、相对经济高效的末端废水处置技术路线。烟气余热蒸发的基本原理是将末端废水雾化为细微液滴，喷入空气预热器与电除尘器之间的烟道内，与烟气直接接触加热蒸发；或喷入单独设置的旁路烟气蒸发器内，与从空气预热器前抽取的少量烟气直接接触加热蒸发。废水中所含的盐类等杂质蒸发干化后与飞灰结合，绝大部分被电除尘器捕集后送至灰库；蒸发的水分随烟气进入后续脱硫装置，从而实现了末端废水的零排放。

烟气余热蒸发的关键工艺过程是废水与烟气直接接触换热及蒸发。一般认为废水在烟气中蒸发过程可分为初始升温阶段、等速蒸发阶段、硬壳形成阶段、沸腾阶段及干燥阶段等五个阶段。在第一和第二阶段，蒸发过程与纯水的蒸发基本没有区别，液滴中水分逐步蒸发。但盐水蒸发时会析出颗粒，液滴直径逐步缩小导致颗粒互相靠近，直至颗粒相互接触结合。在第三阶段，硬壳开始形成，将液滴中未蒸发水分与烟气隔离，抑制了水分的进一步蒸发，在此阶段液滴温度快速上升。在第四阶段，液滴中剩余水分沸腾蒸发，直至达到第五阶段完全干燥。由于盐水蒸发存在硬壳形成阶段，造成蒸发速率比纯水更慢，因此在末端废水烟气蒸发时，所需的蒸发停留时间比蒸发纯水更长。

烟气余热蒸发需要重点研究热量平衡、烟气温度、蒸发速率、烟道尺寸与布置、喷头布置、雾化粒径、蒸发产物成分与性质、废水蒸发对烟道的影响、废水蒸发对除尘器的影响、废水蒸发对脱硫的影响、废水蒸发对粉煤灰的影响等问题。

二、烟道喷雾蒸发工艺

1. 工艺原理及主要特点

末端废水经过达标处理后，通过水泵送至除尘器前烟道内。在烟道内废水由设置于烟道内的喷嘴喷射雾化，雾化液滴随锅炉尾部烟气运动。液滴在流动过程中吸收烟气热量后迅速蒸发；废水中的盐分结晶成颗粒，其余杂质成分及重金属等污染物也同时干化析出，与飞灰结合后随烟气进入除尘设备。在除尘设备中颗粒物被捕捉下来并随飞灰一起输送至灰库。废水蒸发使烟气温度降低，含湿量上升，进入脱硫吸收塔继续处理。图11-8所示为废水烟道喷雾蒸发工艺流程示意图。

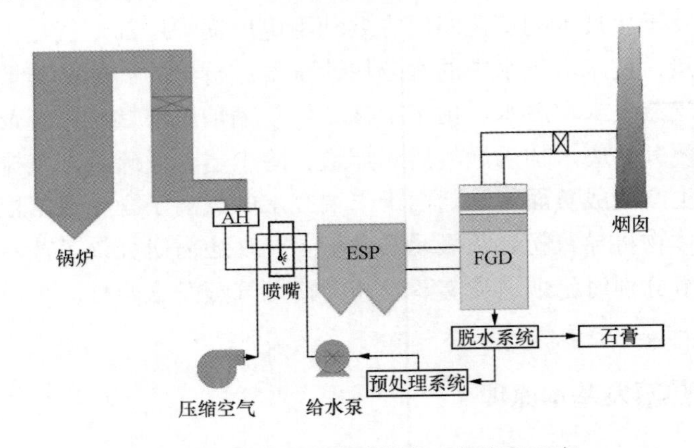

图 11-8　废水烟道喷雾蒸发工艺流程示意

该工艺的主要特点是系统简单，设备少，投资与运行费用低；能量消耗少，不需额外的热能输入；无液体排放，不会造成二次污染；废水蒸发盐分进入粉煤灰，不产生多余的固体。

该工艺在日本、美国的少数电厂有工程案例。国内也有几座电厂进行了工程改造，运行时间较短。从该工艺在国内外电厂运行情况看，均存在不同程度的问题，部分电厂因为烟道结垢、喷头堵塞等问题，停止运行或进行相应改造。

2. 废水蒸发效果的影响因素

研究结果表明，烟道蒸发工艺的成败主要取决于雾化液滴的蒸发速率、雾化粒径、烟气入口温度、烟道结构、烟道停留时间等因素，而与烟气流速、液滴初速度、废水初始温度等关系不大。

（1）末端废水水质成分对喷雾蒸发速率有影响。废水中的氯化钙、氯化镁等成分溶解度非常大，在高浓度条件下黏度大，会造成蒸发颗粒物互相黏结，蒸发速率下降。

（2）废水雾化粒径越小，液滴的比表面积越大，蒸发速率也就越快，完全蒸发所需时间越少；但雾化液滴粒径越小，所需的能耗越大，电耗将增加，需综合考虑蒸发效果和运行成本，取得平衡。

（3）雾化蒸发水量与烟气温度密切相关。喷雾点烟气温度越高，蒸发速率越快，完全蒸发所需时间越少，能够蒸发掉的水量就越大。烟气初始温度越低，未完全蒸发液滴的质量分数越大，烟道结垢风险就越大。

（4）烟道喷雾要求烟道流场平稳，需有一定长度的直烟道。若长度不够，未蒸发液滴容易碰触烟道壁面形成结垢。在进入除尘器前液滴不能完全蒸发，会对除尘器的运行造成影响。

3. 烟道喷雾蒸发造成的烟道堵塞结垢

由于对烟道喷雾蒸发效果的影响因素非常多，因而采用烟道喷雾技术的电厂，经常出现烟道积灰、结垢、堵塞现象。北方某 600MW 机组电厂，采用烟道喷雾蒸发脱硫废水，曾在短时间内出现喷头结垢、烟道结垢等问题。取电厂烟道内结垢物质进行成分分析，结果见表 11-6。

表 11-6　烟道内壁结垢物质成分

成分	CaO	MgO	SiO_2	Cl^-（可溶）	溶解性物质
质量比（%）	3.56	2.29	49.10	1.30	42.80

由表 11-8 可见，结垢物质中约 50%为硅垢，实际垢样的形貌类似水泥，十分坚硬，难以清理。经分析，该厂雾化喷头布设位置后方直烟道长度不够，烟道转弯处流场扰动很大，造成废水未蒸干之前碰壁，黏附在烟道壁上结垢。因此，烟道喷雾技术对烟温、烟道结构、喷头布设等均有很高要求，仅靠设计阶段流场模拟很难获得运行后真实条件，技术风险较高。

4. 烟道喷雾蒸发适用的条件

由已投运的烟道喷雾工程运行情况看，使用烟道喷雾蒸发技术需考虑如下条件：

（1）烟气温度升高有利于提高废水蒸发速率，且温度越高速率越快。有研究结果推荐将烟温控制在 180℃左右，但电厂空气预热器后烟温很难达到此条件，很多电厂烟温都在 130℃左右。因此，必须结合电厂实际烟温条件，合理降低设计喷雾水量。

（2）需保证废水蒸发后的烟气温度大于或等于 110℃，以免出现废水无法蒸干贴壁结垢的现象。由于锅炉在低负荷下排烟温度低，需在该系统中设置低温保护措施，保障系统的安全稳定运行。因此，烟道喷雾处理能力受机组负荷影响较大，能够处理脱硫废水的量也有限，需考虑采用一定的预处理及减量措施。

（3）烟道喷雾要求喷头后方有一定长度的长直烟道，有研究结果推荐直烟道长度不小于 9m，烟道复杂结构形式及内部支撑杠将增加喷雾后挂灰、结垢、腐蚀的风险。

（4）烟道喷雾的雾化喷射系统运行不稳定时，可能会有部分脱硫废水沾湿烟道壁，为了提高系统可靠性，需对烟道部分进行防腐处理并设置蒸汽吹灰系统。

（5）由于末端废水中氯离子含量较高，烟道喷雾蒸发后，大量氯元素转移至粉煤灰中，需研究氯元素含量上升对粉煤灰综合利用的影响。

5. 烟道喷雾蒸发工艺应用

烟道喷雾蒸发技术在国内有少数工程案例投运，大多缺乏长时间、稳定的运行考验。已有的运行经验表明，该工艺运行过程中存在蒸发废水能力较小、烟道壁和底部积灰并结垢、对烟道尺寸和内部结构要求高、运行时需消耗较多吹灰蒸汽等问题，存在废水蒸发不彻底，影响机组安全运行的风险。即使电厂废水量很小，尾部烟道条件能满足蒸发的要求，采用烟道喷雾处置废水时也要加强监测和控制，避免烟道结垢的发生。

北方某电厂 3×25MW 机组，单台机组 28 万 m^3/h 烟气量，烟气温度为 140℃，电袋除尘器。脱硫废水水量为 $2.8m^3/h$。2016 年 3～4 月进行了烟道喷雾工艺试验。

试验运行期间，对电袋除尘器一、二电场的一次电流、一次电压、二次电流、二次电压和布袋压差进行监测，发现脱硫废水烟道喷雾处理系统运行对电除尘一、二电场的电流电压及布袋压差无明显影响。在喷雾蒸发试验后进入烟道内观察，烟道内没有出现腐蚀和烟道壁积灰现象。试验证明，喷雾蒸发后粉煤灰中的干基氯含量由原来的 0.014% 上升至 0.018%，对粉煤灰的资源化利用造成的影响可忽略。

然而由于该试验开展时间很短，还不能评价工艺的长期运行可靠性。

三、旁路烟气蒸发工艺

1. 工艺原理及主要特点

旁路烟气蒸发工艺是把末端废水雾化后喷入旁路设置的烟气蒸发器，从空气预热器前抽取烟气，利用烟气中的热量使水分快速蒸发。废水中的盐分结晶形成颗粒物与烟气中的飞灰结合，一部分落入蒸发器底部的灰斗内，输送至灰库；另一部分随烟气回至主烟道，在除尘器内被捕捉、脱除，实现末端废水真正意义的零排放。该工艺可以解决直接烟道喷雾蒸发技术存在的蒸发水量小、烟道易结垢堵塞的缺点，相对于蒸发结晶技术不单独产生固体盐，降低了固体物处置费用。图 11-9 所示为末端废水旁路烟气蒸发工艺流程示意图。

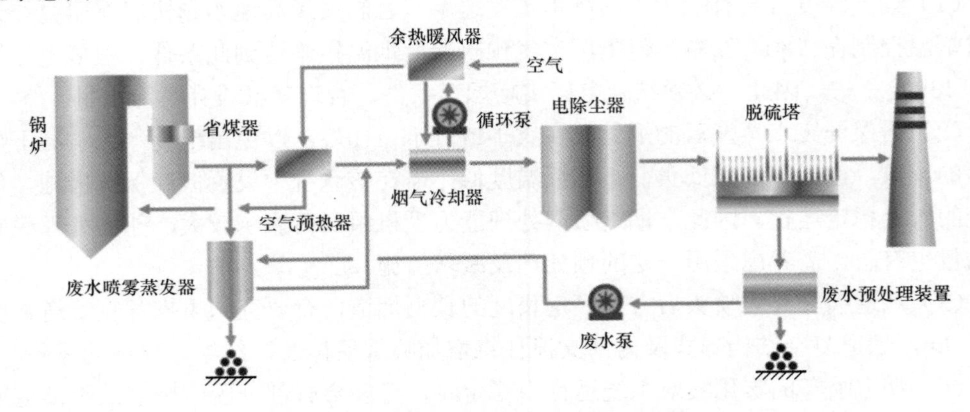

图 11-9　末端废水旁路烟气蒸发工艺图

该工艺有以下特点：

（1）系统流程较简单，设备改造工作量小，占用空间小，费用较低。

（2）废水蒸发热能来自空气预热器前抽取的少量热烟气，不需要额外的能量输入，对锅炉的热效率影响较小。

（3）从空气预热器前取烟气，烟气温度较高，有利于废水的快速蒸发，处理效率高，解决了主烟道可利用的有效蒸发长度不足、烟温较低时，烟道喷雾蒸发技术无法应用的缺陷。

（4）旁路烟气蒸发器在主烟道旁独立设置，通过烟道系统、电动隔离风门与主烟道连接与隔离，可随时与主系统隔断，设备检修、停运不影响机组正常运行，确保电厂的稳定运行。

（5）旁路烟气蒸发器的运行可实现自动控制，通过调节烟气量和喷水量，实现二者的自动匹配，确保蒸发过程在高效区运行。

（6）废水旁路烟气蒸发处理后，可有效降低烟气温度，增大烟气湿度，减小烟气体积，促进了细粉尘的凝并，有助于降低烟气比电阻，从而提高静电除尘器的收尘效率。此外，烟气温度下降，还可减少脱硫塔蒸发水耗。

（7）电厂所有高盐废水经浓缩减量后，形成的末端废水均可通过旁路烟气蒸发工艺处理，实现严格意义的电厂废水零排放。

当然，末端废水旁路烟气蒸发工艺也存在一些问题，例如其蒸发水量仍然受到机组负荷的影响，抽取烟气量通常需控制在总烟气量的 5%之内，还会稍微降低锅炉效率、增加机组煤耗。

2. 关键工艺设备

旁路烟气蒸发技术的核心设备是烟气蒸发器，也可称为烟气蒸发塔，在蒸发器内雾化后的废水与烟气直接接触换热蒸发，蒸发器内流场必须非常稳定，且在不同负荷条件下均能满足液滴完全蒸发的时间要求。蒸发器的设备尺寸应与喷头的类型、喷雾粒径、喷射角度等参数相匹配，内部尽量避免设置复杂结构，以免未蒸干的液滴贴附在其上形成结垢。由于末端废水的水质复杂，其成分将影响蒸发速率，进而影响蒸发器的结构设计，目前的理论发展和计算流体力学软件，尚不能较精确地模拟实际蒸发过程，因而在蒸发器设计过程中，应通过必要的试验确定关键设计参数。

烟气蒸发器在电厂末端废水蒸发中的应用时间还很短，已投产的项目还不多，工程应用经验尚不充足。然而，类似的喷雾干燥技术作为化工单元操作，已有数十年的发展历史，喷雾干燥技术在工业生产上也得到了广泛应用。喷雾干燥过程中液滴群的蒸发原理是该技术研究的重点，前期研究主要集中在纯理论的数值模拟，随着高速摄影技术的发展，对雾滴蒸发过程的试验研究也逐步开始发展。

喷雾器是烟气蒸发器的一个关键部件。对喷雾器的一般要求是：雾滴粒径应均匀，结构简单，生产能力大，能量消耗低，易操作。常用的喷雾器有三种基本型式：压力式喷雾器、旋转式喷雾器、气流式喷雾器。

（1）压力式喷雾器使用高压泵（3～20MPa）将料液送入喷嘴的螺旋室，液体在其中高速旋转，再从出口的小孔处呈雾状喷出。

（2）旋转式喷雾器料液由泵送入高速旋转的圆盘中心，圆盘中心有放射形叶片，圆盘转速在 10 000～20 000r/min，圆周速度为 100～160m/s。液体受离心力作用，沿径向运动至圆周后呈雾状被甩出。旋转式喷雾器雾化粒径随转速而变化，且能适应进料中含一定量的固体。

（3）气流式喷雾器也称为两相流喷雾器，料液由高速气流推动，经过喷嘴雾化成小液滴后喷出，常用压缩空气压力为 0.3～0.7MPa。气流式喷雾器雾化效果最好，粒径小且分布均匀，有利于废水的快速蒸发。

对于电厂末端废水旁路烟气蒸发工况，由于烟气温度在 330～350℃之间，喷雾器工作在高温、高灰、高结垢倾向的条件下，对上述三种喷雾器的性能进行横向对比，详见表 11-7。具体工程中，应根据电厂末端废水水质条件、烟气参数、烟气蒸发器设计条件等因素，经对比后选择适宜的雾化器。

表 11-7　　烟气蒸发器雾化器性能对比

雾化方式	压力式	气流式	旋转式
工作状况	采用高压水泵加压雾化	采用压缩空气进行雾化	依靠高速旋转喷头雾化
动力来源	高压水泵	空气压缩机	电动旋转雾化器
堵塞情况	易堵塞 （无压缩空气吹扫）	不易堵塞 （压缩空气吹扫）	介于压力式与两相流式之间
是否需要预处理	需要	需要（要求较压力式低）	要求较低
结构复杂程度	简单	简单	复杂
振动情况	无	无	需定期调整动平衡
检修难易	简单	简单	中等
设备占地面积	较小	小	较大
能耗	较高	低	中等

3. 氯元素在蒸发过程中的迁移转化

末端废水烟气余热蒸发，其产物可分为固态产物和气态产物两类，电厂除尘器对固态颗粒能够有效截留去除，但对气态产物几乎不能去除，因而都将进入后续脱硫系统。前面的章节中分析了煤中氯元素在燃烧过程中的析出与转移规律。在对脱硫废水进行蒸发处理中，对氯元素的形态转化和分配，以及其去除效果的评价，是烟气蒸发技术的关注重点之一。

末端废水特别是脱硫废水中氯离子含量很高，这是烟气蒸发工艺必须考虑氯元素迁移的重要原因。通过排污降低系统内氯离子含量，是脱硫系统排放废水的重要目的之一。将脱硫废水用烟气蒸发之后，若大量氯元素都转移至气态中，则氯化氢又将重新返回脱硫浆液中导致氯离子的累积增高，影响脱硫系统的水平衡和氯平衡，使得脱硫废水量不断增加。此外，烟气中氯化氢含量增加，也可能会增加烟气蒸发后续设备的腐蚀风险。有学者专门针对此问题开展研究工作，结果表明，在中性和酸性条件下，脱硫废水蒸发后氯元素转化为氯化氢的比例较高；而在碱性条件下，蒸发产物中氯化氢的比例显著下降。此外，在高温烟气（300℃）中蒸发，产物转化为氯化氢的比例比低温烟气（150℃）中高2～4倍以上。氢氧化钙作为pH调节剂，比用氢氧化钠对氯元素挥发性的抑制作用更强，可能原因是Ca^{2+}核电荷数大、价态高，相对于Na^{+}而言，其对Cl^{-}的结合能力更强，离子键能更高，在高温条件下的水解程度较轻，因而抑制了氯离子的挥发。

根据相关研究，在旁路烟气蒸发工艺中将脱硫废水用石灰调节至pH值为9～10，能够较好地抑制水中氯离子的挥发。研究结果表明，对于氯离子含量为3351mg/L的脱硫废水，控制pH值＝10在300℃下蒸发，水中108.8mg/L的氯离子转化为气态，约占脱硫废水原水氯离子比例为3.2%，影响相对较小。烟气中增加的氯化氢，通过略微调整脱硫运行控制氯离子水平，即可维持脱硫废水的水平衡。该研究结果也与旁路烟气蒸发设备现场运行结果相符。某300MW机组，通过旁路烟气蒸发器蒸发处理脱硫废水。脱硫废水处理量为3.5m^3/h，入口烟气温度为330～350℃，脱硫废水中氯离子含量为7273mg/L，pH值＝10.3；蒸发处理后，约97%的氯离子转移至粉煤灰中，这与前述试验结果基本吻合。同时，研究结果表明，将脱硫废水的pH值调到9～10可抑制其对碳钢和304不锈钢的均匀腐蚀和缝隙腐蚀。因此，采用旁路烟气蒸发工艺处理末端废水，氯元素的挥发性迁移比例较低，对相关系统和工艺的影响并不显著。

4. 旁路烟气蒸发工艺应用

中部地区某2×350MW机组，脱硫废水同时采用烟道蒸发与旁路烟气蒸发技术进行了试验和工程改造，其主体工艺为：预处理-膜减量-尾部烟气蒸发。脱硫废水处理水量按20 m^3/h设计，需实现脱硫废水零排放。预处理采用两级化学反应软化澄清，浓缩系统采用超滤反渗透工艺，尾部烟气蒸发包括烟道喷雾蒸发和旁路烟气蒸发系统。

该项目前期采用直接烟道喷雾蒸发工艺，当锅炉负荷降低时，存在蒸发不彻底的情况，对电厂的安全稳定运行造成影响。为解决直接烟道喷雾蒸发技术存在的问题，对处理系统进行改造，新增旁路烟气蒸发处理系统。该处理系统从空气预热器前端、SCR出口之后引入少量烟气，在空气预热器与除尘器之间设置旁路烟道，利用烟气的高温使雾化后的脱硫废水迅速蒸发，水蒸气和结晶盐随烟气一起进入除尘器处理，水蒸气进入后续脱硫系统，含盐粉煤灰被除尘器捕集后综合利用。

旁路烟气蒸发系统运行期间，喷雾蒸发水量约为6m^3/h，脱硫效率维持在95%以上。空气预热器一次、二次风温有略微降低，但基本在3℃以内。除尘器进、出口温度与喷雾前并没有明显差别。喷雾后烟气湿度稍微增加，除尘效率依旧在90%以上。喷雾前后粉煤灰成分对比为：喷雾后粉煤灰中氯离子含量增加到0.103%；按20%的比例掺做水泥，则氯离子在水泥中的占比为0.0206%，低于国家标准要求的0.06%。

四、烟气余热蒸发产物利用

旁路烟气蒸发技术的一个重要特点是废水蒸发析出的盐分与飞灰混合，不单独产生需处置的固体盐。然而由于末端废水中氯离子含量通常较高，氯离子转移至粉煤灰中后，是否会影响电厂粉煤灰综合利用的问题，必须在工程改造方案制定时进行分析。

1. 电厂粉煤灰综合利用的途径

近十年来，国内电厂粉煤灰作为重要的建筑辅料，在各地均得到了充分的利用，粉煤灰的销售也能为电厂带来一定的经济效益。粉煤灰的利用途径主要包括生产加气砌块、制砖、铺路；作为混凝土外加剂直接添加；用于水泥厂生产水泥，由水泥厂按比例添加到水泥熟料成品中，磨细后制成成品出厂。这些综合利用途径，分别对粉煤灰品质有不同要求，须执行不同的标准。

2. 相关国家与行业标准要求

与粉煤灰综合利用有关的国家及行业标准包括：GB 175—2007《通用硅酸盐水泥》、GB/T 1596—2017《用于水泥和混凝土中的粉煤灰》、GB/T 18736—2002《高强高性能混凝土用矿物外加剂》、JGJ 206—2010《海砂混凝土应用技术规范》，表 11-8 列出了上述标准对产品中氯、镁、硫、钠、钾含量的限值要求。

表 11-8　　粉煤灰相关标准要求对比

杂质成分	氯离子	氧化镁	三氧化硫	碱含量（Na_2O+$0.658K_2O$）	备　注
GB 175—2007《通用硅酸盐水泥》	≤0.06%	≤5%～6%	≤3.5%～4%	≤0.6%	粉煤灰硅酸盐水泥中粉煤灰组分应>20%且≤40%
GB/T 1596—2017《用于水泥和混凝土中的粉煤灰》	—	—	≤3%～3.5%	与用户商定	对氯离子无要求
GB/T 18736—2002《高强高性能混凝土用矿物外加剂》	≤0.02%	—	≤3%	与用户商定	粉煤灰属于外加剂
JGJ 206—2010《海砂混凝土应用技术规范》	≤0.06%～0.3%	—	—	—	指混凝土拌合物中氯离子含量占水泥用量的质量百分比

GB 175—2007 规定了硅酸盐水泥、普通硅酸盐水泥、矿渣硅酸盐水泥、火山灰质硅酸盐水泥、粉煤灰硅酸盐水泥、复合硅酸盐水泥等产品的质量要求，其成分包含熟料加石膏、混合材料。粉煤灰属于其中一种混合材料，其在水泥中的用量根据水泥产品的不同而有所不同。标准规定的各含量限值为水泥成品的要求，需按水泥中粉煤灰的掺加量进行折算。JGJ 206—2010 也是对所用水泥产品的质量要求。GB/T 1596—2017、GB/T 18736—2002 是直接对粉煤灰的质量要求。

经过物料衡算，对于烟气蒸发处理末端废水的工况，废水蒸发后粉煤灰中氧化镁、三氧化硫、碱含量等杂质增加的量明显低于上述标准中的限值，因此该工艺对粉煤灰的综合利用没有影响。对于氯离子的限值要求，需要根据电厂的具体情况进行核算，以制定粉煤灰综合利用方案。总体来看，粉煤灰用于生产加气砌块、铺路、制砖等，对氯离子含量没有要求；水泥生产过程对粉煤灰中的氯离子含量没有要求，但对出厂水泥中氯离子含量要求低于 0.06%，因而水泥中粉煤灰的掺加量需按氯离子含量进行核算。普通混凝土对粉煤灰中氯离子含量没有要求，高强高性能混凝土所用粉煤灰中的氯含量需小于 0.02%（高强高性能混凝土主要用于桥梁、水工大坝等，用量相对较少）；海砂混凝土拌合物中氯离子含量占水泥用量的质量百分比不大于 0.06%～0.3%，海砂混凝土的使用范围较窄。

因此，具体工程中可以根据电厂粉煤灰产量、末端废水蒸发量、末端废水水质等数据进行粉煤灰中氯离子含量核算。若氯离子含量较高，则可以通过控制水泥中粉煤灰掺加量、将部分粉煤灰用于铺路制砖等，以多种方式实现粉煤灰的综合利用。

3. 烟气余热蒸发对粉煤灰影响分析案例

中原地区某大型火电厂，装机容量为 2×1000MW。该厂脱硫废水量为 $20m^3/h$，氯离子含量为 14 500mg/L，采用烟气余热蒸发实现脱硫废水零排放。

采用烟气蒸发处理脱硫废水之前，粉煤灰中氯离子含量约为 0.007%，年产粉煤灰总量为 1 298 380t。根据机组年平均负荷率 71%计算脱硫废水量及其中氯离子总量为 1207t，按废水中的氯离子完全转移进入粉煤灰中计算（最不利情况），烟气蒸发喷入脱硫废水后，粉煤灰中氯元素含量为 0.093%。

水泥厂对作为原料的粉煤灰中氯离子的含量并没有提出要求，但 GB 175—2007 中规定，出厂水泥中的氯离子含量不大于 0.06%。因此，在制水泥过程中，采用该工程烟气蒸发后的粉煤灰，其最高掺混比例为 65%，即可控制最终产品中氯离子含量小于 0.06%。实际根据该标准要求，水泥中粉煤灰掺加量最高不超过 40%（复合硅酸盐水泥），因而采用烟气蒸发工艺后，粉煤灰中氯离子含量升高并不影响粉煤灰的综合利用。

此外，由于粉煤灰用于生产加气砌块、铺路、制砖、普通混凝土等用途，对氯离子含量没有要求，可以把部分烟气蒸发后的粉煤灰用于上述工业生产中。

五、烟气蒸发工程案例

1. 脱硫废水烟道喷雾蒸发废水零排放工程

西北地区某火电厂，装机容量为 2×660MW，超临界燃煤纯凝空冷发电机组。采用空冷方式，大大降低新鲜水的消耗量，同时采用正压力气力除灰、干灰输送，以及全厂各类污、废水分流制等方案，最大限度减少用排水水量。针对水质复杂、难以回用的脱硫废水又专门设计建设一套脱硫废水零排放系统，用于消纳脱硫废水。

脱硫废水零排放处理装置设计额定处理能力为 $20m^3/h$，最大设计出力按 125%容量考虑，在烟气热量足够时，设计最大出力为 $25m^3/h$。脱硫废水设计无预处理，直接通过烟道喷雾蒸发，设计水质见表 11-9。

表 11-9 脱硫废水水质

项目	单位	数值	项目	单位	数值
pH 值	—	5～6	铬	mg/L	0.26～1.37
Cl^-	mg/L	5260～6450	砷	mg/L	0.0019～0.026

该工程设计工艺流程见图 11-10。脱硫废水零排放系统由废水系统、压缩空气系统、冲洗系统、废水雾化系统、烟道防护系统、自动控制系统组成。

通过水泵将脱硫废水导入空气预热器后、低温省煤器前的烟道内，经双流体雾化设备高度雾化，在高温烟气的加热作用下，水分被完全蒸发成水蒸气，而废水中的污染物及盐分蒸发结晶成固体颗粒，被除尘器捕捉进入干灰，水蒸气随烟气进入脱硫塔，实现

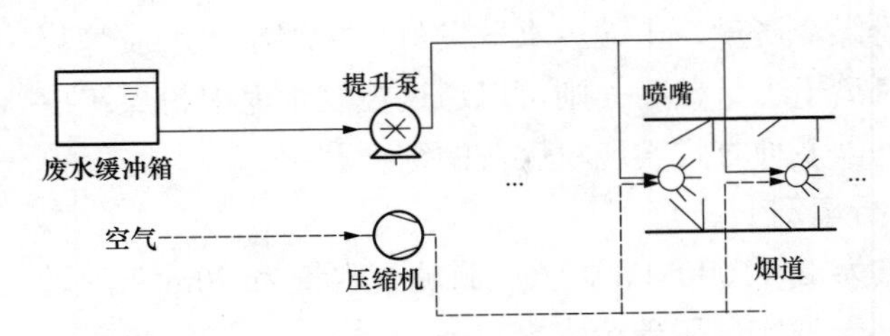

图 11-10 脱硫废水烟道喷雾蒸发系统工艺流程

脱硫废水零排放。

该系统运行主要消耗电能，以及吹灰消耗的蒸汽，蒸汽参数为 p=1.710MPa，T=212.3℃。运行成本小于15元/t水。运行结果表明：

（1）在脱硫废水零排放系统停运、投运试验条件下，电除尘器出口烟尘浓度、本体阻力和漏风率均满足原保证值要求，除尘效率小于原设计保证值。

（2）脱硫废水零排放系统投运条件下，当烟气温度在120～133℃温度段，脱硫废水喷雾量符合设计值要求。当烟气温度低于 120℃时，脱硫废水喷雾量已经超过设计值，烟道内可能发生脱硫废水未完全蒸发现象；当烟气温度高于 133℃时，脱硫废水喷雾量未达到设计值。

（3）性能试验期间，脱硫废水零排放系统投运条件下，喷入烟道的脱硫废水中大部分氯离子可随飞灰被电除尘器捕获，不会在后续脱硫系统中富集。

（4）性能试验结束后，打开烟道发现喷嘴、吹灰器管路、烟道导流板、烟道底部及电除尘器极板均有不同程度结垢或积灰现象。

（5）在实际运行中，该电厂机组负荷率整体不高，部分时间甚至低于 50% BMCR，烟气温度极低（小于或等于 110℃），已经无法喷雾处理脱硫废水。后续考虑采用膜浓缩方式将脱硫废水进行减量，以实现低负荷工况条件下脱硫废水的零排放。

2. 脱硫废水旁路烟气蒸发零排放系统

某火力发电厂装机容量为 4×350MW，采用干除渣、电除尘、干除灰工艺。四台机组冷却方式均采用单元制循环供水冷却系统，均设有石灰石-石膏湿法烟气脱硫系统。

脱硫废水预处理系统设计进水量为 7.0m³/h，脱硫废水旁路烟气蒸发设计水量为1.3～2.0m³/h。脱硫废水为达标处理系统处理出水，设计水质见表 11-10。图 11-11 所示为设计工艺流程。

表 11-10　　　　脱 硫 废 水 水 质

检验项目	单位	检验结果	检验项目	单位	检验结果
pH 值	—	8.1～9.3	Mg^{2+}	mg/L	2976～10 646
溶解固形物	mg/L	29 620～74 274	SO_4^{2-}	mg/L	7872～30 307
Ca^{2+}	mg/L	164～498.8	Cl^-	mg/L	7750～12 198

（1）预处理采用氢氧化钠-碳酸钠软化法，在一体化澄清器中对脱硫废水进行软化澄清处理。分别在一、二级反应区投加 NaOH 和 Na_2CO_3，通过 NaOH 调节废水 pH 值，使脱硫废水中部分重金属离子、Mg^{2+}和硅等污染物及部分致垢离子产生沉淀，再投 Na_2CO_3 去除废水中 Ca^{2+}，而后通过澄清池进行固液分离。NaOH 投加量根据一级反应区 pH 值进行调整，控制一级反应区 pH 值=11，Na_2CO_3 投加量根据实验室烧杯试验结果进行确定。

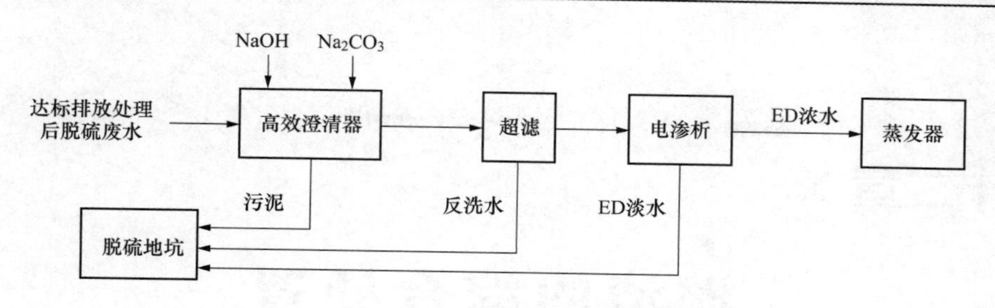

图 11-11　脱硫废水旁路烟气蒸发系统工艺流程

（2）经过软化澄清处理后的脱硫废水，先经石英砂过滤器过滤，再送入超滤系统，去除颗粒物及胶体杂质，提高后续电渗析进水水质。

（3）膜浓缩系统采用电渗析（ED）工艺，由于电渗析技术的浓缩驱动力是电场力，因此可将废水含盐量浓缩至15%以上，减量效果明显。

（4）电渗析浓水送入喷雾水箱，并由喷雾水泵送至旁路烟气蒸发器的喷雾系统。

（5）在锅炉钢架侧面设置旁路烟气蒸发器，由省煤器和空气预热器之间的主烟道抽取烟气，送入旁路烟气蒸发器内，与雾化后的脱硫废水直接接触蒸发。析出的盐与飞灰结合，部分收集在蒸发器底部送至灰库，蒸发器出口烟气返回主烟道，继续进入除尘器将盐与飞灰捕集下来，实现废水零排放。

该工艺最大的特点是：采用锅炉尾部烟气余热在烟道外的独立蒸发器中蒸发消耗脱硫废水，可实现脱硫废水真正意义的零排放，废水蒸发干化析出的盐与飞灰结合返回灰库综合利用，不存在蒸发结晶产盐的处置难题，降低了脱硫废水零排放系统的投资和运行费用。该工程的主要能耗是电耗，利用烟气余热喷雾蒸发废水也会增加少量煤耗，合计吨水运行费用约为 18 元/t 水。

运行效果如下：

（1）一体化澄清器软化处理性能良好，出水浊度稳定小于 15NTU，钙、镁和硫酸根的去除率（以平均值计算）分别达到了 92.8%、96.9%和 17.64%，药剂投加量较传统工艺有所降低。

（2）软化后的脱硫废水采用电渗析技术浓缩，浓水含盐量最高可达 20%，废水减量 75%～90%。

（3）采用旁路烟气蒸发器蒸发脱硫废水，实现了不贴壁、不结垢。喷雾蒸发后，蒸发器灰斗收灰量约为 62%，蒸发器出口烟气含灰量约为 38%。

（4）经过长期试验检测发现，脱硫废水烟气蒸发处理后，粉煤灰粒径相对于原始灰样有所增大，但蒸发器灰斗中粉煤灰能很好地通过气力输灰送至灰库。

（5）考虑脱硫废水带入的氯元素影响，粉煤灰中氯元素总量满足水泥行业对粉煤灰质量的要求，不会影响粉煤灰综合利用。

（6）采用旁路烟气蒸发器蒸发脱硫废水后，分析电厂除尘、脱硫等系统的运行数据，喷入脱硫废水对上述系统正常运行无影响。

第十二章 泥渣的综合处置

火电厂废水处理过程中，会产生一定量的泥渣。在以前有水力冲灰时，全厂所有的泥渣直接排入冲灰系统，不存在固体废物处置的问题。现在绝大多数火电厂已经采用干除灰，泥渣的处置变得困难。目前火电厂可以消纳泥渣的方法包括：①送入水力冲渣系统，通过渣水浓缩装置沉降、浓缩后，与炉渣等固体物混在一起处置。对于石灰处理产生的泥渣，主要成分是碳酸钙，有些电厂将其送入湿法脱硫系统综合利用。但是无论是除渣系统还是脱硫系统，消纳泥渣的前提是不能影响系统的运行。②如果泥渣中的挥发性元素，尤其是挥发性重金属含量不大、可燃物质含量高的情况下，也可以与煤混合送入炉膛焚烧，通过焚烧对固体废物减量。这种方法的前提是不能影响锅炉的安全运行，不能增加烟气中限制排放的成分。③对泥渣进行脱水干化，外运处置。这种方法在德国等发达国家的火电厂应用比较普遍，在我国目前还不普遍。在没有更好的泥渣处置方式之前，脱水干化可能是大部分电厂可以采用的泥渣处置方式。

第一节 泥渣处置与利用方式

一、固体泥渣处置途径

泥渣处置有多种途径，不同国家、地区有不同的处置要求和方法。但无论何种处置方式，基本要求是泥渣应长期保持稳定，对生态环境无不良影响。处置方式主要有卫生填埋、农用绿化、海洋倾倒、焚烧处理及综合利用（建材利用）等。其中，海洋倾倒曾经是以前广泛采用的一种简便、经济的处理方法，一些靠近海岸的大型污水处理厂将其液态泥渣排海。但泥渣投海会污染海洋，对海洋生态系统和人类食物链造成威胁，纽约市每年约有120万t泥渣倾倒处置，40年时间使51.8km^{2}海洋变成死海。因此泥渣海洋倾倒已受到越来越多的反对。1988年美国已禁止向海洋倾倒泥渣，并于1991年全面加以禁止。我国于1994年初接受3项国际协议，承诺于1994年2月20日起不在海上处置工业废弃物和污水泥渣。原欧共体在1991年5月颁布的《Directive Concerning Urban Wastewater Treatment》中指出：从1998年12月31日起，不得在水体中处置泥渣。

农用和填埋是大多数国家泥渣处置的两种最主要方法。西欧国家以填埋为主，美国和英国以农用为主，而加拿大则以焚烧为主（占 40%）。我国大约有 45%的泥渣用作农业利用，34.4%的泥渣进行土地填埋，泥渣绿化和焚烧各约占 3.5%。

欧盟及成员国泥渣管理的法规体系非常完备，对泥渣的管理分为法律法规、标准和管理政策三个层次。泥渣处置的安全性和环境可接受程度是欧盟泥渣处置相关标准的基本要求。在完善的法律体系和标准体系基础上，欧盟在充分认识泥渣有效利用价值的基础上制定泥渣管理政策，对各种泥渣管理方式提出了合理的质量控制标准。对固体废物的处置路线是：不产生→减小产生量→循环利用（泥渣农用）→焚烧（要求能量回收）→填埋。下面主要介绍卫生填埋、农用绿化和焚烧处理的基本情况。

1. 卫生填埋

填埋曾经是固体废物处置的普遍方式。卫生填埋则是在传统填埋的基础上，基于保护环境的要求，对填埋场的选址、填埋场地的防护处理和填埋物的管理维护等整个过程，都按照严格的要求和程序进行的，是一项比较成熟、应用广泛的泥渣处置方式。其优点是投资少、容量大、场地建设速度快；缺点是对填埋泥渣的土力学性质要求较高，填埋场地面积需要大，泥渣的运输成本高，为防止地下水污染，需做地基防渗处理等。实践证明，填埋处置最终并不能消除环境污染因素，只是延缓了污染发生的时间。

随着对城市环境的要求越来越高，填埋场地的选择范围越来越小，填埋成本越来越高。各国都意识到填埋处置的前景不好，泥渣填埋处置所占比例越来越小，许多国家和地区坚决反对新建填埋场。例如英国，泥渣填埋比例由 1980 年的 27%下降到 1995 年的 10%，且从 1996 年 10 月，英国对泥渣的陆地填埋处理征收一定的税收。德国从 2000 年起，要求填埋泥渣的有机物含量小于 5%。美国泥渣填埋的比例也正逐步下降，许多地区甚至已经禁止泥渣土地填埋。

泥渣填埋是我国目前的主要处置方式之一，可以预料在今后较长的一段时间内泥渣填埋仍是主要处置方法之一。由于泥渣的来源复杂，所以很多城市污泥中含病原菌、重金属和有毒有机物，病原菌对人类健康产生潜在威胁。重金属和有毒有害的有机物污染地表和地下水，严重影响了填埋场附近的生态环境。因为多种原因，因渗滤系统被堵塞而缩短了填埋场的寿命，同时适宜填埋的土地越来越少，这些因素都影响了填埋处理的效果。

2. 泥渣农用

相对于填埋，农用被认为是一种综合效益较好的泥渣处置方式，大部分国家认为农用是泥渣未来的主要出路。这种方式主要是将泥渣用于农田施肥，垦荒地、贫瘠地等受损土壤的修复及改良，以及园林绿化建设、森林土地施用等。泥渣中含有 Ca、Mg、Cu、Zn、Fe 等植物所需的各种微量元素，如能合理利用将是有价值的资源。尤其是城市污水处理泥渣中，有机物的含量为 40%～70%，含有丰富的氮、磷、钾等有机营养成分，因此能够改良土壤结构，增加土壤肥力，促进作物的生长。国外一些国家将污泥堆肥作为农用已有多年的历史。我国京、沪、津等地的泥渣农用约有二十几年的历史，但主要是城市污水处理后的泥渣。

泥渣并不能直接农用。由于泥渣中含有很多的盐分、重金属、病原菌、寄生虫和有害污染成分，直接施用会污染土壤和水体，因此必须经过无害化和稳定化处理，达到一定要求后才能施用。过去的十几年里，欧洲泥渣质量明显提高，但重金属、有机物的污染，N、P 富营养化，仍是限制泥渣农用的主要因素，用于农用的泥渣必须有选择地使用。为了规范泥渣的农用，欧盟颁布并实施了泥渣农用标准，规定了病原菌及六种重金属的含量标准，一些成员国制定了更加严格的农用标准。美国环保署制定的“503”规则，对各种泥渣的处置方法规定了单一的控制标准。我国也制定了《农用泥渣中污染物质控制标准》。

据资料介绍，我国泥渣用于农业和绿化所占比例总和接近泥渣处置的一半。但是我国还没有形成系统的管理机制，也没有配套的泥渣标准体系，因此对于泥渣用于农田的安全性受到质疑。在土地利用时，由于施用处理不完善的泥渣，使得泥渣中的有效成分不能被充分有效地利用，有的导致土地盐害、烧苗和病虫害等问题，反而成为一种污染源。

3. 泥渣焚烧

鉴于直接填埋和泥渣农用面临的压力和难题，泥渣焚烧的前景越来越被看好。焚烧是泥渣减量的一种有效方式。在高温条件下，泥渣中的可燃成分燃烧分解，剩余的不可燃残留物一般性质很稳定，而且残余量很小。与其他各法相比，焚烧法有几个突出的优点：①大大减少了泥渣的体积和质量，因而最终需要处理的量很小。焚烧后残余灰渣可以作为陶粒、瓷砖等产品的原材料实现综合利用。②泥渣焚烧处理速度快，不需长期储存，还可以回收能量用于发电和供热。但存在的主要问题是焚烧过程中会产生二次污染物，会产生二恶英、CO、CH_4、SO_2 等有害气体；有些泥渣焚烧过程中挥发性重金属的排放也是一个难题。残余废渣尽管量小，但仍存在进一步处置的问题。

为了消除二次污染，必须严格按照相关规范进行焚烧工艺的设计，并对烟气进行严格的处理。实践证明，在采用合理的焚烧条件和焚烧工艺后，可以使大部分重金属保留在焚烧底灰中，有效减少重金属向环境中的排放量。技术的不断进步促进了泥渣焚烧技术的推广应用。泥渣焚烧后固体体积减小，所产生的能量可用于发电。同时由于焚烧设备的结构不断完善和有关焚烧技术的突破，原来存在的烟气二次污染问题也得到了解决。1992 年欧盟泥渣焚烧的比例接近 11%，1998 年增加到 18%，2005 年上升到约 25%。近年来，泥渣焚烧在我国所占比例逐渐增大，相继建成了多家垃圾焚烧发电站。存在的主要问题是泥渣性质不稳定，有些泥渣含固率达不到焚烧条件要求，影响了处理效果。另外焚烧的烟气处理需要加强。

4. 制造建材

有些泥渣可以用于制造砖、生态水泥、陶粒、填料等。工业废水和生活污水混排处理后的泥渣含有机废物、重金属和有害微生物，需要考虑有害组分的影响。在利用泥渣制造建材时，应重点考虑重金属浸出率及放射性污染物、有机污染物的影响。要根据泥渣中含有的杂质成分对泥渣进行完善的预处理。预处理的方式有两种：一种是将泥渣进行脱水干化处理，然后作为制造建材的原料；另一种是对干化的泥渣进行焚烧和熔融后制造建材。

二、火电厂的泥渣

火电厂产生的渣类固体物质主要包括灰渣和水处理过程产生的泥渣（沉淀物）。其中，灰渣是火电厂主要的固体产物，占外运固体废物的绝大部分。本部分主要讨论水处理过程中产生的各类泥渣。

1. 混凝澄清过程产生的沉淀泥渣

主要含有沉淀的泥砂等悬浮物、地表水中携带的大分子有机物、硅酸盐胶体，以及水处理过程中加入的混凝剂、高分子絮凝剂等。当处理水源为中水时，混凝澄清系统产生的泥渣含有很多城市污水的成分，如有机质、细菌等。系统直接排出的泥渣含水率很高（超过 99%），因此必须通过泥渣浓缩才能进一步进行脱水处理。

2. 石灰处理产生的化学沉淀泥渣

石灰处理产生的泥渣与混凝澄清性质差别较大。主要是泥渣浓度高，沉淀就可以达到 10%左右，脱水性相对较好。火电厂的石灰沉淀泥渣大多不含有害物质，或者含量很低，一般经过脱水后外运处置。

3. 含油废水泥渣

火电厂的含油泥渣主要来自含油废水处理装置，包括隔油池、气浮池等。含油泥渣中的有害杂质来自于燃油中携带，有可能含有铜、锌、铬、汞等重金属，以及一些复杂的有机物。含油泥渣常用的处理方法包括焚烧法、生物法、焦化法、含油泥渣综合利用等。在火电厂，大多采用拌煤掺烧的方法处置。

掺烧处理前，应尽量减少泥渣所含的水分，有时需要进行脱水预处理。常用的含油泥渣脱水方法包括浓缩脱水、自然干化、脱水机、真空过滤等。对于火电厂，含油泥渣的量很少，一般含油废水处理装置的泥渣可直接与原煤混合进行掺烧。

第二节 泥渣的脱水

一、影响泥渣脱水效果的主要因素

1. 水在泥渣中的存在形态

泥渣中所含水分的质量与泥渣总质量之比的百分比称为泥渣含水率。含水率通常决定了泥渣的形态。一般情况下，含水率在 85%以上时，泥渣呈流态；65%～85%时呈塑态；低于 60%时则呈固态。一般脱水只能将含水率降到 60%～65%，此时几乎成为固体。如果含水率低至 35%～40%，呈聚散状态，处于半干化状态；如果进一步低到 10%～15%，则呈粉末状。

泥渣中水的存在形式有空隙水、毛细结合水、表面吸附水和内部结合水。几类水的存在特点如下：

（1）间隙水是指被泥渣颗粒包围的水分，约占泥渣中水分的 70%。它不与泥渣直接结合，因而容易与泥渣分离，该类水分通过重力浓缩即可显著减少。

（2）毛细水约占泥渣中水分的 20%，是由毛细现象作用下形成、充满于固体颗粒本身裂隙中的水。要除去这部分水，必须要施加与毛细水表面张力相反方向的作用力。通常采用离心力、负压力等外力，抵消毛细管表面张力和凝聚力使水分子分离出来。

（3）表面吸附水约占泥渣中水分的 5%，是在泥渣颗粒表面附着的水分。这部分水吸附在胶体颗粒、生物泥渣等固体表面上，附着力较强，比毛细水更难分离。投加混凝剂，使稳定的胶体颗粒脱稳发生凝聚，表面吸附的水分可以去除。

（4）内部结合水约占泥渣中水分的 5%，是泥渣颗粒内部结合的水分，如生物泥渣中细胞内部水分、无机泥渣中金属化合物所带的结晶水等。去除内部水必须破坏细胞结构，因此机械方法对这部分水分没有作用。可通过加热或冷冻的方法，将内部水转化为外部水后处理；也可以通过好氧氧化、厌氧消化等生物方法除去。

2. 影响脱水速率的指标

（1）比阻。泥渣比阻是判断泥渣脱水速率的基本指标。研究结果表明，泥渣比阻与泥渣的脱水速率基本呈现出负线性关系。因此，通过测试泥渣比阻值，大致可以判断泥渣脱水的难易程度，并进一步确定泥渣是不是需要进行调质处理。

（2）黏度。黏度越大，流动性越差。泥渣黏度的大小反映了泥渣颗粒的运动性能，以及颗粒之间的相互作用情况。研究表明，对于黏度较高的泥渣，降低泥渣黏度可以提高泥渣的脱水速率；但对于黏度值不大的泥渣（如石灰处理泥渣），改变黏度值对脱水速率影响不显著。

泥渣比阻只可反映脱水速率的高低，但不能直接表征脱水后泥饼含水率的大小。研究表明，影响泥饼含水率的因素有很多，其中脱水压力是主要的影响因素。在同等的压力条件下，泥渣黏度与泥渣泥饼含水率具有较好的负线性关系，可以通过监测泥渣黏度的大小，判断泥渣脱水后泥饼最终能够达到的最低含水率。

3. 调质处理

为了提高泥渣脱水效率，一般需要对泥渣进行调质处理，这是泥渣脱水的前处理过程。对于如何定量评价泥渣调质效果的好坏，现在还没有成熟、完善的指标。影响泥渣脱水效率的因素包括两个方面：脱水速度和泥饼含水率。目前尽管已经提出了一些期望反映泥渣脱水难易程度的指标，如泥渣比阻（SRF）、泥渣黏度、毛细吸水时间（CST）、泥渣沉降性、可压缩性、渗透性等，但对最终脱水结果的预判还不是很清晰，尤其是脱水后泥饼含水率。

二、几种主要的脱水方式

脱水机的种类很多，按脱水原理可分为真空过滤脱水、离心脱水及压滤脱水三大类，这里简单介绍火电厂常用的三种泥渣脱水机。

（一）带式压滤脱水机

1. 带式压滤机的工作原理和过程

带式压滤机是连续运转的泥渣脱水设备。带式压滤脱水机一般由滤带、辊压筒、滤带张紧装置、滤带调偏系统、滤带冲洗系统和滤带驱动系统构成。其工作原理是将泥渣送入两条滤带之间，两条滤带夹带着泥渣，在电动机的驱动下从一组呈S形排列的辊压筒中经过，依靠滤带本身的张力对泥渣层进行压榨。通过滤带的挤压作用，泥渣中的游离水被挤压出来，使泥渣脱水成形最终形成泥饼。进泥的含水率一般为96%～97%，脱水后滤饼的含水率一般为70%～80%。

带式压滤机的脱水过程一般包括泥渣絮凝、重力脱水、楔形脱水和压榨脱水四个过程；压榨脱水又依次分为低压脱水和高压脱水两个部分，脱水是化学絮凝和机械挤压两种过程共同作用的结果。经絮凝处理的泥渣首先进入重力脱水区，絮凝后的泥渣在滤带上与水（游离水）分离，大部分游离水在重力作用下通过滤带滤除。随着滤带的运行，泥渣进入由两条滤带组成的楔形区，两条滤带对泥渣缓慢加压，泥渣逐渐增稠，流动性降低，过渡到压榨区。滤带的速度和张力决定了压榨脱水的效果。在压榨区，泥渣受到递增的挤压力和两条滤带上下位置交替变化所产生的剪切力的作用，大部分残存于泥渣中的游离水和间隙水被滤除，泥渣成为含水率较低的片状滤饼。上下滤带经卸料辊分离，凭借滤带曲率的变化并利用刮刀将滤饼刮落。上、下滤带经冲洗后重新使用，进行下一周期的浓缩压滤。

带式压滤机主要的性能指标是处理能力（单位滤带长度在单位时间内产生的干泥量）和泥饼含水率；另外，还有化学药剂添加量、电耗、冲洗水耗量等经济性指标。

2. 常见的问题

（1）调质处理不好，脱水效果差，泥饼含水率高。为了改善泥渣脱水效果，在泥渣送入带式压滤脱水前都需对泥渣进行加药调质。泥渣的调质处理是一个很重要的过程，对带式压滤机的脱水效果有很大的影响，尤其是一些不容易脱水的泥渣。通过加药调质，降低泥渣的过滤比阻（即滤饼的阻力），减小毛细管吸水时间，改善泥渣的脱水性能。

调质处理要根据泥渣的脱水特性选择絮凝药剂，使用的药剂一般是高分子絮凝剂，有时也需要加混凝剂。最常见的是聚丙稀酰胺（PAM）。PAM有阳离子型、阴离子型和非离子型等类型，每种离子类型又有多种分子量范围。除了正确选择絮凝剂类型外，还要合理选择投加剂量。如果药剂选择不合理，对泥渣脱水效率影响很大，有时泥渣甚至无法脱水。絮凝剂的剂量需要通过试验确定。高分子絮凝剂的溶解方式、熟化程度控制也是很重要的。运行经验表明，如果高分子絮凝剂溶解不彻底会严重影响调质的效果，同时絮凝剂的有效利用率也大大降低。有些情况下，单加高分子絮凝剂的调质效果不理想，需要在加絮凝剂前先投加碱式氯化铝或石灰等药剂进行混凝处理。

（2）跑泥。楔形脱水区包含重力脱水和压榨脱水两种脱水过程。重力脱水的效果受泥渣的脱水性质、重力脱水区长度、滤带的运行速度，以及滤带的透水性能等因素的影响。在实际运行中，需要根据楔形区的长度以及压滤机处理能力等因素调整。进入楔形脱水区的泥渣还含有一部分游离水，流动性较强，当受到滤带挤压时泥渣会向滤带四周扩散。如果两条滤带的夹角很大，处于重力过滤状态的可流动泥渣因突然受到挤压，会从滤带两侧向外喷出，产生“跑泥”现象。因此，需要根据重力脱水的效果调整上下两层滤带的夹角，以控制泥渣受压的时间，使泥渣在重力过滤结束后、大部分游离水滤除后再受挤压，以防止泥渣外溢。

进入压榨区的泥渣仍然有一定的流动性，如果滤带施加的压力突然增大，泥渣也会由滤带两侧挤出产生跑泥。如果发生此现象，需要调整滤带，使得泥渣在进入楔型区后缓慢增压。随着游离水逐渐脱除，泥渣逐渐增稠，流动性逐渐降低，可承受的压力越来越大，这样才能避免泥渣向滤带两侧外溢。压榨辊的直径、滤带对各辊的包角和相邻两辊的中心距是影响泥渣受压变化的因素。滤带张力、滤带运行速度，以及滤带的冲洗效果也会影响压滤机的运行。

2000年前后，国内一些火电厂的泥渣脱水机多采用滤带式压滤机，就是因为上述问题很多处于停运状态。国外也有类似的情况。2008年，在中德政府开展的火电厂水务管理合作项目中，中方曾在德国做过脱水方式的调研，结果表明德国企业的带式压滤机也存在上述问题。德国的火电厂以石灰处理产生的泥渣为主，目前基本没有使用低压带式压滤机脱水的。

（二）离心式脱水机

1. 离心式脱水机的工作原理和过程

离心脱水机主要由转毂和螺旋输送器组成。泥渣由螺旋输送器的空心转轴送入转毂后，在转毂高速旋转产生的强大离心力作用下甩入转毂腔内。泥渣的密度大，因而被甩贴在转毂内壁上形成泥渣层；而水的密度小，离心作用力也小，在泥渣层的内侧聚集形成水层，从而实现渣水初步分离。在转筒高速旋转的同时，螺旋输送器将泥渣沿轴向缓慢推动，输送到转毂的锥端，经转毂周围的出渣口连续排出；水则溢流至转毂外汇集，排出脱水机。

转毂是离心脱水机的核心部件。转毂的直径越大，泥渣处理量越大；转毂的长度越长，泥渣层的停留时间也越长，泥渣的含水率就越低。但随着转毂直径和长度的增大，耗电量会增大，脱水处理成本增大，经济性变差。转毂的转速是影响脱水效果的另一重要因素。转速越高，形成的离心力越大，泥渣的含水率也越低。但是转速越高，能耗和噪声就越大。因此，需要根据泥渣的性质、脱水性能和脱水要求合理选择脱水机参数。在使用过程中，需要合理地控制转毂的转速，既能获得合适的含水率，又使能耗不致过高。

离心脱水机的优点是占地面积小，设备价格较低。缺点是噪声大、能耗高、处理量小，会产生泥渣和污水泄漏。同时，泥渣的含水率比带式压滤机和板框压滤机高，且含水率易受泥渣处理量波动的影响，因此以前在火电厂应用较少。近年来，一些新型离心式脱水机的性能有了较大的改善，泥饼的含固率可以提高到30%以上。同时，采用全封闭的操作，不会产生泥渣和污水泄漏，工作环境得到改善。其价格比板框压滤机和带式压滤机便宜，因此在火电厂的应用逐渐增多。

2. 出现的问题

泥渣含水率过高。泥渣的含水率比带式压滤机和板框压滤机高，且含水率易受泥渣负荷波动的影响，这是离心脱水机最主要的问题。因此，当用离心的方法进行泥渣脱水时，泥渣的调质处理尤为关键。石灰混凝处理是常用的方法。有试验表明，用三氯化铁和氧化钙对泥渣进行调质处理时，加入4000mg/L的表面活性剂，脱水泥渣的含水率比不加表面活性剂降低了5%。

磨损是离心脱水机的另一个问题。在选用离心式脱水机时，应注意转轮或螺旋的外缘部分的材质，要求耐磨。新型离心脱水机螺旋外缘大多做成可更换的装配块，材质一般为碳化钨，价格较高。

有些泥渣经过离心机分离后，在脱水机内壁附着力较强，离心机刮泥刀的阻力很大，不易去除。

（三）板框式压滤机

板框式压滤机是一种应用较早的泥渣脱水设备，至今还是应用最为广泛的一种脱水方式。其原理是通过带有滤布的板框对泥浆进行挤压，使泥渣内的水通过滤布排出，达到脱水的目的。它主要由滤板、框架、滤板振动系统、空气压缩装置、滤布高压冲洗装置及机身一侧光电保护装置等构成。完整的一个压滤程序包括进料、压滤、移动滤板、振荡滤布使滤饼脱落、滤布冲洗等过程。大部分板框压滤机采用 PLC 程序控制，全自动运行。

板框式压滤机的优点是泥饼含固率较高，可达35%以上；缺点是占地面积较大，只能批量式运行，效率相对较低，操作间环境较差，污泥泄漏会产生二次污染。在选用压滤机时，需要根据泥渣的性质，依据过滤面积、框架、滤板及滤布的材质(耐腐蚀性)、滤板的移动方式等选择压滤机的型号。滤布除了要求耐腐蚀外，还要求具有一定的抗拉强度。

板框式压滤机运行中会出现以下问题：

（1）尽管相对于离心脱水机、带式压滤机，板框式压滤机适用的泥渣范围更广，但当进入压滤机的泥渣浓度过低时，依然会发生滤饼不均匀、含水率高的问题。因此，为了提高脱水效率，进泥的浓度应控制在压滤机要求的范围内。

（2）泥饼含水率高。这方面的问题大多有两个原因：①滤布的堵塞或损坏，不能将其中的水分分离出来。②升压、保压过程存在问题。板框压滤机的过滤压力来自泥渣泵，压力在整个压滤过程中是变化的。在压滤初期，泥渣在滤室内形成的滤饼厚度不大，滤饼的阻力小，滤液流出速度快，此时的泥渣泵应以大流量、低压力运行。随着压滤的不断进行，滤饼厚度不断增加，滤饼阻力逐渐增大，滤液透过滤膜的速度不断降低，泥渣泵的泥渣输送流量也逐渐减小，但压力应逐渐增大。当压滤机所有滤室充满后，泥渣泵提供的压力应达到最大值并保持一定时间的压力，使泥渣中的水分尤其是毛细水逐渐脱除。

（四）高压滤带脱水机

为了解决板框压滤机和滤带压滤机的缺点，国外近年来出现一种高压带式压滤机，采用密封的滤带压滤。其特点如下：

（1）与低压带式压滤机相比，高压带式压滤机工作压力很高，与板框压滤机相当。因此其滤饼的含水率较低，达到板框压滤机的水平。

（2）对泥渣的适应范围广。脱水全程在压力下工作，无重力脱水区，因此不需要泥渣调质，运行相对稳定。

（3）采用了全封闭结构，因此没有跑泥的情况发生。

（4）与板框压滤机相比，自动化程度很高，除维护外，工作过程基本不需要人工干预。

这种压滤机缺点是造价很高，目前应用业绩还不多。表 12-1 所示为该种压滤机与板框式及袋式压滤机（低压带式）性能的对比。

表 12-1　　高压带式压滤机与其他压滤机的对比

特征	板框式	低压带式	高压带式
脱水等级	50% TS	50% TS	65 % TS
压力（bar）	15	2.0	16
脱水剂	0.8g/kg TS	1.4g/kg TS	不需要
自动化程度	滤饼有时需人工检查清理	由于泥渣浓度改变，所以需调整脱水剂加药量	需要人工巡检
可用率（%）	90	80	100
耗电成本	中等	高	低

三、火电厂几种主要泥渣的处置

对于火电厂，石灰处理泥渣是主要的泥渣之一，该种泥渣主要来自原水石灰软化处理和脱硫废水处理装置的排渣。工程经验表明，对于石灰处理泥渣，因其脱水性能较好，几种脱水机都可以满足要求。相对来讲，板框压滤机的运行更加稳定、可靠。

对于生活污水生物处理的泥渣，泥渣中有机质含量较高，可以采用热化学处理。在电厂来讲，这类泥渣与煤掺烧是一种很好的解决办法。有关研究表明，泥渣被加热至200～300℃，其中的脂肪族化合物发生转化；加热至 300～390℃时，蛋白质类化合物转化；390℃以上，糖类化合物转化，肽链断裂，基因变性转移；与此同时，碳化合物发生转化至450℃时转化完成。因此当加热至500℃以下时，泥渣中的有机物质即可完全分解。而泥渣热化学处理法具有灭菌效果好、处理迅速、占地相对较少、处置后泥渣性质稳定并能进行能源回收等优点，因此能达到使泥渣处置减量化、无害化、资源化的目的。

第三节　FGD 废水处理泥渣的处置

一、脱硫废水泥渣的特点

脱硫废水中的杂质主要包括煤燃烧后的灰颗粒、过饱和的亚硫酸盐、硫酸盐、氟离子以及重金属，这些杂质在脱硫废水处理过程中，最终转移到处理系统产生的泥渣中。另一方面，脱硫系统补充的水都是电厂反复回用、水质极差的废水，成分复杂，杂质含量高，这些杂质在脱硫废水处理过程中，有一些也会进入泥渣中。因此，脱硫废水泥渣中含有一定量的污染物，需要进行妥善的处置。

脱硫废水经常规单级沉淀工艺处理后，大部分重金属形成氢氧化物或络合物、螯合物沉淀从废水中分离出来，废水中大量的悬浮物、硫酸盐和氟化物也同时沉淀分离出来形成脱硫废水泥渣，再经压滤机脱水后形成泥饼。由于泥渣中含有重金属（其含量取决于废水中重金属的含量，来源于煤），盐分较高，所以一般不能农用，也不能用来制作建筑材料。填埋和掺烧是脱硫废水泥渣处置的可能方式。脱硫废水中的固体物含量很高，泥渣的产生量较大，成分较复杂，如果全部填埋会占用较大的填埋空间，产生较高的处置费用。相对来讲，掺烧更符合火电厂的条件。

二、泥渣掺烧减量

根据德国 E-ON 电力公司所属电厂现场调研结果，将脱硫废水泥渣返回锅炉掺烧是部分电厂处置泥渣的一种经济有效的方式，其历史可追溯到 20 世纪 80 年代。研究表明，挥发性重金属汞是制约脱硫废水泥渣掺烧的重要因素。泥渣在锅炉中焚烧后，除了汞之外，其余重金属元素会随锅炉底渣排出，或者随飞灰被电除尘器捕集，不会对排放烟气造成影响。但汞在高温燃烧中会返回到烟气中，而且在除尘器中捕捉率不高，有可能会影响排放烟气中汞的浓度。若将未脱汞的脱硫废水泥渣直接返回锅炉掺烧，可能会造成排放烟气中汞浓度上升，不利于大气环境保护。德国部分火电厂的经验也表明，泥渣掺烧后，排放烟气中汞浓度有明显升高。为此，德国于 2003 年修订了相关规定，要求必须将脱硫废水泥渣中的汞去除 65%以上后才能返回锅炉掺烧，同时还需保证排放烟气中汞不高于 30μg/m^3（若烟气中汞不高于 6μg/m^3 则可以不安装在线汞测量仪）。为了满足新的环保要求，科研人员进行了实验室研究，针对不同脱硫系统开发了不同的脱硫废水泥渣汞去除工艺，并在少数电厂进行了工程试点，包括 Marl 电厂、Datteln 电厂、Scholven 电厂。其中，Datteln 电厂在除汞段对汞的去除率约为 80%，Scholven 电厂约为 70%。改造前 Datteln 电厂烟气中汞浓度约为 10.1μg/m^3，改造后约为 6.4μg/m^3。改造前 Scholven 电厂脱硫废水泥渣中含汞约为 20mg/kg，改造后约为 2mg/kg。

因此，脱硫废水泥渣掺烧前首先要将泥渣中挥发性重金属汞的含量降下来，这就需要在脱硫废水处理过程中，将泥渣分成贫汞和富汞两部分。如何将汞富集在一小部分泥渣中，而使大部分泥渣不含汞或汞含量很低以满足掺烧条件就成为关键。

三、脱硫废水含汞泥渣减量

降低脱硫废水泥渣中的汞浓度要与脱硫废水处理过程相结合。该工艺的基本原理是在脱硫废水处理工艺中增加一个单独脱除汞的处理环节，利用特殊的反应条件将汞富集在少量的泥渣中，大部分泥渣中汞的含量极低，从而将脱硫废水处理系统产生的泥渣分为富汞泥渣和贫汞泥渣两部分。富汞的泥渣量为总泥渣量的 10%左右，这部分泥渣按照一定的技术要求进行填埋处置；剩余贫汞的泥渣量为总泥渣量的 90%左右，这部分泥渣可送回锅炉去焚烧。通过采用该工艺，可以大大降低脱硫废水泥渣处置费用，并显著降低随烟气向环境中扩散的汞浓度。

1. Hg 的沉淀去除

在第一级沉淀去除大量悬浮物后，第二级沉淀的主要功能是去除脱硫废水中的重金属和其余常规污染物。对于重金属的去除，投加氢氧化钙调高脱硫废水的 pH 值至一定范围（具体范围应根据重金属离子的种类及含量，通过试验确定，多数情况下大于 9），使重金属生成氢氧化物沉淀，通常即可将除汞外的重金属浓度降至排放标准以下。

对于汞来说，由于脱硫废水中 Cl^-浓度较高，废水中的 Cl^-会和 OH^-发生对 Hg^{2+}的竞争配合作用，且 Cl^-对 Hg^{2+}的亲和力最强，不同配位数的氯络汞离子都可以在较低的 Cl^-浓度下生成。氯离子与汞的配位作用会造成以下影响：

（1）提高了难溶汞化合物的溶解度。当［Cl^-］为 1mol/L 时，$Hg(OH)_2$ 和 HgS 的溶解度分别增加了 105 倍和 3.6×10^7 倍。当［Cl^-］为 10^{-4}mol/L（3.5mg/L）时，$Hg(OH)_2$ 和 HgS 的溶解度分别增加了 55 倍和 408 倍。

（2）由于氯络汞离子的生成，减弱了胶体对汞化合物的吸附作用。因此，即便将废水 pH 值提高到 9.0 以上，也不能确保出水中汞浓度达到排放标准。必须向废水中投加重金属沉淀剂，使汞与之反应生成更难溶的沉淀后，才能从废水中将汞去除。

对于汞沉淀来说，常用的沉淀剂包括 Na_2S 和有机硫。Na_2S 投加到废水中后，S^{2-} 和 Hg^{2+}能生成溶度积比 $Hg(OH)_2$ 低得多的 HgS 沉淀。由于 HgS 沉淀通常极细小，需向废水中投加凝聚剂如铁盐，使 HgS 和 $Fe(OH)_3$ 絮体共沉淀，可将出水中汞浓度降到 0.5～5μg/L。

Na_2S 有一定毒性，在胃肠道中能分解出硫化氢，口服后能引起硫化氢中毒，对皮肤和眼睛有腐蚀作用，操作运行时需采取一定的防护措施。若在废水处理时投加了过量硫化钠，还可能造成水中残余硫化物浓度上升，形成新的污染。有机硫是一种新型的沉淀剂，其基本成分是三巯基-硫-三嗪三钠盐，可配制成水溶液（15%），无毒性或生态毒性，无不良气味，使用操作相对安全。该药剂可以与废水中的汞结合生成非常稳定的螯合物，易于沉淀分离。有机硫还可与其余重金属结合，将镉、铜、铅、汞、镍及银等减少到最低水平。以前有机硫沉淀剂需进口，运行成本较高，近年来已有国内厂家生产，成本大幅度降低。

研究结果表明，采用分级沉淀处理工艺，通过控制各级沉淀反应条件，处理后的出水各项重金属指标、悬浮物、COD 均能满足 DL/T 997—2006 的要求，同时满足 GB 8978—1996 规定的一级排放标准的要求。在此前提下，第一级沉淀可以去除废水中携带的 90%的悬浮物和 25%的汞；这部分汞进入泥渣中，因此这一级沉淀的泥渣为贫汞泥渣；在第二级沉淀中，可以除去一级沉淀后剩余汞的 95%，使第二级泥渣成为富汞泥渣。

2. 富汞泥渣和贫汞泥渣

表 12-2 所示为脱硫废水分级沉淀的产泥量试验结果，原水固体物含量为 5.41g/L。

表 12-2　两级沉淀产泥量试验结果

项　目	A 样品	B 样品	平均值	占总泥渣量百分比（%）
一级处理清液固体物（g/L）	0.38	0.34	0.36	—

续表

项 目	A样品	B样品	平均值	占总泥渣量百分比（%）
一级处理泥渣固体物（g/L）	7.54	7.09	7.32	90.3
二级处理清液固体物（g/L）	0.066	0.062	0.064	—
二级处理泥渣固体物（g/L）	0.74	0.83	0.79	9.7
总泥渣产量（g/L）			8.10	100.0

由表12-2结果可知，经过一级沉淀处理后，脱硫废水中约93%的固体物被去除，生成的泥渣固体物量大于进水固体物量，显示在混凝沉淀过程中有固体物质从废水中结晶析出。经过二级沉淀处理后，出水悬浮物浓度达到排放标准要求，由于在沉淀过程发生了复杂的化学反应，因此二级泥渣固体物量也大于二级进水固体物量。两级沉淀总共产生泥渣 8.10g/L。其中一级沉淀泥渣 7.32g/L，约占总泥渣量的 90.3%；二级沉淀泥渣0.79g/L，约占总泥渣量的9.7%。

四、泥渣掺烧对锅炉运行的影响分析

根据脱硫废水的水质，一级沉淀产生的贫汞泥渣中主要固体物成分包括$CaSO_4 \cdot 2H_2O$、$CaSO_3 \cdot 1/2H_2O$、$CaCO_3$、$MgCO_3$、CaF_2、MgF_2和灰分。其中，硫酸钙占泥渣的主要部分，约为40%～50%；其后是灰分，约为30%～40%。碳酸钙、碳酸镁、氟化钙、氟化镁含量较少，亚硫酸钙含量最低。贫汞泥渣掺入煤中燃烧后，水分被蒸发出来，硫酸盐、亚硫酸盐和氟化物直接进入灰分；碳酸盐在高温下分解，生成的固体产物氧化钙、氧化镁和泥渣中其余不可燃物质都进入灰渣。

相对于火电厂发电用煤量，需要掺烧的脱硫废水贫汞泥渣量很小，几乎可以忽略。即使按照单台机组平均日用原煤量的最小值计算，湿泥渣量占耗煤量的百分比也小于0.2%。下面从几个方面分析了贫汞泥渣与煤混合掺烧后对锅炉的影响。

1. 对锅炉燃烧的影响

当煤的发热量低到一定数值时，不仅会使燃烧不稳定不完全，而且会导致锅炉熄火，使锅炉出口温度很难达标，影响正常运行。由于贫汞泥渣掺烧相当于增加了煤中的水分与灰分，灰分和水分在煤的着火和燃烧过程中都要吸热，所以理论上有可能影响煤粉燃烧。

为了考察贫汞泥渣掺入对煤燃烧的影响程度，热工研究院在某电厂按照一定的掺比试验了泥渣掺入后发热量的变化。试验结果表明，原煤空气干燥基弹筒发热量 $Q_{b,ad}$=27 563kJ/kg，掺入1%贫汞泥渣后 $Q_{b,ad}$=27 188kJ/kg，发热量略有降低，显示泥渣掺入对煤的发热量确有影响。但从长期煤质监测数据看，电厂用煤空气干燥基弹筒发热量平均值为27 049kJ/kg，最小值为26 178kJ/kg，最大值为28 168kJ/kg。贫汞泥渣掺入后 $Q_{b,ad}$值落在其波动范围内，且与平均值较接近。因此判断按 1%比例掺烧对煤的着火和燃烧不会产生显著影响。

根据电厂实际的泥渣产生量和燃煤消耗量估算，实际泥渣的掺烧比例远低于 1%。

对燃烧产生的影响基本可以忽略。

2. 对锅炉受热面结渣与积灰的影响

结渣和积灰是影响锅炉安全经济运行的问题之一，主要与燃料的燃烧特性有关。结渣主要发生在炉膛受热面及高温对流受热面，现象是在锅炉受热面上积聚了熔化的灰沉积物。当煤的灰熔点低，而炉膛及出口处的烟温又很高时，呈熔融状的飞灰颗粒碰到受热面后即黏结在管壁上。锅炉内受热面结渣与积灰对锅炉的正常运行有较大影响，主要因为结渣、积灰会降低炉内受热面的传热能力，增大传热阻力，使锅炉负荷被迫降低或增大投煤量，影响锅炉的经济性，增加检修工作量。

结渣的形式与煤灰熔融性特征温度DT、ST、FT的温度间隔有关。温度间隔大的灰渣称为长渣，易于在炉膛中结渣；反之，温度间隔小的灰渣称为短渣，只会在很短时间内造成结渣。在煤中掺入泥渣后进行的灰熔点试验结果表明，煤样中掺入1%的贫汞泥渣后，灰熔点略有降低，对比原煤样品各特征温度均下降了30℃，但特征温度间隔未发生变化，表明灰渣主要特性并未改变。掺烧后灰熔点有所下降，但熔点仍然在电厂长期用煤灰熔点正常波动的范围内，据此判断1%的比例掺烧不会对锅炉受热面结渣特性造成影响。

积灰是指温度低于灰熔点时灰粒在受热面上的积聚。积灰几乎可以发生在任何受热面上，其过程是一个复杂的物理化学过程和空气动力学过程。积灰可以分成干松灰、高温黏结灰、低温黏结灰三种形态。

干松灰的积聚完全是一个物理过程，主要发生在炉管的背风面。影响干松灰积聚的主要因素有烟气流速及粒径分布、炉管直径、炉管节距及管束的布置方式、灰粒浓度。贫汞泥渣按1%比例掺烧后，预计将使煤中灰分增加约0.3%，可能造成烟气中灰粒浓度略有增加，其对干松灰的积聚过程应当影响甚微。

高温黏结灰主要发生在温度较高的区域。其发生过程是：烟气中的SO_3与冷凝在管壁上的碱金属氧化物及飞灰中的Fe_2O_3经过复杂的化学反应，生成复合硫酸盐$X_3Fe(SO_4)_3$。这些反应产物在500～800℃范围内呈熔融状，形成了一层熔化或软化的黏性灰层。黏性灰层又可以粘捕飞灰颗粒，随着颗粒不断聚积黏性灰层迅速增长，最终形成紧密的黏灰层。贫汞泥渣掺烧后，因为比例很小，飞灰浓度的增加几乎可以忽略，不会对高温黏结灰的形成造成显著影响。

低温黏结灰一般形成在低温受热面上。其形成过程为：冷凝在受热面上的硫酸蒸气可以捕捉飞灰粒子，与其中的CaO反应生成硫酸钙。该反应物具有黏性，可以继续捕捉飞灰，灰层无限增长。由此可见，低温黏结灰的形成首先与煤燃烧生成的SO_2、SO_3及由此生成的硫酸蒸气有关。由于贫汞泥渣掺烧后，并不生成SO_2和SO_3，因此不会加剧低温黏结灰的生成。

3. 对锅炉受热面外部腐蚀的影响

锅炉受热面烟气侧的腐蚀分为高温腐蚀和低温腐蚀。高温腐蚀主要指水冷壁管外腐蚀和过热器或再热器管外腐蚀，低温腐蚀主要指空气预热器冷端腐蚀。

水冷壁管腐蚀的主要影响因素包括管外环境气氛、管壁温度、H_2S及SO_3浓度。贫

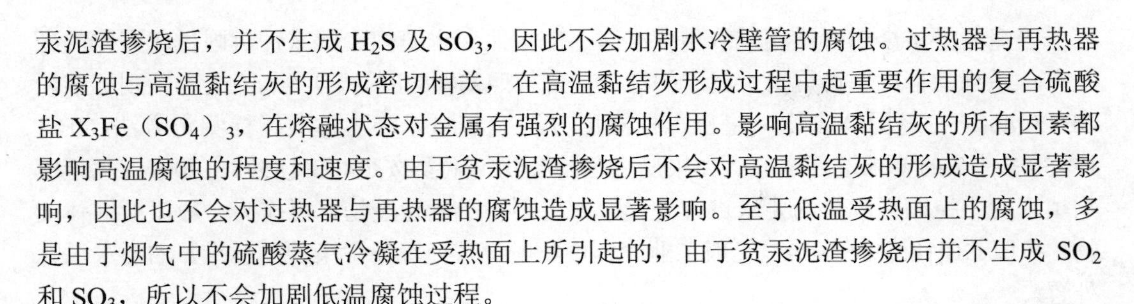

汞泥渣掺烧后，并不生成 H_2S 及 SO_3，因此不会加剧水冷壁管的腐蚀。过热器与再热器的腐蚀与高温黏结灰的形成密切相关，在高温黏结灰形成过程中起重要作用的复合硫酸盐 $X_3Fe(SO_4)_3$，在熔融状态对金属有强烈的腐蚀作用。影响高温黏结灰的所有因素都影响高温腐蚀的程度和速度。由于贫汞泥渣掺烧后不会对高温黏结灰的形成造成显著影响，因此也不会对过热器与再热器的腐蚀造成显著影响。至于低温受热面上的腐蚀，多是由于烟气中的硫酸蒸气冷凝在受热面上所引起的，由于贫汞泥渣掺烧后并不生成 SO_2 和 SO_3，所以不会加剧低温腐蚀过程。

综上所述，因为比例很低，所以脱硫废水泥渣的掺烧不会影响锅炉的运行。德国电厂的泥渣掺烧方式为：通过卡车将泥饼运至储仓，定量添加到输煤皮带上与煤共同进入磨煤机磨制。在泥渣返回锅炉掺烧前，还应对全厂作汞平衡测试，主要包括入炉煤、锅炉底渣、除尘器飞灰、处理后脱硫废水、脱硫废水泥渣、石膏及排放烟气中的汞。通过汞平衡结果，评估通过脱硫废水两级处理得到的第一级贫汞泥渣掺烧后，排放烟气中的汞浓度，应确保满足燃煤烟气的汞排放控制限值。

五、富汞泥渣的处置

根据研究结果，两级沉淀产生的贫汞泥渣和富汞泥渣的比例约为 9：1。研究表明，75%以上的汞会沉淀于 10%左右的富汞泥渣中。实际上，如果合理控制反应条件，水中的大部分重金属都可以与汞一起，富集在富汞泥渣中。这部分泥渣的处置，需要根据重金属的含量水平（本质上取决于煤的重金属含量），按照国家相关要求处置。

对于泥渣用于农用绿化，我国制定有 GB 4284—84《农用泥渣中污染物控制标准》，其中对农田施用泥渣中污染物的最高容许含量限值见表 12-3。

表 12-3　农用泥渣中污染物控制标准值（mg/kg）

项　目	最高容许含量	
	在酸性土壤上（pH<6.5）	在中性和碱性土壤上（pH≥6.5）
镉及其化合物（以 Cd 计）	5	20
汞及其化合物（以 Hg 计）	5	15
铅及其化合物（以 Pb 计）	300	1000
铬及其化合物（以 Cr 计）	600	1000
砷及其化合物（以 As 计）	75	75
硼及其化合物（以水溶性 B 计）	150	150
矿物油	3000	3000
苯并（a）芘	3	3
铜及其化合物（以 Cu 计）	250	500
锌及其化合物（以 Zn 计）	500	1000
镍及其化合物（以 Ni 计）	100	200

当泥渣中重金属含量超过农用标准时，应按照要求填埋。国家针对固体废弃物的处置有一系列的标准。根据富汞泥渣的性质，可按照 GB 5085.1～7《危险废物鉴别标准》、GB 5086.1～2《固体废物 浸出毒性浸出方法》和固体废物各项指标测定方法 GB/T 15555.1～12 的要求进行试验。如果属于危险废物，就要按照 GB 18598—2001《危险废物填埋污染控制标准》的要求进行处置；如果不属于危险废物，可作为一般工业固体废物，按照 GB 18599—2001《一般工业固体废物贮存、处置场污染控制标准》的要求进行处置。

参 考 文 献

[1] 杨宝红，等．火力发电厂废水处理与回用．北京：化学工业出版社，2006.

[2] [德] Bemd Schallert，Hans Duve．燃煤电厂水务管理．北京：中国电力出版社，2008.

[3] 何世德，等．燃煤电厂现代水务管理．北京：中国电力出版社，2014.

[4] 王佩璋．大型燃煤空冷电厂实施节水最大化、废水零排放．电力环境保护，2005（3）：44-46.

[5] 火力发电厂能量平衡导则第 5 部分：水平衡试验．DL/T 606.5—2009.

[6] 节水型企业火力发电行业．GB/T 26925—2011.

[7] 火力发电厂水务管理导则．DL/T 1337—2014.

[8] 污水综合排放标准．GB 8978—1996.

[9] 发电厂凝汽器及辅机冷却器选材导则．DL/T 712—2010.

[10] 范玉强．我国部分煤中重金属含量、赋存及排放控制研究．沈阳：辽宁科技大学.

[11] 潘伟平．燃煤电站燃烧产物重金属元素赋存形态分析．北京：华北电力大学.

[12] 刘建中，等．煤燃烧干法除氟技术的研究．热力发电，2004（08).

[13] 李寒旭，等．煤中氯含量对煤燃烧时氯析出特征的影响．洁净煤技术，1999，15（3).

[14] 邓双，等．基于实测的燃煤电厂氯排放特征．环境科学研究，2014，02.

[15] 刘学锋，煤中氟的迁移演化行为及含硫大分子结构研究．武汉：华中科技大学.

[16] PEREZ-GONZALEZ A，URTIAGA A M，IBANEZ R，et al. State of the art and review on the treatment technologies of water reverse osmosis concentrates [J]. Water Research，2012，46（2)：267-83.

[17] SUBRAMANI A，JACANGELO J G. Treatment technologies for reverse osmosis concentrate volume minimization：A review [J]. Separation and Purification Technology，2014，122（4)：72-89.

[18] KIM D H. A review of desalting process techniques and economic analysis of the recovery of salts from retentates [J]. Desalination，2011，270（1-3)：1-8.

[19] GUDE V G. Desalination and sustainability – An appraisal and current perspective [J]. Water Research，2016，89：87-106.

[20] CHELME-AYALA P，SMITH D W，EL-DIN M G. Membrane concentrate management options：a comprehensive critical review [J]. Can J Civ Eng，2009，36（6)：1107-1119.

[21] SARKAR A. Zero liquid discharge，membrane hybrid excels in China [J]. Water and Wastewater International，2011，26（4)：44-47.

[22] 王璟，王正江，杨宝红，等．燃煤电厂末端废水固化预处理工艺试验研究 [J]．热力发电，2010（10)：55-59.

[23] 袁国全，张江涛，潘振波，等．脱硫废水预处理系统软化设备的调试和分析 [J]．热力发电，2011（02)：76-78.

[24] 赵永．连续管式微滤＋RO 膜过滤技术在 PCB 行业重金属废水回用中的应用 [J]．环境工程，2012（02)：17-19.

[25] 连坤宙，陈景硕，刘朝霞，等. 火电厂脱硫废水微滤、反渗透膜法深度处理试验研究 [J]. 中国电力，2016（02）：148-152，75.
[26] 刘亚鹏，王金磊，陈景硕，等. 火电厂脱硫废水预处理工艺优化及管式微滤膜实验研究 [J]. 中国电力，2016，49（2）：153-158.
[27] 毛进，张志国，连坤宙，等. 火电厂脱硫废水资源化回用处理工艺研究 [J]. 水处理技术，2017（06）：41-44，64.
[28] 庞胜林，陈戎，毛进，等. 火电厂石灰石-石膏湿法脱硫废水分离处理 [J]. 热力发电，2016（09）：128-133.
[29] RAUTENBACH R，LINN T. High-pressure reverse osmosis and nanofiltration，a "zero discharge" process combination for the treatment of waste water with severe fouling/scaling potential [J]. Desalination，1996，105（1-2）：63-70.
[30] 王璟，王园园，赵剑强，等. 火电厂高盐高氨氮废水电解除氨氮及制氯性能研究 [J]. 工业水处理，2015（07）：60-64.
[31] 吴火强，刘亚鹏，王璟，等. 脱硫废水膜浓缩浓水电解制氯工艺分析 [J]. 热力发电，2016（09）：109-115，21.
[32] 周明飞，吴火强，王璟，等. 燃煤电厂脱硫废水综合利用处理工艺实验研究 [J]. 水处理技术，2017（10）：103-109.
[33] SUBRAMANI A，DECAROLIS J，PEARCE W，et al. Vibratory shear enhanced process（VSEP）for treating brackish water reverse osmosis concentrate with high silica content [J]. Desalination，2012，291：15-22.
[34] 杨帅. VSEP 振动膜技术处理高含盐废水试验研究 [J]. 给水排水，2015（1）：248-250.
[35] 何守昭，卢清松. 震动膜浓缩工艺在大型煤化工项目零排放中的应用 [J]. 煤炭加工与综合利用，2015（04）：57-61＋12.
[36] 赵洪彬. 采出水 VSEP 震动膜处理技术现场试验 [J]. 油气田地面工程，2011（08）：29-31.
[37] NING R Y，TARQUIN A J，BALLIEW J E. Seawater RO treatment of RO concentrate to extreme silica concentrations [J]. Desalination and Water Treatment，2010，22（1-3）：286-291.
[38] 常宇清，鞠茂伟，周一卉. 反渗透海水淡化系统中的能量回收技术及装置研究进展 [J]. 能源工程，2006（03）.
[39] 潘献辉，王生辉，杨守志，等. 反渗透海水淡化能量回收技术的发展及应用 [J]. 中国给水排水，2010（16）.
[40] 杨军虎，张雪宁，王晓晖，等. 能量回收液力透平的研究进展 [J]. 化工机械，2011（06）.
[41] 宋跃飞，高学理，苏保卫，等. 高回收率反渗透海水淡化工艺的应用研究进展 [J]. 水处理技术，2013（03）：6-12.
[42] 张文耀，治卿，王焕伟. 高效反渗透组合工艺在火电厂废水零排放中的应用 [J]. 给水排水，2017（11）：55-57.
[43] 张广远. HERO 工艺在煤化工废水处理与回用中的应用 [J]. 工业水处理，2016（12）：112-114.
[44] 闫玉. 高效反渗透技术处理电厂循环水排污水研究 [D]. 北京化工大学，2014.

[45] Cath T，Childress A，Elimelech M．Forward osmosis：Principles，applications，and recent developments [J]．Journal of Membrane Science，2006，281（1-2）：70-87.
[46] Lutchmiah K，Verliefde ARD，Roest K，et al．Forward osmosis for application in wastewater treatment：A review [J]．Water Research，2014，58（3）：179-197.
[47] Zhao S，Zou L，Tang CY，et al．Recent developments in forward osmosis：Opportunities and challenges [J]．Journal of Membrane Science，2012，396（1）：1-21.
[48] 邵国华，方棣．电厂脱硫废水正渗透膜浓缩零排放技术的应用 [J]．工业水处理，2016（08）：109-112.
[49] 吴火强．正渗透技术应用于脱硫废水处理的基础研究 [D]．西安热工研究院，2017.
[50] Strathmann H． Electrodialysis，a mature technology with a multitude of new applications [J]．Desalination，2010，64：268－288.
[51] 朱安民，李亮，滕厚开，等．电渗析深度处理炼化废水回用试验研究 [J]．工业水处理，2015，35（11）：63-66.
[52] Emmanuel Korngold，Luda Aronov，Naphtali Daltrophe． Electrodialysis of brine solution discharged from an RO plant [J]．Desalination，2009，242：215-227.
[53] 章晨林，张新妙，郭智，等．电渗析法处理含盐废水的进展 [J]．现代化工，2016，36（07）：13-16.
[54] JI X，CURCIO E，AL OBAIDANI S，et al．Membrane distillation-crystallization of seawater reverse osmosis brines [J]．Separation and Purification Technology，2010，71（1）：76-82.
[55] 柴诚敬，张国亮．化工流体流动与传热 [J]．北京：化学工业出版社，2000.
[56] 吴志勇．废水蒸发浓缩工艺在脱硫废水处理中的应用 [J]．华电技术，2012（11）：63-66，81.
[57] WARD A．EVAPORATION-A HOLISTIC APPROACH TO WASTE-WATER TREATMENT [J]．Chemical Processing，1994，57（6）：70-79.
[58] 樊小境，杜威，周莹，等．淡化浓海水自然蒸发速度影响规律研究 [J]．水处理技术，2016（10）：84-88.
[59] 周莹．淡化浓海水自然蒸发过程模拟研究 [D]．天津科技大学，2015.
[60] 马双忱，高然，丁峰，等．脱硫废水自然蒸发影响因素及规律探究 [J]．热力发电，2018（06）：41-49.
[61] 华北电力大学．燃煤电厂机械喷雾蒸发高浓度含盐水研究总结报告 [R]．华北电力大学，2017.
[62] LEON-HIDALGO M C，GOZALVEZ-ZAFRILLA J M，LORA-GARCIA J，et al．Study of the vapour pressure of saturated salt solutions and their influence on evaporation rate at room temperature [J]．Desalination and Water Treatment，2009，7（1-3）：111-118.
[63] 戎铖，张锁龙，戴玮，等．空气为媒介的含盐废水处理系统实验研究 [J]．水处理技术，2018（02）：51-55.
[64] 陈方方．基于空气增湿去湿的渗滤液浓缩液处理研究 [D]．浙江大学，2017.
[65] 陶钧，宫建国，曾胜，等．增湿去湿海水淡化技术的研究进展 [J]．化工进展，2012（07）：1419-1424.
[66] VAN DER BRUGGEN B，BRAEKEN L．The challenge of zero discharge：from water balance to

regeneration［J］. Desalination，2006，188（1-3）：177-183.

［67］A.SHAW W. Treatment of wastewater from Coal-fired power plants［J］. PowerPlant Chemistry，2008，10（4）：232-241.

［68］A. SHAW W，D. BROSDAL J. Strategies to minimize wastewater discharge［J］. Chemical Engineering，2008，115（10）：60-61，3-8.

［69］PRESTON M C．ZLD Systems for Power Plants［M］．Annual International Water Conference on Industrial Wate．pittsburg，2006：1-6.

［70］沈荣澍，代厚兵，杨韦．脱硫废水常规处理及零排放技术综述［J］．锅炉制造，2013（02）：44-47.

［71］杨跃伞，苑志华，张净瑞，等．燃煤电厂脱硫废水零排放技术研究进展［J］．水处理技术，2017（06）：29-33.

［72］刘海洋，江澄宇，谷小兵，等．燃煤电厂湿法脱硫废水零排放处理技术进展［J］．环境工程，2016（04）：33-36，41.

［73］TUREK M，DYDO P，KLIMEK R．Salt production from coal-mine brine in NF-evaporation-crystallization system［J］．Desalination，2008，221（1-3）：238-243.

［74］AHMED M，ARAKEL A，HOEY D，et al．Feasibility of salt production from inland RO desalination plant reject brine：a case study［J］．Desalination，2003，158（1-3）：109-117.

［75］胡石，丁绍峰，樊兆世．燃煤电厂脱硫废水零排放工艺研究［J］．洁净煤技术，2015（02）：129-133.

［76］张广文，孙墨杰，张蒲璇，等．燃煤火力电厂脱硫废水零排放可行性研究［J］．东北电力大学学报，2014（05）：87-91.

［77］叶春松，罗珊，张弦，等．燃煤电厂脱硫废水零排放处理工艺［J］．热力发电，2016（09）：105-108，39.

［78］BOSTJANCIC J，LUDLUM R．Zero liquid discharge industrial wastewater treatment：Case studies from 1976 to 1996［M］．1996.

［79］HEIJMAN S G J，GUO H，LI S，et al．Zero liquid discharge：Heading for 99% recovery in nanofiltration and reverse osmosis［J］．Desalination，2009，236（1-3）：357-362.

［80］贾绍义，柴诚敬．化工传质与分离过程［M］．北京：化学工业出版社，2001.

［81］MERSMANN A．Crystallization technology handbook［M］．CRC Press，2001.

［82］BECKMANN W．Crystallization：basic concepts and industrial applications［M］．John Wiley & Sons，2013.

［83］JONES A G．Crystallization process systems［M］．Elsevier，2002.

［84］丁绪淮，谈遒．工业结晶［M］．北京：中国化工出版社，1985.

［85］MANGIN D，PUEL F，VEESLER S．Polymorphism in Processes of Crystallization in Solution：A Practical Review［J］．Org Process Res Dev，2009，13（6）：1241-1253.

［86］NING R Y，TARQUIN A J．Crystallization of salts from super-concentrate produced by tandem RO process［J］．Desalination and Water Treatment，2010，16（1-3）：238-242.

［87］FARAHBOD F，MOWLA D，NASR M R J，et al．Experimental study of forced circulation evaporator in zero discharge desalination process［J］．Desalination，2012，285：352-358.

[88] 李安军．工业结晶影响因素及工程实践中应注意的问题分析 [J]．现代化工，2010（2）：328-330.
[89] 罗大忠．真空制盐蒸发结晶器的设计与实践 [J]．中国井矿盐，2003（05）：9-14.
[90] 龙国庆．燃煤电厂湿法脱硫废水蒸发结晶处理工艺的选择 [J]．中国给水排水，2013（24）：5-8.
[91] 莫华，吴来贵，周加桂．燃煤电厂废水零排放系统开发与工程应用 [J]．合肥工业大学学报（自然科学版），2013（11）：1368-1372.
[92] 吴来贵，牟志才．火电厂废水零排放技术研究与应用．贯彻“十二五”环保规划创新火电环保技术与装备研讨会．中国湖南张家界，2011.
[93] ITO M，HONJO S，USHIKU T，et al.MHI's Simple Zero Liquid Discharge System for Wet FGD，Paper 75 [R]．Mitsubishi Heavy Industries，2012.
[94] 康梅强，邓佳佳，陈德奇，等．脱硫废水烟道蒸发零排放处理的可行性分析 [J]．土木建筑与环境工程，2013（1）：238-240.
[95] 张志荣，冉景煜．废水液滴在低温烟气中的蒸发特性数值研究 [J]．环境工程学报，2011（09）：2048-2053.
[96] 张志荣．火电厂湿法烟气脱硫废水喷雾蒸发处理方法关键问题研究 [D]．重庆大学，2011.
[97] 王祖林，张翼，苏国萍，等．燃煤电站脱硫废水零排放烟道喷雾蒸发特性的试验研究 [J]．动力工程学报，2018（04）：291-297.
[98] 马双忱，于伟静，贾绍广，等．燃煤电厂脱硫废水烟道蒸发产物特性 [J]．动力工程学报，2016（11）：894-900.
[99] 晋银佳，王帅，姬海宏，等．深度过滤-烟道蒸发处理脱硫废水的数值模拟 [J]．中国电力，2016，12）：174-179.
[100] 吴帅帅，李红智，陈鸿伟，等．脱硫废水烟道喷雾蒸发过程的数值模拟 [J]．热力发电，2015（12）：31-36.
[101] 马双忱，柴峰，吴文龙，等．脱硫废水烟道蒸发工艺影响因素实验研究 [J]．环境科学与技术，2015（2）：297-301，6.
[102] 刘亚鹏，王赵国．华电土右电厂 2×660MW 空冷机组工程脱硫废水零排放系统装置性能考核试验报告 [R]．西安热工研究院，2016.
[103] 张净瑞，梁海山，郑煜铭，等．基于旁路烟道蒸发的脱硫废水零排放技术在火电厂的应用 [J]．环境工程，2017（10）：5-9.
[104] 贾绍广，于伟静，张润盘，等．蒸发塔技术用于脱硫废水的处理 [J]．环境工程学报，2017（04）：2241-2246.
[105] 贾绍广，黄凯，吴从越，等．蒸发塔处理脱硫废水的热量衡算 [J]．热力发电，2017（02）：61-66＋80.
[106] 马双忱，武凯，万忠诚，等．旁路蒸发系统对燃煤电厂脱硫系统水平衡和氯平衡的影响 [J]．动力工程学报，2018（04）：298-307.
[107] 马双忱，柴晋，贾绍广，等．脱硫废水水质调节对金属腐蚀及高温氯挥发的影响 [J]．动力工程学报，2018（03）：231-236.